建设工程安全监测技术及应用

JIANSHE GONGCHENG ANQUAN JIANCE
JISHU JI YINGYONG

张建全　主编

中国计划出版社
北　京

图书在版编目（CIP）数据

建设工程安全监测技术及应用 / 张建全主编. -- 北京 : 中国计划出版社, 2022.4
ISBN 978-7-5182-1441-9

Ⅰ. ①建… Ⅱ. ①张… Ⅲ. ①建筑工程－安全生产－监管制度 Ⅳ. ①TU714

中国版本图书馆CIP数据核字(2022)第062368号

责任编辑：陈　飞　　封面设计：韩可斌
责任校对：王　巍　　责任印制：李　晨　王亚军

中国计划出版社出版发行
网址：www. jhpress. com
地址：北京市西城区木樨地北里甲 11 号国宏大厦 C 座 3 层
邮政编码：100038　电话：（010）63906433（发行部）
三河富华印刷包装有限公司印刷

787mm × 1092mm　1/16　21.5 印张　535 千字
2022 年 4 月第 1 版　2022 年 4 月第 1 次印刷

定价：80.00 元

《建设工程安全监测技术及应用》
编委会名单

主　　　编： 张建全

副　主　编： 任　干

参加编写人员： 曹宝宁　龚洁英　姚爱敏　闫宇蕾　张克利
李芳凝　文菲菲　宋伟超　肖　珣　程贵方
王志京

编　审　人　员： 马海志　王思锴　马全明

前　　言

随着我国基础设施建设的大规模发展，人们对建设工程安全有了更高的要求。建设工程中大量涉及基坑工程、暗挖工程、边坡工程、市政桥梁工程，又大多处于地质条件复杂、环境复杂、人口密集的城区，周边高楼林立，地下管网密集，城市桥梁、道路、既有铁路等纵横交错，给工程设计、施工带来诸多难题。目前我国建设工程的设计水平、施工及管理经验与工程建设的发展速度、规模不相匹配，在施工过程中支护结构垮塌，周围岩土体坍塌以及建（构）筑物、地下管线等周边环境对象过大变形或破坏等安全风险事件时有发生。

在建设工程安全风险管理需求的驱动下，工程安全监测的作用越来越重要。实践表明，安全监测在建设工程安全风险管理方面发挥着突出作用，近年来的大规模建设项目中通过加强建设工程安全风险管理，系统实施工程安全监测，对降低工程安全风险事故发生率效果显著。做好建设工程安全监测工作最重要的是在安全监测理论、技术及管理等方面不断创新，形成完善的体系，通过科学的管理和完善的技术措施促进安全监测工作的规范性和有效性，提高工程安全风险管控水平。

本书总结分析了近年来国内建设工程安全监测相关的法律法规与技术标准制定、监测质量管控及服务的实际情况，并系统阐述了建设工程安全监测的理论、技术及方法。通过对工程影响分区的理论研究、数值模拟计算分析及大量案例的监测数据统计分析，给出了基坑工程、暗挖工程、边坡工程的空间影响区域，从而确定了更为科学合理的安全监测范围；在以往研究成果的基础上，综合考虑结构设计参数、周边环境及地质条件等因素，通过对工程自身风险等级、环境风险等级与地质风险等级的关系研究，给出了基坑工程、暗挖工程、边坡工程监测等级划分标准；通过对各类理论研究成果、规范标准的研究及大量监测实测数据成果的统计分析，给出了不同地层条件下的各种施工工法的主体结构、岩土体及周边环境监测项目控制指标的建议值；总结分析了地下工程施工引起的地表沉降变形机理及影响因素，在归纳总结前人研究成果的基础上，通过大量实测数据反演分析，构建了适合北京地区不同地质条件下不同施工工法特点的地表沉降预测模型及参数体系；在以上工作的基础上，提出了基坑工程、暗挖工程、桥梁工程、边坡工程等监测和巡查内容确定的原则和方法；通过对基坑、隧道、桥梁、边坡等工程监测典型案例的总结，为类似工程开展安全监测提供了参考指导；最后总结梳理了目前最前沿的能够提高监测效能的新技术、新方法，并对信息化、智能化监测技术的发展趋势进行了展望。

本书绝大部分内容为作者近年来的最新研究成果，属于新思路、新方法、新应用。由于作者水平有限，本书存在的不足在所难免，恳请专家和读者批评指正。

编者

2022 年 1 月

目　　录

第 1 章　建设工程安全监测现状

1.1　概述

近年来，国家对资源环境项目、民生改善项目、基础承载项目、结构调整项目等市政公用基础设施投入大量资金建设，根据住房和城乡建设部《2018 年城乡建设统计年鉴》[1]，2010—2017 年按行业分全国历年城市市政公用设施建设固定资产投资统计见表 1.1–1。这些项目中，供水、燃气、集中供热、轨道交通、道路桥梁、排水、污水处理及再利用、地下综合管廊，以及保障性住房建设等涉及基坑、隧道施工的项目众多，建设规模巨大。

表 1.1–1　全国历年城市市政公用设施建设固定资产投资　　单位：亿元

年份	本年固定资产投资总额	供水	燃气	集中供热	轨道交通	道路桥梁	排水	污水处理及其再生利用	防洪	园林绿化	市容环境卫生	垃圾处理	地下综合管廊	其他
2010	13 363.9	426.8	290.8	433.2	1 812.6	6 695.7	901.6	521.4	194.4	1 355.1	301.6	127.4		952.2
2011	13 934.2	431.8	331.4	437.6	1 937.1	7 079.1	770.1	420.5	243.8	1 546.2	384.1	199.2		773.1
2012	15 296.4	410.4	414.5	630.3	2 064.5	7 402.5	704.5	279.4	249.2	1 798.7	296.5	110.9		1 325.5
2013	16 350.0	524.7	425.6	596.0	2 455.1	8 355.6	778.9	353.7		1 647.4	408.4	125.9		1 158.0
2014	16 245.0	475.3	416.0	575.4	3 221.2	7 643.9	900.0	404.2		1 817.6	494.8	130.6		700.9
2015	16 204.4	619.9	350.5	516.8	3 707.1	7 414.0	982.7	512.6		1 594.7	398.0	157.0		620.7
2016	17 460.0	545.8	408.9	481.9	4 079.5	7 564.3	1 222.5	489.9		1 670.1	445.2	118.1	294.7	747.0
2017	19 327.6	580.1	445.7	584.2	5 045.2	6 996.7	673.4	1 343.6	421.1		1 759.6	508.1	240.8	1 391.0

注：自 2013 年开始，全国城市市政公用设施建设固定资产投资中不再包括城市防洪固定资产投资。

以其中建设规模占比较大的城市轨道交通工程和房屋建筑工程为例，有关数据统计如下。

1. 城市轨道交通工程

根据中国城市轨道交通协会发布的《城市轨道交通 2018 年度统计和分析报告》[2]统计，至 2018 年底，中国大陆地区（不含港澳台地区）在建线路可研批复投资累计 42 688.5 亿元，初设批复投资累计 35 035.2 亿元，当年完成建设投资 5 470.2 亿元，共有 24 个省份的 35 个城市开通运营轨道交通，运营线路 185 条，总里程 5 761.4km，当年新增运营线路长度 728.7km。到 2018 年底，共有 63 个城市的城轨交通线网规划获批（含地方政府批复的 19 个城市），在实施的建设规划线路总长 7 611km，国内城市轨道交通建设持续快速发展。

中国大陆地区2010—2018年城市轨道交通情况见表1.1–2。

表1.1–2　中国大陆地区2010—2018年城市轨道交通情况

年份	建成轨道交通的城市个数/个	建成轨道交通线路长度/km	正在建设轨道交通的城市个数/个	正在建设轨道交通线路长度/km
2010	12	1 428.87	28	1 741.07
2011	12	1 672.42	28	1 891.29
2012	16	2 005.53	29	2 060.43
2013	16	2 213.28	35	2 760.38
2014	22	2 714.79	36	3 004.37
2015	24	3 069.23	38	3 994.15
2016	30	3 586.34	39	4 870.18
2017	32	4 594.26	50	4 913.56
2018	35	5 761.40	53	6 374.00

2. 房屋建筑工程

根据国家统计局《2018年国民经济和社会发展统计公报》[3]，2018年，全国建筑业企业（指具有资质等级的总承包和专业承包建筑业企业，不含劳务分包建筑业企业）总产值235 086亿元，同比增长9.9%。全国建筑业房屋建筑施工面积140.9亿m^2，同比增长6.9%。全国有施工活动的建筑业企业85 993个，同比增长6.68%；从业人数4 419.24万人，同比增长1.85%；按建筑业总产值计算的劳动生产率为203 868元/人，同比增长6.46%。

在国内大规模工程建设的背景下，工程建设发展速度与建设管理、勘察、设计、施工资源保障能力出现不匹配现象，工程建设安全质量隐患加大。从事工程建设的单位中，经验丰富的单位业务量增大，施工力量摊薄，人员年轻化，还有一些缺乏经验的单位进入陌生的工程领域，管理经验欠缺，工程质量安全管理水平参差不齐。

根据住房和城乡建设部办公厅发布的《关于2018年房屋市政工程生产安全事故和建筑施工安全专项治理行动情况的通报》[4]统计，2018年全国共发生房屋市政工程生产安全事故734起，按照事故类型划分，高处坠落事故383起，占总数的52.2%；物体打击事故112起，占总数的15.2%；起重伤害事故55起，占总数的7.5%；坍塌事故54起，占总数的7.3%；机械伤害事故43起，占总数的5.9%；车辆伤害、触电、中毒和窒息、火灾和爆炸及其他类型事故87起，占总数的11.9%。

2018年发生的734起事故中有22起较大及以上事故，其中，坍塌事故10起，占事故总数的45.5%；起重伤害事故4起，占总数的18.2%；中毒和窒息事故3起，占总数的13.7%；高处坠落事故2起，占总数的9.1%；机械伤害事故、触电事故和其他事故各发生1起，各占总数的4.5%。

较大的建设工程安全风险事故，尤其是地下工程坍塌事故，给社会带来巨大损失和深刻教训，引起国内外广泛关注。

如 2008 年 11 月 15 日 15 时 15 分，杭州市地铁 1 号线湘湖站“北 2 基坑”发生坍塌事故（图 1.1–1），造成 21 人死亡、1 人重伤、3 人轻伤，直接经济损失达 4 962 万余元。

图 1.1–1　湘湖站基坑坍塌事故

2018 年 2 月 7 日 20 时 40 分，佛山市轨道交通 2 号线一期工程土建一标段湖涌站至绿岛湖站盾构区间右线工地突发透水，引发隧道及路面坍塌事故（图 1.1–2），造成 11 人死亡、1 人失踪、8 人受伤，直接经济损失约 5 323.8 万元。

图 1.1–2　湖涌站至绿岛湖站区间隧道坍塌事故

钱七虎[5]院士指出，地下工程建设具有投资大、施工周期长、施工项目多、施工技术复杂、不可预见风险因素多和对社会环境影响大等特点，是一项高风险建设工程。建立风险管理制度，对拟建和在建的城市地铁工程项目进行风险评估，继而进行风险控制十分必要，并应扩大到整个地下工程建设领域。针对我国安全风险管理实践中的问题，钱七虎院士提出 4 条建议：①加强针对地下工程安全风险管理的法规建设工作；②推行安全风险管理计划，将安全风险管理作为地下工程建设管理的一个必要组成部分；③安全风险管理要有基于信息化技术的风险管理和预警决策支持系统；④加强地下工程安全风险管理、重大事故预测预报以及防治技术的研究。

针对建设工程质量安全管理的严峻形势，政府部门加强了安全质量管理。住房和城乡建设部出台了一系列政策法规，推进了相关的标准体系建设，形成了房建和市政基础设施工程质量安全督察机制。在国家法律法规、规范性文件和有关规范标准的实施推动下，各地政府、建设单位等积极推进工程建设安全风险管理，以降低工程安全风险事故的发生率。

建设工程安全涉及很多影响因素，工程结构设计、周围岩土体、周边环境条件、施工工艺等均为工程带来不同程度的安全风险。工程设计合理性需经过实际工程的检验，信息化施工显得尤为重要。及时了解施工过程中周围地质体与围（支）护结构体系的变化状态，及时反馈到设计和施工中，才能保证工程建设和周边环境对象的安全。政府监督管理部门、建设单位、产权单位等也需要根据监测信息开展风险管理工作。

1.2 监测的作用及实施模式

1.2.1 工程监测的作用

为保证工程周边环境安全及结构自身安全，在政府管理部门、建设单位、产权单位、监测单位等的推动下，工程监测成为信息化施工安全控制及安全风险管理的重要手段。总体上来说，建设工程监测的主要作用体现在以下三个方面：

1. 监测是开展工程施工的工序

监测是工程建设施工中的一项重要工序。王梦恕[6]院士提出的浅埋暗挖法的十八字方针“管超前、严注浆、短开挖、强支护、快封闭、勤量测”中，“量测”为一项重要工作，根据工程结构、围岩和周边环境的量测信息，对施工支护和工序进行动态调整。可以通过监测了解围（支）护结构体系的受力和变形情况，对其安全稳定性进行评价，掌握施工对施工区周围地表、建（构）筑物、地下管线等的影响程度，以决定对其是否采取施工保护措施，确保其正常使用和安全。

2. 监测是检验工程设计的标尺

设计计算所取用的地层参数，进行的结构受力分析计算，验算的结构设计强度，提出的支护方案等，需要在实际的工程中与实际的受力、变形等进行对比，对其合理性进行检验，必要时需要根据监测数据进行调整，保证设计的安全性。通过监测结果的信息反馈，掌握围岩和围（支）护结构体系在各施工阶段的受力状况和变形情况，及时修正设计参数，优化施工工艺，改进施工方法，保证施工安全，提高经济效益，提升建设水平。通过监测数据的积累和分析处理，为工程设计提供参考依据。

3. 监测是监督工程安全的“眼睛”

监测工作借助于仪器、仪表、传感器、探测设备等工具迅速而准确地反映监测对象的动态变化，对工程安全状态进行评价，对安全技术及设施进行监督，对安全技术措施的效果进行验证。通过安全监测提供准确可靠的数据信息，系统了解和掌握生产作业环境中风险因素的类型、危险程度，严格生产施工作业过程，预防事故的发生。安全监测是安全管理工作的“眼睛”，是安全管理工程的重要组成部分。

虽然工程风险具有不确定性，但大部分工程事故都是缓慢变化的，通过完善的监测可获取风险变化信息，及时给政府监督管理部门、建设单位、产权单位、施工单位等发出预警信息，以便及时采取处置措施，降低或消除风险隐患。

1.2.2　工程监测实施模式

国内目前建设工程监测实施模式分为施工监测和第三方监测两种。

1. 施工监测

施工监测是在施工过程中，通过采用一定的工程测量测试仪器、设备，长期、连续地对工程支护结构、围岩地质体、地表或开挖面和施工影响范围内的工程周边环境进行位移、变形、倾斜、应力等量测和经常性观察，并将监测信息及时反馈，用以指导施工、优化设计参数和安全控制的工作。

施工监测由施工单位按照施工图设计文件、施工组织设计及规范要求，对工程本身和受影响的周边环境进行监测和巡视，其主要目的是指导施工，验证设计参数及施工方案，做到动态设计、信息化施工，确保围（支）护结构和周边环境的安全。

2. 第三方监测

第三方监测是为加强土建工程安全风险控制和周边环境保护而采取的一种加强管理手段，由建设单位或相关周边环境产权或管理单位或政府主管部门委托具有相应资质的专业监测单位完成，依据承包合同和相应规范、监测管理规定，进行独立于设计、施工、监理等参建单位的监测工作。

第三方监测的主要目的是掌握围（支）护结构及周边环境的安全状态，及时反馈异常信息，提供真实、准确、可靠的第三方监测数据，避免承包商隐瞒真实数据，造成风险隐患，并为界定工程风险责任提供依据。除工程本体安全外，同时注重工程周边建（构）筑物、桥梁、地下管线、交通线路（含在建和已投入运营的铁路、轨道交通线路）、市政道路、地表水体及相关附属基础设施等环境对象的安全。

综上所述，施工监测和第三方监测都属于工程监测，都是工程安全监测和风险控制的重要手段，二者在服务目的、服务对象、监测工作内容、委托方、实施依据等方面有着较大区别，如表 1.2–1 所示。

表 1.2–1　施工监测与第三方监测对比

监测模式	服务目的	服务对象	工作内容	委托方	实施依据
施工监测	指导自身信息化施工	施工单位、监理单位	全部工程自身结构、围岩和周边环境的监测	施工单位	以施工图设计为依据
第三方监测	加强安全风险监控、管理和事故调查、处置	建设单位及政府部门	工程自身结构、围岩和周边环境关键部位的监测、安全咨询	建设单位	以委托合同、施工图设计（第三方监测设计）等为基础

1.3 影响监测质量的因素分析

影响工程监测质量的因素较多，主要有：法律法规，技术标准，相关主体作用，市场准入及行业管理，政府部门监管，建设方监管、监测内控因素等。

1.3.1 法律法规因素

法律法规对监测质量的影响体现在其规定的系统性和实施要求对监测质量的界定和约束方面，如依法确立行业准入规则、明确监测质量责任、明确工程费用、落实监管措施等。目前国家和地方制定的与工程监测有关的现行法律法规有 63 个，其中国家法律法规 15 个，行业法规 23 个，地方法规 25 个，见表 1.3–1。

表 1.3–1 与工程监测有关的现行法律法规

分类	序号	法律法规名称	颁布部门	颁布或实施时间	备注
国家法律法规	1	中华人民共和国计量法	全国人大	1986.7.1	
	2	中华人民共和国标准化法	全国人大	1989.4.1	
	3	中华人民共和国建筑法	全国人大	1998.3.1	
	4	中华人民共和国招标投标法	全国人大	2000.1.1	
	5	建设工程质量管理条例	国务院	2000.1.30	国务院令第 279 号
	6	建设工程勘察设计管理条例	国务院	2000.9.25	国务院令第 293 号
	7	中华人民共和国测绘法	全国人大	2002.12.1	
	8	建设工程安全生产管理条例	国务院	2004.2.1	国务院令第 393 号
	9	中华人民共和国测绘成果管理条例	国务院	2006.9.1	国务院令第 469 号
	10	生产安全事故报告和调查处理条例	国务院	2007.6.1	国务院令第 493 号
	11	中华人民共和国突发事件应对法	全国人大	2007.8.30	主席令第 69 号
	12	中华人民共和国物权法	全国人大	2007.10.1	中华人民共和国主席令第六十二号
	13	中华人民共和国劳动合同法	全国人大	2008.1.1	
	14	中华人民共和国安全生产法	全国人大	2014.12.1	
	15	中华人民共和国刑法	全国人大	2015.8.29	
行业法规	16	建设工程勘察设计资质管理规定	住房城乡建设部	2007.9.1	建设部令第 160 号
	17	安全生产事故隐患排查治理暂行规定	安全监管总局	2007.12.28	安全监管总局令第 16 号
	18	生产安全事故应急预案管理办法	国家安全生产监督管理总局	2009.4.1	国家安全生产监督管理总局令第 17 号

表 1.3–1（续）

分类	序号	法律法规名称	颁布部门	颁布或实施时间	备注
行业法规	19	关于印发《注册土木工程师（岩土）执业及管理工作暂行规定》的通知	住房城乡建设部	2009.6.10	建市〔2009〕105 号
	20	关于加强重大工程质量安全保障措施的通知	国家发展和改革委员会	2009.12.14	发改投资〔2009〕3183 号
	21	关于印发《城市轨道交通工程质量安全管理暂行办法》的通知	住房城乡建设部	2010.1.8	建质〔2010〕5 号
	22	房屋建筑和市政基础设施工程质量监督管理规定	住房城乡建设部	2010.8.1	住房和城乡建设部令第 5 号
	23	关于贯彻实施《房屋建筑和市政基础设施工程质量监督管理规定》的通知	住房城乡建设部	2010.9.30	建质〔2010〕159 号
	24	关于印发《城市轨道交通工程周边环境调查指南》的通知	住房城乡建设部	2012.4.12	建质〔2012〕56 号
	25	工程勘察资质标准	住房城乡建设部	2013.1.21	建市〔2013〕9 号
	26	城市轨道交通建设工程质量安全事故应急预案管理办法	住房城乡建设部	2014.3.12	建质〔2014〕34 号
	27	测绘资质分级标准	国家测绘地理信息局	2014.7.1	国测管发〔2014〕31 号
	28	测绘资质管理规定	国家测绘地理信息局	2014.7.1	国测管发〔2014〕32 号
	29	注册测绘师执业管理办法（试行）	国家测绘地理信息局	2014.7.9	国测人发〔2014〕8 号
	30	注册测绘师制度暂行规定	国家测绘地理信息局	2014.7.9	国测人发〔2014〕8 号
	31	建筑工程五方责任主体项目负责人质量终身责任追究暂行办法	住房城乡建设部	2014.8.25	建质〔2014〕124 号
	32	建筑工程施工转包违法分包等违法行为认定查处管理办法	住房城乡建设部	2014.10.1	建市〔2014〕118 号
	33	住房城乡建设部关于印发《房屋建筑和市政基础设施工程施工安全监督规定》的通知	住房城乡建设部	2014.10.24	建质〔2014〕153 号
	34	关于印发城市轨道交通工程质量安全检查指南的通知	住房城乡建设部	2016.8.15	建质〔2016〕173 号
	35	关于加强城市轨道交通工程关键点风险管控的通知	住房城乡建设部办公厅	2017.11.1	建办质〔2017〕68 号

表 1.3–1（续）

分类	序号	法律法规名称	颁布部门	颁布或实施时间	备注
行业法规	36	关于印发大型工程技术风险控制要点的通知	住房城乡建设部	2018.2.2	建质函〔2018〕28 号
	37	危险性较大的分部分项工程安全管理规定	住房城乡建设部	2018.3.9	住房和城乡建设部令第 37 号
	38	关于实施《危险性较大的分部分项工程安全管理规定》有关问题的通知	住房城乡建设部	2018.5.17	建办质〔2018〕31 号
地方法规	39	北京市路政局关于印发《地下工程穿越交通设施安全监督暂行办法》的通知	北京市路政局	2008.1.21	京路法制发〔2008〕64 号
	40	关于对地方标准《建筑基坑支护技术规程》（DB11/489—2007）中建筑深基坑支护规程监测项目和监测频率有关问题的通知	北京市住建委、规划委	2013.9.3	京建发〔2013〕435 号
	41	关于规范北京市房屋建筑深基坑支护工程设计、监测工作的通知	北京市住建委	2014.6.1	京建发〔2014〕3 号
	42	北京市轨道交通运营安全条例	北京市人大	2014.11.28	2014 年 11 月 28 日北京市人大公告
	43	北京市建设工程质量条例	北京市人大	2016.1.1	2015 年 9 月 25 日北京市人大公告
	44	北京市生产安全事故隐患排查治理办法	北京市人民政府	2016.1.28	北京市人民政府令第 266 号
	45	关于加强房屋建筑和市政基础设施地下工程及深基坑工程第三方监测质量管理的通知	北京市规划和国土资源管理委员会	2016.11.9	市国土规划法〔2016〕1 号
	46	北京市城市轨道交通建设工程关键节点施工前条件核查管理办法	北京市住建委	2018.2.1	京建法〔2018〕1 号
	47	北京市房屋建筑和市政基础设施工程施工安全风险分级管控和隐患排查治理暂行办法	北京市住建委	2019.2.21	京建法〔2019〕3 号
	48	关于印发《北京市房屋建筑和市政基础设施工程质量风险分级管控技术指南（试行）》的通知	北京市住建委	2019.12.20	京建发〔2019〕438 号
	49	广州市基坑工程管理规定	广州市建设委员会	1999.9.6	穗建技〔1999〕311 号
	50	广州市地下工程和深基坑安全监测预警办法	广州市城乡建设委员会	2013.12.5	穗建质〔2013〕1853 号

表 1.3–1（续）

分类	序号	法律法规名称	颁布部门	颁布或实施时间	备注
地方法规	51	广州市城乡建设委员会关于加强地下工程和深基坑安全监测方案管理的通知	广州市城乡建设委员会	2014.6.20	穗建质〔2014〕750 号
	52	广州市住房和城乡建设委员会关于规范地下工程和深基坑安全监测预警系统日常管理的通知	广州市城乡建设委员会	2016.11.23	穗建质〔2016〕2202 号
	53	广州市住房和城乡建设局关于印发广州市危险性较大的分部分项工程专项方案论证专家管理办法的通知	广州市住房和城乡建设局	2020.3.10	穗建规字〔2020〕26 号
	54	南京市房屋建筑深基坑工程质量监督管理实施细则	南京市建筑工程局	2006.12.28	宁建工字〔2006〕213 号
	55	南京市房屋建筑深基坑工程监测备案管理规定	南京市质量检测站	2011.9.14	宁建监字〔2011〕18 号
	56	南京市房屋建筑和市政基础设施深基坑工程质量监督管理细则	南京市建委	2012.6.6	宁建规字〔2012〕4 号
	57	江苏省建筑安全监督总站关于印发《江苏省建设工程安全监督档案指南（2016 版）》的通知	江苏省建筑安全监督总站	2018.11.29	苏建安监函〔2018〕12 号
	58	江苏省房屋市政工程危大工程安全管理实施细则（2019 版）	江苏省住房和城乡建设厅	2019.8.30	苏建质安〔2019〕378 号
	59	关于强化城市轨道交通建设工程关键节点施工前条件核查管理的通知	南京市城乡建设委员会	2019.9.4	宁建质字〔2019〕352 号
	60	上海市建设工程质量和安全管理条例	上海市人大	2011.12.22	上海市人民代表大会常务委员会公告第 42 号
	61	关于进一步加强本市基坑和桩基工程质量安全管理的通知	上海市建设交通委	2012.6.14	沪建交〔2012〕645 号
	62	上海市在沪建筑业企业信用评价管理办法	上海市住房和城乡建设管理委员会	2019.3.11	沪住建规范〔2019〕3 号
	63	上海市基坑工程管理办法	上海市住房和城乡建设管理委员会	2019.5.23	沪住建规范〔2019〕4 号

以上法律法规中，国家发展和改革委员会、住房和城乡建设部等政府机构发布的一系列部门规章、规范性文件，如《关于进一步加强地铁建设安全管理工作的紧急通知》(建质电〔2008〕118号)、《关于加强重大工程质量安全保障措施的通知》(发改投〔2009〕3183号)、《房屋建筑和市政基础设施工程质量监督管理规定》(建设部令2010年第5号)、《关于印发城市轨道交通工程安全质量管理暂行办法的通知》(建质〔2010〕5号)、《关于印发城市轨道交通工程质量安全检查指南的通知》(建质〔2012〕68号)、《危险性较大分部分项工程安全管理规定》(第37号)等文件进一步推进了各地工程监测工作的开展。有关法律法规具体涉及工程监测的内容见表1.3–2。

表1.3–2　部分法律法规中涉及工程监测的内容

法律法规名称	法律法规条款
《危险性较大的分部分项工程安全管理规定》中华人民共和国住房和城乡建设部令第37号	第三条　本规定所称危险性较大的分部分项工程（以下简称“危大工程”），是指房屋建筑和市政基础设施工程在施工过程中，容易导致人员群死群伤或者造成重大经济损失的分部分项工程。 危大工程及超过一定规模的危大工程范围由国务院住房城乡建设主管部门制定。 省级住房城乡建设主管部门可以结合本地区实际情况，补充本地区危大工程范围。 第二十条　对于按照规定需要进行第三方监测的危大工程，建设单位应当委托具有相应勘察资质的单位进行监测。 监测单位应当编制监测方案。监测方案由监测单位技术负责人审核签字并加盖单位公章，报送监理单位后方可实施。 监测单位应当按照监测方案开展监测，及时向建设单位报送监测成果，并对监测成果负责；发现异常时，及时向建设、设计、施工、监理单位报告，建设单位应当立即组织相关单位采取处置措施。 第三十八条　监测单位有下列行为之一的，责令限期改正，并处1万元以上3万元以下的罚款；对直接负责的主管人员和其他直接责任人员处1 000元以上5 000元以下的罚款： （一）未取得相应勘察资质从事第三方监测的； （二）未按照本规定编制监测方案的； （三）未按照监测方案开展监测的； （四）发现异常未及时报告的
《关于加强重大工程安全质量保障措施的通知》(发改投资〔2009〕3183号)	三、切实加强工程建设全过程安全质量管理……（五）建立施工实时监测和工程远程监控制度。建设单位应委托独立的第三方监测单位，对工程进展和周边地质变形情况等进行监测、分析，并及时采取防范措施。建立工程远程监控网络系统，接收并及时分析处理施工现场信息，强化工程安全质量的信息化管理。 四、严格落实安全质量责任……（三）强化工程中介服务机构的责任。工程监测、检测、科研、施工图审查等单位，因监测数据、检测和科研结果严重失准或者施工图审查意见有重大失误，造成重大事故的，应承担赔偿责任，并追究相关单位领导的行政责任。对技术总负责人要取消技术职称，不得从事该领域工作

表 1.3–2（续）

法律法规名称	法律法规条款
《城市轨道交通工程安全质量管理暂行办法》（建质〔2010〕5 号）	第五条　建设单位对工程项目管理负总责。建设单位必须建立健全安全质量责任制和管理制度，设置安全质量管理机构，配备与建设规模相适应的安全质量管理人员，对勘察、设计、施工、监理、监测等单位进行安全质量履约管理。 第五十八条　从事城市轨道交通工程第三方监测业务的工程监测单位（以下简称监测单位），应当具有相应工程勘察资质，并向工程所在地建设主管部门办理备案手续。 监测单位不得转包监测业务，不得与所监测工程的施工单位有隶属关系或者其他利害关系。 第六十四条　监测、质量检测单位出具的监测、检测报告应当经监测、检测人员签字，监测、质量检测单位法定代表人或其授权签字人签署，并加盖公章后方可生效。质量检测单位出具的见证取样检测报告中应当注明见证人单位及姓名。 监测、质量检测单位应当对监测、检测报告的真实性和准确性负责。 第七十六条　建设、勘察、设计、施工、监理、监测、质量检测等单位有违反建设法律法规规章行为的，由县级以上人民政府建设主管部门按照管理权限依法予以罚款、停业整顿、降低资质等级、吊销资质证书等行政处罚；构成犯罪的，依法追究刑事责任
《北京市建设工程质量条例》（2015 年 9 月 25 日北京市第十四届人民代表大会常务委员会第二十一次会议通过）	第二条　在本市行政区域内从事建设工程新建、改建、扩建、修缮等活动及对建设工程质量实施监督管理的，应当遵守本条例。 本条例所称建设工程，包括房屋建筑和市政基础设施工程。 第三条　建设、勘察、设计、施工、监理、检测、监测、施工图审查、预拌混凝土生产等建设工程有关单位和人员应当依照法律、法规、工程建设标准和合同约定从事工程建设活动，承担质量责任。 第十五条　工程监测单位应当按照法律法规、工程建设标准和施工图设计文件实施监测，并对监测数据的真实性、准确性和可靠性负责。 第七十七条　违反本条例第十五条规定，工程监测单位未按照有关法律法规、工程建设强制性标准和施工图设计文件实施监测的，由规划行政主管部门责令改正，处 1 万元以上 3 万元以下的罚款，一年内暂停承接相关项目监测业务。 工程监测单位伪造监测数据，或者出具虚假监测报告的，由规划行政主管部门责令改正，处 5 万元以上 10 万元以下的罚款，一年内暂停承接全部监测业务；情节严重的，依法吊销资质证书

各地颁布的政策法规既是针对国家法规的细化和延伸，又融合了各地的区域特点。北京市规划委发布了第三方监测管理制度，推进了建设工程第三方监测的规范化管理，形成了完善的监测管理体系。广州市住建委以信息化技术为其主要特色，自动化手段贯穿了管理的全过程，严格控制第三方监测的方案编制、监测实施、监测预警处置等全过程。上海市交通委采用施工监测、第三方监测同步管理的模式，针对软土地区特点发布了一系列的管理规定。南京市制定了完备的管理制度和管理法规，管理范围为建筑基坑第三方监测、

轨道交通工程的施工监测和第三方监测，对工程监测项目实行监测单位备案、监测方案备案、监测过程监督等监管工作。

1.3.2 技术标准因素

监测技术标准对监测质量的影响体现在其技术内容的规定对实施监测技术工作的针对性和有效性的影响。与工程安全监测相关的国家、行业和地方技术标准有 55 部，其中国家标准 20 部，行业标准 19 部，地方标准 13 部，其他标准 3 部，见表 1.3–3。

表 1.3–3 与工程安全监测相关的技术标准

分类	序号	技术标准名称	标准编号	颁布部门
国家标准	1	建筑地基基础设计规范	GB 50007—2011	中华人民共和国住房和城乡建设部
	2	建筑抗震设计规范	GB 50011—2010	中华人民共和国住房和城乡建设部
	3	岩土工程勘察规范	GB 50021—2009	中华人民共和国住房和城乡建设部
	4	地铁设计规范	GB 50157—2013	中华人民共和国住房和城乡建设部
	5	建筑地基基础工程施工质量验收规范	GB 50202—2018	中华人民共和国住房和城乡建设部
	6	给水排水管道工程施工及验收规范	GB 50268—2008	中华人民共和国住房和城乡建设部
	7	民用建筑可靠性鉴定标准	GB 50292—2015	中华人民共和国住房和城乡建设部
	8	地下铁道工程施工质量验收标准	GB/T 50299—2018	中华人民共和国住房和城乡建设部
	9	城市轨道交通岩土工程勘察规范	GB 50307—2012	中华人民共和国住房和城乡建设部
	10	城市轨道交通工程测量规范	GB/T 50308—2017	中华人民共和国住房和城乡建设部
	11	建筑边坡工程技术规范	GB 50330—2013	中华人民共和国住房和城乡建设部
	12	给水排水工程管道结构设计规范	GB 50332—2002	中华人民共和国住房和城乡建设部
	13	民用建筑设计通则	GB 50352—2005	中华人民共和国建设部
	14	盾构法隧道施工及验收规范	GB 50446—2017	中华人民共和国住房和城乡建设部
	15	建筑基坑工程监测技术标准	GB 50497—2019	中华人民共和国住房和城乡建设部
	16	城市轨道交通地下工程建设风险管理规范	GB 50652—2011	中华人民共和国住房和城乡建设部
	17	城市轨道交通工程监测技术规范	GB 50911—2013	中华人民共和国住房和城乡建设部

表 1.3–3（续）

分类	序号	技术标准名称	标准编号	颁布部门
国家标准	18	建筑与桥梁结构监测技术规范	GB 50982—2014	中华人民共和国建设部
	19	煤炭工业露天矿边坡工程监测规范	GB 51214—2017	中华人民共和国住房和城乡建设部
	20	地下铁道工程施工标准	GB/T 51310—2018	中华人民共和国住房和城乡建设部
行业标准	21	建筑变形测量规范	JGJ 8—2016	中华人民共和国住房和城乡建设部
	22	建设基坑支护技术规程	JGJ 120—2012	中华人民共和国住房和城乡建设部
	23	危险房屋鉴定标准	JGJ 125—2016	中华人民共和国住房和城乡建设部
	24	卫星定位城市测量技术规范	CJJ/T 73—2019	中华人民共和国住房和城乡建设部
	25	城市桥梁养护技术规范	CJJ 99—2003	中华人民共和国住房和城乡建设部
	26	城市轨道交通结构安全保护技术规范	CJJ/T 202—2013	中华人民共和国住房和城乡建设部
	27	城市轨道交通结构形变监测技术规范	CH/T 6007—2018	自然资源部
	28	铁路桥涵设计基本规范	TB 10002.1—2005	中华人民共和国铁道部
	29	铁路桥涵地基和基础设计规范	TB 10002.5—2005	中华人民共和国铁道部
	30	铁路隧道设计规范	TB 10003—2016	中华人民共和国交通部
	31	铁路隧道施工规范	TB 10204—2002	中华人民共和国铁道部
	32	铁路技术管理规程	—	中国铁路总公司
	33	公路桥涵地基与基础设计规范	JTG 3363—2019	中华人民共和国交通部
	34	公路隧道设计规范第一册土建工程	JTG 3370.1—2018	中华人民共和国交通部
	35	公路隧道施工技术规范	JTG F60—2009	中华人民共和国交通部
	36	公路桥涵养护规范	JTG H11—2004	中华人民共和国交通部
	37	大坝安全监测自动化系统通信规约	DL/T 324—2010	国家能源局
	38	大坝安全监测自动化系统实用化要求及验收规程	DL/T 5272—2012	国家能源局
	39	水利水电工程安全监测设计规范	SL 725—2016	中华人民共和国水利部

表 1.3-3（续）

分类	序号	技术标准名称	标准编号	颁布部门
地方标准	40	建筑基坑支护技术规程	DB 11/489—2016	北京市住房和城乡建设委员会、北京市质量技术监督局
	41	地铁工程监控量测技术规程	DB 11/490—2007	北京市建设委员会、北京市质量技术监督局
	42	穿越城市轨道交通设施检测评估及监测技术规范	DB 11/T 915—2012	北京市质量技术监督局
	43	城市轨道交通土建工程设计安全风险评估规范	DB 11/1067—2014	北京市规划委员会、北京市质量技术监督局
	44	建设工程第三方监测规程	DB 11/T 1626—2019	北京市自然资源委员会、北京市市场监督管理局
	45	江苏省城市轨道交通工程监测规程	DGJ32/J195-2015	江苏省住房和城乡建设厅
	46	城市轨道交通结构监护测量规范	DG/TJ 08-2170-2015	上海市城乡建设和管理委员会
	47	基坑工程技术规范	DG/TJ 08-61-2010	上海市城乡建设和交通委员会
	48	基坑工程施工监测规程	DG/TJ 08-2001-2016	上海市住房和城乡建设管理委员会
	49	城市轨道交通工程施工监测技术规范	DG/TJ 08-2224-2017	上海市住房和城乡建设管理委员会
	50	城市轨道交通工程安全监测技术规程	DBJ41/T 188-2017	河南省住房和城乡建设厅
	51	城市轨道交通工程测量技术标准	DBJ41/T 220-2019	河南省住房和城乡建设厅
	52	西安城市轨道交通工程监测技术规范	DBJ 61-98-2015	陕西省住房和城乡建设厅 陕西省质量技术监督局
其他标准	53	其他工程穿越跨越邻接南水北调中线干线工程设计技术要求	Q/NSBDZX J 013—2015	南水北调中线干线工程建设管理局
	54	铁路隧道监控量测技术规程	Q/CR 9218—2015	中国铁路总公司
	55	铁路工程沉降变形观测与评估技术规程	Q/CR 9230—2016	中国铁路总公司

目前，工程建设中施工图监测设计、施工监测方案制订、第三方监测方案制订均依据上述标准规范。这些标准规范是确定监测对象、监测项目、监测点布置、监测频率、监测控制指标和预警标准及监测技术方法等的重要依据。

工程监测所遵循的技术标准以国家标准为主，辅以行业、地方标准。有关的技术标准主要有《城市轨道交通工程监测技术规范》GB 50911、《建筑基坑工程监测技术标准》GB 50497、《建筑变形测量规范》JGJ 8、《建筑边坡工程技术规范》GB 50330、《城市轨道交通结构安全保护技术规范》CJJ/T 202 等，这些标准分别从市政工程、建筑工程等角度给出了监测技术条款。有关的技术标准强制性条文规定见表 1.3–4。

表 1.3–4　工程监测技术标准强制性条款主要内容

强制性规范名称	规范强制性条款
《城市轨道交通工程监测技术规范》GB 50911—2013	3.1.1　城市轨道交通地下工程应在施工阶段对支护结构、周围岩土体及周边环境进行监测。 9.1.5　城市轨道交通工程施工过程中，当监测数据达到预警标准时，必须进行警情报送
《建筑基坑工程监测技术标准》GB 50497—2019	3.0.1　下列基坑应实施基坑工程监测： 1　基坑设计安全等级为一、二级的基坑。 2　开挖深度大于或等于 5m 的下列基坑： 1）土质基坑； 2）极软岩基坑、破碎的软岩基坑、极破碎的岩体基坑； 3）上部为土体，下部为极软岩、破碎的软岩、极破碎的岩体构成的土岩组合基坑。 3　开挖深度小于 5m 但现场地质情况和周围环境较复杂的基坑。 8.0.9　当出现下列情况之一时，必须立即进行危险报警，并应通知有关各方对基坑支护结构和周边环境保护对象采取应急措施。 1　基坑支护结构的位移值突然明显增大或基坑出现流砂、管涌、隆起、陷落等； 2　基坑支护结构的支撑或锚杆体系出现过大变形、压屈、断裂、松弛或拔出的迹象； 3　基坑周边建筑的结构部分出现危害结构的变形裂缝； 4　基坑周边地面出现较严重的突发裂缝或地下空洞、地面下陷； 5　基坑周边管线变形突然明显增长或出现裂缝、泄漏等； 6　冻土基坑经受冻融循环时，基坑周边土体温度显著上升，发生明显的冻融变形； 7　出现基坑工程设计方提出的其他危险报警情况，或根据当地工程经验判断，出现其他必须进行危险报警的情况
《建筑边坡工程技术规范》GB 50330—2013	19.1.1　边坡塌滑区有重要建（构）筑物的一级边坡工程施工时必须对坡顶水平位移、垂直位移、地表裂缝和坡顶建（构）筑物变形进行监测
《建筑变形测量规范》JGJ 8—2016	3.1.6　建筑变形测量过程中发生下列情况之一时，应立即实施安全预案，同时应提高观测频率或增加观测内容： 1　变形量或变形速率出现异常变化。 2　变形量或变形速率达到或超出变形预警值。 3　开挖面或周边出现塌陷、滑坡。 4　建筑本身或其周边环境出现异常。 5　由于地震、暴雨、冻融等自然灾害引起的其他变形异常情况

1.3.3　相关主体作用

工程监测涉及行业主管部门、权属单位、建设单位、勘察单位、设计单位、总包单位、监理单位及施工监测与第三方监测单位。

1. 行业主管部门

行业主管部门主要有：住房和城乡建设部、应急管理部，地方住房和城乡建设管理部门、规划管理部门、安全生产监督管理部门。住房和城乡建设部为工程监测相关资质的发放、质量监管部门；应急管理部承担工程安全质量管理及应急管理。地方住房和城乡建设管理部门承担地方建设工程质量和施工安全监管的责任；规划管理部门负责工程勘察行业管理，以及建设工程勘察与设计质量安全的监督管理；安全生产监督管理部门的职责为防范风险事故的发生，以及事故发生的处理。不同的政府管理部门依据其职责对工程监测工作质量进行监督检查。

2. 权属单位

涉及监测的主要权属单位按权属对象划分为工业与民用建筑、城市轨道交通设施、市政交通设施、地下管线、水利设施等的产权单位和管养单位。权属单位涉及工程监测的相关要求主要集中在对监测工作关键环节的管理，保证监测工作符合其设施保护和运维要求，主要体现在以下几点：①权属单位对其权属对象负责巡查、养护、管理和监督工作，日常养护、管理、巡查根据有关技术规范要求，建立备案记录；②权属单位要求涉及其权属对象的监测单位在实施监测之前应进行监测方案的技术审查、备案等，待其同意后方可实施；③权属单位对监测单位资质和人员一般无明确要求（也有少数权属单位提出要求），按照其合同及方案约定执行，对于涉及进入其设施内部的监测工作（如既有线监测），需报备监测人员信息；④权属单位对其权属对象的监测信息管理，普遍以要求监测单位定期或不定期呈送监测数据资料的方式，也有部分权属单位（或主管部门）对监测单位开放其建立的信息化管理平台，要求及时上传相应监测数据；⑤权属单位要求监测单位布设监测点要尽可能减少对其权属对象的损伤，不影响其内部设施的正常运行，测点牢固安全便于保护，在监测技术指标满足要求的条件下尽量采用远程、高效的监测手段。

3. 建设单位

建设单位是进行项目建设的主体单位，负责将监测任务委托给监测单位并按合同进行管理，同时接受政府主管部门的监督。工程监测活动在工业与民用建筑、轨道交通工程、交通设施、地下管线、水利、水电设施等各个领域开展的情况有所不同，工作深度状况不一。以城市轨道交通领域为例，一些建设单位大力推进了监测工作的开展，在以下几个方面开展了深入的工作：①投入合理的工程监测费用，保证监测工作造价合理，促进市场良性竞争；②建立了安全风险管理体系，制订了详细的监测管理和技术文件；③设置了在公司管理部门、现场工点驻地等分工明确的专门的管理机构，将监测工作纳入体系中；④建设应用信息化的管理平台（如安全风险监控系统、盾构信息系统和视频监控系统）；⑤对重大安全风险管理方案、重大风险工程技术方案等组织审查、论证，监测方案纳入审查体系；⑥深度介入全过程风险管控工作，收集分析风险预警信息，及时联动响应、处理及报告，定期评价安全状态，报告政府主管部门；⑦建立了完善的应急机制，监测工作纳入其中；⑧开展监测工作定期检查考核工作，推进监测工作动态改进，消除监测工作隐患。

4. 勘察单位

勘察单位的职责是按合同要求和技术标准提供合格的勘察成果报告，并对各类成果真实性和准确性负责，主要的工作要求有：①勘察阶段要确保勘察精度，充分探明工程水文地质条件，调查周边环境情况，确保勘察数据真实可靠，在勘察报告中要对复杂地质条件和周边环境及其可能对工程造成的危险做出重点说明；②在不同阶段对设计、施工及监测单位进行勘察交底，对可能存在的潜在问题进行说明；③施工阶段及时进行验槽及复核工作，发现与勘察结果不一致，采取弥补措施。勘察成果中的工程勘察报告、地形图、管线图、建（构）筑物调查报告、控制网测绘成果等是工程监测工作的重要依据，对于监测单位充分认识工程风险，提高监测工作的针对性，支撑监测数据分析及时预警有重要作用。

5. 设计单位

设计单位负责按照法律、法规和工程建设强制性标准进行设计，防止因设计不合理导致生产安全事故的发生。施工图设计中的监测设计是一个重要的组成部分，监测单位的监测工作需要依据监测设计开展，设计给出的施工图监测设计的质量从另一个方面也从源头决定了监测实施质量。因此，设计单位应充分分析结构风险、地质风险及环境风险，并量化为清单，与监测内容建立联系，明确重要的监测部位、监测项目和关键过程等要求。

6. 总包单位

总包单位对建设工程的施工质量负责，具体负责施工监测的开展。总包方需要在第三方监测工作过程中，给予监测单位必要的配合、协调与支持。第三方监测单位也需要按照监测计划，及时、准确地向业主和总包方提供真实、可靠的监测数据。在监测过程中发现异常情况时，应由第三方监测单位及时通知、上报给业主和总包方。总包方应督促相关施工单位采取相应措施，避免安全事故的发生。

7. 监理单位

监理单位受建设单位委托，承担监理职责，对施工监测项目进行监管。对施工监测单位的管理基本是按照管理施工单位的方法和流程开展工作，负责审查施工监测单位的人员、仪器设备、方案申报及日常监测成果的验收和审核，承担对相应的人员、设备、成果的审核验收责任。发生监测预警时，监理单位负责组织相关方对监测结果进行分析，督促相关单位采取适当措施应对紧急情况。监理单位也承担施工监测与第三方监测数据的对比分析工作，当数据不一致时，组织分析原因并纠正，来保证工程监测工作的有效性。

8. 施工监测单位

施工监测工作目前大多数已经专业化，施工单位以专业分包的方式委托施工监测单位开展工作，其职责体现在施工单位的职责中，主要是负责现场实施施工监测工作，对施工监测质量全面负责，具体包括：①建立自身的安全风险管理体系，配备与工程规模相适应的施工监测管理组织机构与人员；②接受勘察、设计等技术交底，现场核查并制订监测相关的工作实施细则和方案；③现场埋设并全过程维护各类监测点、监测传感器等监测设施；④动态开展现场施工监测、现场巡视等信息采集工作；⑤分析监测数据，报告发现的监测数据异常信息；⑥编制各类监测成果报告；⑦接受施工单位和各级管理单位的监测工作质量履约检查。

9. 第三方监测单位

第三方监测单位负责按建设单位的委托要求实施第三方监测工作，并提供有效的监测数据，对建设单位负责，并承担出具社会公证数据的责任。第三方监测的资质和人员资格需要符合住房和城乡建设部相关文件的要求，对从业单位和人员要求较为严格。在第三方监测实施层面，与施工监测类似，独立提供合格的监测成果，并保证监测成果的真实性、准确性。《关于加强重大工程安全质量保障措施的通知》（发改投资〔2009〕3183号）规定，因监测数据结果严重失准造成重大事故的，应承担赔偿责任，并追究相关责任。

1.3.4 市场准入管理

1. 施工监测

施工单位具有的工程施工资质是综合性的资质，包含施工监测。由于工程施工的专业细分化，目前有的从事房屋建筑和市政工程的施工单位不具备开展施工监测的人员及设备要求，委托专业工程监测单位实施。根据政府部门管理职能划分，对施工单位的质量监督管理由建设行政主管部门实施，对施工监测单位的准入按当地建设行政主管部门要求执行。

开展施工监测的主要人员要求能够准确理解设计图纸、施工方案，了解具体的施工工艺工序，熟悉监测点埋设、仪器设备数据采集、监测数据计算分析等，能够与工程施工的其他专业密切配合，因此建议开展施工监测的人员应具有岩土工程、地下工程、测绘等相关专业背景，施工监测项目负责人及技术负责人应具备工程师及以上职称，熟悉整个监测过程，有从事类似工程监测的经验。

2. 第三方监测

第三方监测归口管理部门是其资质颁发的行政管理部门。住房和城乡建设部规定从事第三方监测业务的勘测单位应具有工程勘察资质。有的地方政府要求从事第三方监测业务的单位应当具有工程勘察综合甲级资质或者工程物探测试检测监测专项资质，并通过CMA（中国计量认证）。

各地要求第三方监测的人员具有岩土、结构、地下工程、测绘等专业背景，监测项目负责人及技术负责人应具备工程师及以上职称，熟悉整个过程的计算分析，有从事类似工程监测的经验，通过有关部门组织的技术技能上岗培训，从事数据采集的技术工人应有测绘工证书，针对报告的签署人员要满足监测成果的签署认可要求。第三方监测仪器设备类型、数量、精度应满足开展第三方监测项目数据采集的要求，并有应急备用储备。

第三方监测是专业性、经验性强的工作，建设单位委托的专业单位应有当地工程监测业绩，从事第三方监测的人员应具有类似工程经验，一般由建设单位在招标中予以明确。同时，对第三方监测的诚信也有要求，一般要求第三方监测单位在 1 年内无不良行为记录，未处于被政府通报批评或其他行政处罚期。

1.3.5 监测行业管理

1. 诚信体系建设

建立企业诚信与招投标、企业资质等级调整、吊销的约束关系，能够促进行业单位诚信从业。建设单位通过工程招投标的方式确定第三方监测单位时，评标应当以投标人的业绩、信誉和监测人员的能力以及监测方案的优劣、报价等为依据，进行综合评定。政府行政主管部门协调行业协会开展从业单位的质量监督评价，建立监测工程项目信息数据库，建立工程监测从业单位诚信档案，并与相关部门的过程质量监督做好接口。

2. 规范监测市场

监测市场整体情况较好，社会投入监测行业的资金较大时，有利于监测行业的整体发展。相反，市场情况较差，相关资金投入较少时则不利于监测行业的发展。影响工程监测市场的主要问题为市场价格低和不良市场行为，主要有低价竞争、资质挂靠、违法转包分包等。从行业管理角度采取措施协调监测单位，可协助政府管理部门加强行业自律，规范监测市场。

3. 技术培训管理

协会在行业管理中的一个重要作用是建立和落实监测技术标准，培训并认证合格的监测技术人员，提高从业人员的基础技能和专业技能，提供专家，解决较为复杂的监测技术问题，可促进监测工作质量良性发展。

4. 推进信息化管理

建立工程监测行业质量信息化管理平台系统，将监测从业单位信息、人员信息、工程项目信息、质量监管信息、诚信信息及专家信息等统一纳入信息化管理平台，对有关质量信息及诚信信息透明化，对于规范行业管理、提高监测质量保障能力十分必要。

1.3.6 政府部门监督

1. 监测质量行为督察

各级政府管理部门发布的有关文件，对工程监测相关的建设费用预算、从业单位要求、人员资格及培训、监测质量安全责任、监测技术要求、监测质量监督检查、监测质量问题处罚等进行了明确，并依据这些规定进行监管。

监测质量行为督察的重点是建设单位的工程监测项目委托合规性、过程管理的规范性，监测单位的资质资格、人员和设备、方案审查、监测布点、监测数据采集、预警预报、监测成果报告等的合规情况，以及监理单位对监测数据对比分析、监测过程检查的落实情况等。

针对监测质量行为的督察主要落实在各级政府的安全质量大检查中，排查监测隐患，堵塞监测管理漏洞，加大监测质量事故处理力度，追究有关单位和人员责任，形成工程安全质量保障工作的长效机制，促进工程质量的不断提高，确保工程的安全建设。

2. 规范招投标管理

监测实施过程中，往往遇到招标文件及合同约定与行业规范、规章制度不完全相符的情况，使得监测实施的标准不统一甚至有矛盾，如按合同约定，则可能对规范及规章制度的执行有缺漏，造成监测工作缺陷，某些环节难以通过政府相关部门的检查，因此可在招投标环节加强监管，避免后期的执行出现多重标准而取其低的情况出现，从而影响到监测质量。

3. 从业单位管理

政府资质发放部门根据对从业单位按照有关法律法规规定进行督察的结果及有关质量事故的调查结果的反馈，对监测工作违规行为进行严格的责任追究，可以对从业单位加强合规管理，保障工程监测项目实施过程中的监测数据真实、准确起到促进作用。

1.3.7 建设单位监管

1. 建设单位主体监管

建设单位依法对建设工程质量负责，落实法律法规规定的工程质量责任制，对建设工程各阶段实施质量管理，督促建设工程有关单位和人员落实质量责任，处理建设过程和保修阶段建设工程质量缺陷和事故。工程监测方面，主要是保证工程监测依照法律、法规、工程建设标准开展工程监测管理，推进工程监测工作的开展，并承担相应质量责任。

落实建设方有关的监测责任主要内容有：①保证合理的监测工程造价；②委托有资质的工程监测单位开展第三方监测工作；③组织监测方案内容的专家技术审查；④提供开展监测工作所需要的工程勘察报告、环境调查报告、安全风险评估报告、施工图设计文件、地形图管线文件、测量控制网报告等相关资料，并在实施过程中提供配合开展工作的条件；⑤监督检查监测单位的过程履约情况。

2. 监测单位监管

监测单位在法律法规、规范标准的约束下按建设单位委托内容，承担提供公证数据及开展相关咨询服务工作，应当按照法律法规、工程建设标准、施工图设计文件及合同约定实施监测，并对监测数据的真实性、准确性和可靠性负责。

对监测单位的监管主要有以下几个方面：①合格的满足数量要求的监测人员和仪器设备；②监测技术方案设计内容及审查的合规情况；③监测设施的埋设质量及破坏动态恢复情况；④过程监测成果的全面性、完整性、及时性等；⑤监测成果的真实准确性；⑥警情报告的及时性及准确性；⑦监测档案管理的规范性和原始成果的可追溯性。监测单位应积极配合建设单位及政府部门组织的工程质量安全监督检查工作。

1.3.8　监测单位内控

监测单位质量内控是保证工程监测质量的重要支撑条件，监测单位运行质量管理体系、实验室认证管理体系的完善情况对监测质量有重要影响。工程监测质量管理体系是保证监测工作质量的纲领性文件，包括建立工程项目监测质量方针和质量目标，以及为实现质量方针和质量目标而开展的质量策划、质量控制、质量保证和质量改进等。工程监测质量管理是监测单位开展企业管理的重要基础，可以规范工程监测管理和监测行为，监督和预防质量事故的发生，对提高监测质量水平具有重要的意义。

为保证工程监测工作的质量，监测单位应建立工程监测质量管理体系，制订工程监测管理程序，包括任务下达、工作准备、编制监测方案、测点埋设及仪器调试、现场监测、监测数据处理分析、报告编制和质量评价等。明确监测项目组织机构和项目负责人、监测技术人员、作业人员等的具体职责，将监测责任落实到人，对相关监测人员进行培训。制订相关的监测作业细则，规定不同监测项目开展的具体技术要求，包括监测方案编审、过程控制、成果控制、监测预警管理、应急管理、质量检查考核等，对相关工作进行质量控制。

1.4　监测质量管控关键环节

1. 监测设计与审查

监测设计是监测实施的源头，对监测实施质量有较大影响，需要保证监测设计满足有关法规标准要求，具有可实施性，这可在施工图审查的环节予以控制。建设单位在办理建设工程施工许可前，应将施工图报送审查机构审查，监测设计内容应通过技术审查。施工图审查机构对工程监测设计内容进行审查的关键是施工监测及第三方监测设计内容是否满足法律法规和标准规范中强制性条文要求，监测技术设计的深度及形式是否满足开展工程监测的要求。

2. 监测方案专家评审

监测方案是重要的技术策划文件，监测应满足设计要求，准确识别结构风险、地质风险、环境风险及监测对象变化过程特征，科学设置监测项目、频率和控制指标等参数，给出可行合理的监测方法，明确顺畅的预警和监测信息反馈流程，做好风险情况下的应急措施，这是保证监测工程项目质量最基础的工作。

由于岩土工程是经验性和地域性较强的一项工作，组织专家进行方案审查，以监测单位的经验结合当地工程经验丰富的专家的经验，并广泛收集工程项目相关的勘察、设计、施工、监理等单位专家的意见，对于提高监测方案的针对性有重要作用。

3. 过程质量监督检查

住房和城乡建设部对监测单位的有关法律责任及处罚标准进行了明确，对监测单位是否按照有关法律法规、工程建设强制性标准和施工图设计文件实施监测，是否伪造监测数据或者出具虚假监测报告都有明确的罚则。

政府部门依法依规开展监测过程的行为检查，在关键的监测设计、监测方案、测点验收、数据采集、数据计算分析、预警预报等环节进行检查。对监督检查结果应定期向社会公布，作为识别监测单位质量服务情况的依据。

4. 违规行为行政处罚

住房和城乡建设部《危险性较大的分部分项工程管理规定》对监测单位违规行为给出了行政处罚措施，其中第三十八条规定："监测单位有下列行为之一的，责令限期改正，并处 1 万元以上 3 万元以下的罚款；对直接负责的主管人员和其他直接责任人员处 1 000 元以上 5 000 元以下的罚款：（一）未取得相应勘察资质从事第三方监测的；（二）未按照本规定编制监测方案的；（三）未按照监测方案开展监测的；（四）发现异常未及时报告的。"

《北京市建设工程质量条例》对监测质量问题给出了罚则，第七十七条、第八十一条、第一百零三条规定工程监测单位未按照有关法律法规、工程建设强制性标准和施工图设计文件实施监测，伪造监测数据，或者出具虚假监测报告的，构成犯罪的，由规划行政主管部门及相关行政部门进行处罚。此外，因监测造假等违法问题造成严重后果触犯刑法的，按有关法律要求追究责任。

1.5 监测质量现状与不足

住房和城乡建设部近年来对城市轨道交通和房建工程的工程质量督察结果表明，工程监测行业在从业单位资质资格、从业人员数量和质量、监测仪器设备投入、监测技术水平、工程产品质量管控等方面已经相对较为规范，但也存在监测方案水平不高、监测点破坏引起数据缺失、监测预警不及时等情况，需要对从业单位加强管控工作、提高新技术应用水平。

以住房和城乡建设部 2018 年城市轨道交通工程质量安全督查工作为例，检查组对合肥、武汉、长沙、济南、石家庄、洛阳、成都、重庆、乌鲁木齐、呼和浩特和兰州 11 个在建城市，22 个工点进行了检查，受检查单位 17 家。重点检查了"资质与资格""方案编制与审查""仪器与设备""数据采集与巡视""预警与反馈""成果报告"六大项。在总计 299 个检查子项中，评价为"符合"的为 238 项，"不符合"的为 61 项；提出问题和建议 54 条。"方案编制与审查""数据采集与巡视"两项督查项目的符合率较低，发现问题和提出建议的数量也集中在这两项之中，见表 1.5–1。

表 1.5-1　工程监测质量问题分布

督查大项	督查项目	督查子项	符合率 /%	问题和建议的数量
一、管理	（一）资质与资格	1、2	95.45	0
二、技术	（二）方案编制与审查	3	36.36	13
	（三）仪器与设备	4	95.45	0
	（四）数据采集与巡视	5 ~ 8	69.41	25
	（五）预警与反馈	9、10	87.80	8
	（六）成果报告	11 ~ 14	84.71	8

1. 突出问题

（1）测点保护不到位。从现场检查结合成果资料，发现施工现场测点保护依然是个大问题，现场测点保护盖丢失较多，部分测点破坏，个别测点失效，还有部分测点被遮挡、压占等，尤其是围挡之外的监测点，破坏程度更为严重。

（2）预警响应不规范。有些项目预警体系不完善，只有预警等级，没有预警、消警流程，部分预警指标不具可操作性；个别项目发布预警，第三方监测单位没有发技术联系单，没有预警响应，没有消警记录；有些项目预警等级错误，如某局部管线沉降已达 60mm，为控制值的 3 倍，发布的却是橙色预警。

（3）成果资料分析评价不到位。部分监测数据明显异常，未做深入分析；部分测点已经失效，报表中仍然留着错误的数据；部分工点未对现场安全状态做出评价，如某单位监测周报中基坑与暗挖交界位置处监测数据显示沉降明显，报告中却未做分析。

2. 共性问题

根据督查资料的统计分析和现场实际检查结果，监测中共性问题主要是监测方案编制深度不够、针对性不强，现场监测巡视不规范，成果资料不完整。

（1）监测方案编制深度不够、针对性不强。检查过程中发现多个轨道交通工程监测方案预警体系不完善，只有预警等级，没有预警、消警流程，预警指标不具有可操作性，存在专项监测方案对地质、环境条件描述过于笼统，对监测范围及监测对象分析不充分，监测方案针对性不强的问题。

（2）监测点验收不规范。缺少监测点埋设过程和成品照片，没有按照随埋随验的原则进行验收，部分项目一次性全部验收，明显流于形式。

（3）巡视不规范。巡视报表没有现场原始描述记录，部分项目巡视记录不规范，签字不齐全等。

（4）监测成果资料不完整。监测报表中仪器设备、气象条件等表头信息不齐全，巡视报表中施工工况、支护结构、周边环境、监测设施等主要巡视信息不完整。相关施工建议不全或缺乏针对性。监测资料分析过于简单，对异常数据原因分析不充分。

3. 其他问题

（1）工程监测管理制度不完整，相关研究有待深入开展。第三方监测工作在监测对象、监测项目、监测频率等方面尚未有统一的标准。施工监测和第三方监测的定位尚不清晰，各自的责任也未有相关法律法规、技术规范等明确规定，监测管理方面存在不足。

工程监测工作的停测时间目前各地的标准不一，未结合相关技术规范要求提出适宜的监测周期，明确适宜的停止监测时间。相关消警研究需深入开展。

（2）施工单位对第三方监测工作配合不到位。监测点一般由施工单位布设，第三方监测与施工单位共同采取初始值，开展同点位监测。第三方监测单位开展监测工作需施工单位配合，进入施工场地开展相关工作。目前仍有个别施工单位对第三方监测不重视，不及时布设监测点，或不积极提供适宜的监测场地，对第三方监测工作的开展带来了一定的影响。

第 2 章　工程影响分区

2.1　概述

建设工程中大量涉及基坑工程、暗挖工程，并且大多数工程处于人口密集的城区，地质条件、环境条件复杂，周边高楼林立，地下管网及交通网密集。地下工程近接施工影响问题已经成为目前工程设计、施工、安全监测等工作关注的重点。地下工程施工会对周围岩土体及环境产生一定程度的影响，但不同工程条件、施工工法对周边岩土体的扰动范围和扰动程度各不相同，一般来说，邻近工程施工区域的岩土体受扰动程度最大，由近到远的影响程度越来越小，并将这一受施工扰动的范围称为工程影响区。工程影响分区指基于常规工程措施下，根据一定的判别准则反映工程施工对周围岩土体影响程度大小的空间区划。根据工程对周围岩土体影响程度的不同，一般将工程影响区划分为主要影响区、次要影响区和可能影响区。

目前关于工程影响分区问题的研究除了相关规范规定外，还缺乏系统的分析研究。鉴于此，本章工程影响分区研究主要内容包括分区影响因素、分区准则及分区划分标准等。研究技术路线为在总结分析现有研究成果的基础上，通过对工程影响分区的理论研究、数值模拟计算分析及实际案例深层位移变形监测数据统计分析，研究确定基坑工程、暗挖工程、边坡工程的空间影响区域，从而更科学合理地确定安全监测范围。

本章工程影响分区研究的目的和意义具体体现在：

（1）通过工程影响区划分，揭示各种施工工法的风险特点和影响范围，更科学合理地辨识确定风险工程；

（2）工程影响分区的合理划分，优化工程选址及规划、设计，准确判断施工风险和把握工程关键部位，减少环境影响，节约建设成本；

（3）通过工程影响区划分，区分工程施工对周边地层、环境的影响程度，科学确定监测等级，准确制订监测方案，经济合理地开展监测工作。

2.2　工程影响分区的研究现状

2.2.1　理论研究

1. 基坑工程

根据施工影响程度划分影响区，可对建（构）筑物所在区域影响程度进行预测，以便采取相应措施，减少施工影响。为此，近年来工程技术人员及学者开展了不同程度的工程影响分区研究。郑余朝等[7]结合沈阳某深大基坑近接既有地铁盾构隧道施工工程的实际情况，通过改变既有盾构隧道相对新建基坑的空间位置关系，进行了多工况三维数值模拟计算分析，得到了基于桩锚支护的基坑近接既有地铁盾构隧道施工的强、弱、无影响分区图，并通过现场的沉降实测结果等验证影响分区标准和控制技术的有效性。刘力英等[8]将明挖工程影响区分为Ⅰ区（无影响范围）、Ⅱ区（要注意的范围）、Ⅲ区（限制范围或需要采取措施的范围），主要考虑了既有建（构）筑物基础与基坑边界的水平距离、既有建筑物基础埋深和基坑深度，并将浅基坑和深基坑的影响范围划分加以区分。王飞等[9]通过对基坑现场监测大量数据的分析，获取了基坑施工周边地层沉降和侧移的空间分布规律，根据基坑变形特性将基坑周围建（构）筑物与基坑的接近程度分为"非常接近""接近""较接近""不接近"四个程度，并根据基坑施工对周边环境及建（构）筑物的影响程度，将基坑周边区域划分为"明显影响区""较大影响区""普通影响区"，并在"接近程度划分"和"影响分区"的基础上，从基坑"自身风险"和"环境风险"两个角度分析了基坑施工安全风险评价影响因素，建立了基坑自身安全风险分级体系、基坑环境安全风险分级体系。成志勇[10]等介绍了基坑开挖引起的土体水平位移和横向沉降空间效应，借助有限元软件，分析了地表纵向沉降空间分布规律，并以此为基础，进行了基坑开挖影响分区，探讨了建筑物处于不同分区时受影响的模式和影响程度。施有志等[11]以厦门地铁1号线某深基坑的实测资料为基础，采用考虑土体小应变刚度特性的有限元方法，对基坑施工对邻近管线影响规律进行了参数分析，结合规范中的变形控制标准，划分了基坑开挖对邻近管线影响分区，综合考虑基坑外管线的水平距离和埋深，基坑开挖对邻近管线的影响可划分为主要影响区（Ⅰ）、次要影响区（Ⅱ）、一般影响区（Ⅲ）和微弱影响区（Ⅳ）。郑刚等[12]以天津市某邻近既有隧道深基坑实测资料为基础，采用考虑土体小应变刚度特性的有限元方法对基坑施工对坑外既有隧道变形影响规律进行了参数分析，结合不同规范变形控制标准，划分了不同围护结构变形模式和最大水平位移条件下坑外既有隧道变形影响区，坑外变形影响区大致可简化为直角梯形形状，并根据实际工程基坑围护结构可能产生的变形形式、最大变形和隧道与基坑的相对位置，预估隧道可能产生的变形，其部分成果如图2.2-1和图2.2-2所示。

2. 暗挖工程

张自光等[13]结合青岛地铁M3号线区间隧道工程实践，采用数值计算方法，选取了建筑荷载、隧道跨度、位置关系、基底宽度四种因素，对穿越基岩的地铁隧道近接建筑施工工程影响分区进行了综合探讨。邢凯等[14]基于岩体Hoek-Brown非线性屈服准则，考虑渗流因素，通过弹塑性理论推导得到水下隧道近接施工周围岩体应力状态，结合"松动区－承载区"概念，提出水下隧道近接施工影响区划分方法。黎春林等[15]在定义扰动评价标准基础上，提出了应用有限元计算盾构施工塑性区和扰动范围的一种简捷实用的数值方法。王明年等[16]通过对盾构隧道掘进全过程三维模拟方法及重叠近接分区研究，采用摩尔－库仑屈服准则对盾构隧道重叠段进行了横向近接分区，同时采用位移变化速率准则对盾构隧道重叠段进行了纵向近接分区，将盾构隧道工程影响区划分为强烈影响区、中影响区、弱影响区、无影响区。杨小龙等[17]基于随机介质理论推导出单孔圆形断面隧道以及双孔圆形断面隧道开挖条件下地表沉降公式，同时通过MATLAB编程实现了对昆明轨道交通4号线实测断面的双孔隧道地表沉降预测分析，

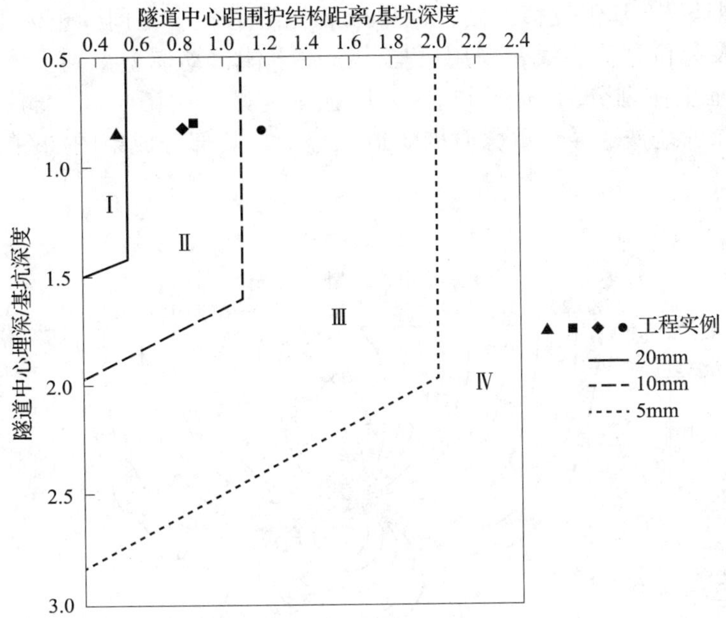

图 2.2-1　简化后隧道不同变形值影响区

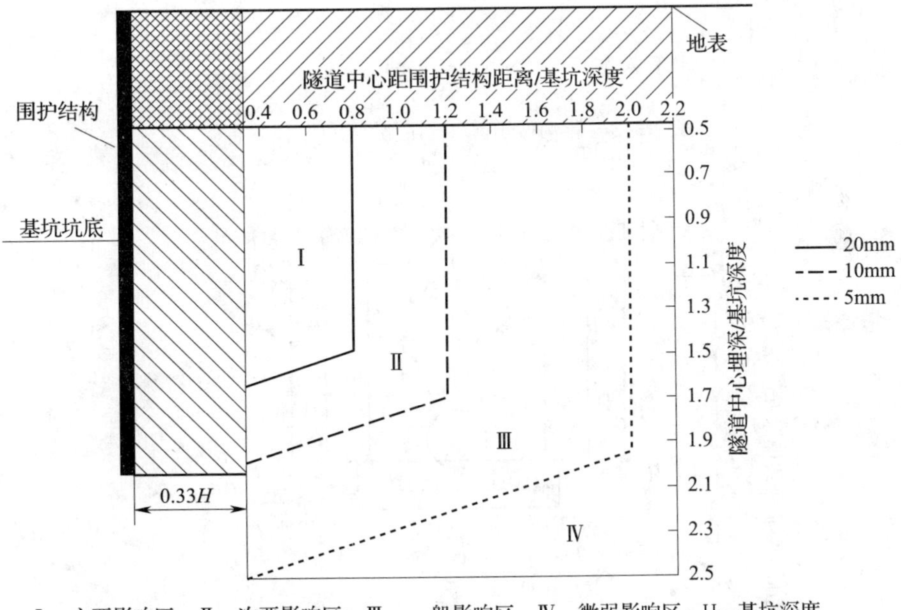

Ⅰ—主要影响区；Ⅱ—次要影响区；Ⅲ——般影响区；Ⅳ—微弱影响区；H—基坑深度。

图 2.2-2　实测案例变形影响区

并根据 4 号线昆明东站至麻苴站区间隧道沿线建筑统计分析，对盾构隧道沿线区域进行基于双孔隧道的影响分区划分。张俊儒等[18]以长沙轨道交通 3 号线盾构隧道近接大断面矿山法隧道施工为工程依托，针对泥质粉砂岩地层，采用数值模拟和模型试验的手段，研究了盾构隧道近接矿山法隧道施工的影响规律，并基于地表沉降准则提出了影响分区。魏纲等[19]基于位移准则，以单个盾构隧道施工在周围土体中引起的竖向位移、水平位移及总位移为主线，采用盾构法统一土体移动模型得到土体位移等值线图，然后将隧道周围土体划分为四个影响区，即强影响区、中影响区、弱影响区、无影响区，并应用于深圳地铁 3 号线重叠盾构隧道工程中，其部分成果图如图 2.2–3 ~图 2.2–6 所示。

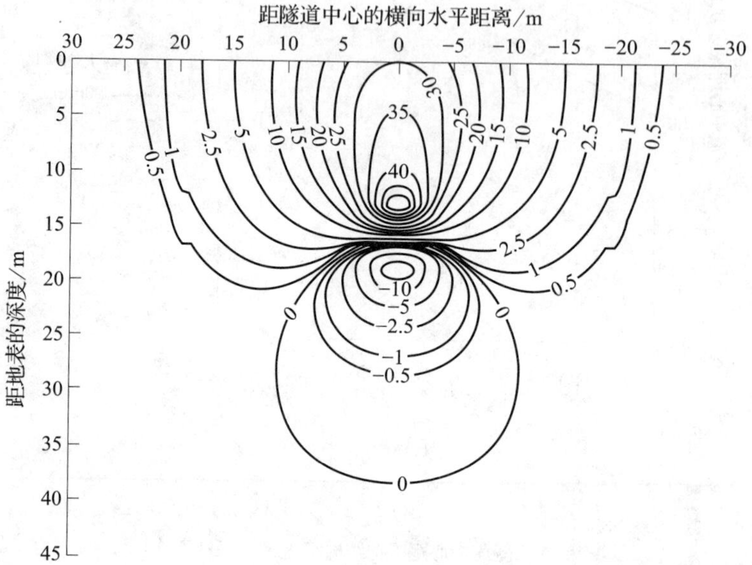

图 2.2–3 盾构隧道施工引起的竖向位移等直线

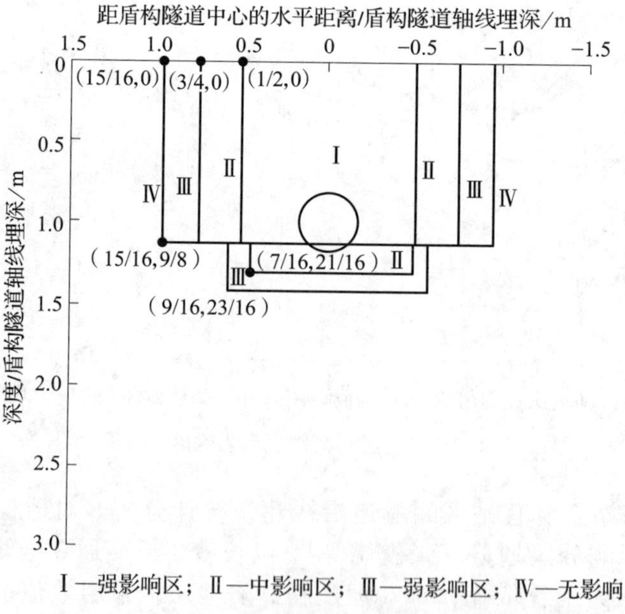

Ⅰ—强影响区；Ⅱ—中影响区；Ⅲ—弱影响区；Ⅳ—无影响区。

图 2.2–4 依据竖向位移等值线图划分的影响区

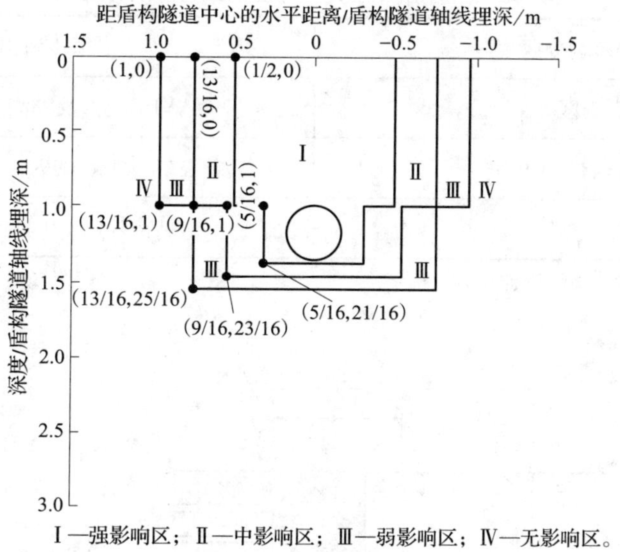

图 2.2-5　依据总位移等值线图划分的影响区

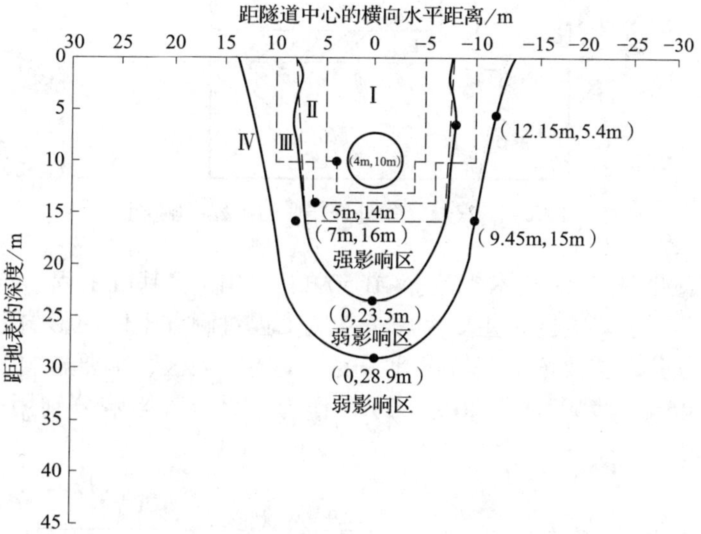

图 2.2-6　依据实测竖向位移等值线图划分的影响区

2.2.2　相关规范对影响区划分标准

1. 基坑工程

《城市轨道交通结构安全保护技术规范》CJJ/T 202—2013 将基坑工程影响区分为强烈影响区、显著影响区和一般影响区，考虑了基坑工程对周围和下方土体的扰动，划分标准主要依据基坑埋深和影响部位距基坑侧、下方边界距离，如表 2.2-1、图 2.2-7 基坑工程外部作业的工程影响分区所示。

表 2.2–1 基坑工程外部作业的工程影响分区

工程影响分区	区域范围
强烈影响区（A）	结构正上方及外侧 $0.7h_1$ 范围内
显著影响区（B）	结构外侧 $0.7h_1 \sim 1.0h_1$ 范围
一般影响区（C）	结构外侧 $1.0h_1 \sim 2.0h_1$ 范围

注：h_1 为明挖外部作业结构底板的埋深。

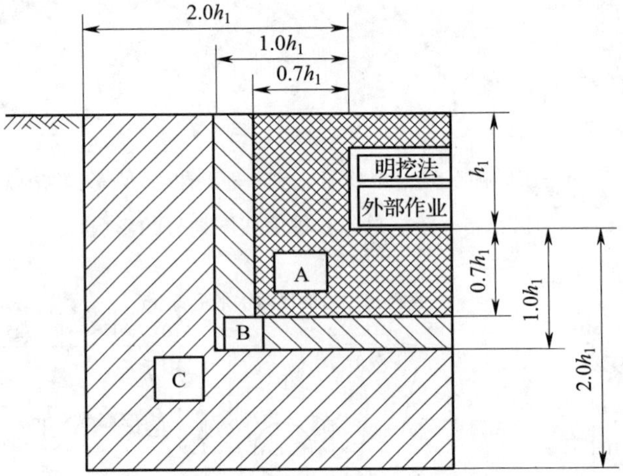

图 2.2–7 基坑工程外部作业的工程影响分区

《城市轨道交通工程监测技术规范》GB 50911—2013 将基坑工程影响区分为主要影响区、次要影响区和可能影响区，主要考虑了基坑工程对侧方土体的影响，按照与基坑边缘距离的不同进行划分，主要依据基坑设计深度。主要影响区、次要影响区和可能影响区以 $0.7H$ 或 $H \cdot \tan(45° - \varphi/2)$ 和（2.0 ~ 3.0）H 作为分界点，影响分别用Ⅰ、Ⅱ和Ⅲ表示，如图 2.2–8 所示。

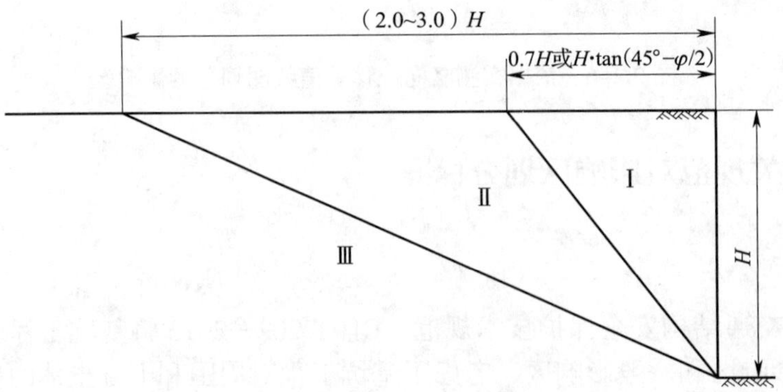

H—基坑设计深度；φ—岩土体内摩擦角。

图 2.2–8 基坑工程影响分区

《城市轨道交通土建工程设计安全风险评估规范》DB 11/1067—2014 将基坑工程影响区分为接近、较接近、一般，主要考虑了基坑工程对周边土体的影响，按照与基坑边缘距离的不同进行划分，划分标准依据基坑设计深度，未明确区分基坑两侧和基底以下部位，如表 2.2–2 所示。

表 2.2–2　环境设施与新建城市轨道交通结构的接近关系分级表

施工方法	接近关系		
	接近	较接近	一般
明（盖）挖法	基坑周边 0.4H（含 0.4H）范围内	基坑周边 0.4H ~ 0.6H（含）范围内	基坑周边 0.6H ~ 1.0H（含）范围内

注：H 为基坑开挖深度。

2. 暗挖工程

《城市轨道交通结构安全保护技术规范》GJJ/T 202—2013 将浅埋矿山法和盾构法工程影响区分为强烈影响区、显著影响区和一般影响区，考虑了暗挖工程对上方、侧方和下方土体的扰动，划分标准主要依据隧道跨度和影响部位距隧道上、侧、下方边界距离，如表 2.2–3、图 2.2–9 所示。

表 2.2–3　浅埋矿山法和盾构法工程影响区划分

工程影响分区	区域范围
强烈影响区（A）	隧道正上方及外侧 0.7h_2 范围内
显著影响区（B）	隧道外侧 0.7h_2 ~ 1.0h_2 范围
一般影响区（C）	隧道外侧 1.0h_2 ~ 2.0h_2 范围

注：h_2 为矿山法和盾构法外部作业隧道底板的埋深。

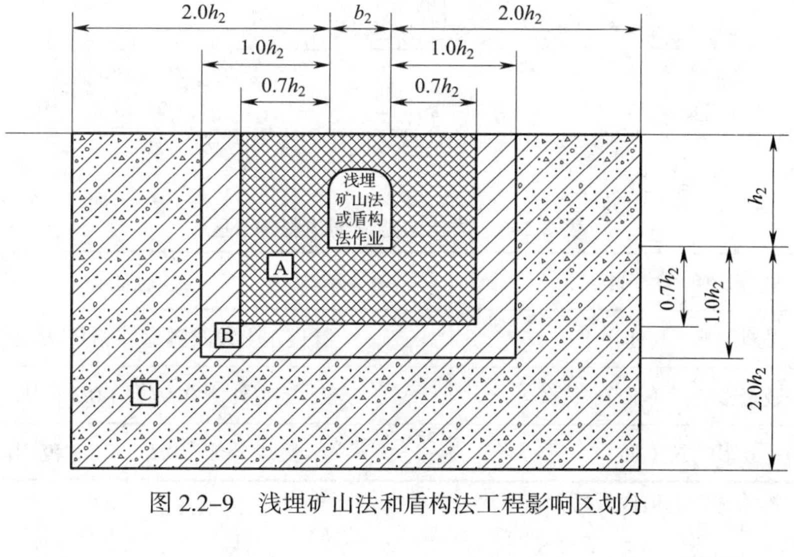

图 2.2–9　浅埋矿山法和盾构法工程影响区划分

《城市轨道交通工程监测技术规范》GB 50911—2013 将矿山法、盾构法工程影响区分为主要影响区、次要影响区和可能影响区，主要考虑了暗挖工程对上方、侧方土体的影响，按照与隧道边缘距离的不同进行划分，划分标准依据隧道埋深、跨度或洞径。矿山法浅埋隧道周边影响分区如表 2.2–4、图 2.2–10 所示，盾构法隧道周边影响分区如表 2.2–5、图 2.2–11 所示。

《城市轨道交通土建工程设计安全风险评估规范》DB 11/1067—2014 将暗挖工程影响区分为接近、较接近、一般，主要考虑了暗挖工程对周边土体的影响，按照与暗挖结构距离的不同进行划分，划分标准依据矿山法隧道毛洞设计宽度、盾构法隧道设计外径，如表 2.2–6 所示。

表 2.2–4 矿山法浅埋隧道周边影响分区

受隧道影响程度分区	区域范围
主要影响区（Ⅰ）	隧道正上方及隧道外侧 $0.7H_i$ 范围内
次要影响区（Ⅱ）	隧道外侧 $0.7H_i \sim 1.0H_i$ 范围内
可能影响区（Ⅲ）	隧道外侧 $1.0H_i \sim 1.5H_i$ 范围内

注：H_i 为矿山法隧道底板埋深。

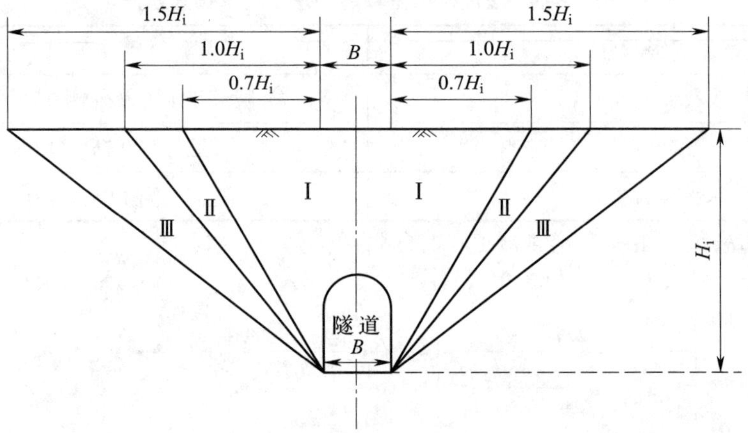

图 2.2–10 矿山法浅埋隧道周边影响分区

表 2.2–5 盾构法隧道周边影响分区

受隧道影响程度分区	区域范围
强烈影响区（Ⅰ）	隧道正上方及隧道外侧 $0.7H_i$ 范围内
显著影响区（Ⅱ）	隧道外侧 $0.7H_i \sim 1.0H_i$ 范围内
一般影响区（Ⅲ）	隧道外侧 $1.0H_i \sim 1.5H_i$ 范围内

注：H_i 为盾构法施工隧道底板埋深。

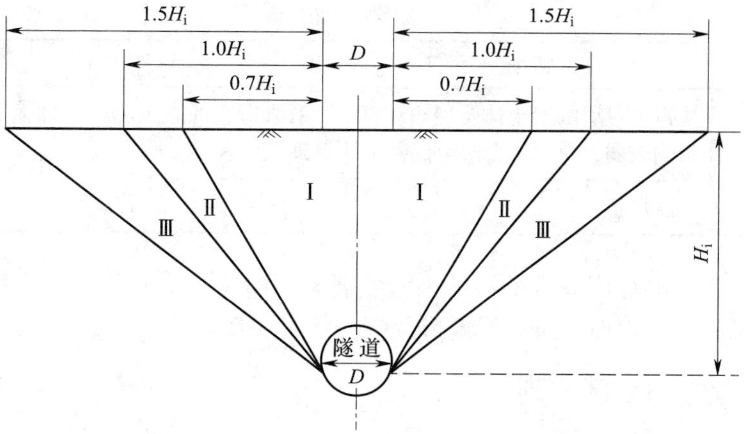

图 2.2–11　盾构法隧道周边影响分区

表 2.2–6　环境设施与新建城市轨道交通结构的接近关系分级表

施工方法	接近关系		
	接近	较接近	一般
矿山法	隧道正上方 0.7*B*（含）范围内；隧道外侧 0.5*B*（含）范围内	隧道正上方 0.7*B* ~ 1.5*B*（含）范围内；隧道外侧 0.5*B* ~ 1.0*B*（含）范围内	隧道正上方大于 1.5*B*（含）范围内；隧道外侧 1.0*B* ~ 2.0*B*（含）范围内
盾构法	隧道正上方 0.5*D*（含）范围内；隧道外侧 0.3*D*（含）范围内	隧道正上方 0.5*D* ~ 1.0*D*（含）范围内；隧道外侧 0.3*D* ~ 0.7*D*（含）范围内	隧道正上方大于 1.0*D*（含）范围内；隧道外侧 0.7*D* ~ 1.0*D*（含）范围内

注：*B* 为矿山法隧道毛洞设计宽度；*D* 为盾构法隧道设计外径。

2.3　工程影响分区标准及准则

2.3.1　工程影响分区标准

地下工程施工对周边环境的影响不仅存在着区域性，而且在局部的范围内位移变形及应力重分布是有梯度变化的，这就表明地下工程施工对周围环境的影响在不同区域影响程度是不同的，为此，提出了施工影响分区及标准，如表 2.3–1 所示。

表 2.3–1　工程影响分区及标准

影响分区	特征	措施
主要影响区（Ⅰ）	施工对周围岩土体及周边环境影响较强烈，通常会产生危害	根据本区域内环境条件，预测或评估对环境影响程度，在设计方案、施工方法、安全监测及工程管理等方面采取相应措施

表 2.3–1（续）

影响分区	特征	措施
次要影响区（Ⅱ）	施工对周围岩土体及周边环境影响较弱，通常不会产生危害	采取适宜的施工方法，加强安全监测及工程管理
可能影响区（Ⅲ）	通常不考虑施工影响	一般不需要采取措施

地下工程施工影响程度分区的影响因素主要有：施工工法工艺（受力特征），新建工程结构、规模尺度、工程地质条件、地形及空间位置关系等。

2.3.2 工程影响分区准则

工程影响分区准则可从工程地质条件和环境条件两大方面考虑，分为五个基本型，如表 2.3–2 所示。

表 2.3–2 工程影响分区准则

序号	准则大类	准则基本型
1	地层条件	应力准则
		塑性区准则
		位移准则
2	环境对象	强度准则
		刚度准则
3	复合准则	复合准则

应力准则：即按引起应力重分布的梯度变化范围和应力集中度（系数）划分，包括弹性准则（Ⅰ、Ⅱ级围岩）和弹塑性准则（Ⅲ~Ⅵ级围岩）。

塑性区准则：即按塑性区不叠加（处于临界状态）确定分区指标。考虑工程施工引起周边应力重分布后若仍处于弹性状态，说明围岩强度仍有潜力，对既有结构引起的受力变化不大，只有出现塑性区且与既有侧连通时，才会引起对既有结构物的较大影响，这种条件较应力准则有所放松。

位移准则：即按工程施工引起的周围岩土体位移程度划分影响区域的准则。当既有结构对位移响应较强烈，如基础等的不均匀沉降及地表下沉等情况下，则应按位移值大小划分影响区域。

强度准则：即按工程施工引起既有结构物承载力改变程度划分影响区域。既有结构的健康程度及工程施工对其的影响程度将直接影响区域指标的划分。

刚度准则：即按工程施工引起既有结构物形状改变程度及内部构造物允许的变位要求来划分影响区域的准则。

复合准则：即将上述准则复合运用。有些类型条件下，需同时考虑两种及以上准则的组合运用。

2.4　工程影响分区理论研究

2.4.1　基坑工程土体破坏机理

2.4.1.1　基坑位移变形及失稳机理分析

基坑变形包括围护墙的变形、坑底隆起及基坑周围地层移动。由于开挖卸荷而引起坑底土体产生以向上为主的位移，即坑底土体隆起。基坑开挖同时也引起围护墙在两侧压力差的作用下而产生水平向位移和因此而产生的墙外侧土体的位移。围护墙位移使墙体主动压力区和被动压力区的土体发生位移。墙外侧主动压力区的土体向坑内水平位移，使背后土体水平应力减小，以致剪力增大，出现塑性区，而在基坑开挖面以下的墙内侧被动压力区的土体向坑内水平位移，使坑底土体加大水平向应力，以致坑底土体增大剪应力而发生水平向挤压和向上隆起的位移，在坑底处形成局部塑性区。随着开挖深度增加，基坑内外的土面高差不断增大，当开挖到一定深度，基坑内外土面高差形成加载和地面各种超载的作用，当坑外或坑底土体抗剪强度不能满足不断增大的剪应力时，就会引发基坑失稳破坏。

实践表明，基坑施工对周围岩土体影响可划分为四个不同的区域，如图 2.4–1 所示。这四个分区分别反映了开挖的“压缩剪切”“剪切”“卸载”和“压缩”作用。其中，地层的工程性质包括应力 – 应变关系和抗剪强度指标，都或多或少地发生了变化。在同一个开挖作用分区内，地层介质大致经历了相同形式的开挖作用。第Ⅰ类分区内开挖作用主要是“压缩剪切”，主要分布在基坑下侧壁，是剪切破坏的主要区域；第Ⅱ类分区内开挖作用主要是“剪切”，是地层中分布面积最大的，对基坑变形不发生直接影响；第Ⅲ类分区内开挖作用主要是“卸载”，分布在基坑上侧壁和坑底，是回弹变形的主要区域；第Ⅳ类分区内开挖作用主要是“压缩”，主要分布在基坑地表两侧沉降区范围内。

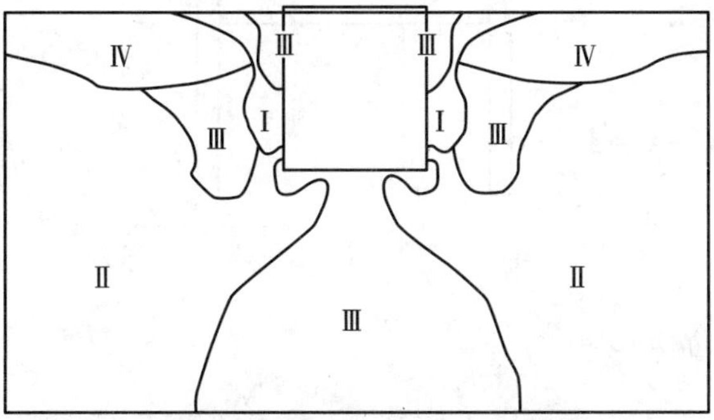

Ⅰ—第1类应力路径，压缩剪切；Ⅱ—第2类应力路径，剪切；
Ⅲ—第3类应力路径，卸载；Ⅳ—第4类应力路径，压缩。

图 2.4–1　基坑施工对周围岩土体影响分区示意图

2.4.1.2 基坑及周边岩土体的破坏形式

1. 围护结构整体失稳

当基坑土体滑动力矩较大、抗滑力矩不足时，边坡土体沿着滑动面（往往从支护结构底部通过、滑动面几乎不穿过结构物）向基坑内产生滑动坍塌，土体与支护结构同时失稳。地面附加荷载过大、坑内土体超挖、地下水的作用等原因，都可能引起结构整体失稳，如图 2.4–2 所示。

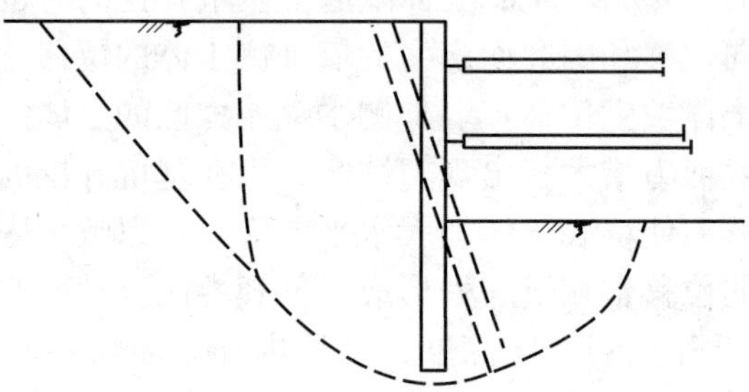

图 2.4–2 基坑围护结构整体失稳示意图

2. 围护踢脚破坏

基坑围护墙体插入基坑底部深度不够，同时由于底部土体强度较低，从而发生围护桩底向基坑内发生较大的“踢脚”变形，同时引起坑内土体隆起。“踢脚”失稳在单支撑的基坑中，可能发生绕支撑点转动，围护结构上部向坑外倾倒，围护结构的下部向上翻的失稳模式，故形象地称为“踢脚”失稳。在多支撑的围护结构中一般不会产生踢脚失稳，除非其他支撑都已失效，只有一道支撑起作用的情况，如图 2.4–3 所示。

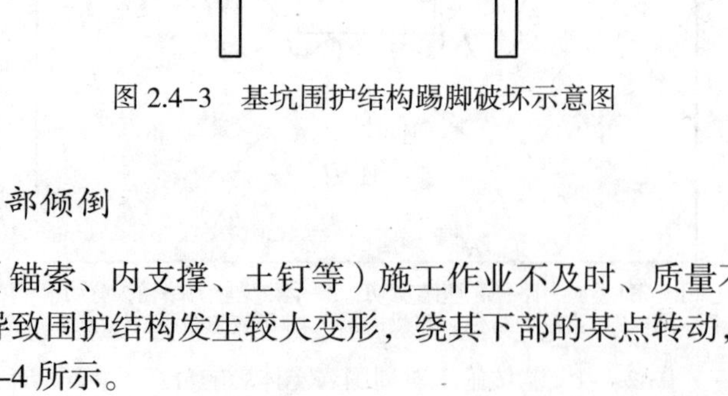

图 2.4–3 基坑围护结构踢脚破坏示意图

3. 围护结构顶部倾倒

由于支护体系（锚索、内支撑、土钉等）施工作业不及时、质量不达标或围护结构背后水土压力偏大，导致围护结构发生较大变形，绕其下部的某点转动，围护结构的顶部向坑内倾倒，如图 2.4–4 所示。

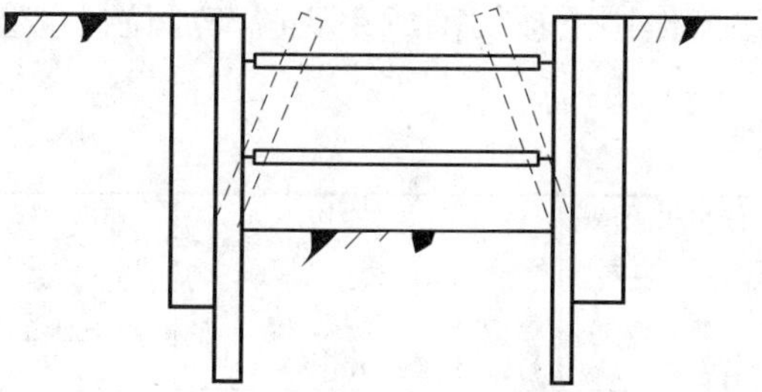

图 2.4–4 基坑围护结构顶部倾倒示意图

4. 侧壁流土破坏

当坑壁存在饱和粉土、粉细砂或饱和黏性土与粉土粉细砂互层土时，在上层滞水或潜水的渗流作用下，坑壁流土、流砂对基坑工程的影响巨大。坑壁流土、流砂往往是通过基坑侧壁止水帷幕不严处及锚杆孔等通道使大量砂、土很快流入坑内，造成坑周边地面急剧下沉，坑外建筑物破坏，如图 2.4–5 所示。

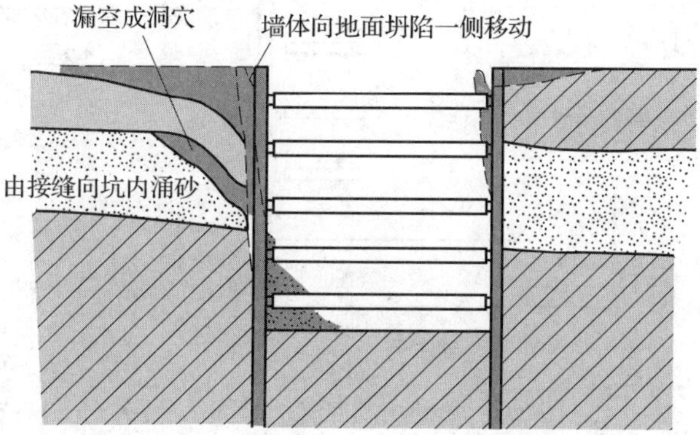

图 2.4–5 基坑围护结构侧壁渗漏土体破坏示意图

5. 基底突涌破坏

由于对承压水的降水不当，在隔水层中开挖基坑时，当基底以下承压含水层的水头压力冲破基坑底部土层，将导致坑底突涌破坏。随着基坑开挖深度越来越大，基底下部不透水层厚度越来越薄，承压水更有可能顶破坑底而发生突涌、隆起，造成基坑围护结构失稳等，如图 2.4–6 所示。

6. 基底管涌及流沙破坏

含水沙层中的基坑支护结构在基坑开挖过程中板桩墙内外形成水头差，当动水压的渗流速度超过临界流速或水梯度超过临界梯度时，就会引起管涌及流沙现象，基坑底部和墙体外面大量的砂随地下水涌入基坑，导致地面塌陷，同时使墙体产生过大位移，引起整个支护系统崩塌。

有时开挖面下有薄不透水层，薄不透水层下是一层有承压水头的砂层，当薄不透水层抵挡不住水头压力，在渗流作用下被切割成小块脱离原位，也会造成支护结构的崩塌破坏，如图 2.4–7 所示。

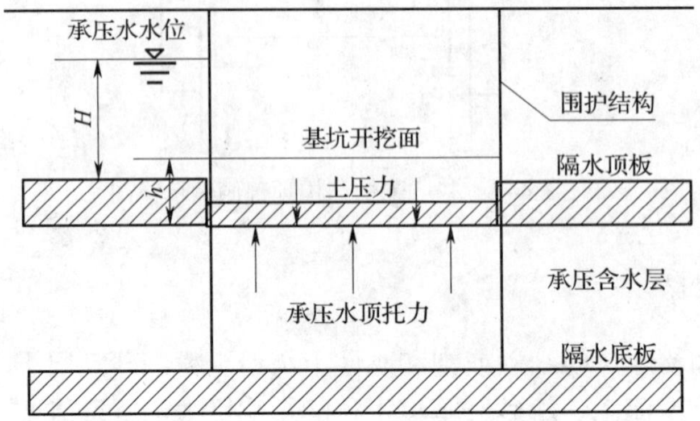

图 2.4–6 基坑基底突涌破坏示意图

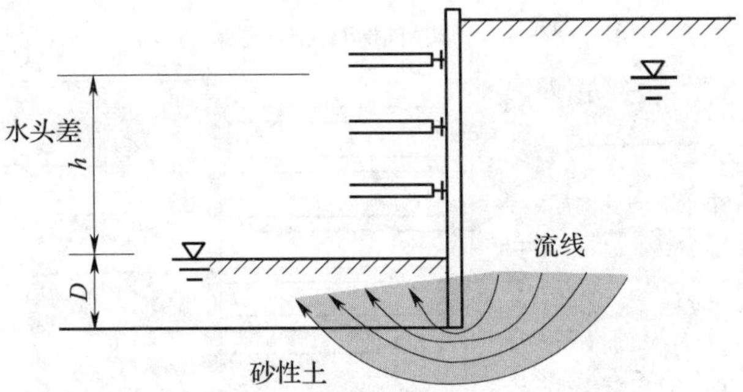

图 2.4–7 基坑基底管涌破坏示意图

2.4.1.3 基坑工程影响因素

基坑工程失稳的主要因素主要体现在以下几个方面：

1. 开挖过程中围护结构变形

基坑开挖时，围护墙内侧卸去原有土压力，而基坑外侧受主动土压力，坑底墙体内侧受全部或部分被动土压力，不平衡土压力使墙体产生变形和位移。围护墙的变形和位移又使墙体主动土压力区和被动土压力区的土体发生位移，墙外侧主动土压力区的土体向坑内移动，使背后土体水平应力减小，剪力增大，出现塑性区，而在开挖面以下的被动区土体向坑内移动，使坑底土体水平向应力加大，导致坑底土体剪应力增大而发生水平向挤压和向上隆起的位移。

墙体变形不仅使墙外侧发生地层损失而引起地表沉降，而且使墙外侧塑性区扩大，因而增加了墙外土体向坑内的移动和相应的坑内隆起，墙体的变形是引起周围地层移动的重要原因。

2. 坑底地基土回弹、塑性隆起

基坑开挖时，基坑底面的变形量由两部分组成：一是由于消除了坑底以上坑内土体的自重应力，坑底以下土体由于应力释放将产生回弹；二是基坑周围土体自重作用和水平方向对坑内土体的挤压使坑底土向上隆起。在较窄的基坑中，底部隆起呈现出中间大、两边小的形态。基坑较宽时，在距离围护结构一定距离处坑底隆起达到最大，中心区域隆起量相对较小。

坑底土体隆起是坑底土体原有应力状态因垂直卸荷而改变的结果。在开挖深度不大时，坑底土体在卸荷后发生垂直向隆起，当围护墙底为良好的原状土或注浆加固土时，围护墙在土体作用下也被抬高。坑底隆起量为中间大、两侧小，这种隆起基本不会导致两侧围护墙体的侧向变形。随着开挖深度不断加大，坑内外土面高差不断加大，到达一定程度时，将导致基坑坑底产生塑性隆起，同时在基坑周围产生较大的塑性区，并引起地表沉降。

3. 因降水导致坑外土体固结沉降

在降水作用下，随着地下水水位的下降，土层中的含水量减小，使浮托力减小，等于增加了附加荷重，使土体产生固结、压缩。在降水过程中压密变形以及水位恢复过程中都表现出黏弹性固体降水压密特征。在降水压密过程的初始阶段，压缩变形主要是由于土骨架的弹性性质引起的，随着有效应力的增加而发生，呈线性变化。有效应力的增加是由于土层中水的渗流排泄引起的，所以，降水压密的初始阶段实际上是伴随着孔隙水的渗流而逐渐发生的，是土的主固结作用过程。第二阶段有效应力增量与压缩变形呈非线性特征，即有效应力增量变化较小，基本上保持某一定值，而压缩变形仍在持续增加，但随着时间的延续，压密变形过程逐渐趋于稳定。这种非线性特征反映的变形过程是降水压密过程的后期阶段，压缩变形主要是由于土颗粒的黏性流动及土中孔隙水的黏性流动而引起的，其压缩变形过程滞后于土的有效应力及孔隙水压力变化而逐渐发生，最终趋于稳定，这实际上是土体的蠕变压缩作用过程，即土的次固结作用过程。

4. 降水带走土体颗粒产生地层损失，发生管涌

地下工程的地质一般为二元或者三元的结构，上层含水量丰富，土体渗透系数大，地下水联系性高，是相对比较透水的填土、粉土、淤泥质土、卵石层、砂砾层等；下层是黏土、残积土层、风化岩、粉质黏土等相对不透水层或不透水层。当基坑开挖以后，如果不允许基坑外降水，由于透水层渗透水头的损失不大，在一定水力梯度渗流作用下，下层的相对不透水层将会承受较大的水压力。在没有反滤层保护的情况下，当这股水压力冲破了不透水层，或者围护结构本身存在着某个薄弱部位，反压土体的厚度损失，粉土、粉砂、细砂等就会随水而流出，即发生了管涌。管涌不断发展，水土流失也越来越严重，管涌面越来越大，最终导致基坑外侧地面沉陷，甚至可能造成围护结构的失稳，以及坍塌事故的发生。

2.4.2 暗挖工程土体破坏机理

2.4.2.1 暗挖工程土体扰动机理

隧道施工扰动引起土体性质的变化主要表现在应力改变、孔隙水压力及含水量的改变、土体结构改变、土体的化学成分改变等。土体结构改变在微观上表现为粒间相对位移，宏观上表现为弹性模量和剪切模量等物性参数的改变，土体弹性模量和剪切模量与土体粒间位移有关。因此土体微观结构改变体现了土体应变状态的改变，如图 2.4–8 所示。施工扰动对土体的影响可以概括为两个方面，即应力状态和应变状态。对应力状态的影响主要表现为孔隙水压力变化。

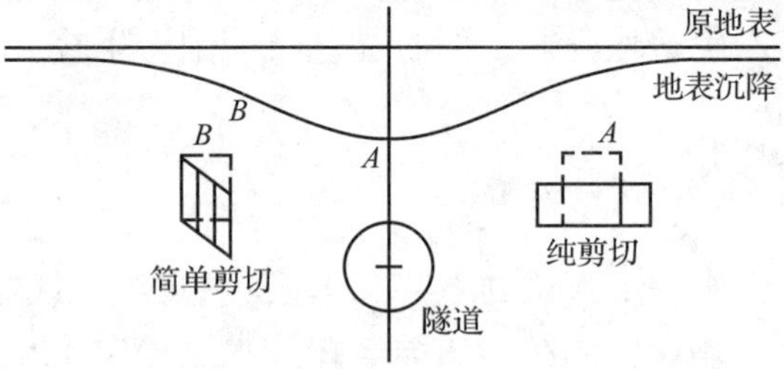

图 2.4–8 隧道施工扰动特点示意图

应变状态改变对土体性质的影响是施工扰动的主要方面。隧道开挖引起的土体位移变形规律如图 2.4–9 所示，隧道上方和两侧土体变形不同，隧道上方土体受压，可以视为剪切变形，而两侧土体则受简单剪切变形，各点土体应变量不同，相应其受扰动程度也不同。隧道正上方土体受到扰动大，相应的应变也大；相反，扰动程度小的土体应变也小。

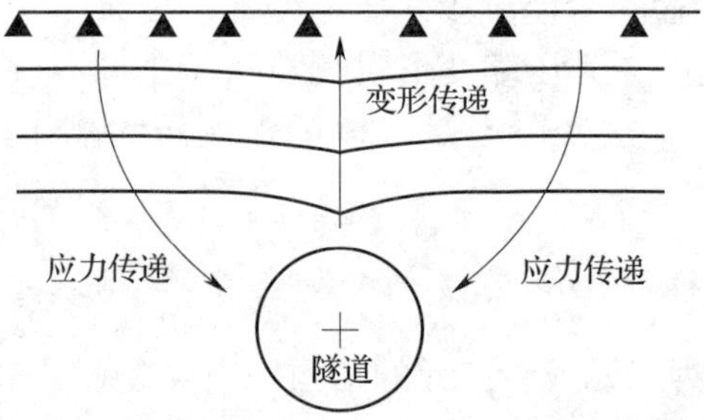

图 2.4–9 隧道开挖引起的土体变形和应力变化规律

隧道施工引起的地层变形，主要就是施工引起的地层损失和施工过程中隧道周围受扰动或者受剪切破坏的重塑土再固结造成的。地层损失是指隧道施工中实际开挖的土体体积与竣工隧道体积之差，竣工隧道体积中包括隧道周边包裹的压入浆体体积。一方面隧道周围土体在弥补地层损失中，发生地层移动，引起土体变形；另一方面在含水地层中进行隧道施工时，可能引起周围土体内部孔隙水压力的变化，使土体发生排水固结引起土体变形，而且土体的蠕变也导致土体发生一定的变形。隧道上覆地层的沉降是由开挖后的地应力释放、地层损失引起的。

隧道开挖引起的地表及周边土体的变形是一个非常复杂的过程。首先，隧道开挖后引起隧道周围一定范围内土体应力的变化，在应力调整的过程中，引起隧道周边土体的变形，随着隧道开挖影响逐渐扩大，最终通过土体传递到地表。应力的传递是自上而下的，由此造成开挖体周围及前方土体中的应力集中，当其超过土体强度后即发生破坏，继而产生较大的变形。而土体的变形是自下而上的，由隧道拱顶传递到地表，隧道开挖过程中，由于在隧道开挖完成之后，支护结构形成强度之前的间隔时间段内，隧道处于一种临空状态，隧道周边土体产生变形，进而传递到地表，在这个过程中还伴随有土体失水固结和地层压密等。

2.4.2.2　暗挖工程土层变形规律

暗挖隧道施工不可避免地要引起周围土体扰动及土体损失，形成不同深度和不同范围的沉降槽，沉降槽会对周边环境造成不同程度的影响或破坏。不同的地层，不同的埋深，隧道开挖引起的沉降槽的深度和宽度也不同。

隧道开挖过程中土体沉降随着开挖施工的时空效应而变化，现以某工程实测沉降曲线为例，对隧道开挖引起的纵向地表沉降进行分析，如图 2.4–10 所示。

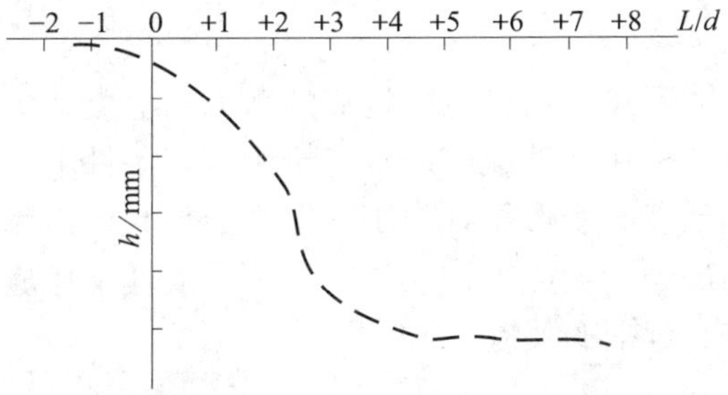

L—开挖工作面距测点的距离；d—隧道开挖直径；h—沉降量。

图 2.4–10　隧道纵向监测点沉降曲线示意图

由图 2.4–10 可以看出，隧道开挖引起土体沉降大致分为四个阶段：

（1）小变形阶段。当开挖面开挖到与监测点距离相差 1.0 ~ 1.5 倍洞径时，隧道开挖就开始对地表产生影响造成一定范围的沉降。该阶段沉降量占总沉降量的 15% ~ 20%。这种变形主要是开挖引起地层内应力场的变化及土体中地下水的流失而造成的。

（2）变形剧增阶段。随着开挖面的推进，距监测点相差 1 倍洞径及开挖面超过监测点 3 倍洞径范围内，地表变形速率增长，变形量增大。该阶段沉降量占总沉降量的 50% ~ 60%。这种变形主要是由隧道开挖造成边界条件的改变进而产生覆土层土体的扰动而引起应力的重新分布造成的。

（3）变形缓慢阶段。当开挖面超过监测点 3 ~ 5 倍洞径时，变形速率减缓，变形量的增加变缓。该阶段沉降量约占总沉降量的 15% ~ 20%。这种变形主要是在隧道支护封闭成环后，覆土的进一步压密造成的。

（4）变形基本稳定阶段。当开挖工作面距监测点 5 倍洞径后，沉降增长缓慢，沉降曲线趋于平缓，主要原因是地层固结变形趋于稳定。该阶段沉降量约占总沉降量的 5% ~ 10%。

2.4.2.3 暗挖工程变形影响因素

1. 隧道开挖对土体的影响

隧道在施工时，无论其埋深大小，均会对土体产生不同程度的扰动或破坏，造成地层移动与变形，甚至诱发地表沉陷、地面垮塌、隧道涌水、周边建筑物与地下管线损坏等一系列地层环境损伤问题或灾害事故。

2. 地下水的影响

暗挖工程一般位于地下水位以下，降水或开挖排水使含水层的水头（或水位）下降，并牵动相关层水头（或水位）降低，从而导致孔隙水压力减少，有效应力增加。有效应力增加，等同于给土层施加附加压应力，使得含水层与相邻土层产生压缩变形，多土层变形而产生的综合效应即为地面沉降。

除因孔隙水压力减少引发的压缩变形外，由于降水井的施工质量不佳，抽水携带部分细微土粒，形成地下松散区或空洞，从而引发周围地面沉降、塌陷。

3. 地层应力释放的影响

由地层的收敛约束特性可知，随着地层位移的增大，上覆地层施加到隧道结构上的荷载将减小。最佳支护概念就是在允许地层产生稳定的位移条件下，使支护结构所受的力最小。浅埋暗挖隧道为保证地表的变形得到控制，原则上不允许地表出现超越规定值的下沉而换取最佳支护，地层预加固、及时支护、封闭成环是浅埋暗挖隧道的关键，控制地层应力释放度是解决下沉及波及范围的关键。

4. 隧道作用的叠加影响

实践表明，已施作衬砌的隧道，当两隧道的中心线距大于 2.5*D*（*D* 为隧道宽度）时，两隧道之间的相互作用减弱，但若中心线距等于 2*D* 时，则其相互作用明显。对未衬砌隧道，当两隧道中心线距为 5*D* 时，可不考虑相互作用，但中心线距等于 3*D* 时，则必须考虑其相互作用影响。若两平行隧道间距小，两隧道同时开挖对地层的扰动要大于单一隧道的开挖，会造成地层的突然松弛，出现大而且持续不断的沉降，两隧道的相互作用会使地层沉降有叠加效应。

5. 开挖进尺的影响

开挖进尺的大小实质上是工作面无支护空间的大小，其值决定土体沉降及拱顶沉降，也影响开挖面的稳定性。实践表明，开挖时工作面需支撑的压力并不大，仅 1MPa 就足以使工作面短期内自稳，使开挖顺利进行；如果工作面无支撑距离小于 0.2*D*（*D* 为洞径），对稳定工作面开挖的支撑力无特别要求，但若超过此值，则无支护空间要求的稳定工作面开挖的支撑力就要变大，否则工作面就会失稳。

6. 工作面推进速度的影响

在地层中开挖隧道的过程，实质上是一个在时间和空间上动态变化的过程，随着开挖面向前掘进，隧道围岩不断受到扰动，其受力和变形随时间与空间而逐渐发展。对于复杂地质条件下的隧道工程，围岩介质具有明显的非线性特点，而对其进行开挖支护的施工作业，是一个在时间和空间上都不断变化的过程，实质上是一个不断对围岩进行反复加载、卸载的复杂过程，因此，地层变形不仅与最终状态有关，还与过程相关。

7. 隧道衬砌支护刚度偏低且未及时封闭的影响

对于浅埋隧道，支护结构及地层的刚度是控制土体沉降的重要因素。由于隧道浅埋而且上覆为松软土层，在隧道上方难以形成稳定的自然拱结构，因此上覆荷载要由支护结构全部承担。如对地层沉降变形控制比较严格，这就要求支护结构几乎能够承受全部上覆荷载，在总刚度一定的条件下，地层刚度小势必要增大初期支护的刚度，大刚度支护是控制地表下沉的有效措施。复合式衬砌结构，根据设计的荷载分配，一般结构二次衬砌不承担施工期荷载，但根据实际施工及有关监测资料，初期支护后至地表达到稳定的时间较长，唯有二次衬砌封闭成环后，隧道及土体才完全稳定。因此适当提高初期支护刚度对稳定地层是有利的。

8. 隧道施工工艺及现场操作不规范的影响

地层沉降是多因素的综合作用引起的，在地层特性一定的条件下，尽量采取措施，做到设计、施工与地层耦合至关重要。严格按照施工工艺和操作规程施工对控制地表沉降和防止施工事故发生是必要的。

2.4.3 边坡工程土体破坏机理

2.4.3.1 边坡工程破坏机理

边坡的稳定主要由土体的抗滑力来保持，当土体下滑力超过抗滑力，边坡就会失去稳定而发生滑动。边坡滑动面的位置和形状决定于土质和土层结构，如含有黏土夹层的土体因浸水而滑动时，滑动面往往沿夹层发展，而一般均质黏性土的滑动面为圆柱形。可见土体的破坏是由剪切而破坏的，土体的下滑力在土体中产生剪应力，土体的抗滑能力实质上就是土体的抗剪能力。而土体抗剪力的大小主要决定于土的内摩擦系数与内聚力的大小。土壤颗粒间不但存在抵抗滑动的摩擦力，也存在内聚力。不同的土其各自的物理性质对土体抗剪能力有影响，如含水量增加了，胶结物溶解，内聚力就会变小。因此在考虑边坡稳定时，除了重视土质和土层结构外，还应考虑施工期间气候（如雨水）的影响和振动的影响。边坡失稳往往是在外界不利因素影响下触发和加剧的。这些外界因素通常导致土体剪应力的增加或抗剪强度的降低，使土体中剪应力大于土的抗剪强度而造成滑动失稳。根据上述外部环境条件和土体内部特性，结合边坡失稳破坏所表现的特征，将边坡失稳破坏机理分为以下四个阶段：

（1）表层蠕滑阶段。边坡开挖过程中随着应力的调整，坡体逐渐变松弛，边坡开挖引起的土体松弛及一系列微裂缝的发育为雨水的下渗创造了更有利的条件。在降雨冲刷侵蚀及渗透作用下，边坡的形态、应力场逐渐发生变化，随着雨水进一步大量的下渗，土体产生微膨胀，而在随后的暴晒干燥环境下，土体又收缩开裂，在这样的干—湿循环下，裂缝逐渐扩张并向坡体内部延伸；同时，雨水的大量下渗增加了坡体的自重，在自重作用下，边坡向临空方向产生蠕滑，坡体内部潜在的滑移面正在逐步形成，主要表现为表层的蠕滑，边坡各边界尚未出现较大的变形破坏形象。

（2）裂缝延伸贯通阶段。由于前期表层的蠕滑作用以及前期的干—湿循环作用，坡体表面及内部形成了大量有规律性的弧状或似弧状裂缝，而这些裂缝还在不断加深拉宽，破坏了坡体的完整性，在后期降雨的继续渗入及地下水的涨落的影响下，坡体表面及内部的裂缝逐渐贯通，裂缝延伸贯通，坡体内的潜在滑移面基本形成，坡体的稳定性不断恶化，存在滑移趋势。

（3）局部滑移阶段。随着降雨的不断下渗，一方面提升了土体的饱和度，造成潜在滑移土体自重的增加；另一方面由于水的软化作用，引起滑带土饱水软化，土体的抗剪强度降低，最终坡体在自重作用下，产生局部的圆弧的或似圆弧状的滑动破坏。在这个过程中，坡体后缘及两侧裂缝仍在不断延伸加深，为坡体大面积或整体失稳破坏创造条件。

（4）大面积（或整体）滑移阶段。由于局部滑移引起坡体后缘及两侧裂缝拉张延伸，新的临空面产生，加之滑带土体的进一步软化，摩阻力降低，坡体内部裂缝整体贯通，坡体产生大面积的滑移破坏。

2.4.3.2 边坡失稳破坏形式

1. 平面滑动

平面滑动其特点是边坡岩体沿某一结构面如层面、节理或断层面发生滑动，通常发生在滑动面的倾向与边坡面的倾向一致，而滑动面的倾角小于边坡角，但由于其内摩擦角的层状或有黏土夹层的岩体中，也有可能发生在有较厚破碎带的岩体中。这类破坏一般情况下走向范围可能较大，如图 2.4–11 所示。

2. 圆弧滑动

滑动面为一圆弧面，这种破坏常发生在均质松散的岩体或土体边坡上，散体结构岩体或坡高较大的裂隙岩体边坡也可能发生这种破坏形式，如图 2.4–12 所示。

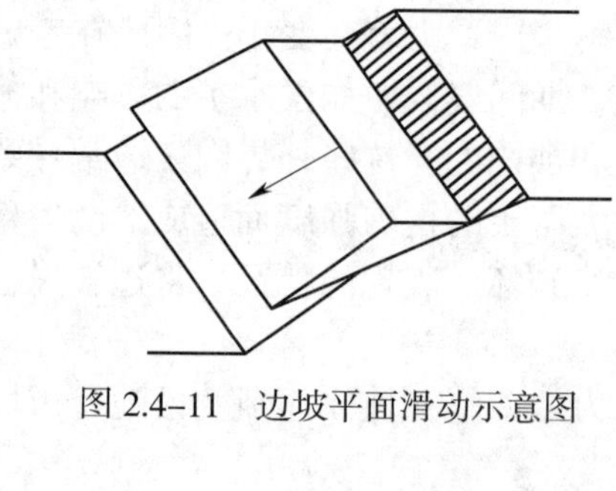

图 2.4–11 边坡平面滑动示意图

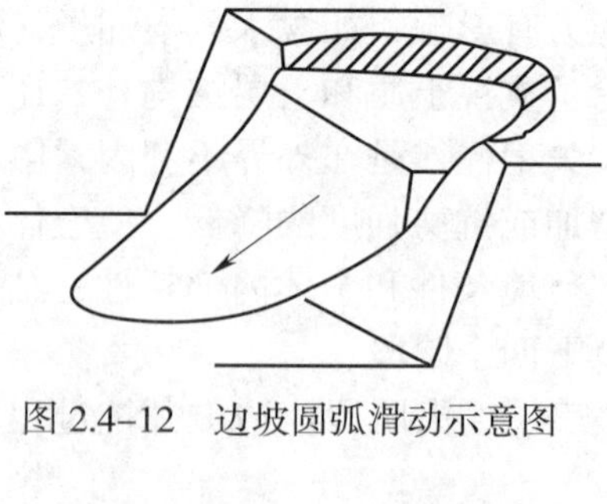

图 2.4–12 边坡圆弧滑动示意图

3. 折线形滑动

滑体内部软弱面不规则的情形，或者路基填方界面为折线形。实际工程中滑坡滑面往往呈折线形，规则的圆弧形（土质）、平面滑动（岩质）都是特殊情形，如图 2.4–13 所示。

4. 楔形体滑动

当边坡岩体中有两组或两组以上结构面与边坡斜交，且相互切割成楔形体，当两结构面的组合交线的倾向与边坡倾向近于一致，组合交线的倾角小于边坡角而大于其内摩擦角时，较易发生这类破坏，如图 2.4–14 所示。

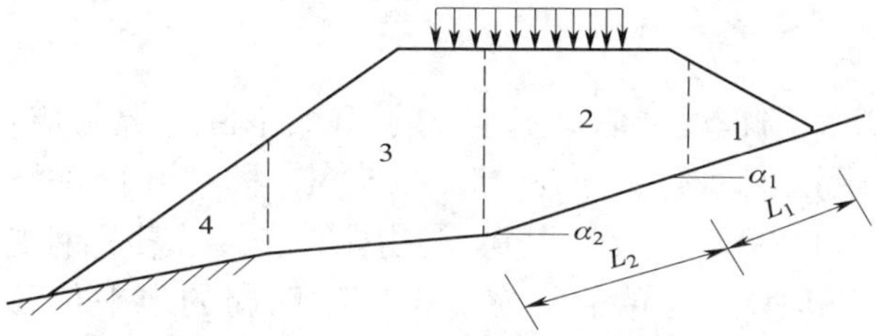

图 2.4–13　折线形滑动示意图

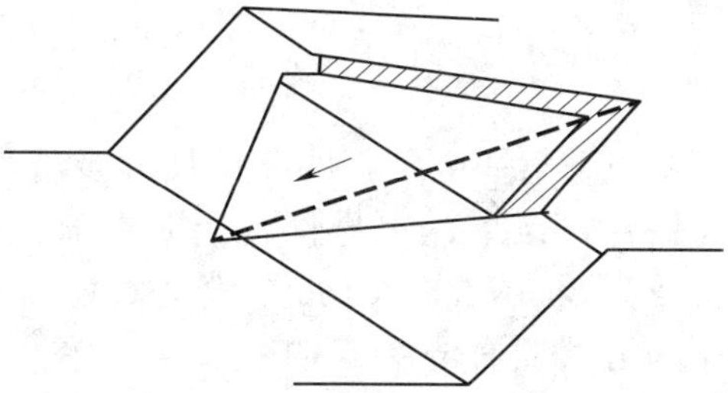
图 2.4–14　边坡楔形体滑动示意图

2.4.3.3　边坡稳定影响因素

1. 内在因素

初始应力：边坡开挖过程也是地应力重新分布的过程。开挖边坡的二次应力场呈现三区分布特点，即应力降低区、应力增高区和原岩应力区，靠近临空面处边坡为应力降低区，因开挖卸荷使最小主应力由坡内向坡面逐渐减小，从而在坡面附近有拉应力形成，可直接引起边坡变形破坏。

岩土体性质：岩土的成因类型、组成的矿物成分、岩土结构和强度，是决定边坡稳定的重要因素。

结构和构造：岩土体结构类型、结构面形状、与坡面的关系是边坡稳定的控制因素。

地形地貌及临空条件：临空面、坡高、坡度、坡面形状等直接与边坡稳定性有关。

2. 外在因素

风化作用：风化作用使岩土的强度减弱、裂隙增加，影响斜坡的形状和坡度。

地震：地震作用除了使岩土体受到地震加速度的作用而增加下滑力外，在地震作用下，岩土中的孔隙水压力增加和岩土体强度降低都对边坡的稳定不利。

人为因素：边坡的不合理设计、开挖或加载，大量施工用水的渗入及爆破等都能造成边坡失稳。

时间因素：岩土体的流变性质是影响边坡稳定及边坡加固措施的一个重要因素。

水的作用：水的渗入使岩土体质量增大，岩土因被软化而抗剪强度降低，同时孔（裂）隙水压力升高等都能造成边坡失稳。

2.5 基于数值模拟影响分区研究

目前采用数值模拟计算分析的方法也是研究工程施工影响分区的重要途径。本节选择具有代表性的基坑、隧道、边坡工程进行数值模拟计算，通过计算结果分析基坑工程、暗挖工程、边坡工程影响区域的基本分布形态，为工程影响区划分提供依据。

2.5.1 基坑工程

1. 数值模型

基于某基坑工程的断面尺寸及模型计算的精度要求，并且为了有效消除边界效应，确保计算结果的可靠性，选取数值模拟模型尺寸为 250m × 250m × 50m，模拟开挖基坑尺寸为 80m × 50m × 10m，模型共划分为 500 000 个单元。基坑采用围护桩、锚索及钢支撑的方式联合支护，如图 2.5–1、图 2.5–2 所示。边界条件为限定模型四周的水平位移

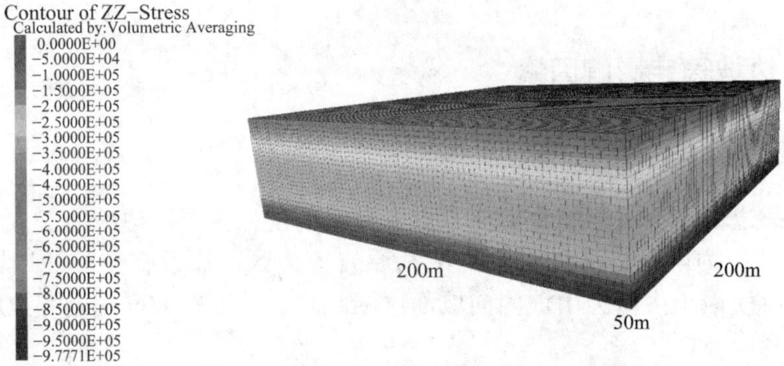

图 2.5–1 模型初始地应力平衡

图 2.5–2 模型各支护单元

和底部各方向位移。围护桩采用 Pile 单元模拟，锚索采用 Cable 单元模拟，钢支撑采用 Beam 单元模拟。模拟过程共分为 7 步：初始地应力平衡；激活 Pile 单元（桩）；开挖第一层并激活 Beam 单元（内支撑）；开挖第二层并激活 Cable 单元（锚杆）；开挖第三层并激活 Beam 单元（内支撑）；开挖第四层并激活 Cable 单元（锚杆）；开挖第五层。

2. 位移分析

（1）竖向位移。土体竖向位移云图见图 2.5–3。土体竖向位移呈对称分布，基坑周边土体发生沉降，沉降最大量为 7.89mm，位于基坑边 3.1m 处；基坑底发生隆起，最大隆起量为 5.4mm。基坑周围土体在基坑边缘至开挖深度范围 30% 以内，土体竖向位移介于 4.0 ~ 5.4mm；在开挖深度 30% 至开挖深度 70% 范围内，土体竖向位移介于 2.5 ~ 4.0mm；在开挖深度 70% 至开挖深度范围内，土体竖向位移介于 1.5 ~ 2.5mm；在开挖深度范围以外，竖向位移均小于 1.5mm，可认为对周边土体变形的影响较小。

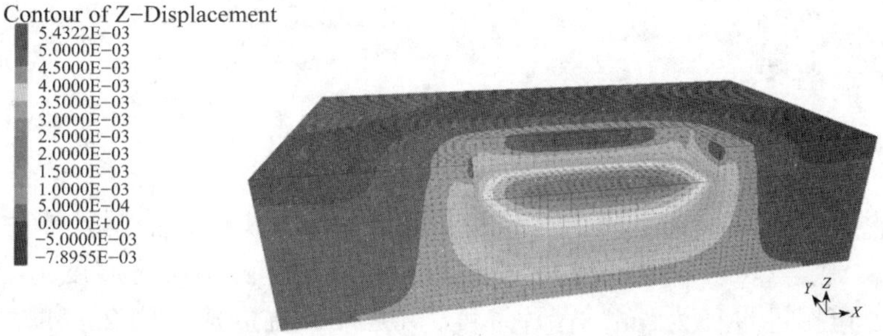

图 2.5–3　竖向位移云图（基坑长边中点 *YZ* 剖面）

（2）水平位移。土体 *Y* 向水平位移云图见图 2.5–4。基坑两侧土体水平位移大小基本相等，方向相反，均向基坑内侧变形。*Y* 向水平位移最大值为 5.14mm，同竖向位移最大点相似，也位于基坑长边中点距离基坑边缘约 3.2m 的位置。基坑周围土体在基坑边缘至开挖深度 30% 范围内，土体水平位移介于 4.0 ~ 5.0mm；在开挖深度 30% 至开挖深度 70% 范围内，土体水平位移介于 3.0 ~ 4.0mm；在开挖深度 70% 至 2 倍开挖深度范围内，水平位移介于 1.0 ~ 3.0mm；2 倍开挖深度范围以外，竖向位移均小于 1.0mm，可认为对周边土体变形的影响较小。

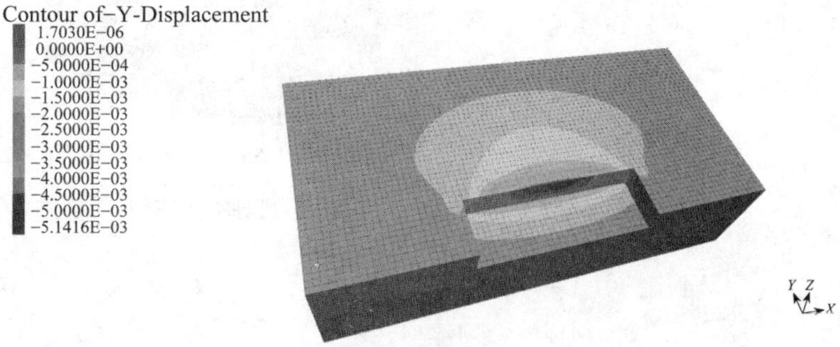

图 2.5–4　*Y* 向水平位移云图

3. 基坑数值计算结论

（1）基坑周边土体竖向变形、水平变形基本沿基坑中轴线对称分布，基本呈现沿基坑各边中间变形大、两端变形小的分布情况。

（2）基坑周边土体竖向位移较水平位移更为明显，基坑开挖后，距离基坑边缘相同位置的周围土体变形普遍表现出竖向位移大于水平位移的情况。

（3）基坑周边土体最大变形位置位于基坑外侧 3.1m 处，即基坑开挖深度 30% 位置的变形最大，主要沉降变形区域位于基坑外侧至基坑深度范围 70% 以内，基坑开挖深度 70% 至基坑开挖深度范围内周围土体变形次之，基坑开挖深度范围外的周边土体变形不大，可以认为开挖施工对其影响较小。

（4）基底以下土体表现为隆起，主要变形范围位于基底以下基坑深度 50% ~ 70% 范围内。

（5）基坑施工对基坑周边 1 倍基坑深度范围的土体影响较为明显，1 倍开挖深度范围以外的周围土体变形较小。

2.5.2 暗挖工程

1. 数值模型

以盾构法隧道工程案例为基础，并且基于弹性力学分析中 5 倍洞径外基本可不考虑边界效应为条件，建立 102m × 50m × 20m 的数值模拟模型，隧道覆土厚度为 15.3m，底板埋深为 21.3m，隧道掘进半径为 4m，管片厚度为 0.35m，掘进速度为 2m/3h，模型共划分为 66 940 个单元，如图 2.5-5 所示。地层分为 5 层土：粉土填土、粉土、黏土、粉质黏土、粉细砂。边界条件为法向约束，顶部自由。模型网格尺寸为 0.5m，分为 6 个分析步骤：建立模型、初始地应力平衡、右线隧道开挖、施作管片、左线隧道开挖、施作管片。

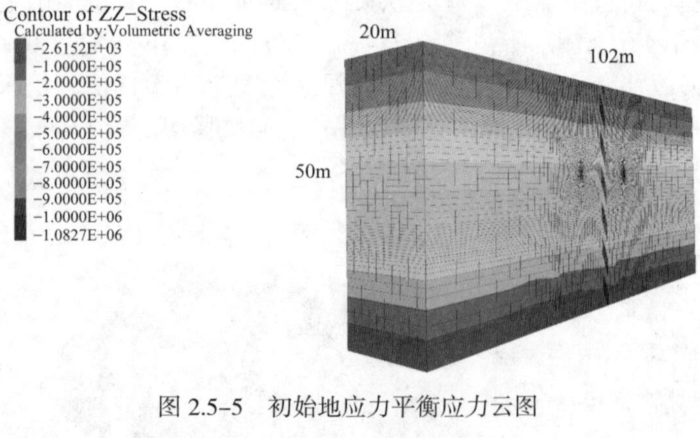

图 2.5-5　初始地应力平衡应力云图

2. 应力分析

土体竖向应力云图见图 2.5-6。竖向应力分布左右基本对称，隧道侧墙、拱肩及拱脚位置应力较为集中。在土体侧压力与竖向压力为 1∶1 的情况下，隧道两侧的土压力小于拱顶底竖向压力，且在拱顶存在较高的应力集中。

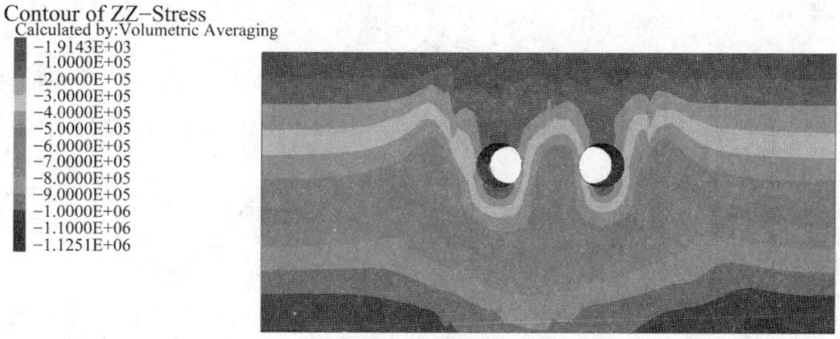

图 2.5–6　土体竖向应力云图

3. 位移分析

土体总位移云图、隧道开挖地表沉降曲线见图 2.5–7，位移分布左右不对称，右线先开挖的隧道顶部土体位移较大，尤其是先开挖的隧道与隧道中墙的交界处土体位移较大。土体最大位移量为 18.7mm，管片周边总位移量较大，随着与隧道管片距离的增加，总位移量逐渐减小。地面沉降主要分布在隧道拱顶正上方位置，沉降值介于 14 ~ 18mm 之间；距离隧道边墙埋深 30% ~ 50% 范围内的地表沉降值介于 8 ~ 14mm 之间；距离隧道边墙埋深 50% ~ 70% 范围内的地表沉降值介于 3 ~ 8mm 之间；距离隧道边墙埋深 70% 范围以外的地表沉降均小于 3mm。

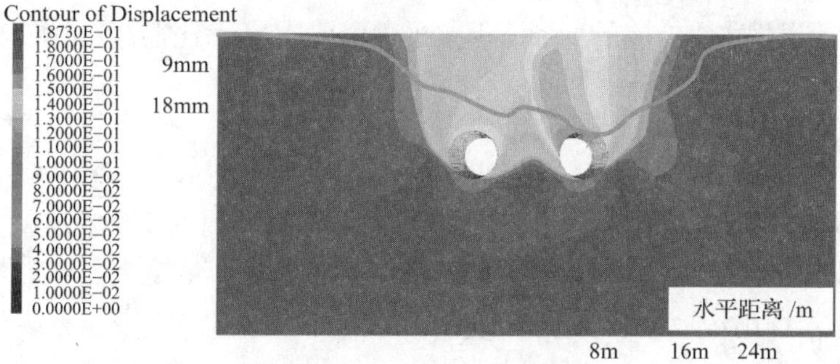

图 2.5–7　土体总位移云图

4. 隧道数值计算结论

（1）隧道周边土体竖向变形、总变形沿隧道中轴线呈非对称分布，右线先开挖的隧道顶部土体位移较大，尤其是先开挖的隧道与隧道中墙的交界处土体位移较大。

（2）隧道上方、斜上方土体位移方向表现为下沉，下部土体位移方向表现为隆起，拱顶的沉降量大于隧道拱肩位置的沉降量。

（3）隧道工程土体沉降区域主要分布于隧道结构正上方至地面以及隧道边线两侧隧道底板埋深 70% 至隧道底板埋深范围内，隆起区域主要分布于隧道底板以下隧道底板埋深 50% ~ 70% 范围内。

2.5.3 边坡工程

1. 数值模型

根据某工程实例建立边坡模型，边坡高 H 为 12.0m，坡脚 β 为 71°，地层分为 5 层土：粉土填土、粉土、黏土、粉质黏土、粉细砂。土体参数取土体容重 γ 为 16kN/m^3，黏聚力 c 为 1kPa，摩擦角 φ 为 30°。

根据弹性力学分析，考虑边界效应的影响，模型建立长度为 36m，宽度为 15m，高度为 25m，土体采用摩尔 – 库伦本构模型，模型共划分为 247 033 个单元，如图 2.5–8、图 2.5–9 所示。边界条件为法向约束，顶部自由，分为三个分析步骤：初始地应力平衡、开挖及施作锚索加固。

2. 位移分析

（1）总位移。边坡竖向位移云图见图 2.5–10。边坡顶部发生沉降，底部发生隆起。边坡坡顶最大变形值为 11.5mm，坡脚处最大变形值为 15.7mm，变形较大。坡顶变形主要发生在边坡发生滑移破坏的破裂面范围内，当坡顶面距离边坡边缘开挖深度 30% 范围内，土体变形值介于 5 ~ 8mm 之间；在开挖深度 30% ~ 50% 范围内的土体变形值介于 3 ~ 5mm 之间；距离坡顶临空面开挖深度 50% ~ 70% 范围内的地表沉降值介于 1 ~ 3mm 之间；距离坡顶临空面开挖深度 70% 范围以外的地表沉降均小于 1mm。

（2）水平位移。边坡水平位移云图见图 2.5–11。坡脚位置变形较坡顶位置明显，且最大变形值为 14.5mm。水平位移与总位移情况不同，水平方向变形主要沿坡面集中在坡脚位置，在边坡底面基本不发生水平方向的变形，但水平位移的影响范围基本与总位移情况相似。

3. 边坡数值计算结论

（1）边坡工程的破坏形式主要表现为坡体滑移，主要影响范围位于坡顶外侧及以下 1 倍边坡高度范围内的土体，尤其是边坡开挖深度 70% 范围内的土体存在较为明显的变形。

（2）边坡坡脚附近的位移较坡顶位置位移更明显，变形量更大，且坡脚附近的位移以水平方向为主，表现出边坡坡脚水平滑移破坏。

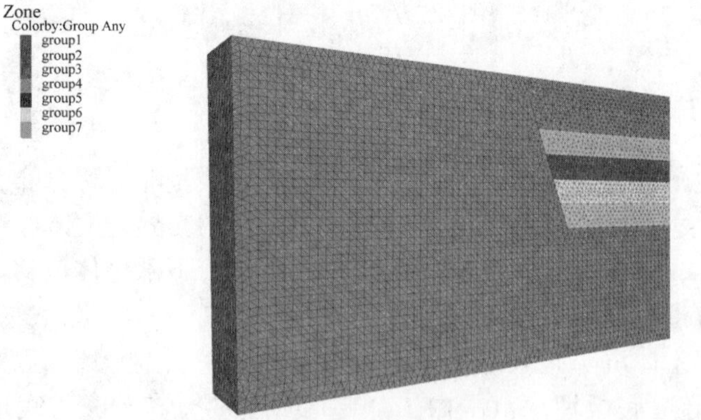

图 2.5–8 建立模型

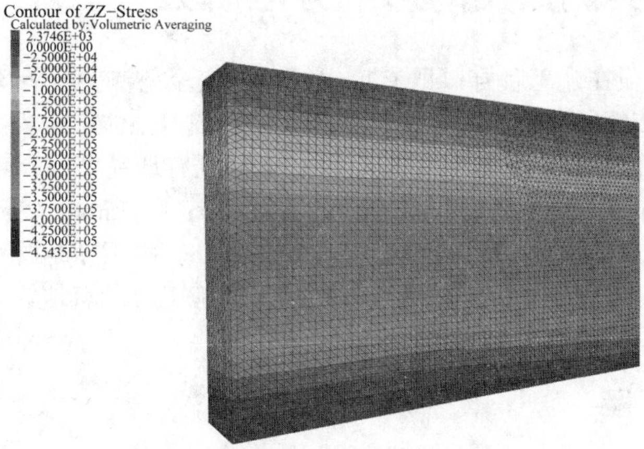

图 2.5-9　初始地应力平衡应力云图

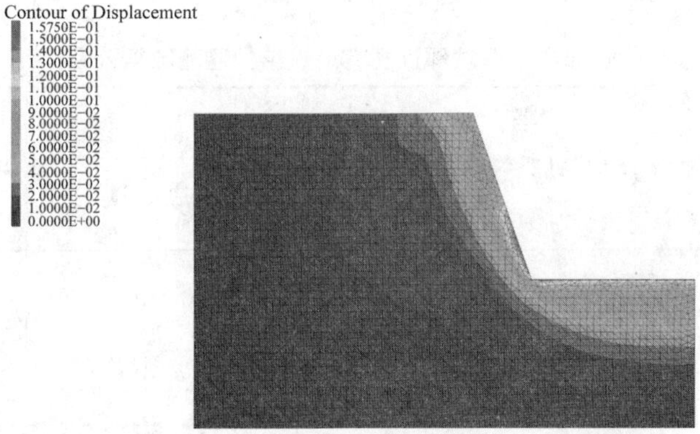

图 2.5-10　竖向位移云图（边坡长边中点 *XZ* 剖面）

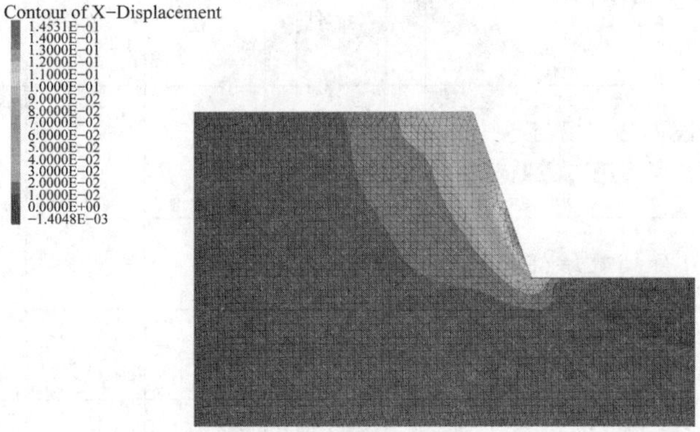

图 2.5-11　边坡水平位移云图

2.6 基于实测数据的影响分区研究

本节选择了 34 项在建工程穿越既有地铁线路的安全监测为工程案例，以地铁结构位移变形监测数据为依据，分析研究在建工程施工对周围岩土体影响程度及范围，其中在建基坑邻近既有地铁工程 25 项，在建隧道上跨、临近既有地铁工程 9 项。基坑与既有地铁结构净距为 1 ~ 79m，实测既有地铁结构变形值为 –1.6 ~ 7.7mm；隧道与既有地铁结构净距为 1.1 ~ 25.2m，既有地铁结构变形值为 –1.0 ~ 1.7mm。由于穿越既有地铁工程施工措施较为保守，尽管既有地铁结构变形值较小，但是工程施工对既有地铁结构均产生了不同程度的影响。

2.6.1 基坑工程

选择了 25 项在建基坑工程邻近既有地铁的典型监测数据进行统计，如表 2.6–1 所示。图 2.6–1 为依据典型工程监测数据结果及新建工程与既有结构的位置关系制作的工点影响区域分布图，每个数据点都代表 1 个典型工程。

表 2.6–1 基坑邻近既有地铁结构监测数据统计

<table>
<tr><th>序号</th><th colspan="2">工程名称</th><th>基坑深度 /m</th><th>监测点埋深 /m</th><th>监测点与基坑边线水平距离 /m</th><th>最大变形值 /mm</th></tr>
<tr><td>1</td><td colspan="2">新建玉河 SC07–3、SC07–4 地块基坑工程邻近既有地铁 6 号线南锣鼓巷站及南锣鼓巷站—东四站区间第三方监测项目</td><td>10</td><td>18.3</td><td>9.8</td><td>1.5</td></tr>
<tr><td>2</td><td rowspan="2">北京地铁 14 号线平乐园站 C 出入口、1 号风亭及 1 号紧急疏散通道基坑邻近既有 14 号线平乐园站主体结构第三方监测项目</td><td>左线</td><td>16.5</td><td>23</td><td>5.55</td><td>1.42</td></tr>
<tr><td>3</td><td>右线</td><td>16.5</td><td>23</td><td>16.05</td><td>–0.16</td></tr>
<tr><td>4</td><td colspan="2">北京丰台科技园万达广场与地铁连接通道及跨河桥工程邻近地铁 9 号线第三方监测项目</td><td>15.13</td><td>16.63</td><td>30.6</td><td>–0.5</td></tr>
<tr><td>5</td><td rowspan="2">丽泽项目 E–01 地块基坑邻近地铁 14 号线东管头站—丽泽商务区站区间第三方监测</td><td>右线</td><td>20</td><td>20</td><td>5.66</td><td>3.3</td></tr>
<tr><td>6</td><td>左线</td><td>20</td><td>20</td><td>19.5</td><td>2.75</td></tr>
<tr><td>7</td><td colspan="2">天实和华数码办公及配套设施项目邻近地铁亦庄线同济南路站—经海路站区间及车站工程第三方监测项目</td><td>15.2</td><td>15.2</td><td>14.1</td><td>1.0</td></tr>
</table>

表 2.6-1（续）

序号	工程名称		基坑深度 /m	监测点埋深 /m	监测点与基坑边线水平距离 /m	最大变形值 /mm
8	北京市轨道交通首都机场线西延工程东直门—北新桥区间、北新桥站下穿、邻近既有地铁 5 号线北新桥站及轨道结构第三方监测项目	右线	8.5	16.5	28	0.5
9		左线	8.5	16.5	43	0.4
10	昌平区南邵镇（中关村科技园昌平园东区二期）0303–54 地块 F1 住宅混合公建用地（配建限价商品住房）项目邻近既有地铁昌平线南邵站及南邵站—沙河高教园站区间第三方监测项目	左线	14.8	14.8	25	–0.7
11		右线	14.8	14.8	43	–0.7
12	大屯路 6 号地 6–1 及 6–2 地块基坑工程邻近 15 号线关庄—望京西区间第三方监测项目	右线	13.9	21.27	3.618	1.2
13		左线	13.9	21.27	13.6	1.2
14	2 号住宅楼等 3 项基坑支护工程邻近地铁 10 号线惠新西街南口站）—芍药居站区间第三方监测项目		7.4	7.5	11.43	0.6
15	通州运河Ⅸ04 地块项目邻近地铁 6 号线通运门站—北运河西站区间第三方监测项目	左线	11	17	4.74	7.7
16		右线	11	17	10.74	1.3
17	通州运河核心区Ⅷ –05 地块基坑工程邻近地铁 6 号线通运门站及通运门站—通州北关站区间第三方监测项目		15	31.619	5.6	1.5
18	通州运河Ⅸ05 地块项目邻近地铁 6 号线通运门站—北运河西站区间第三方监测项目	左线	11	17	19	–2.0
19		右线	11	17	32	–2.0
20	通州运河Ⅸ02 地块项目邻近地铁 6 号线通运门站—北运河西站区间第三方监测项目	左线	17.1	17.1	12	–0.4
21		右线	17.1	17.1	25	0.3
22	通州运河Ⅸ06 地块项目邻近地铁 6 号线通运门站—北运河西站区间第三方监测项目	左线	17	15	22	–0.3
23		右线	17	15	35	–0.4

表 2.6–1（续）

序号	工程名称		基坑深度 /m	监测点埋深 /m	监测点与基坑边线水平距离 /m	最大变形值 /mm
24	西南热电中心配套管线工程（草桥电厂—柳村路）上穿 10 号线草桥—纪家庙	左线	17.7	13.2	7.5	0.3
25		右线	17.7	13.2	20.5	–0.2

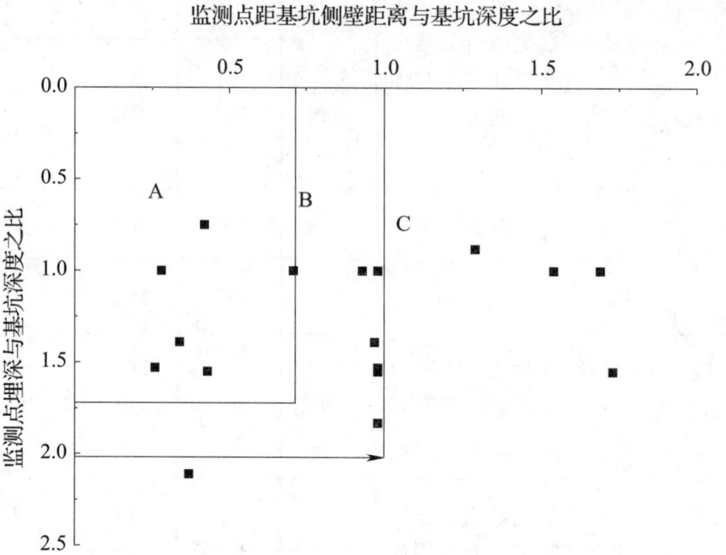

图 2.6–1　基坑邻近既有地铁影响区域分布图

图 2.6–1 横轴为监测点距基坑侧壁的距离与基坑深度之比（*L*/*H*），竖轴为监测点埋深与基坑深度之比（*h*/*H*），根据监测点与基坑的相对位置关系将所有监测点标绘在图上。图中 A 区、B 区、C 区分别表示横向监测点距基坑边线为基坑深度的 70%、基坑深度和 1.5 倍基坑深度以及竖向监测点埋深为 1.7 倍、2.0 倍、2.5 倍基坑深度的范围。从图中可以看出大部分的监测点都分布在 A 区、B 区、C 区内，这表明不同范围内的监测点或多或少都受到了基坑施工的影响，只是影响程度不同，由实际监测数值可以看出 A 区范围内影响较大，B 区内影响次之，C 区影响较小。同时也表明，对于重要的环境对象应该适当扩大监测范围。

2.6.2　暗挖工程

将 9 项新建隧道工程邻近、上跨既有地铁的典型监测数据及二者相对位置关系列入表 2.6–2 中。图 2.6–2 为依据典型工程监测数据结果及新建工程与既有结构的位置关系制作的工点影响区域分布图，每个数据点都代表一个典型工程。

表 2.6–2　隧道邻近、上跨既有地铁结构监测数据统计

序号	工程名称		新建隧道底板埋深 /m	监测点埋深 /m	监测点与新建隧道边线距离 /m	最大变形值 /mm
1	六圈路电力隧道穿越地铁 9 号线工程郭公庄站—丰台科技园站区间第三方监测项目		5.4	9.8	0	1.0
2	东郊农场保障房 E 地块项目 1[#] 开闭站供电工程电力隧道穿越地铁 15 号线崔各庄—马泉营区间第三方监测项目		7.6	13.6	12	0.8
3	北京城市副中心行政办公区宋梁路合管廊工程穿越既有地铁 6 号线东夏园—潞城站区间第三方监测项目		7.7	15	0	1.1
4	北京地铁 14 号线右安门外站新增 B 号换乘通道邻近右安门外站车站主体及风道结构第三方监测项目	左线	24.9	24.9	1	–0.8
5		右线	24.9	24.9	11	1.0
6	北京地铁 16 号线穿越地铁工程地铁 16 号线丰台站—丰台南路站区间临近地铁 9 号线丰台东大街站—丰台南路站区间第三方监测项目	右线	22	22	11.4	1.2
7		左线	22	22	20.4	1.0
8	西南热电中心配套管线工程（草桥电厂—柳村路）上穿 10 号线草桥—纪家庙	左线	8.4	8.4	4.36	1.1
9		右线	8.4	0	4.39	0.9

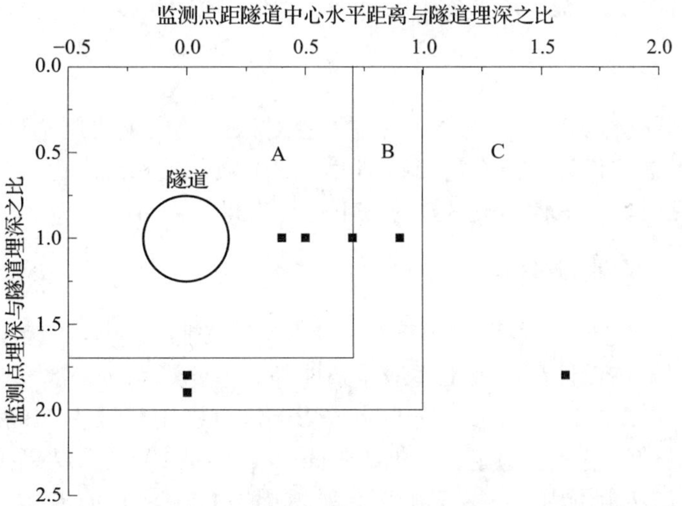

图 2.6–2　隧道邻近、上跨既有地铁影响区域分布图

图 2.6–2 中横轴为监测点距隧道边线距离与隧道底板埋深的比值（L/H），竖轴为监测点埋深与隧道底板埋深的比值（h/H）。根据监测点的位置关系将所有监测点标绘在图上。图中 A 区、B 区、C 区分别表示监测点距新建隧道边线为横向新建隧道底板埋深的 70%、新建隧道底板埋深和 1.5 倍新建隧道底板埋深以及竖向监测点埋深为 1.7 倍、2.0 倍和 2.5 倍新建隧道底板埋深的范围。从图中可以看出绝大部分的监测点都分布在 A 区、B 区、C 区内，这表明不同范围内的监测点或大或小都受到了隧道施工的影响，只是影响程度不同，由实际监测数值可以看出 A 区范围内影响较大，B 区内影响次之，C 区影响较小。同时也表明，对于重要的环境对象应该适当扩大监测范围。

2.7 工程影响分区划分建议

明挖工程、暗挖工程及边坡工程等不同工法施工引起位移变形的影响因素、破坏形式等不同，施工产生的影响区域也不同。通过收集整理分析工程影响分区的研究现状资料，以及本书所做的理论分析、实测案例的统计分析、数值模拟计算分析等表明，建设工程施工会对周围岩土体产生不同程度的扰动影响，邻近工程施工地段的岩土体受扰动程度最大，由近到远的影响程度越来越小。为了区分工程周边岩土体不同范围受工程影响程度的不同，将工程影响区分为主要影响区、次要影响区和一般影响区。

1. 主要影响区

该范围内的岩土体移动变形较大，当周边环境对象处在该区域时可能会造成有害影响，因此在设计、施工阶段应制订专项保护方案或安全措施。同时，这也是监测工作的重点区域，从监测项目的选择、监测点的布设等方面都应区别对待。

2. 次要影响区

该范围内的岩土体移动变形相对较小，会对该区域范围内的环境对象造成不利影响，但影响较小，设计时没有需要特别考虑的事项，但监测范围应该涵盖该区域。

3. 一般影响区

该范围内的岩土体移动变形较小，基本不会对该区域内重要周边环境造成不利影响，或影响可以不予考虑，设计时没有需要特别考虑的事项，监测范围也可以不包含该区域。

综合上述研究成果，工程影响区建议按下述标准进行划分。

2.7.1 基坑工程影响分区

基坑工程主要影响区、次要影响区和一般影响区按照与基坑边缘距离的不同进行划分，划分标准依据基坑设计深度及工程地质条件等。主要影响区、次要影响区和一般影响区以 $H\cdot\tan(45°-\varphi/2)$ 和 $1.0H$ 作为分界点，影响区分别用符号 A、B 和 C 表示。

北京地区地层较为坚硬、稳定，根据 $H\cdot\tan(45°-\varphi/2)$ 计算结果接近 $0.7H$，主要影响区为基坑周边 $0.7H$ 范围内，次要影响区为基坑周边 $0.7H\sim1.0H$ 范围内，一般影响区为基坑周边 $1.0H$ 范围外。具体划分标准和方法如表 2.7–1 和图 2.7–1 所示。

表 2.7–1　基坑工程影响分区

工程影响分区	区域范围
主要影响区（A）	基坑工程周边 0.7*H* 范围内
次要影响区（B）	基坑工程周边 0.7*H* ~ 1.0*H* 范围内
一般影响区（C）	基坑工程周边 1.0*H* 范围外

注：1. *H* 为基坑工程设计深度。
　　2. 当基坑工程所处地层较复杂时，各影响区范围宜适当扩大。

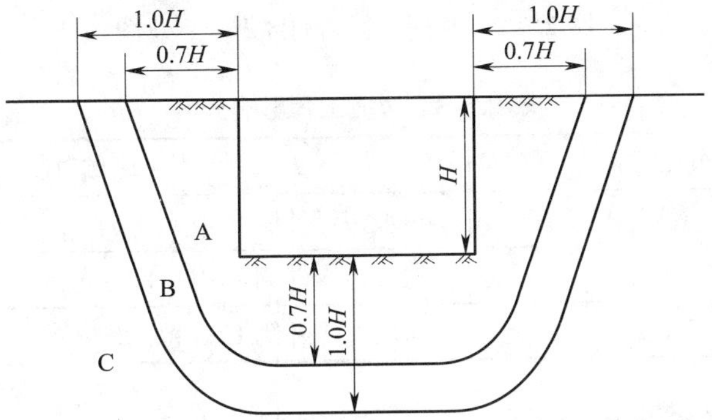

图 2.7–1　基坑工程影响区划分示意图

2.7.2　暗挖工程影响分区

暗挖工程主要影响区、次要影响区和一般影响区应根据隧道结构的底板埋深、地质条件等因素进行划分，划分标准可依据隧道底板埋深，以 0.7*H* 和 1.0*H* 作为分界点划分为主要影响区、次要影响区和一般影响区，影响区分别用符号 A、B 和 C 表示。具体划分标准和方法如表 2.7–2 和图 2.7–2 所示。

2.7.3　边坡工程影响分区

边坡工程主要影响区、次要影响区和一般影响区应根据边坡高度、边坡角度、地质条件等因素进行划分，划分标准可依据边坡高度，以 1.0*H* 和 1.5*H* 作为分界点划分为主要影响区、次要影响区和一般影响区，分别用符号 A、B 和 C 表示，具体划分标准和方法如表 2.7–3 和图 2.7–3 所示。

表 2.7–2　暗挖工程影响分区

工程影响分区	区域范围
主要影响区（A）	隧道正上方及周边 0.7*H* 范围内
次要影响区（B）	隧道周边 0.7*H* ~ 1.0*H* 范围内
一般影响区（C）	隧道周边 1.0*H* 范围外

注：1. *H* 为暗挖隧道底板的埋深。
　　2. 当暗挖隧道所处地层较复杂时，各影响区范围宜适当扩大。

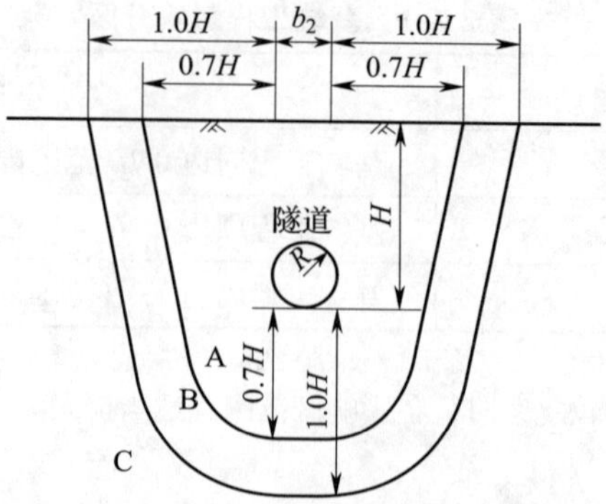

图 2.7-2 暗挖工程影响区划分示意图

表 2.7-3 边坡工程影响分区

工程影响分区	区域范围
主要影响区（A）	边坡边缘外侧 1.0H 范围内
次要影响区（B）	边坡边缘外侧 1.0H ~ 1.5H 范围内
一般影响区（C）	边坡边缘外侧 1.5H 范围外

注：1. H 为边坡高度。

2. 当边坡地层较复杂时，各影响区范围宜适当扩大。

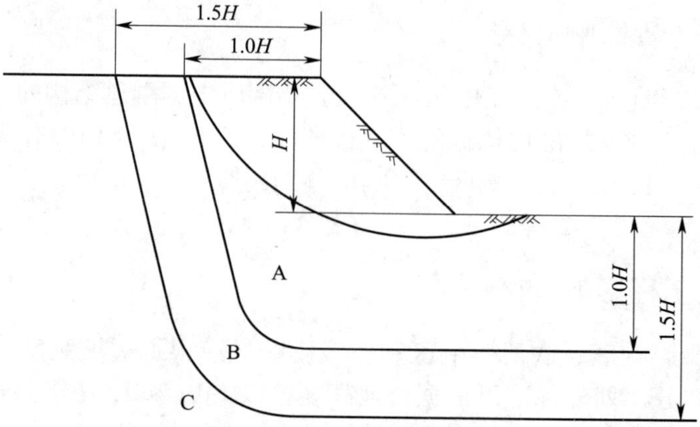

图 2.7-3 边坡工程影响区划分示意图

第3章　工程监测等级

3.1　概述

地下工程是建设工程中投资大、工期长、风险源最为集中的分部分项工程。为使工程设计、工程施工和安全监测等工作既能做到安全可靠、经济合理，又能保证工程自身和周边环境安全，应当科学合理地确定工程自身安全等级、周边环境风险等级和地质风险等级。工程设计、工程施工和安全监测依据的安全等级标准对工程的工期、造价、安全风险控制有较大影响，因此安全等级标准的确定应当科学、合理，需要遵循安全可靠与经济适用相统一的原则，既要控制工程本体和周围环境的安全，又要与目前的经济状况、技术水平、施工经验及管理能力等相适应。

工程监测安全等级划分主要是为了在工程设计、工程施工和安全监测等工作中根据工程自身特点、地质条件的复杂程度及周边环境的重要程度而有区别地管控安全风险，主要反映在安全监测设计和实施时监测项目的选择和监测点的布设位置及数量上。本章中工程监测等级划分主要考虑了工程自身风险等级、周边环境风险等级和地质风险等级，并采用定量划分与定性划分相结合的划分方法。工程自身风险等级采用定量划分方法，主要考虑了工程类型、规模、埋深或开挖深度与高度等。周边环境风险等级采用定性划分的方法，主要考虑了周边建（构）筑物、基础设施及管线等环境对象的重要性程度，与建设工程空间位置关系等。地质风险等级采用定性划分的方法，主要考虑了不良地质发育程度、特殊性岩土及地下水对工程影响程度等。

工程监测等级划分是针对工程设计和施工阶段，基于安全风险管理和施工过程管控的理念，对开展安全监测和风险管控进行科学的指导，使安全监测工作有章可循、有的放矢，经济效益最佳，从而达到控制安全风险的目的。本章收集了目前工程建设行业相关技术标准的有关规定、相关研究成果和建设经验总结，在此基础上，综合考虑结构设计参数、周边环境及地质条件等因素，通过对工程自身风险等级、周边环境风险等级与地质风险等级的关系研究，给出了基坑工程、暗挖工程、边坡工程监测等级划分标准。该研究成果已成为相关工程建设标准编制的参考依据。

3.2　工程自身风险等级

工程自身风险是指因工程自身设计、施工的复杂性带来的风险。结合相关规范中关于工程安全等级的划分标准，对基坑工程、暗挖工程、建筑边坡工程自身风险等级的划分主要考虑工程自身特点及规模，暂未考虑周边环境和地质条件，与相关规范中的工程安全等级的划分有一定的区别。

3.2.1 基坑工程自身风险等级

基坑工程自身风险等级划分的方法较多，尚无统一的标准。《建筑地基基础工程施工质量验收标准》GB 50202—2018 以基坑开挖深度 7m 和 10m 为分界点将基坑安全等级划分为三个等级，同时考虑了工程自身的重要程度，基坑影响范围内的建筑物、基础设施及管线等的重要程度，而没有考虑地质条件的复杂性。《建筑地基基础设计规范》GB 50007—2011 规定应根据地基复杂程度、建筑物规模和功能特征以及由于地基问题可能造成建筑物破坏或影响正常使用的程度分为三个设计等级。《建筑基坑支护技术规程》JGJ 120—2012 规定基坑设计时应综合考虑基坑周边环境和地质条件的复杂程度、基坑深度等因素，根据基坑破坏后果严重程度，将支护结构划分为三个安全等级，对结构安全等级划分未给出定量化标准。《城市轨道交通工程监测技术规范》GB 50911—2013 规定基坑工程自身风险等级应根据支护结构变形或破坏、岩土体失稳等的可能性和后果的严重程度，采用风险评估的方法确定，也可以基坑开挖深度 10m 和 20m 为分界点将基坑安全等级划分为三个等级，该规定仅考虑了轨道交通基坑工程的特点，而对房建及市政基坑工程来讲给出的划分标准偏大。总之，各规范、规程划分的依据或指标主要包括以下几个方面：①基坑设计深度；②周边环境对象特点、分布和保护要求；③工程地质条件；④重要工程或支护结构与主体结构的相互关系；⑤支护结构破坏、土体失稳或过大变形等所造成后果的严重程度。

针对北京地区基坑工程自身风险等级的划分标准，本章以《建筑基坑支护技术规程》DB 11/489—2016 为依据，结合基坑工程特点，采用基坑设计深度对基坑工程自身风险等级进行划分，选用基坑深度 10m 和 15m 为分界点作为等级划分标准，基坑工程的自身风险等级划分为三级，见表 3.2–1。

表 3.2–1　基坑工程自身风险等级

基坑工程自身风险等级	等级划分标准
一级	基坑开挖深度 >15m 的基坑
二级	基坑开挖深度 >10m，且≤ 15m 的基坑
三级	基坑开挖深度≤ 10m 的基坑

3.2.2 暗挖工程自身风险等级

目前，隧道工程自身风险等级的划分依据与标准主要采用隧道埋深和断面尺寸。隧道断面尺寸的划分标准是依据《铁路隧道设计规范》TB 10003—2016 中的规定，超大断面隧道断面尺寸大于 100m^2，大断面隧道断面尺寸为 50 ~ 100m^2，一般断面隧道断面尺寸为 10 ~ 50m^2。

隧道埋深分类及划分标准在铁路、公路规范和相关专著中有不同的划分方法。

《铁路隧道设计规范》TB 10003—2016 规定当地面水平或接近水平，且隧道覆盖厚度值小于表 3.2–2 所列数值时，应按浅埋隧道设计。当有不利于山体稳定的地质条件时，浅埋隧道覆盖厚度值应适当加大。表 3.2–2 大致按 2.5 倍塌方高度确定。

表 3.2–2　浅埋隧道覆盖厚度值　　单位：m

围岩级别	Ⅲ	Ⅳ	Ⅴ
单线隧道	5 ~ 7	10 ~ 14	18 ~ 25
双线隧道	8 ~ 10	15 ~ 20	30 ~ 35

《公路隧道设计规范　第一册　土建工程》JTG 3370.1—2018 规定浅埋和深埋隧道的分界按荷载等效高度值，并结合地质条件、施工方法等因素综合判定。按荷载等效高度的判定可按下列公式确定：

$$H_p=(2 \sim 2.25)\,h_q \tag{3.2-1}$$

$$h_q=q/\gamma \tag{3.2-2}$$

式中：H_p——浅埋隧道分界深度（m）；

h_q——等效荷载高度（m）；

q——计算所得深埋隧道垂直均布压力（kN/m^2）；

γ——围岩重度（kN/m^3）。

矿山法施工条件下，Ⅳ ~ Ⅵ级围岩取 $H_p=2.5h_q$，Ⅰ ~ Ⅲ级围岩取 $H_p=2h_q$。

《公路隧道施工技术规范》JTG F60—2009 根据大量工程的施工资料调查，规定覆盖层不足毛洞洞跨 2 倍的隧道或区段属于浅埋隧道。

《地下工程浅埋暗挖技术通论》[6] 中指出，超浅埋隧道是指拱顶覆土厚度 H_s 与结构跨度 D 之比（覆跨比）$H_s/D \leqslant 0.6$ 的隧道；浅埋隧道是指 $0.6<H_s/D \leqslant 1.5$ 的隧道；深埋隧道是指 $H_s/D>1.5$ 的隧道。表 3.2–3 是分界深度的建议值，建议值与塌方统计高度及《铁路隧道设计规范》TB 10003—2016 规定值接近，双线隧道的建议值与计算值相差较大。所以，深埋与浅埋隧道分界深度建议采用下列值：Ⅵ级围岩为 $4D \sim 6D$，Ⅴ级围岩为 $2.5D \sim 3.5D$，Ⅳ级围岩为 $1.5D \sim 2.5D$，Ⅲ级围岩为 $0.5D \sim 1.0D$，Ⅱ级围岩为 $0.3D \sim 0.5D$，Ⅰ级围岩为 $0.15D \sim 0.30D$。同时，分界深度与施工方法及施工技术水平密切相关，若采用新奥法施工，光面爆破，且施工技术水平高，则可取小值，否则，取大值。

表 3.2–3　分界深度建议值和有关的计算值　　单位：m

线别	围岩级别		Ⅰ	Ⅱ	Ⅲ	Ⅳ	Ⅴ	Ⅵ
单线	2 倍塌方高度		1.3	2.58	4.8	8.8	19.2	38.4
	隧道分界深度		0.96	2.24	4.22	11.15	23.25	47.25
	一般分界深度		—	—	—	16.9 ~ 20.3	17.5 ~ 24.5	35 ~ 42
	建议分界深度	按洞径	0.15D ~ 0.3D	0.3D ~ 0.5D	0.5D ~ 1.0D	1.5D ~ 2.5D	2.5D ~ 3.5D	4D ~ 6D
		按埋深	0.9 ~ 1.8	—	10.5 ~ 17.5	10.5 ~ 17.5	17.5 ~ 24.5	28 ~ 42
双线	隧道分界深度		0.88	3.46	6.8	18.3	36.3	72
	一般分界深度		—	—	—	33.8 ~ 40.6	51 ~ 61.8	76 ~ 102.7
	建议分界深度	按洞径	0.15D ~ 0.3D	0.3D ~ 0.5D	0.5D ~ 1.0D	1.5D ~ 2.5D	2.5D ~ 3.5D	4D ~ 6D
		按埋深	1.8 ~ 3.0	3.0 ~ 5.7	5.9 ~ 11.7	16.1 ~ 26.8	32 ~ 44.8	52 ~ 78

许多试验资料都验证了这种深埋与浅埋隧道的分界标准，例如北京复兴门折返线隧道，在双线隧道处应用机械式支柱压力计进行拱脚径向压力量测，得出 $P/(\gamma h)>0.43 \sim 0.46$，根据以上判式属于浅埋（图 3.2–1）。

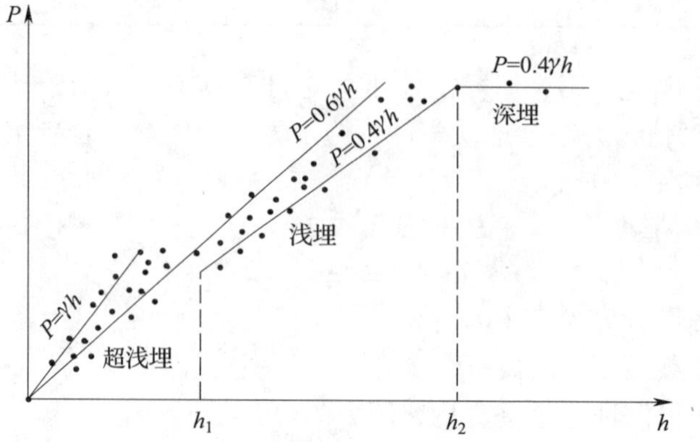

图 3.2–1　隧道埋深判别示意图

综上所述，根据暗挖工程特点，参照《城市轨道交通工程监测技术规范》GB 50911—2013 可将隧道埋深分为超浅埋、浅埋和深埋三类。由于暗挖工程的施工工法较多，地质条件、环境条件较为复杂，隧道深埋、浅埋和超浅埋的划分目前难以给出统一的标准，具体工程可以借鉴上述规范和专著，结合工程经验综合确定，也可参照表 3.2–4 进行隧道工程自身风险等级的划分。

表 3.2–4　暗挖工程自身风险等级

工程自身风险等级	等级划分标准
一级	超浅埋隧道，超大断面隧道
二级	浅埋隧道，近距离并行或交叠的隧道，盾构始发与接收区段，大断面隧道
三级	深埋隧道，一般断面隧道

近距离隧道是指两隧道间净距在 1.0 倍开挖宽度（或直径）范围以内的隧道。隧道深埋、浅埋和超浅埋的划分可根据施工工法、围岩等级、隧道覆土厚度与开挖宽度（或直径），结合工程经验综合确定。对于暗挖结构复杂、受力体系转换多、坡度大的隧道，风险等级可适当调高。

3.2.3 边坡工程自身风险等级

依照《建筑边坡工程技术规范》GB 50330—2013 的规定，边坡工程风险等级应按照其损坏后可能造成的破坏后果（危及人的生命、造成经济损失、产生社会不良影响）的严重性、边坡类型和坡高等因素按表 3.2–5 划分，并规定一个边坡防护工程的各段可根据实际情况采用不同的安全等级，对危害性极严重、环境和地质条件复杂的特殊边坡工程，其安全等级根据工程情况适当提高。破坏后果很严重指造成重大人员伤亡，破坏后果严重指可能造成人员伤亡或财产损失，破坏后果不严重指可能造成财产损失。

表 3.2–5 边坡工程安全等级

边坡类型		边坡高度	破坏后果	安全等级
岩质边坡	岩体类型为Ⅰ或Ⅱ类	$H \leqslant 30$	很严重	一级
			严重	二级
			不严重	三级
	岩体类型为Ⅲ或Ⅳ类	$15<H \leqslant 30$	很严重	一级
			严重	二级
		$H \leqslant 15$	很严重	一级
			严重	二级
			不严重	三级
土质边坡		$10<H \leqslant 15$	很严重	一级
			严重	二级
		$H \leqslant 10$	很严重	一级
			严重	二级
			不严重	三级

《煤炭工业露天矿边坡工程监测规范》GB 51214—2017 规定露天煤矿采场边坡工程安全等级应根据边坡高度、地质条件的复杂程度和露天煤矿生产规模，按表 3.2–6 划分；排土场边坡工程安全等级应根据边坡高度、基底地质条件的复杂程度，按表 3.2–7 划分。

表 3.2–6 采场边坡工程安全等级划分

工程安全等级	边坡高度 H/m	地质条件	露天煤矿生产规模
一级	$H>300$	简单 – 复杂	大型
	$300 \geqslant H>100$	复杂	
二级	$300 \geqslant H>100$	中等复杂	中型
	$H \leqslant 100$	复杂	
三级	$300 \geqslant H>100$	简单	小型
	$H \leqslant 100$	简单 – 中等复杂	

表 3.2–7 排土场边坡工程安全等级划分

工程安全等级	边坡高度 H/m	地质条件
一级	$H>100$	简单 – 复杂
	$100 \geqslant H>50$	复杂
二级	$100 \geqslant H>50$	中等复杂
	$H \leqslant 50$	复杂
三级	$100 \geqslant H>50$	简单
	$H \leqslant 50$	简单 – 中等复杂

《煤炭工业露天矿边坡工程监测规范》GB 51214—2017 综合考虑边坡工程自身特点，并结合工程地质条件及环境条件划分边坡工程风险等级，若只考虑建筑边坡工程自身风险等级的划分，可根据边坡高度按表 3.2–8 进行划分。

表 3.2–8 建筑边坡工程自身风险等级

工程自身风险等级	等级划分标准
一级	高度≥ 15m 的边坡
二级	10m ≤高度 <15m 的边坡
三级	高度 <10m 的边坡

3.3 地质风险等级

地质条件复杂程度主要由建设场地地形地貌、工程地质水文地质条件等决定。主要根据《岩土工程勘察规范》GB 50021—2009 的有关规定进行划分。

根据地质环境条件复杂程度（见表 3.3–1）与建设项目重要性（见表 3.3–2），建设用地地质风险等级可划分为 3 级，见表 3.3–3。

表 3.3–1 地质环境条件复杂程度分类

复杂	中等	简单
地质灾害发育强烈	地质灾害发育中等	地质灾害一般不发育
地形与地貌类型复杂	地形简单，地貌类型单一	地形较简单，地貌类型单一
地质构造复杂，岩性岩相变化大，岩土体工程地质性质不良	地质构造较复杂，岩性岩相不稳定，岩土体工程地质性质较差	地质构造简单，岩性单一，岩土体工程地质性质良好
工程水文地质条件不良	工程水文地质条件较差	工程水文地质条件良好
破坏地质环境的人类工程活动强烈	破坏地质环境的人类工程活动较强烈	破坏地质环境的人类工程活动一般

注：每类 5 项条件中，有 1 项符合较复杂条件者即划为较复杂类型。

表 3.3–2 建设项目重要性分类

项目类型	项目类别
重要建设项目	开发区建设、城镇新区建设、放射性设施、军事设施、核电、二级（含）以上公路、铁路、机场、大型水利工程、电力工程、港口码头、集中供水水源地、工业建筑、民用建筑、垃圾处理场、水处理厂等
较重要建设项目	新建村庄、三级（含）以下公路、中型水利工程、电力工程、港口码头、矿山、集中供水水源地、工业建筑、民用建筑、垃圾处理场、水处理厂等
一般建设项目	小型水利工程、电力工程、港口码头、矿山、集中供水水源地、工业建筑、民用建筑、垃圾处理场、水处理厂等

表 3.3-3 建设用地地质风险等级分级

项目重要性	复杂程度		
	复杂	中等	简单
重要建设项目	一级	一级	一级
较重要建设项目	一级	二级	三级
一般建设项目	二级	三级	三级

3.4 环境风险等级

《城市轨道交通地下工程建设风险管理规范》GB 50652—2011 规定工程周边环境风险等级根据周边环境过大变形或破坏的可能性大小及后果的严重程度，划分为一级、二级、三级和四级。根据这一原则，对具体的环境对象，判断其风险等级需要做大量的工作。环境风险评估对风险发生的可能性应考虑环境与工程的空间关系、地质条件和施工方法，以及环境自身的易损性等因素；环境风险破坏的后果需要考虑环境的重要性、经济价值、社会影响等因素，可见环境风险评估过程是十分复杂和困难的。表 3.4-1 是总结各城市的经验，按照环境的类型、重要性及与工程的空间位置关系给出的划分方案。

表 3.4-1 周边环境风险等级

周边环境风险等级	等级划分标准
一级	主要影响区内存在既有轨道交通设施、铁路、重要建（构）筑物、重要桥梁或隧道、河流或湖泊
二级	主要影响区内存在一般建（构）筑物、一般桥梁或隧道、高速公路或重要地下管线； 次要影响区内存在既有轨道交通设施、铁路、重要建（构）筑物、重要桥梁或隧道、河流或湖泊； 隧道工程上穿既有轨道交通设施、铁路
三级	主要影响区内存在城市重要道路、一般地下管线或一般市政设施； 次要影响区内存在一般建（构）筑物、一般桥梁或隧道、高速公路或重要地下管线
四级	次要影响区内存在城市重要道路、一般地下管线或一般市政设施

表 3.4-1 中周边环境对象的重要性程度可根据环境对象重要性、相关规范要求、破坏后果或风险评估进行确定，也可参考如下分类：

（1）重要建（构）筑物一般是指文物古迹、近代优秀建筑物，10 层以上高层、超高层民用建筑物，重要的烟囱、水塔等；

（2）重要桥梁是指城市高架桥、立交桥等；

（3）重要隧道是指城市过江隧道、公路隧道、铁路隧道等；

（4）重要地下管线是指雨（污）水干管，中压以上煤气管，直径较大的自来水管、中水管等对工程有较大危害的地下管线等；

（5）城市重要道路是指城市快速路、主干路等；

（6）市政设施是指由市政府出资建造的公共设施，一般指市政规划区内的各种建筑物、构筑物、设备等，主要包括城市道路（含桥梁）、供水、排水、燃气、热力、道路照明、垃圾处理等设施及附属设施。

在设计阶段，设计单位应根据风险工程的定性分级原则，结合工程特点、周边环境特点和工程经验，在分析安全风险发生的可能性、严重程度和可控性、可接受水平的基础上，进行风险工程分级的细化，并满足相应设计阶段的深度要求。

在施工阶段，施工单位应在设计阶段风险工程分级的基础上，根据地质和环境核查成果、设计方案的核查认识、施工工艺设备、自身施工水平经验等，深入识别各种风险因素，进行风险工程分级调整。

3.5 工程监测等级

《煤炭工业露天矿边坡工程监测规范》GB 51214—2017 根据边坡工程安全等级、边坡工程监测阶段等将露天煤矿边坡工程监测等级划分为三个等级，其中，露天煤矿采场边坡工程安全等级根据边坡高度、地质条件复杂程度和露天煤矿生产规模划分；排土场边坡工程安全等级根据边坡高度、排土场基底地质条件复杂程度划分。适用范围为露天煤矿采场边坡、排土场边坡在建设与开采阶段的工程监测。《基坑工程施工监测规程》DG/TJ 08-2001-2016 根据基坑工程安全等级、周边环境保护等级和地质条件复杂程度将基坑工程监测等级划分为三个等级，适用范围为上海地区各类建（构）筑物的基坑工程施工监测。

《建设工程第三方监测技术规程》DB 11/T 1626—2019 根据工程自身风险等级、周边环境风险等级和地质条件的复杂程度，将建设工程第三方监测等级划分为三级，如表 3.5-1 所示。工程支护结构和周边环境是工程风险的主要承险体，工程支护结构的稳定性和周边环境的安全状态是工程施工过程中关注的重点，也是监测工作的主要内容。因此，工程监测等级主要根据工程自身风险等级、周边环境风险等级和地质条件的复杂程度综合确定。

表 3.5-1 工程监测等级

工程自身风险等级	周边环境风险等级			
	一级	二级	三级	四级
一级	一级	一级	一级	一级
二级	一级	二级	二级	二级
三级	一级	二级	三级	三级

工程周边岩土体是工程支护结构和周边环境对象的载体，也是两者之间相互作用的介质。两者的安全状态及稳定性都受工程地质条件的影响。因此工程监测等级与工程地质条件的复杂性有很密切的关系。在已有分级的基础上，还需要根据工程地质条件复杂程度对监测等级进行调整。工程地质条件复杂程度为中等或简单时监测等级可不进行调整，工程地质条件为复杂时监测等级上调一级，上调后最高为一级。

第 4 章　监测项目控制指标统计分析

4.1　概述

4.1.1　控制指标确定的目的

监测控制指标是工程安全风险监测的重要标准，是工程预警报警等级划分的重要基准数值，是工程安全风险管理的核心内容。控制指标具体数值应符合工程可接受准则的要求，根据当前经济、社会发展水平和风险监控技术水平的要求进行综合确定。所提出的监测项目控制值应科学、合理，可以以此为依据对监测对象进行有效的安全风险管控。

科学、合理的控制指标能够系统地反映监测对象的安全状态，及时发现安全隐患，科学预防安全事故发生，切实保障人民生命财产安全，能够有效规范工程监测工作，有助于增强工程安全风险监控标准的科学性，控制工程风险投入成本，避免不必要的浪费。

随着城市工程建设的快速发展，工程建设过程中已经积累了大量的监测资料，实际的监测数据可以很好地反映工程自身结构的变化大小、变化过程及对应的安全状态变化情况，以及对周边地表和其他环境对象的影响情况。结合已有的理论、研究成果和通过对实测资料的收集、分析和总结来确定不同监测项目的控制值，可以做到更科学、更经济、更实用地控制工程自身结构和周边环境的安全。

4.1.2　控制指标确定的原则

监测控制指标的确定与安全管理要求密切相关，落实在以不同监测对象分类的各类监测项目上，达到控制结构安全、环境安全及保证使用功能的目标。监测对象、监测项目不同，相应的控制指标影响因素不同。因此控制指标确定应根据主导因素和基础条件，有针对性、有重点地开展控制指标的确定工作。

1. 监测控制指标确定需综合考虑的因素

（1）环境对象的功能性及安全性。国内各地城市轨道交通监测控制指标一般由设计单位在施工图设计文件中给定，监测控制指标的确定应综合考虑周边环境对象的实际状态、使用功能及安全性等保护要求。周边环境控制指标一般由评估单位在现状普查或检测、分析计算和评估的基础上，结合产权单位的要求综合确定。

（2）工程围（支）护结构的安全性。工程围（支）护结构与周围岩土体的控制指标由设计单位根据周边环境条件、场区工程地质条件、设计采用的围（支）护结构形式及采取的辅助加强措施综合分析计算确定，其控制指标的确定主要考虑围（支）护结构所能够承受的剪力、弯矩及周围岩土体对结构的围岩压力、土压力、水压力等的影响，根据工程围（支）护结构与周围岩土体的相互作用关系，综合确定围（支）护结构所能承受的变形或内力大小。

2. 监测控制指标的确定应符合的原则

（1）控制值应满足工程围（支）护结构安全及周边环境保护的要求，使在施工影响下不出现异常，不影响正常使用，不发生危险。

（2）监测项目控制值应针对不同施工工法特点、周围岩土体特征、周边环境保护要求结合当地工程经验确定，满足监测对象的安全状态得到合理、有效控制的要求。

（3）围（支）护结构体系监测项目控制值应根据工程监测等级、围（支）护结构特点及设计计算结果综合确定。控制值应满足设计计算中对强度和刚度的要求，一般应小于或等于设计值，并保证其安全、正常使用。

（4）周边环境监测项目控制值应根据环境对象的类型与特点、结构形式、变形特征、已有变形、正常使用条件及相关技术规范要求，并结合相关单位的要求综合确定。

（5）周边环境安全现状评估工作完成之后，对重要性较低的周边环境对象可根据工程类比确定其控制指标，对重要的、特殊的或风险等级较高的环境对象应进行现状调查与检测，通过分析计算或专项评估确定监测项目控制值。

（6）周围地表沉降等岩土体变形控制值应根据围（支）护结构工程安全等级和周边环境安全风险等级综合确定。

（7）监测等级高、工况条件复杂的工程宜针对不同工况条件制订监测项目控制值，并分阶段控制监测对象的状态。

（8）监测项目控制值按监测项目的性质分为变形监测控制值和力学监测控制值。变形监测控制值应由监测项目的累计变化值和变化速率值共同控制；力学监测控制值应由监测项目的最大值或最小值控制。

（9）控制指标的确定应具有工程可实施性，在满足安全的条件下，应考虑加快工程进度和减少施工费用。

（10）监测实施过程中，当某一监测控制指标超值时，除应即时进行报警外，还应与有关部门共同研究分析，判断监测对象的安全状态，条件充分时可对控制指标数值进行调整。

4.2 控制指标研究

4.2.1 控制指标研究现状

建设工程相关的规范、规程和工程标准及相关研究成果，对监测项目控制指标的相关规定主要内容如下：

1. 支护结构控制指标

《建筑地基基础工程施工质量验收标准》GB 50202—2018 中规定，基坑（槽）、管沟土方工程验收必须以确保支护结构安全和周围环境安全为前提，当设计给定控制指标时，以设计要求为依据，无设计指标时宜按表 4.2-1 的规定执行。

表 4.2–1　基坑变形的监控值

基坑类别	围护结构墙顶位移监控值 /cm	围护结构墙体最大位移监控值 /cm
一级基坑	3	5
二级基坑	6	8
三级基坑	8	10

《建筑基坑工程监测技术标准》GB 50497—2019 中规定，基坑及支护结构监测报警值应根据土质特征、设计结果及当地经验等因素确定，当无当地经验时，可根据土质特征、设计结果以及表 4.2–2 确定。

表 4.2–2　基坑及支护结构监测报警值

监测项目	支护结构类型	基坑类别								
		一级			二级			三级		
		累计值		变化速率 /（mm/d）	累计值		变化速率 /（mm/d）	累计值		变化速率 /（mm/d）
		绝对值 /mm	相对基坑深度 h 控制值 /%		绝对值 /mm	相对基坑深度 h 控制值 /%		绝对值 /mm	相对基坑深度 h 控制值 /%	
围护墙（边坡）顶部水平位移	放坡、土钉墙、喷锚支护、水泥土墙	30 ~ 35	0.3 ~ 0.4	5 ~ 10	50 ~ 60	0.6 ~ 0.8	10 ~ 15	70 ~ 80	0.8 ~ 1.0	15 ~ 20
	钢板桩、灌注桩、型钢水泥土墙、地下连续墙	25 ~ 30	0.2 ~ 0.3	2 ~ 3	40 ~ 50	0.5 ~ 0.7	4 ~ 6	60 ~ 70	0.6 ~ 0.8	8 ~ 10
围护墙（边坡）顶部竖向位移	放坡、土钉墙、喷锚支护、水泥土墙	20 ~ 40	0.3 ~ 0.4	3 ~ 5	50 ~ 60	0.6 ~ 0.8	5 ~ 8	70 ~ 80	0.8 ~ 1.0	8 ~ 10
	钢板桩、灌注桩、型钢水泥土墙、地下连续墙	10 ~ 20	0.1 ~ 0.2	2 ~ 3	25 ~ 30	0.3 ~ 0.5	3 ~ 4	35 ~ 40	0.5 ~ 0.6	4 ~ 5

表 4.2–2（续）

监测项目	支护结构类型	基坑类别								
		一级			二级			三级		
		累计值		变化速率/（mm/d）	累计值		变化速率/（mm/d）	累计值		变化速率/（mm/d）
		绝对值/mm	相对基坑深度 h 控制值/%		绝对值/mm	相对基坑深度 h 控制值/%		绝对值/mm	相对基坑深度 h 控制值/%	
深层水平位移	水泥土墙	30 ~ 35	0.3 ~ 0.4	5 ~ 10	50 ~ 60	0.6 ~ 0.8	10 ~ 15	70 ~ 80	0.8 ~ 1.0	15 ~ 20
	钢板桩	50 ~ 60	0.6 ~ 0.7	2 ~ 3	80 ~ 85	0.7 ~ 0.8	4 ~ 6	90 ~ 100	0.9 ~ 1.0	8 ~ 10
	型钢水泥土墙	50 ~ 55	0.5 ~ 0.6		75 ~ 80	0.7 ~ 0.8		80 ~ 90	0.9 ~ 1.0	
	灌注桩	45 ~ 50	0.4 ~ 0.5		70 ~ 75	0.6 ~ 0.7		70 ~ 80	0.8 ~ 0.9	
	地下连续墙	40 ~ 50	0.4 ~ 0.5		70 ~ 75	0.7 ~ 0.8		80 ~ 90	0.9 ~ 1.0	

《地铁工程监控量测技术规程》DB 11/490—2007 中规定，支护结构监测报警值应根据土质特征、设计结果及当地经验等因素确定；当无当地经验时，可根据土质特征、设计结果以及表 4.2–3 确定。

表 4.2–3 明（盖）挖法施工围（支）护结构监控量测值控制指标

监测项目及范围	允许位移控制值 U_0/mm			位移平均速率控制值/（mm/d）	位移最大速率控制值/（mm/d）
	一级基坑	二级基坑	三级基坑		
围护桩（墙）顶部沉降	≤ 10			1	1
围护桩（墙）水平位移	≤ 0.15%H 或 ≤ 30，两者取小值	≤ 0.2%H 或 ≤ 40，两者取小值	≤ 0.3%H 或 ≤ 50，两者取小值	2	3

《建筑基坑支护技术规程》JGJ 120—2012 中规定，根据支护破坏后的影响程度及基坑工程周围状况设定支护的位移允许值，如表 4.2–4 所示。

表 4.2–4 基坑边坡支护位移允许值

基坑边坡支护破坏后影响程度及基坑工程周围状况	最大位移允许值
基坑边坡支护破坏后影响严重或很严重，基坑边坡滑移面内有重要建（构）筑物	H_i/300
基坑边坡支护破坏后影响较严重，基坑边坡滑移面内有重要建（构）筑物	H_i/200
基坑边坡支护破坏后影响一般或轻微，基坑周边 15m 以外有主要建（构）筑物	H_i/150

《基坑工程手册》[20] 建议基坑围护墙测斜，对于只存在基坑本身安全的测试，最大位移一般取 80mm，每天发展不超过 10mm。对于周围有需严格保护构筑物的基坑，应根据保护对象的需要确定。对于测斜、围护结构纵深弯矩等光滑的变化曲线，若曲线上出现明显的折点变化，也应做出报警处理。《地铁设计规范》GB 50157—2013 中规定，现浇钢筋混凝土地下连续墙的设计应满足下列要求：地下连续墙的墙面倾斜度和平整度，应根据建筑物的使用要求、工程地质和水文地质条件及挖槽机械等因素确定。墙面倾斜度不宜大于 1/300，局部突出不宜大于 100mm，且墙体不得侵入隧道净空。

2. 地表沉降控制指标

《建筑地基基础工程施工质量验收标准》GB 50202—2018 中规定，基坑（槽）、管沟土方工程验收必须以确保支护结构安全和周围环境安全为前提。当设计有指标时，以设计要求为依据，如无设计指标时应按表 4.2–5 的规定执行。主要适用于软土地区的基坑工程，对硬土区应执行设计规定。

表 4.2–5　基坑变形的监控值

基坑类别	地面最大沉降监控值 /cm
一级基坑	3
二级基坑	6
三级基坑	10

《建筑基坑工程监测技术标准》GB 50497—2019 中规定，基坑及支护结构监测报警值应根据土质特征、设计结果及当地经验等因素确定；当无当地经验时，可根据土质特征、设计结果以及表 4.2–6 确定。

表 4.2–6　基坑周边地表竖向位移监测报警值

监测项目	基坑类别					
	一级		二级		三级	
	累计值绝对值 /mm	变化速率 /（mm/d）	累计值绝对值 /mm	变化速率 /（mm/d）	累计值绝对值 /mm	变化速率 /（mm/d）
基坑周边地表竖向位移	25 ~ 35	2 ~ 3	50 ~ 60	4 ~ 6	60 ~ 80	8 ~ 10

地表裂缝宽度达 10 ~ 15mm 或变化速率持续发展时，应报警。

3. 建（构）筑物变形控制指标

《建筑地基基础设计规范》GB 50007—2011 中规定，在计算地基变形时，由于建筑地基不均匀、荷载差异很大、体型复杂等因素引起的地基变形，对于砌体承重结构应由局部倾斜值控制；对于框架结构和单层排架结构应由相邻柱基的沉降差控制；对于多层或高层建筑和高耸结构应由倾斜值控制；必要时尚应控制平均沉降量。在必要情况下，需要分别预估建筑物在施工期间和使用期间的地基变形值，以便预留建筑物有关部分之间的净空，选择连接方法和施工顺序。一般多层建筑物在施工期间完成的沉降量，对于砂土可认为其最终沉降量已完成80%以上，对于其他低压缩性土可认为已完成20%～50%，对于高压缩性土可认为已完成5%～20%。建筑物的地基变形允许值按表4.2–7的规定采用，对于表中未包括的建筑物，其地基变形允许值应根据上部结构对地基变形的适应能力和使用上的要求确定。

表4.2–7 建筑物的地基变形允许值

变形特征		地基土类型	
		中、低压缩性土	高压缩性土
砌体承重结构基础的局部倾斜		0.002	0.003
工业与民用建筑相邻柱基的沉降差	框架结构	$0.002l$	$0.003l$
	砌体墙填充的边排柱	$0.0007l$	$0.001l$
	当基础不均匀沉降时不产生附加应力的结构	$0.005l$	$0.005l$
单层排架结构（柱距为6m）柱基的沉降量/mm		（120）	200
桥式吊车轨面的倾斜（按不调整轨道考虑）	纵向	0.004	
	横向	0.003	
多层和高层建筑的整体倾斜	$H_g \leqslant 24$	0.004	
	$24<H_g \leqslant 60$	0.003	
	$60<H_g \leqslant 100$	0.0025	
	$H_g>100$	0.002	
体型简单的高层建筑基础的平均沉降量/mm		200	
高耸结构基础的倾斜	$H_g \leqslant 20$	0.008	
	$20<H_g \leqslant 50$	0.006	
	$50<H_g \leqslant 100$	0.005	
	$100<H_g \leqslant 150$	0.004	
	$150<H_g \leqslant 200$	0.003	
	$200<H_g \leqslant 250$	0.002	
高耸结构基础的沉降量/mm	$H_g \leqslant 100$	400	
	$100<H_g \leqslant 200$	300	
	$200<H_g \leqslant 250$	200	

《建筑基坑工程监测技术标准》GB 50497—2019中规定，周边环境监测报警值的限值应根据主管部门的要求确定，如无具体规定，可按表4.2–8采用。周边建筑、管线的报警值除考虑基坑开挖造成的变形外，尚应考虑其原有变形的影响。

表 4.2–8　建筑基坑工程周边环境监测报警值

监测对象		项目	
		累计值 /mm	变化速率 /（mm/d²）
邻近建筑位移		10 ~ 60	1 ~ 3
裂缝宽度	建筑	1.5 ~ 3	持续发展
	地表	10 ~ 15	持续发展

4. 桥梁变形控制指标

《地铁设计规范》GB 50157—2013 中规定，高架结构区间桥梁、墩台、基础的沉降应按恒载计算。跨度小于或等于 40m 梁的相邻桥墩，其工后沉降量之差对于有砟桥面不应超过 20mm，无砟桥面不应超过 10mm；对于外静不定结构，其相邻墩台不均匀沉降量之差的容许值还应根据沉降对结构产生的附加影响来确定。

《公路桥涵养护规范》JTG H11—2004 中规定，梁、拱、墩台裂缝的最大限值规定如表 4.2–9 所示，裂缝超过表列数值时应进行修补或加固，以保证结构的耐久性。对于墩台基础的允许沉降，简支梁桥墩台基础的沉降和位移，墩台均匀总沉降值（不包括施工中的沉降）为 $2.0\sqrt{L}$（cm），相邻墩台总沉降差值（不包括施工中的沉降）为 $1.0\sqrt{L}$（cm），墩台顶面水平位移值为 $0.5\sqrt{L}$（cm）。当墩台变位所产生的附加内力影响到桥梁的正常使用和安全时，或桥梁、墩台、基础自身结构出现大的缺损使承载力不够时，必须进行加固处理。

表 4.2–9　梁、拱、墩台裂缝最大限值

结构类型	裂缝种类	允许最大缝宽 /mm	其他要求
钢筋混凝土梁	主筋附近竖向裂缝	0.25	
	腹板斜向裂缝	0.30	
	组合梁结构面	0.50	不允许贯通结合面
	横隔板与梁体端部	0.30	
	支座垫石	0.50	
预应力混凝土梁	梁体竖向裂缝	不允许	
	梁体纵向裂缝	0.20	
砖、石、混凝土拱	拱圈横向	0.30	裂缝高度小于截面高度的一半
	拱圈纵向	0.50	裂缝长度小于 1/8 跨径
	拱波与拱肋结合处	0.20	

表 4.2–9（续）

结构类型	裂缝种类			允许最大缝宽 /mm	其他要求
墩台	墩台帽			0.30	不允许贯通墩身截面一半
	墩台身	经常受侵蚀性水影响	有筋	0.20	
			无筋	0.30	
		常年有水，但无侵蚀性水影响	有筋	0.25	
			无筋	0.35	
		干沟或有季节性河流		0.40	
	有冻结作用部分			0.20	

《铁路桥涵地基和基础设计规范》TB 10002.5—2005 中规定，桥涵基础的沉降应按恒载计算，静定结构对于有碴桥面桥梁，墩台均匀沉降量不得大于 80mm，相邻墩台均匀沉降量之差不得大于 40mm；对于明桥面桥梁，墩台均匀沉降量不得大于 40mm，相邻墩台均匀沉降量之差不得大于 20mm；对于涵洞，涵身沉降量不得大于 100mm；对于超静定结构，其相邻墩台均匀沉降量之差的容许值，应根据沉降对结构产生的附加应力的影响确定。

5. 地下管线控制指标

《给水排水工程管道结构设计规范》GB 50332—2002 中规定，采用水泥砂浆等刚性材料作为防腐内衬的金属管道，在组合作用下的最大竖向变形不应超过 $0.02D \sim 0.03D_0$；采用延性良好的防腐涂料作为内衬的金属管道，在组合作用下的最大竖向变形不应超过 $0.03D \sim 0.04D_0$；化学建材管道，在组合作用下的最大竖向变形不应超过 $0.05D_0$；对于刚性管道，其钢筋混凝土结构构件在组合作用下，计算截面的受力状态处于受弯、大偏心受压或受拉时，截面允许出现的最大裂缝宽度不应大于 0.2mm；对于刚性管道，其混凝土结构构件在组合作用下，计算截面的受力状态处于轴心受拉或小偏心受拉时，截面设计应按不允许裂缝出现控制。

《建筑基坑工程监测技术标准》GB 50497—2019 中规定，周边环境监测报警值的限值应根据主管部门的要求确定，如无具体规定，可按表 4.2-10 采用。周边建筑、管线的报警值除考虑基坑开挖造成的变形外，尚应考虑其原有变形的影响。

表 4.2–10 建筑基坑工程周边环境监测报警值

监测对象			项目		备注
			累计值 /mm	变化速率 /（mm/d）	
管线位移	刚性管道	压力	10 ~ 30	1 ~ 3	直接观察点数据
		非压力	10 ~ 40	3 ~ 5	
	柔性管线		10 ~ 40	3 ~ 5	—

《基坑工程手册》[20] 建议煤气管线沉降或水平位移均不得超过 10mm，每天发展不得超过 2mm；上水管线沉降或水平位移均不得超过 30mm，每天发展不得超过 5mm。

4.2.2　控制指标确定的不足

1. 标准、规范中的不足

目前现行标准、规范和研究成果给定的各项控制指标，总体上存在以下几个方面的不足，有待完善。

（1）不同的国家标准、地方标准、行业标准和企业标准的出发点不同，一些标准确定的控制指标未从整体进行考虑，偏重支护结构或环境设施，不够全面，内在关联性差。

（2）一些标准未区分不同支护等级、风险等级及实际影响的环境对象状况细化给出控制指标，造成风险等级高的和风险等级低的控制指标无差异，对设计工作的指导性差。

（3）个别标准未结合实际地质条件及工程经验确定，给出的控制指标数值差异大，有的偏严格，造成工程投入代价大，有的偏宽松，可能带来工程安全风险隐患。

（4）部分标准给出的控制指标不完整，有的仅给出累计控制指标，未给出变化速率控制指标，在监测时缺少预警依据带来风险隐患。

（5）对监测控制指标在工程施工过程中的分解控制要求不够，大部分标准、规范未明确在实际实施时确定分步控制指标，可能造成在实际实施时关键工况失控和引起最终的累计值超过控制指标。

2. 实际工作中的不足

根据工程建设监测项目实践及各类检查结果，监测控制指标的一些主要问题如下，需要在实际工作中改进：

（1）设计套用标准、规范监测项目控制指标或存在缺少控制指标的现象。如设计文件给出的控制指标照搬标准、规范，未根据实际的支护设计及环境保护要求进行深入设计计算确定，或者未明确关键监测对象监测项目的控制指标。

（2）存在设计给定的控制指标不相协调现象，比如明挖基坑的同一监测断面中的围护结构变形控制值与周边环境的变形控制值不协调等，隧道工程洞内外监测项目变形控制值不协调等。

（3）设计给定的控制指标与实际的偏离度大，出现监测数据远小于控制指标或大量超过控制指标现象。实际监测中出现大量超过累计控制值或阶段控制值测点，相应的预警、报警数量增加，但工程实际安全并未出现太大变化。

4.3　控制指标统计分析

4.3.1　统计分析原则

1. 资料收集

由于建设工程范围及规模大、区域地层差异特性明显、涉及工法多等，本书收集了北京市建设工程近300个项目的监测案例，以监测数据较为完整的城市轨道交通项目为主，统计了明（盖）挖法工点80个、盾构法工点45个、矿山法工点73个（47个隧道、26个车站）、建（构）筑物122栋、地下管线286条、桥梁16座。主要监测项目包括基坑围护桩（墙）变形、周边道路、地表、建（构）筑物、地下管线和桥梁等周边环境对象的沉降数据。

2. 分类方式

根据工程结构设计形式和环境对象特点、区域地质特点及区域重要性特点等不同特征，对收集的监测工点和监测数据进行了分类。

（1）按工程自身和周边环境分类。区分了不同类型的结构工法和不同类型的环境对象。根据工程设计特点，以目前建设工程主要的明（盖）法（区分深度大于20m、深度10～20m两种类型）、盾构法、矿山法（按车站、区间两种类型区分）进行分类，并考虑了不同设计形式结构的风险等级。根据不同环境对象的重要性、结构特点、基础特点、内部运营设施要求及破坏后果的严重性等情况，区分了高速公路与城市道路、建筑物［按高度进行分类，分为1～7层（低层）、7层以上（中高层及高层）两种类型］、桥梁、地下管线（按燃气、供水、雨污水等进行分类）、城市既有轨道交通线、既有铁路等类型。

（2）按地区区域地质特点分类。根据北京地区区域地质特点划分3个类别。按照《建筑抗震设计规范》GB 50011—2010中工程场地土类型划分标准（表4.3–1），将所收集工点的地层条件分为坚硬－中硬土（西段，主要以砂卵石地层为主）、中硬土－中软土（中段，主要以粉质黏土、粉土为主）、中软土（东段，主要以含水砂层、粉质黏土地层为主）三大类。

表4.3–1 土的类型划分和剪切波速范围

土的类型	岩石名称和性状	土层剪切波速范围 /（m/s）
岩石	坚硬、较硬且完整的岩石	v_s>800
坚硬土或软质岩石	破碎和较破碎的岩石或软和较软的岩石，密实的碎石土	800 ≥ v_s>500
中硬土	中密、稍密的碎石土，密实、中密的砾，粗、中砂，f_{ak}>150的黏性土和粉土，坚硬黄土	500 ≥ v_s>250
中软土	稍密的砾，粗、中砂，除松散外的细、粉砂，f_{ak} ≤ 150的黏性土和粉土，f_{ak}>130的填土，可塑新黄土	250 ≥ v_s>150

注：f_{ak}为由载荷试验等方法得到的地基承载力特征值（kPa）；v_s为岩土剪切波速。

3. 统计分析方法

统计数值主要包括不同工点各监测项目监测数据的最终变形值、历史最大变形值。最终变形值是指各个监测点最终的变形数值，即各个监测点变形稳定后的累计最大变化数值。每一类数值又分为最小值、最大值、平均值和控制值进行统计，图中以不同的符号表示。

为反映不同工点不同监测项目各个监测点数值的分布情况，以实测值与控制值进行比较，分为实测值位于控制值 70% 以内、控制值的 70% ~ 85%、控制值的 85% ~ 100% 和大于控制值四个区段。以柱状图表示不同分布区段内监测点的数量占该工点监测点总数的百分比。

根据地层分类的不同，对同一监测项目监测点的实测数值进行汇总，形成监测结果统计直方图，表明实测结果的整体分布情况，并进行标准正态分布曲线拟合。所确定的监测控制值应包含大部分监测点的实测数据，一般包含所有统计监测点数量的 60% ~ 70%。

4.3.2　明（盖）挖法基坑

4.3.2.1　围护桩（墙）顶位移

1. 北京西段（坚硬 – 中硬土）

（1）深度小于 20m 的基坑。统计北京西段（坚硬 – 中硬土）基坑深度在 10 ~ 20m 的工点，桩顶水平位移监测项目实测值多介于 0 ~ 20mm 之间，平均值多小于 8mm，最大值多小于 15mm，与基坑深度比值为 1.5‰ ~ 2.5‰，实测值分布在控制值以内，具体见图 4.3–1 ~图 4.3–3。

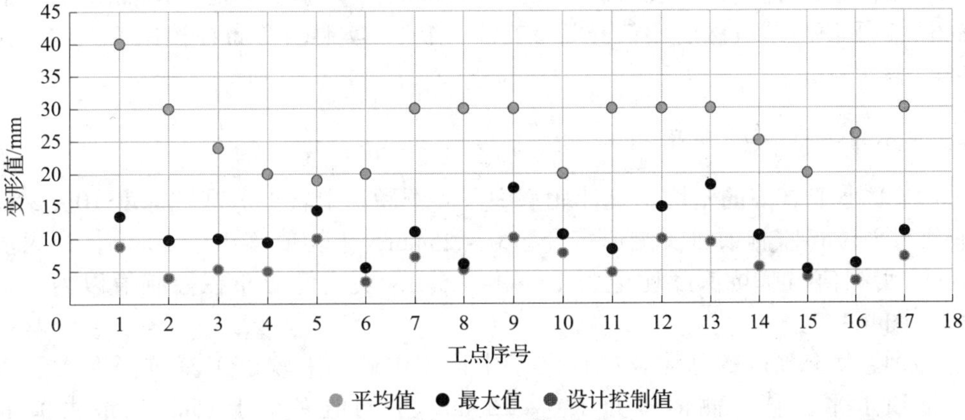

图 4.3–1　西段明挖基坑（深度小于 20m）桩顶水平位移各工点监测值最终分布

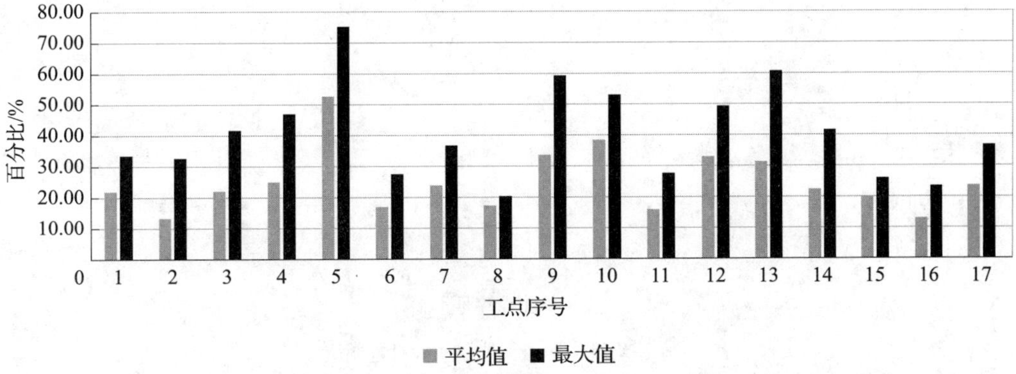

图 4.3–2　西段明挖基坑（深度小于 20m）桩顶水平位移各工点监测点实测值占控制值比例分布

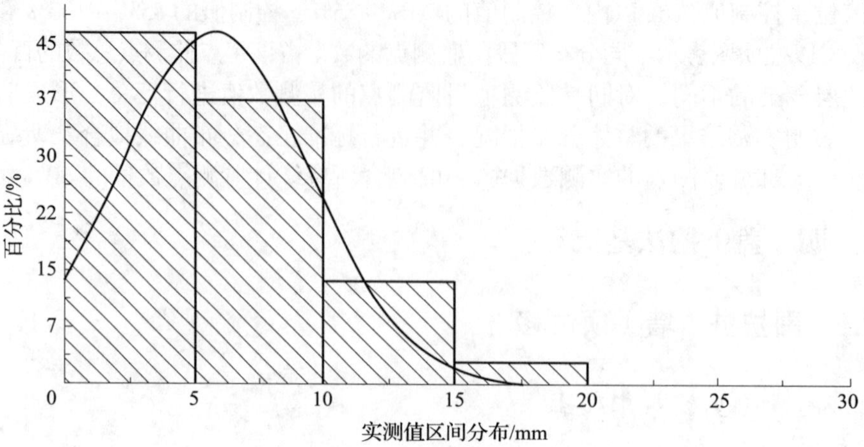

图 4.3-3　西段明挖基坑（深度小于 20m）桩顶水平位移实测值区间分布

（2）深度大于 20m 的基坑。统计北京西段（坚硬 – 中硬土）基坑深度大于 20m 的工点，桩顶水平位移监测项目实测值多介于 0 ~ 20mm，平均值多小于 10mm，最大值多小于 15mm，实测值与基坑深度比值介于 0.75‰ ~ 1‰，实测值分布在控制值以内，具体见图 4.3–4 ~图 4.3–6。

2. 北京中段（中硬 – 中软土）

（1）深度小于 20m 的基坑。统计北京中段（中硬 – 中软土）基坑深度 10 ~ 20m 的工点，桩顶水平位移监测项目实测值多介于 0 ~ 25mm，平均值多小于 10mm，最大值多小于 20mm，实测值与基坑深度比值为 1.5‰ ~ 2.5‰，实测值分布在控制值以内，具体见图 4.3–7 ~图 4.3–9。

（2）深度大于 20m 的基坑。统计北京中段（中硬 – 中软土）基坑深度大于 20m 的工点，桩顶水平位移实测值多介于 0 ~ 25mm，平均值多小于 15mm，最大值多小于 20mm，实测值与基坑深度比值为 1.0‰ ~ 1.5‰，实测值分布在控制值以内，具体见图 4.3–10 ~图 4.3–12。

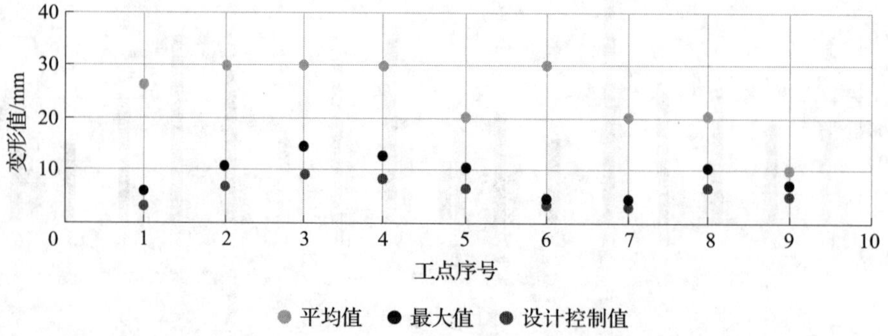

图 4.3–4　西段明挖基坑（深度大于 20m）桩顶水平位移各工点监测值最终分布

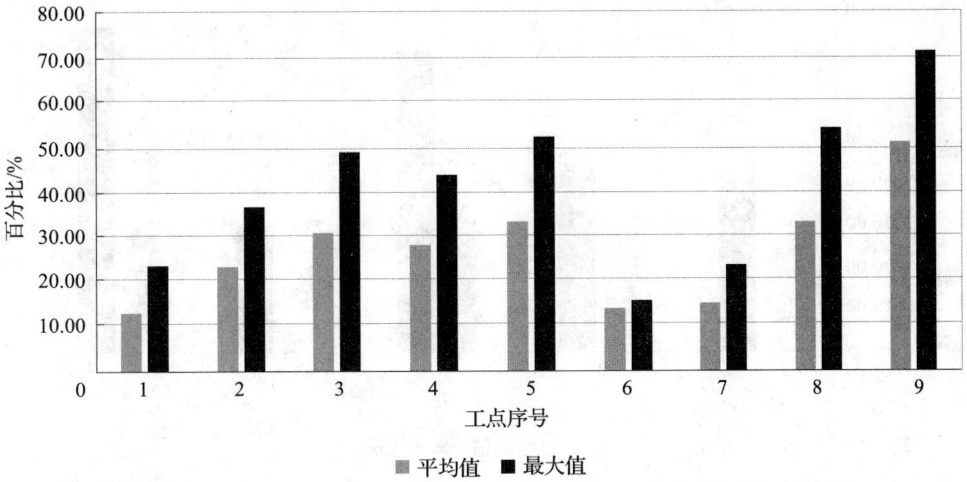

图 4.3-5　西段明挖基坑（深度大于 20m）桩顶水平位移各工点监测点实测值占控制值比例分布

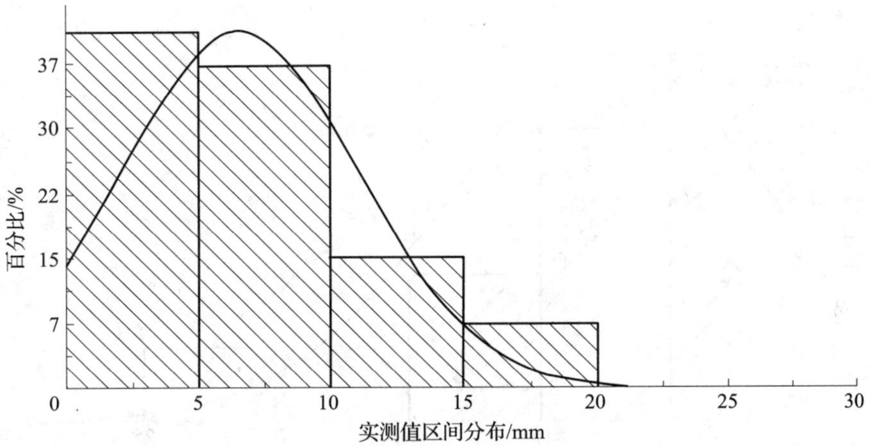

图 4.3-6　西段明挖基坑（深度大于 20m）桩顶水平位移实测值区间分布

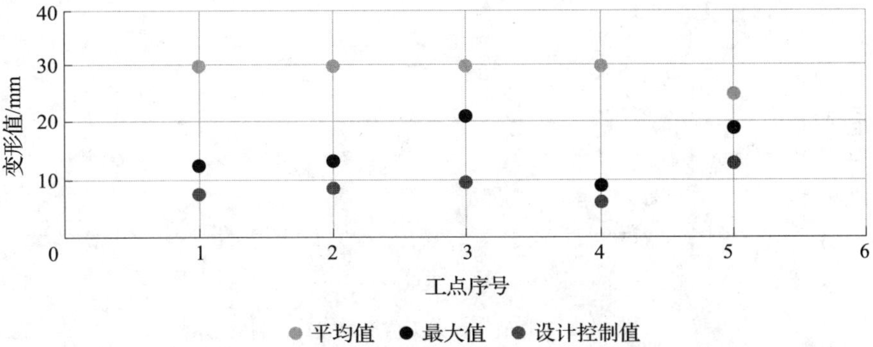

图 4.3-7　中段明挖基坑（深度小于 20m）桩顶水平位移各工点监测值最终分布

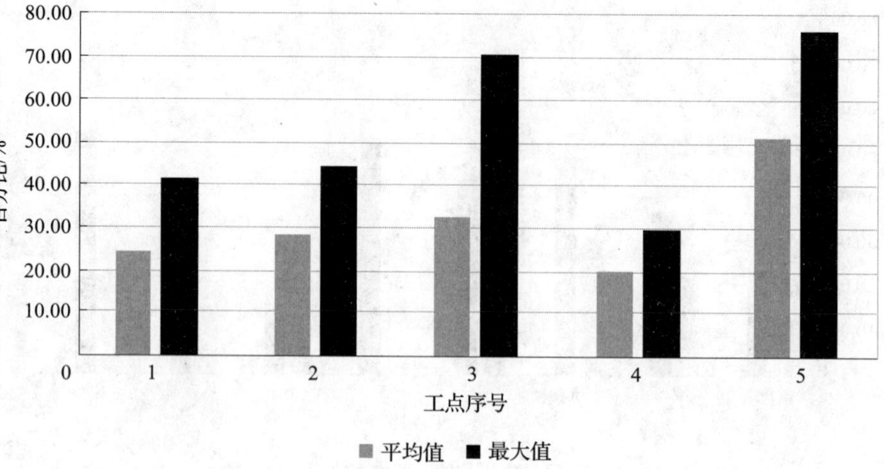

图 4.3-8 中段明挖基坑（深度小于 20m）桩顶水平位移各工点监测点实测值占控制值比例分布

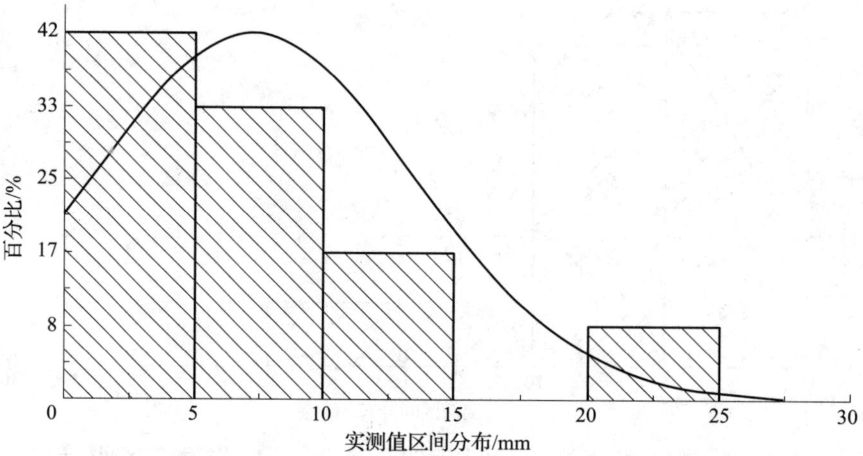

图 4.3-9 中段明挖基坑（深度小于 20m）桩顶水平位移实测值区间分布

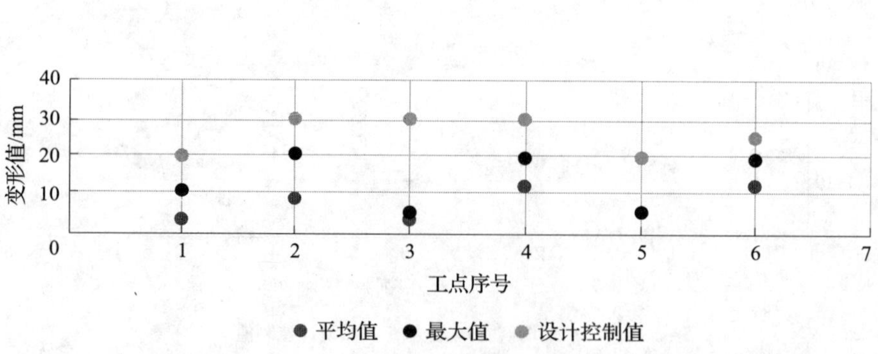

图 4.3-10 中段明挖基坑（深度大于 20m）桩顶水平位移各工点监测值最终分布

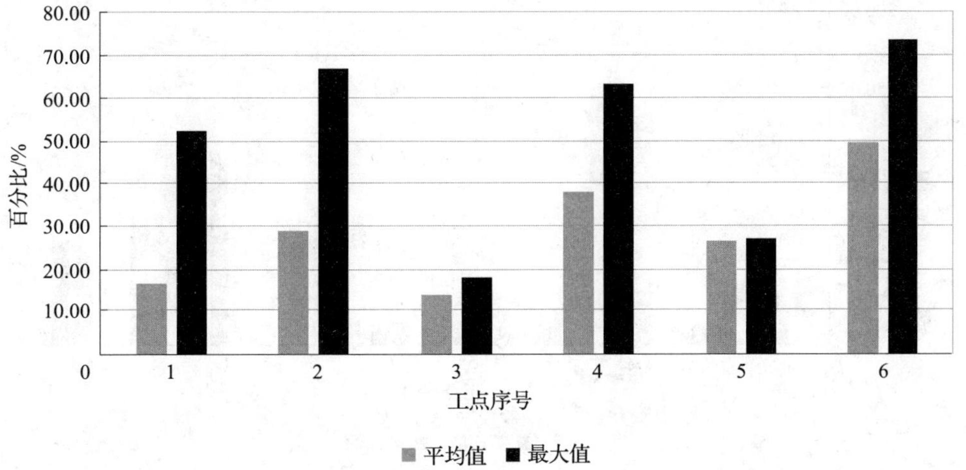

图 4.3-11　中段明挖基坑（深度大于 20m）桩顶水平位移各工点监测点实测值占控制值比例分布

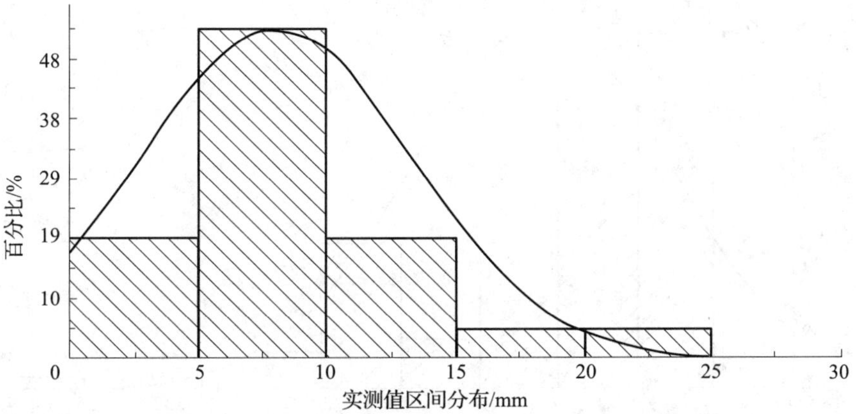

图 4.3-12　中段明挖基坑（深度大于 20m）桩顶水平位移实测值区间分布

3. 北京东段（中软土）

（1）深度小于 20m 的基坑。统计北京东段（中软土）基坑深度 10 ~ 20m 的工点，桩顶水平位移多位于控制值之内，介于 -5 ~ 25mm，平均值多小于 25mm，最大值多小于 30mm，与基坑深度比值为 1.5‰ ~ 2.5‰，实测值有少数超过控制值，大部分主要分布在控制值的 80% 以内，具体见图 4.3-13 ~图 4.3-15。

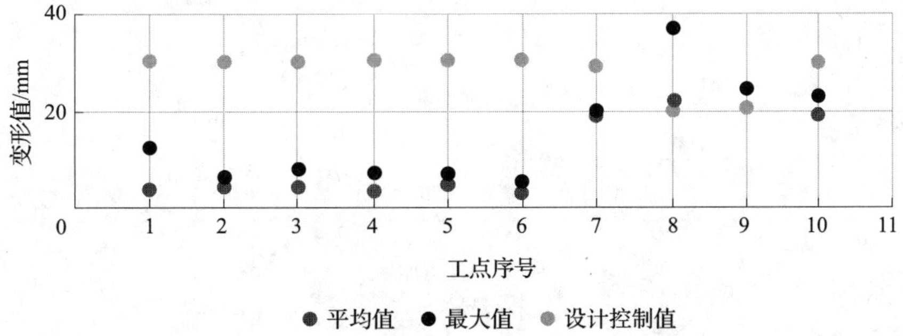

图 4.3-13　东段明挖基坑（深度小于 20m）桩顶水平位移各工点监测值最终分布

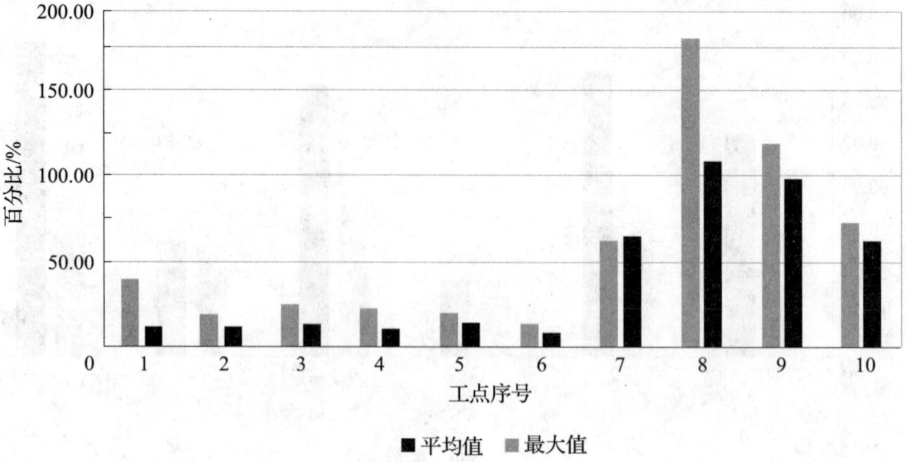

图 4.3–14　东段明挖基坑（深度小于 20m）桩顶水平位移各工点监测点实测值占控制值比例分布

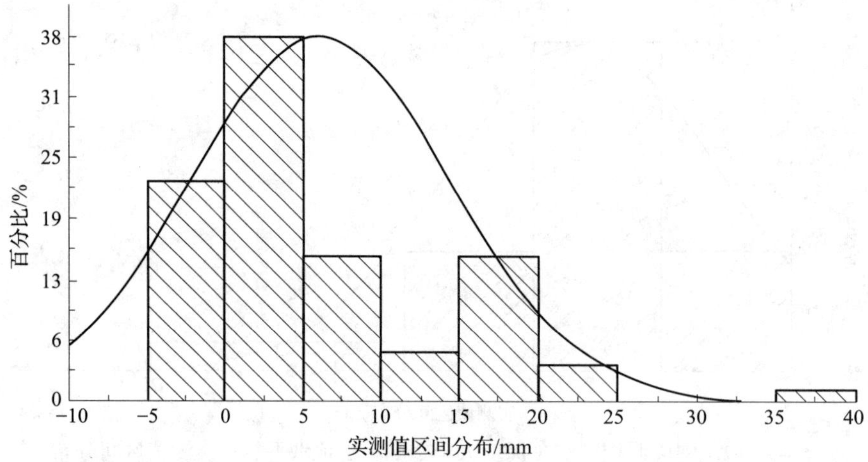

图 4.3–15　东段明挖基坑（深度小于 20m）桩顶水平位移实测值区间分布

（2）深度大于 20m 的基坑。统计北京东段（粉质黏土、富水地层）基坑深度大于 20m 的工点，桩顶水平位移监测项目实测值多介于 0 ~ 20mm，平均值多小于 15mm，最大值多小于 20mm，与基坑深度比值为 1‰ ~ 1.5‰，实测值大部分在控制值的 60% 以内，具体见图 4.3–16 ~图 4.3–18。

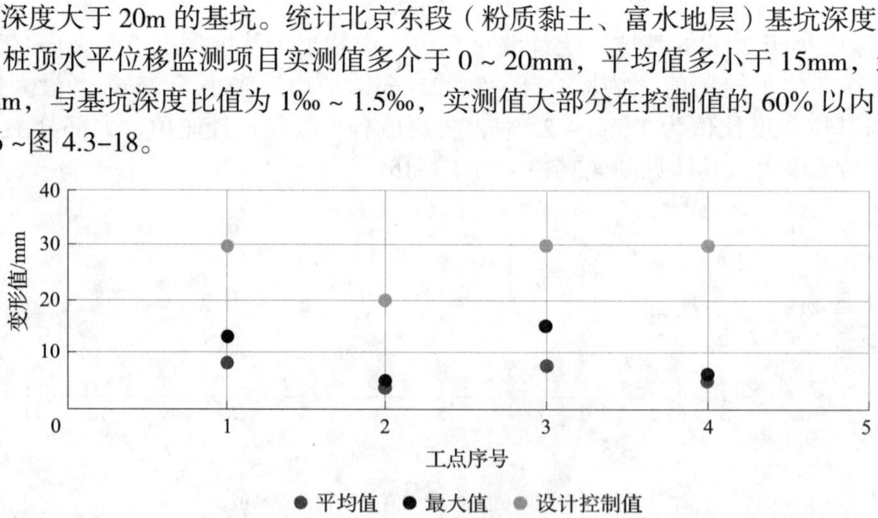

图 4.3–16　东段明挖基坑（深度大于 20m）桩顶水平位移各工点监测值最终分布

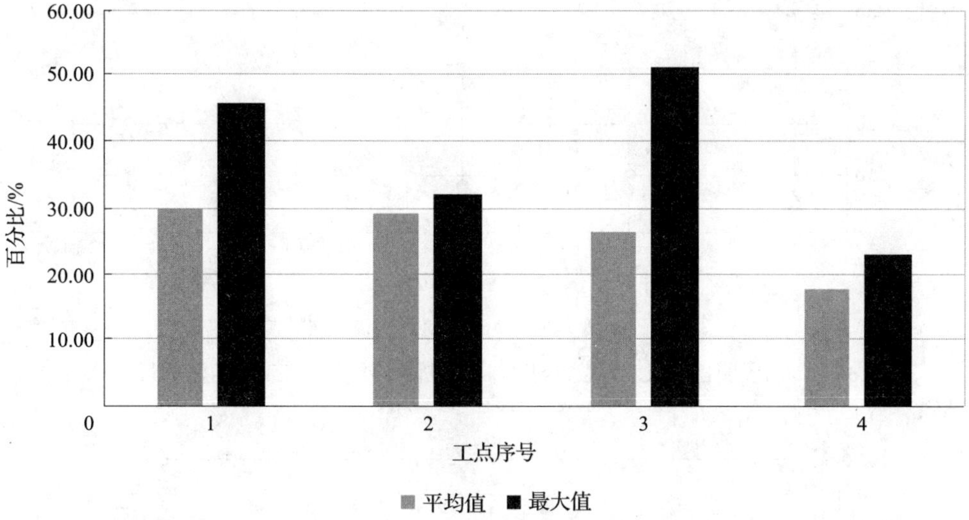

图 4.3–17 东段明挖基坑（深度大于 20m）桩顶水平位移各工点监测点实测值占控制值比例分布

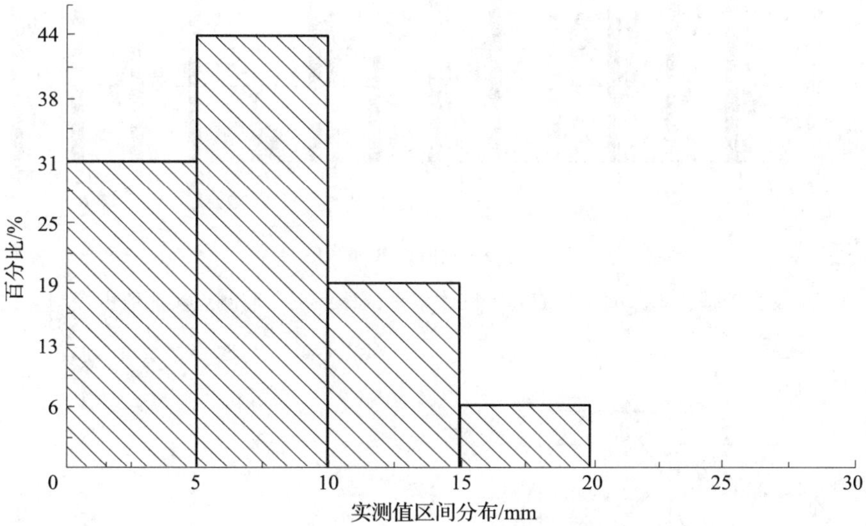

图 4.3–18 东段明挖基坑（深度大于 20m）桩顶水平位移实测值区间分布

4.3.2.2 围护桩（墙）体水平位移

1. 北京西段（坚硬 – 中硬土）

（1）深度小于 20m 的基坑。统计北京西段（坚硬 – 中硬土）基坑深度 10 ~ 20m 的基坑，桩体水平位移监测项目实测值介于 0 ~ 20mm，平均值多小于 15mm，最大值多小于 20mm，实测值与基坑深度比值为 1.5‰ ~ 2.5‰，实测值在控制值以内，具体见图 4.3–19 ~图 4.3–21。

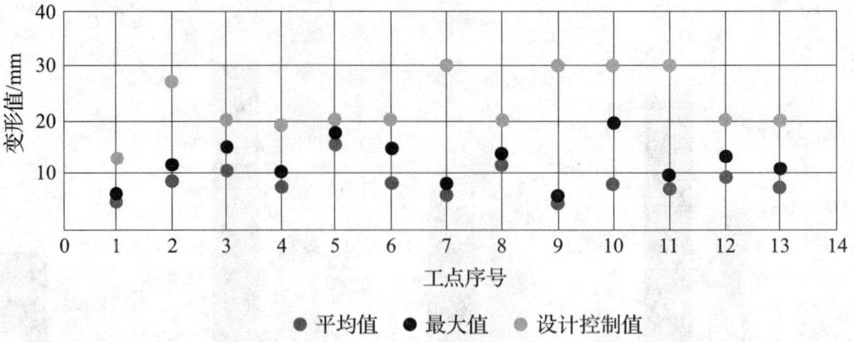

图 4.3-19 西段明挖基坑（深度小于 20m）桩体水平位移各工点监测值最终分布

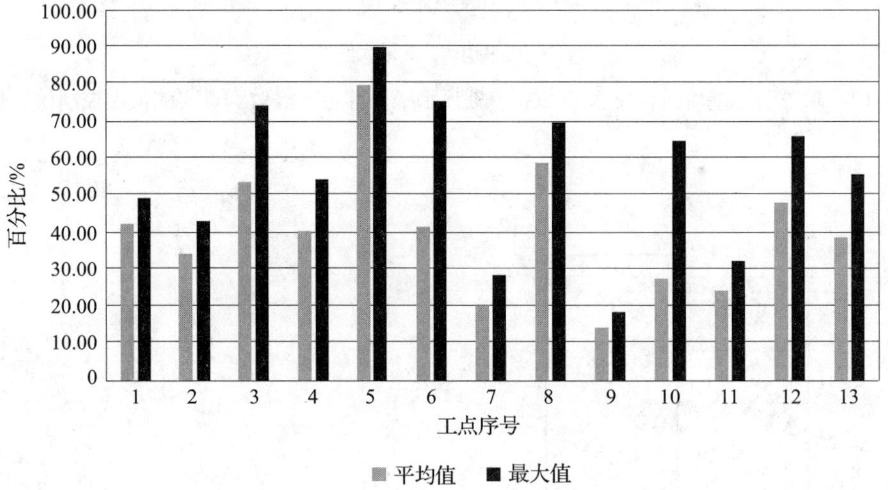

图 4.3-20 西段明挖基坑（深度小于 20m）桩体水平位移各工点监测点实测值占控制值比例分布

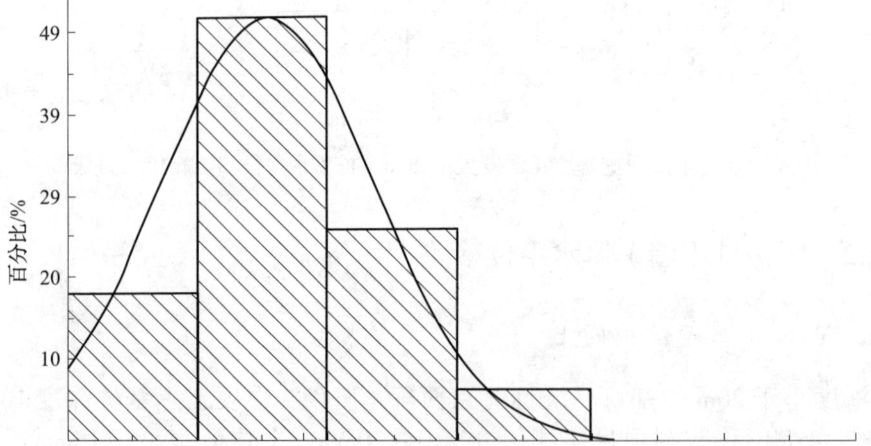

图 4.3-21 西段明挖基坑（深度小于 20m）桩体水平位移实测值区间分布

（2）深度大于 20m 的基坑。统计北京西段（坚硬 - 中硬土）基坑深度大于 20m 的基坑，桩体水平位移监测项目实测值多介于 5 ~ 20mm，平均值多小于 15mm，最大值多小于 20 ~ 25mm，实测值与基坑深度比值为 1‰ ~ 1.5‰，实测值在控制值以内，具体见图 4.3-22 ~图 4.3-24。

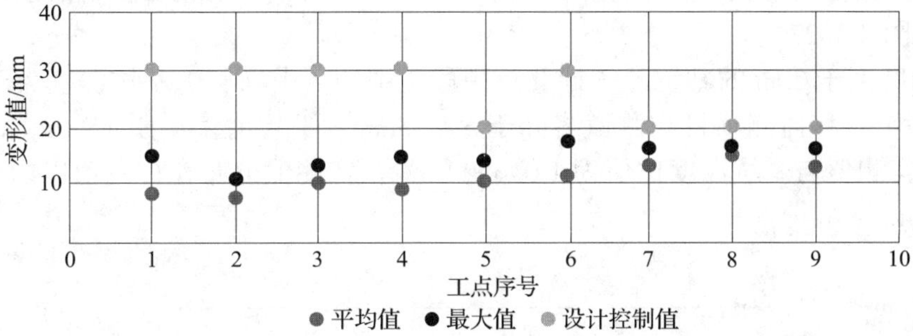

图 4.3-22 西段明挖基坑（深度大于 20m）桩体水平位移各工点监测值最终分布

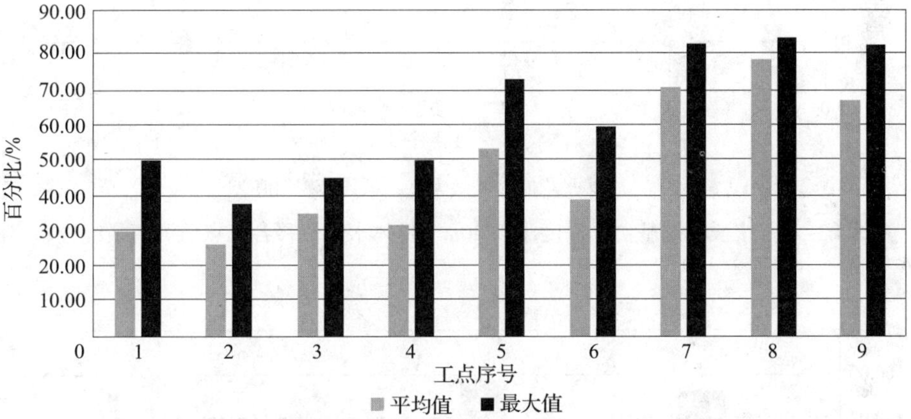

图 4.3-23 西段明挖基坑（深度大于 20m）桩体水平位移各工点监测点实测值占控制值比例分布

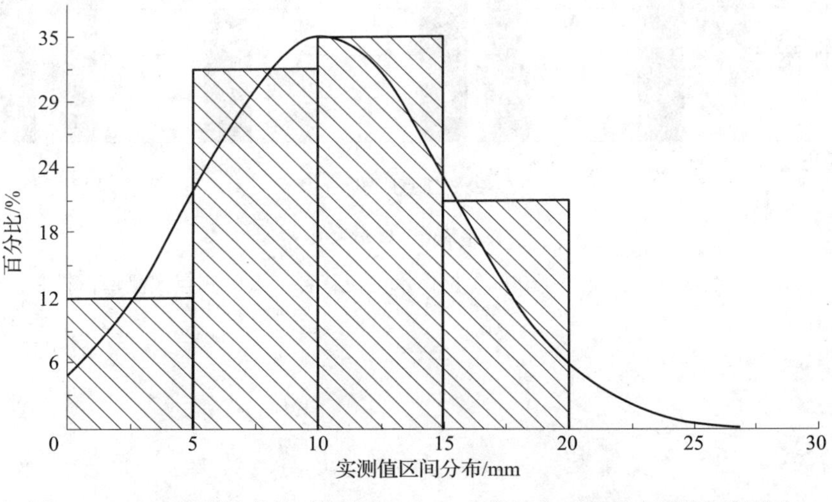

图 4.3-24 西段明挖基坑（深度大于 20m）桩体水平位移实测值区间分布

2. 北京中段（中硬 – 中软土）

（1）深度小于 20m 的基坑。统计北京中段（中硬 – 中软土）基坑深度 10 ~ 20m 的基坑，桩体水平位移监测项目实测值多介于 5 ~ 15mm，平均值多小于 10mm，最大值多小于 20mm，实测值与基坑深度比值为 1.5‰ ~ 2.5‰，实测值分布在控制值以内，具体见图 4.3–25 ~图 4.3–27。

（2）深度大于 20m 的基坑。统计北京中段（中硬 – 中软土）基坑深度大于 20m 的工点，桩体水平位移监测项目实测值多介于 5 ~ 25mm，平均值多小于 15mm，最大值多小于 20mm，实测值与基坑深度比值为 1.0‰ ~ 1.5‰，实测值分布在控制值以内，具体见图 4.3–28 ~图 4.3–30。

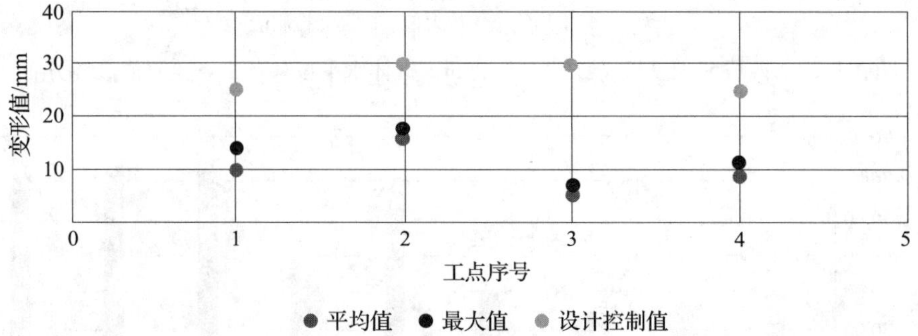

图 4.3–25　中段明挖基坑（深度小于 20m）桩体水平位移各工点监测值最终分布

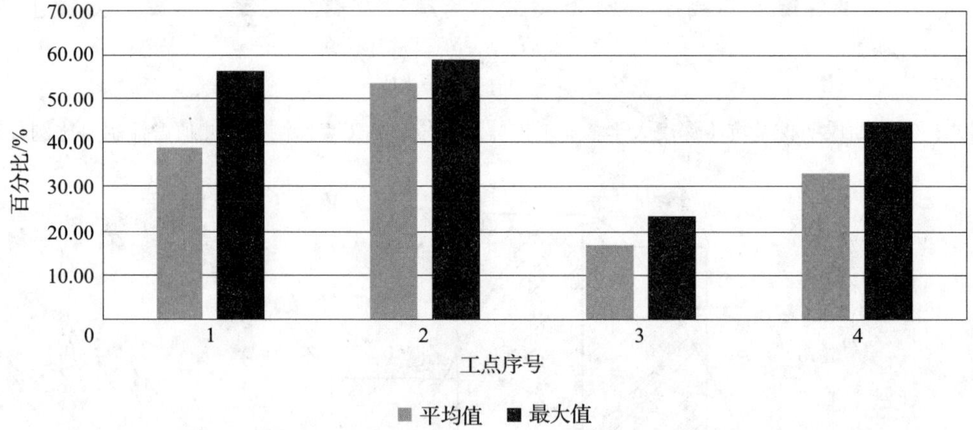

图 4.3–26　中段明挖基坑（深度小于 20m）桩体水平位移各工点监测点实测值占控制值比例分布

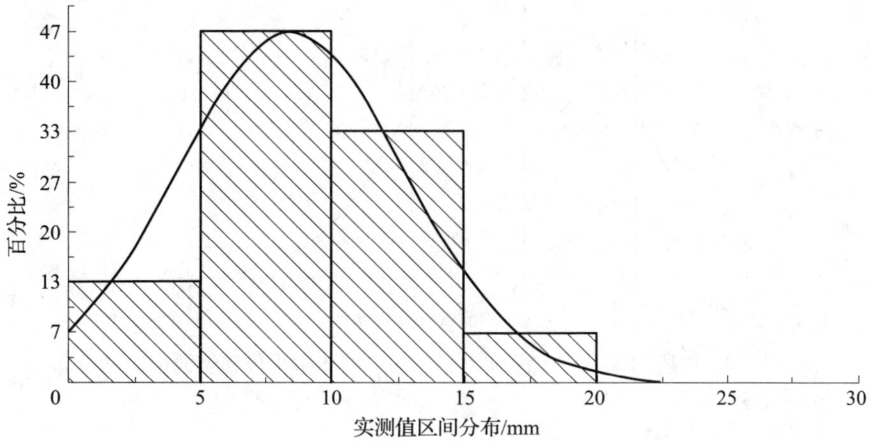

图 4.3-27　中段明挖基坑（深度小于 20m）桩体水平位移实测值区间分布

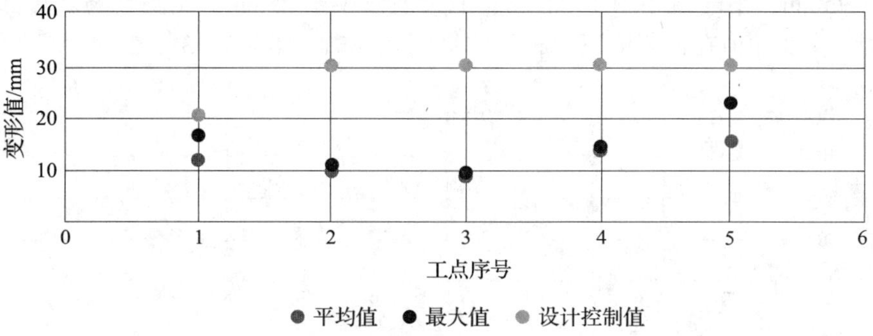

图 4.3-28　中段明挖基坑（深度大于 20m）桩体水平位移各工点监测值最终分布

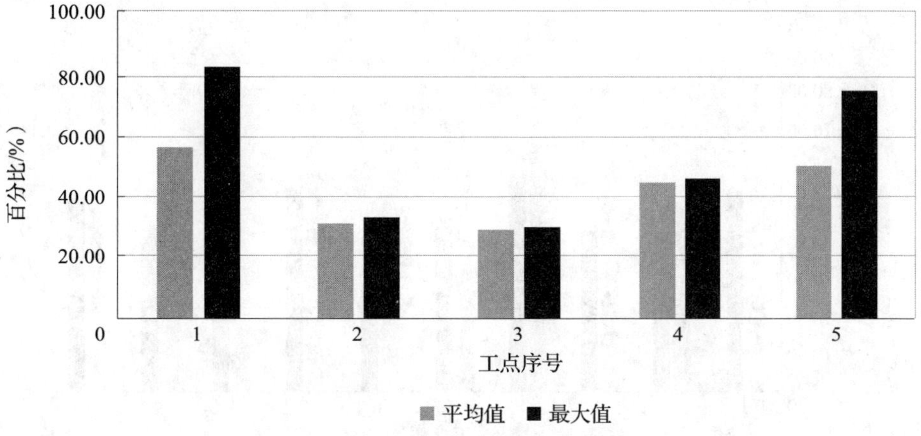

图 4.3-29　中段明挖基坑（深度大于 20m）桩体水平位移各工点监测点实测值占控制值比例分布

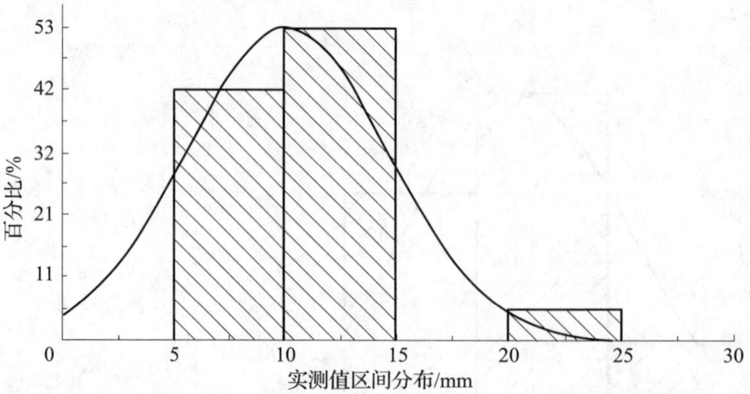

图 4.3-30　中段明挖基坑（深度大于 20m）桩体水平位移实测值区间分布

3. 北京东段（中软土）

统计北京东段（中软土）基坑深度 10 ~ 20m 的工点，桩体水平位移监测项目实测值多介于 5 ~ 25mm，平均值多小于 20mm，最大值多小于 25mm，实测值与基坑深度比值为 1.5‰ ~ 3.0‰，实测值在控制值以内，具体见图 4.3-31 ~图 4.3-33。

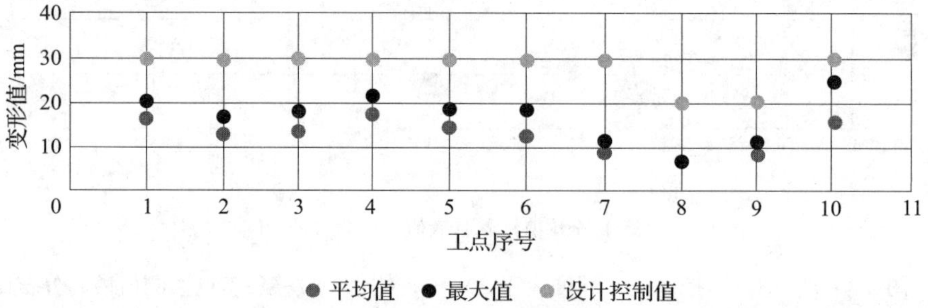

图 4.3-31　东段明挖基坑（深度小于 20m）桩体水平位移各工点监测值最终分布

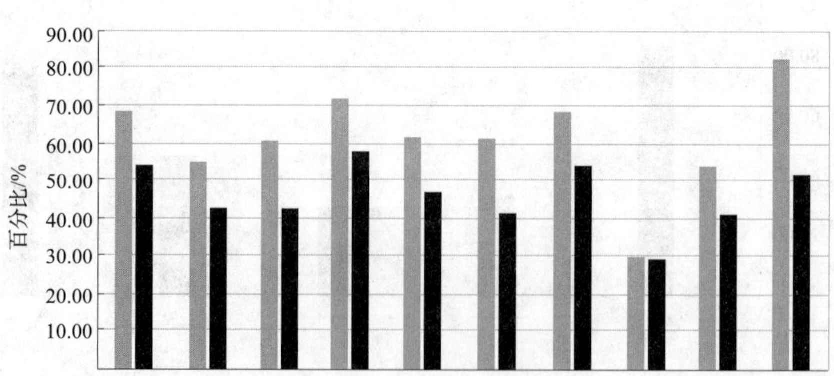

图 4.3-32　东段明挖基坑（深度小于 20m）桩体水平位移各工点监测点实测值占控制值比例分布

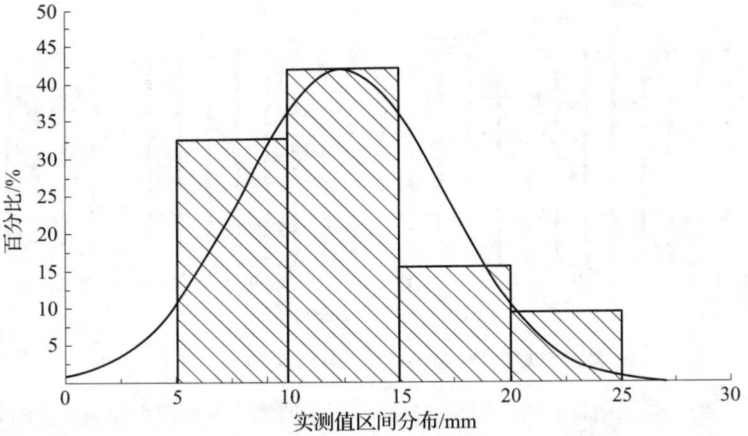

图 4.3-33 东段明挖基坑（深度小于 20m）桩体水平位移实测值区间分布

4.3.2.3 地表竖向位移

1. 北京西段（坚硬 – 中硬土）

统计北京西段（坚硬 – 中硬土）35 个基坑工点，基坑周边地表沉降主要统计距离基坑边缘较近的 2 排测点的监测数据。地表沉降最大值多小于 15mm，实测数值多在控制值的 70% 以内，变化速率多在 2mm/d 以内，具体见图 4.3-34 ~ 图 4.3-36。

2. 北京中段（中硬 – 中软土）

统计北京中段（中硬 – 中软土）9 个基坑工点，基坑周边地表沉降主要统计距离基坑边缘较近的 2 排测点的监测数据。地表沉降最大值多小于 20mm，实测数值多在控制值的 70% 以内，变化速率在 2mm/d 以内，具体见图 4.3-37 ~ 图 4.3-39。

3. 北京东段（中软土）

统计北京东段（中软土）36 个基坑工点，基坑周边地表沉降主要统计距离基坑边缘较近的 2 排测点的监测数据。地表沉降最大值多小于 20mm，实测数值多在控制值的 85% 以内，变化速率在 3mm/d 以内，具体见图 4.3-40 ~图 4.3-42。

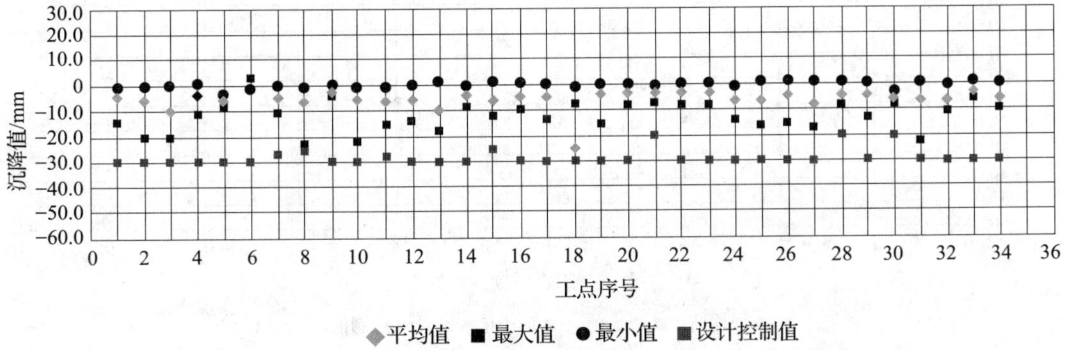

图 4.3-34 西段明挖基坑地表竖向位移各工点监测值最终分布

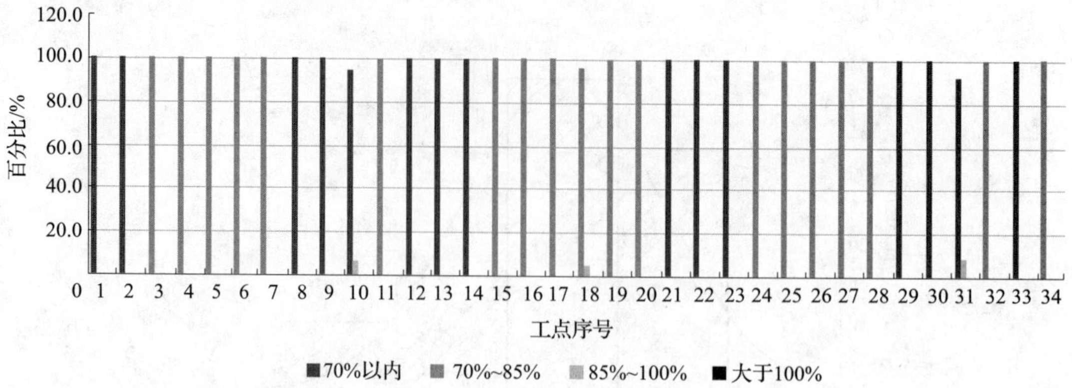

图 4.3-35　西段明挖基坑地表竖向位移各工点监测点实测值占控制值比例分布

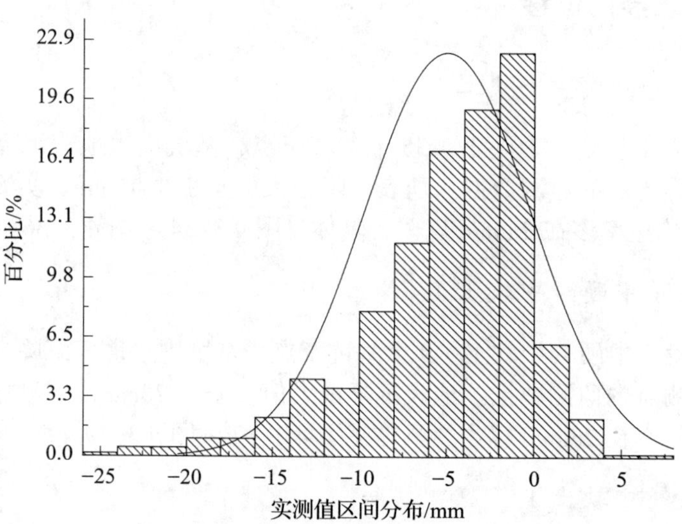

图 4.3-36　西段明挖基坑地表竖向位移实测值区间分布

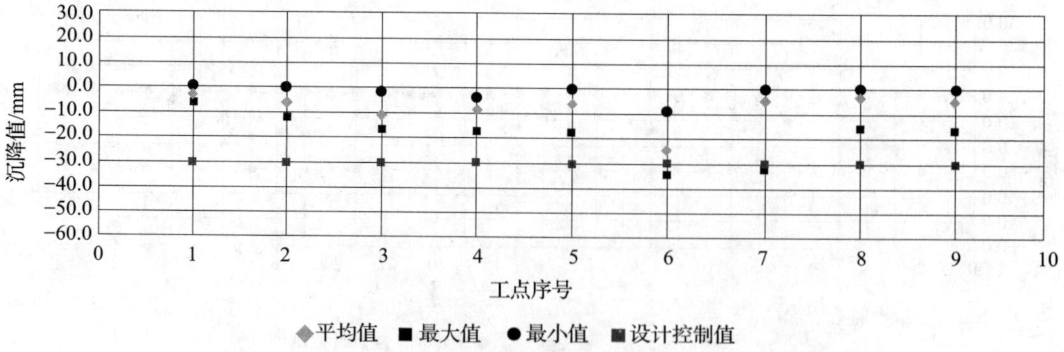

图 4.3-37　中段明挖基坑地表竖向位移各工点监测值最终分布

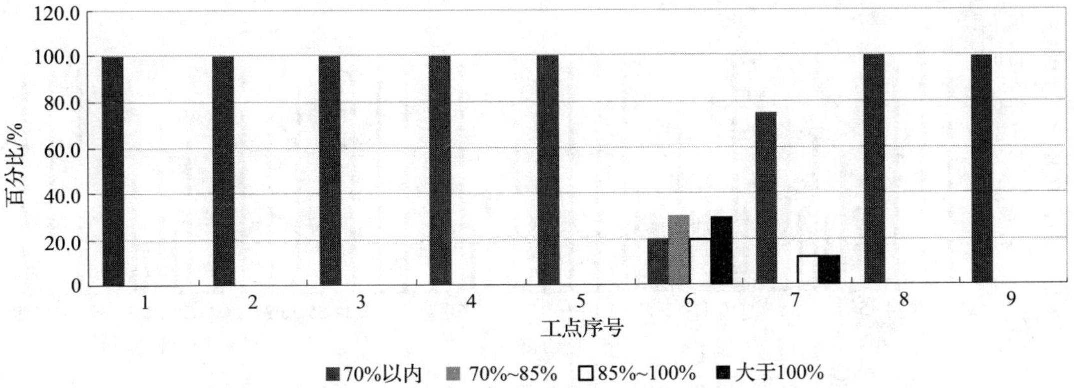

图 4.3-38　中段明挖基坑地表竖向位移各工点监测点实测值占控制值比例分布

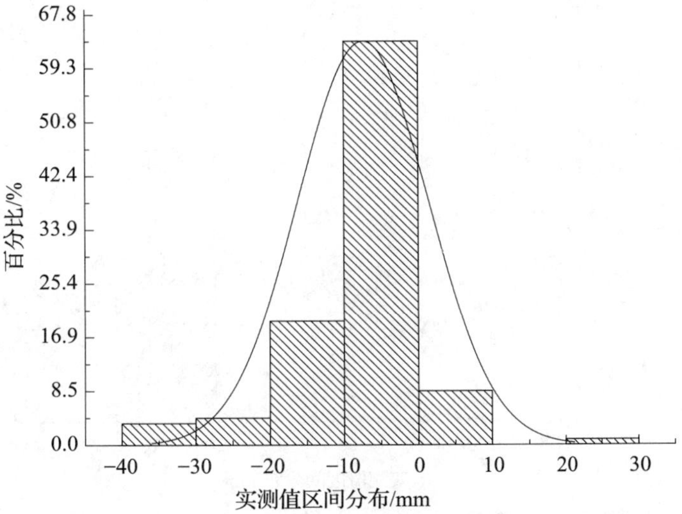

图 4.3-39　中段明挖基坑地表竖向位移实测值区间分布

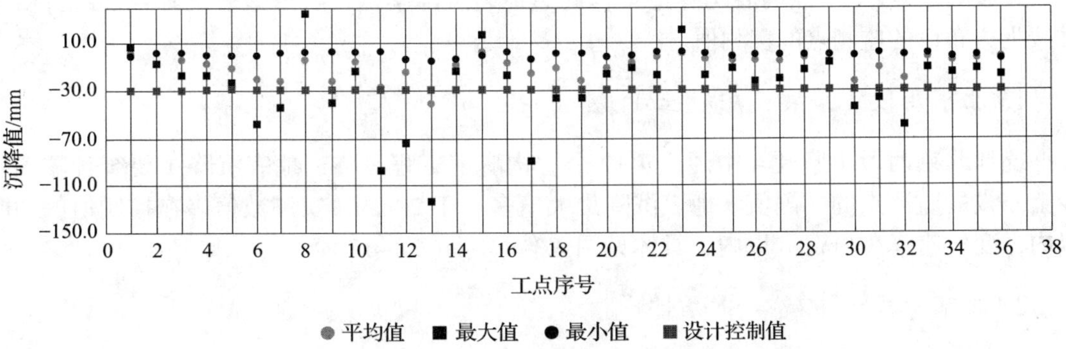

图 4.3-40　东段明挖基坑地表竖向位移各工点监测值最终分布

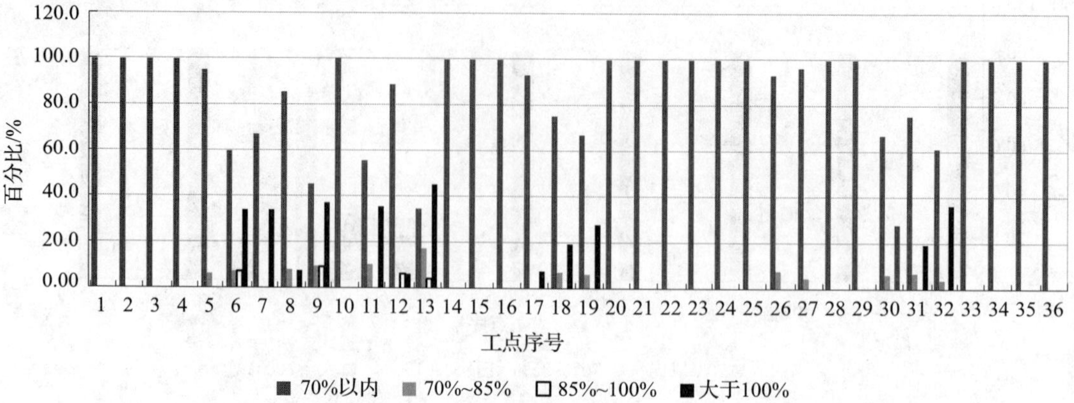

图 4.3–41　东段明挖基坑地表竖向位移各工点监测点实测值占控制值比例分布

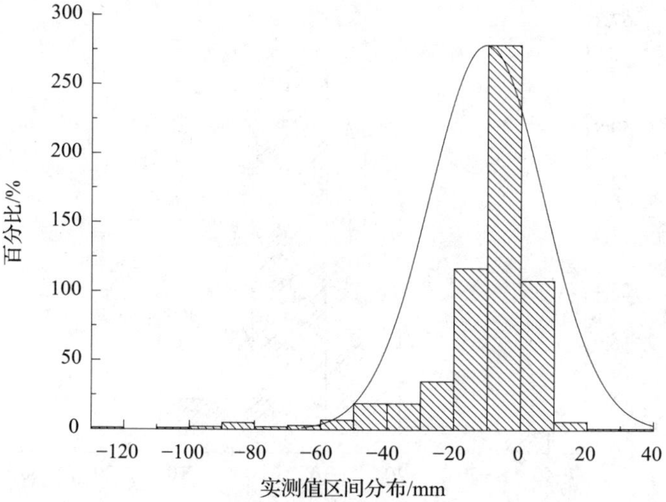

图 4.3–42　东段明挖基坑地表竖向位移实测值区间分布

4.3.3　盾构法隧道

共收集了 45 个工点的盾构隧道工程周边地表沉降实例，隧道地表沉降主要统计隧道轴线上方布设的监测点的实测值。

1. 北京西段（坚硬 – 中硬土）

统计北京西段（坚硬 – 中硬土）12 个盾构隧道工程，隧道地表沉降主要统计隧道轴线上布设的监测点的实测值。地表沉降最大值多小于 20mm，实测数值多在控制值的 70% 以内，变化速率在 2mm/d 以内，具体见图 4.3–43 ~图 4.3–45。

2. 北京中段（中硬 – 中软土）

统计北京中段（中硬 – 中软土）12 个盾构隧道，隧道地表沉降主要统计隧道轴线上布设的监测点的实测值。地表沉降最大值多小于 20mm，实测数值多在控制值的 70% 以内，变化速率在 3mm/d 以内，具体见图 4.3–46 ~图 4.3–48。

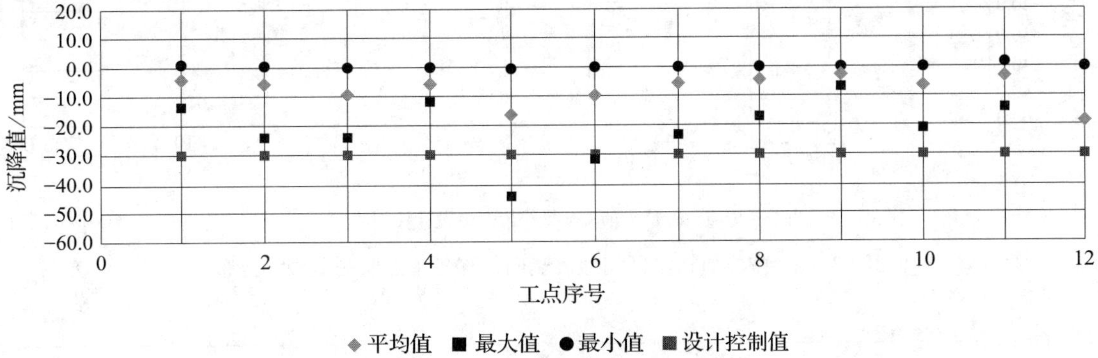

图 4.3–43　西段盾构法区间地表竖向位移各工点监测值最终分布

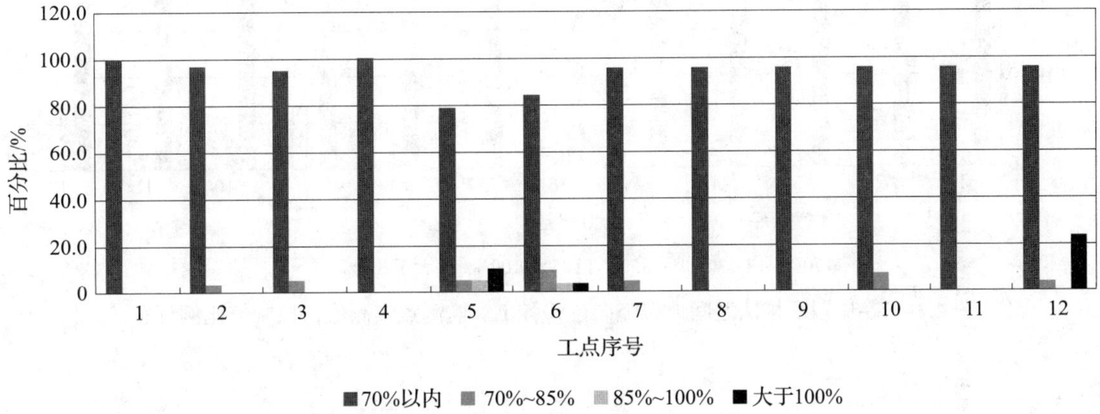

图 4.3–44　西段盾构法区间地表竖向位移各工点监测点实测值占控制值比例分布

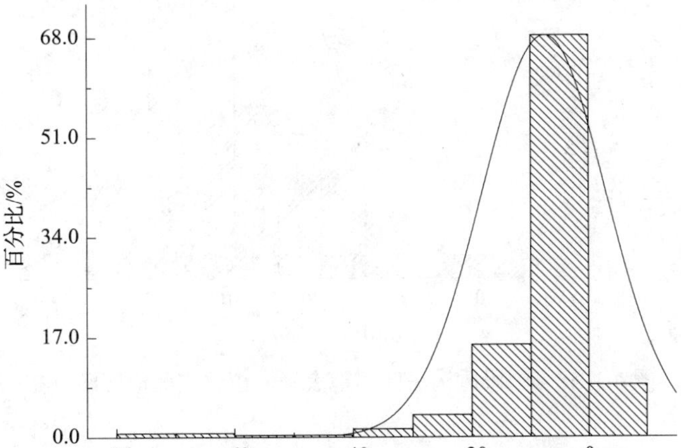

图 4.3–45　西段盾构法区间地表竖向位移实测值区间分布

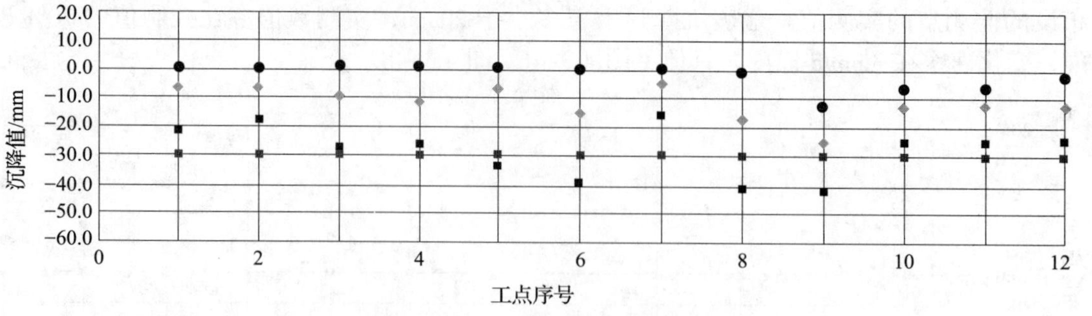

图 4.3–46　中段盾构法区间地表竖向位移各工点监测值最终分布

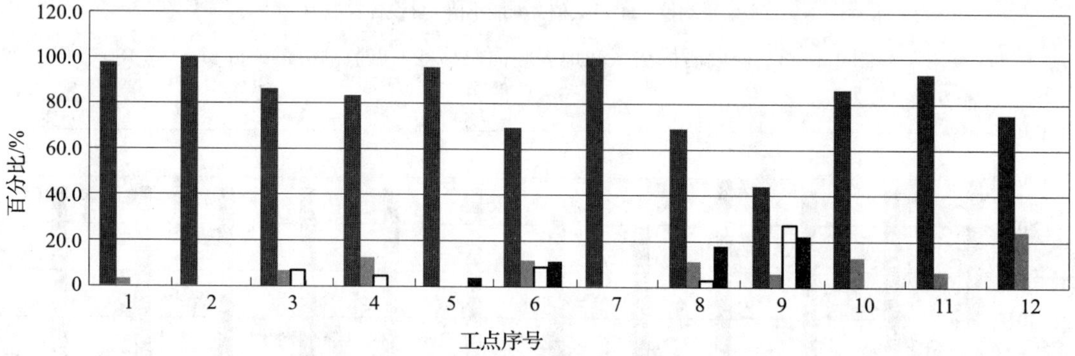

图 4.3–47　中段盾构法区间地表竖向位移各工点监测点实测值占控制值比例分布

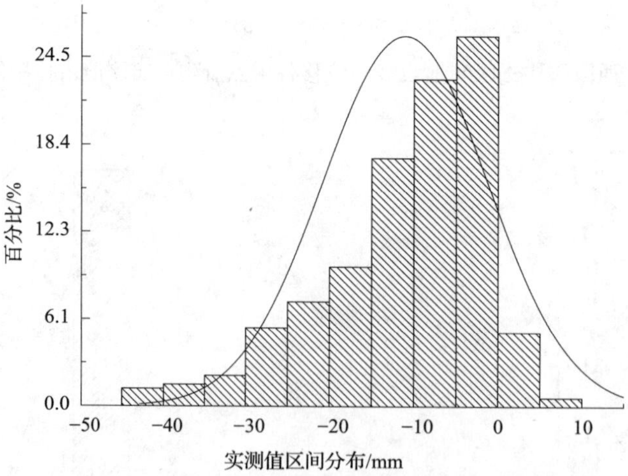

图 4.3–48　中段盾构法区间地表竖向位移实测值区间分布

3. 北京东段（中软土）

统计北京东段（中软土）21 个盾构隧道，隧道地表沉降主要统计隧道轴线上布设的监测点的实测值。地表沉降 81.1% 的测点最终变形值小于 30mm，实测数值多在控制值的 70% 以内，变化速率在 3mm/d 以内，具体见图 4.3-49 ~图 4.3-51。

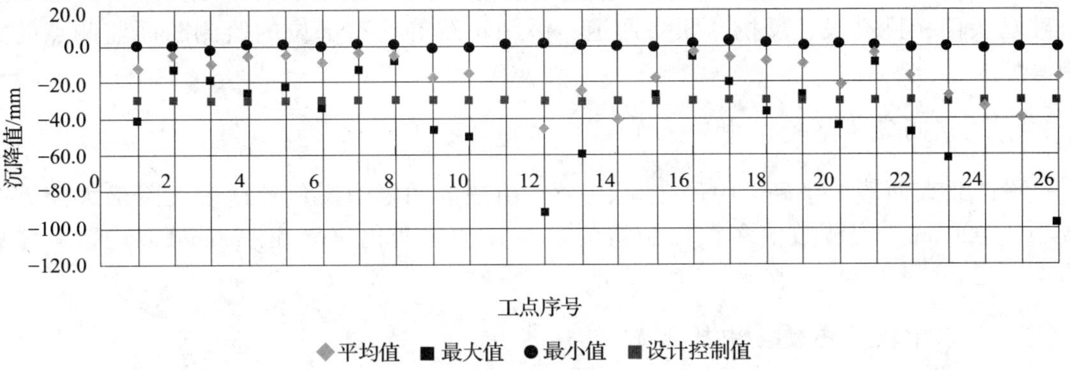

图 4.3-49　东段盾构法区间地表竖向位移各工点监测值最终分布

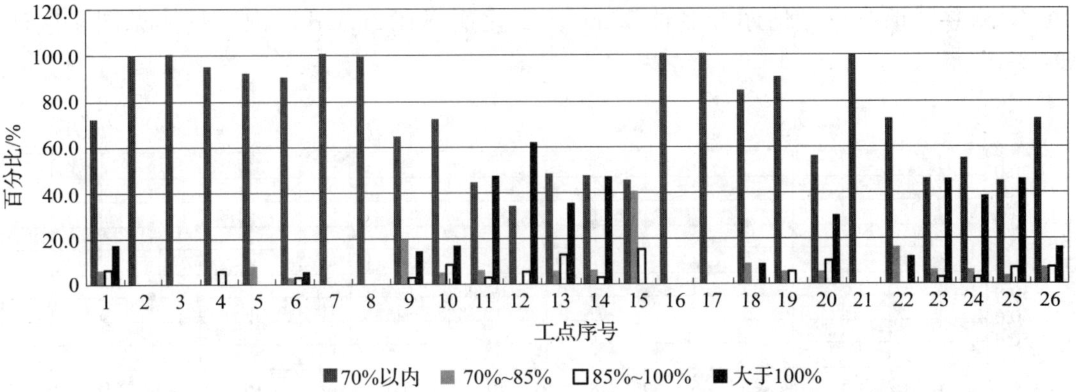

图 4.3-50　东段盾构法区间地表竖向位移各工点监测点实测值占控制值比例分布

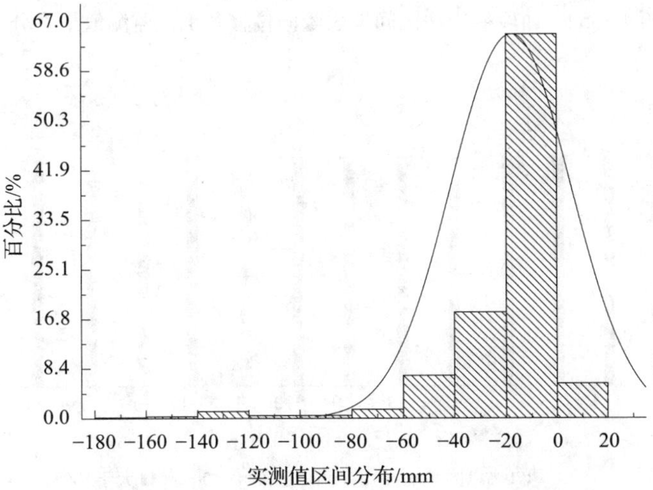

图 4.3-51　东段盾构法区间地表竖向位移实测值区间分布

4.3.4 矿山法区间隧道

共收集了47个工点的矿山法区间隧道工程实例，隧道地表沉降主要统计隧道轴线上破马头门、挑高段、反挖、联络通道、区间正线等典型部位的监测断面监测点的实测值。

1. 北京西段（坚硬–中硬土）

统计北京西段（坚硬–中硬土）19个矿山法区间隧道案例。地表沉降最大值大多数小于–20mm，实测数值多在控制值的70%以内，变化速率在–2mm/d以内，具体见图4.3–52~图4.3–54。

2. 北京中段（中硬–中软土）

统计北京中段（中硬–中软土）19个矿山法隧道工程。地表沉降有52.2%的监测点最终变形值在20mm以内，有75.6%的监测点最终变形值在30mm以内，有24.4%的监测点实测数值最终变形值超控制值30mm，变化速率在3mm/d以内，具体见图4.3–55~图4.3–57。

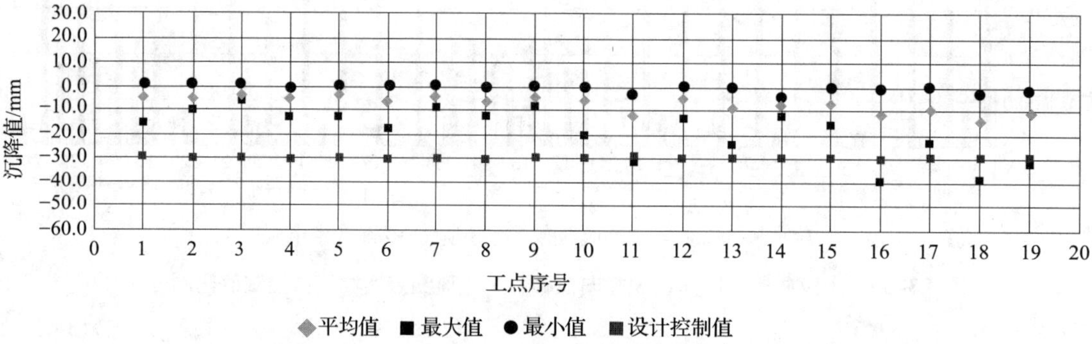

图4.3–52 西段矿山法区间地表竖向位移各工点监测值最终分布

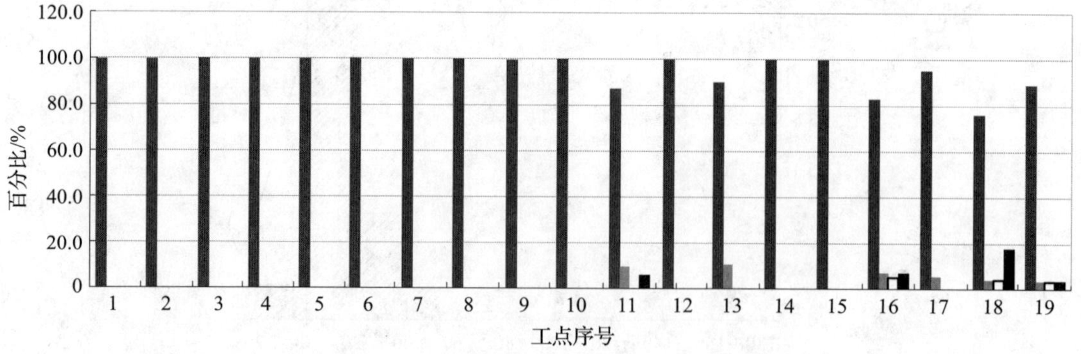

图4.3–53 西段矿山法区间地表竖向位移各工点监测点实测值占控制值比例分布

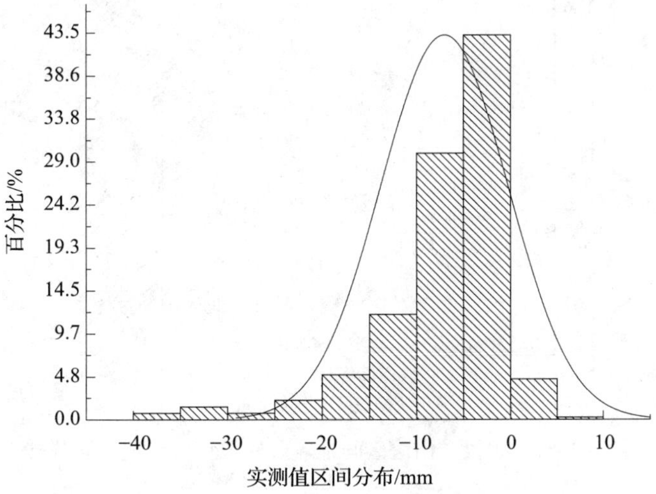

图 4.3-54　西段矿山法区间地表竖向位移实测值区间分布

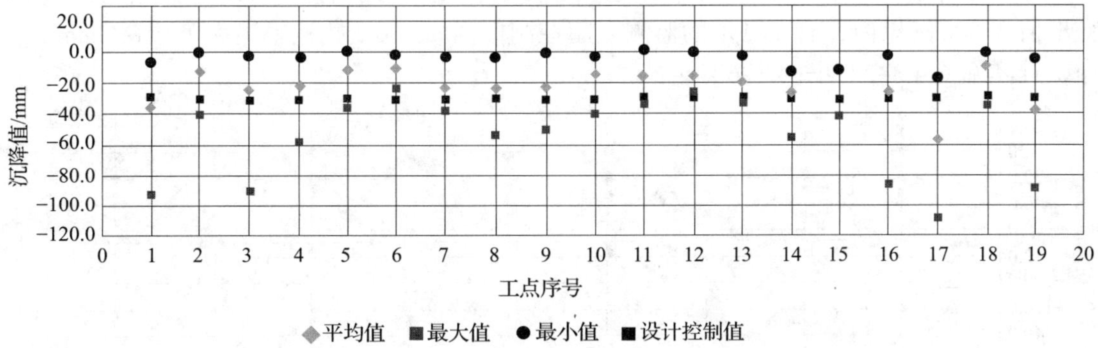

图 4.3-55　中段矿山法区间地表竖向位移各工点监测值最终分布

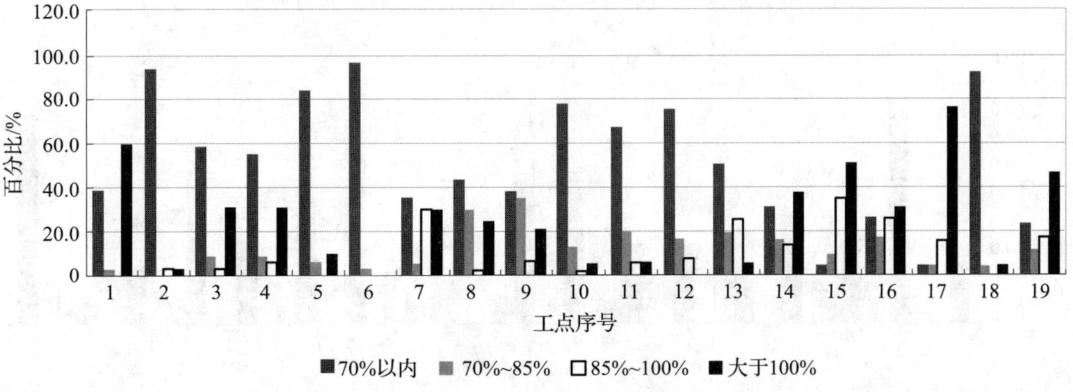

图 4.3-56　中段矿山法区间地表竖向位移各工点监测点实测值占控制值比例分布

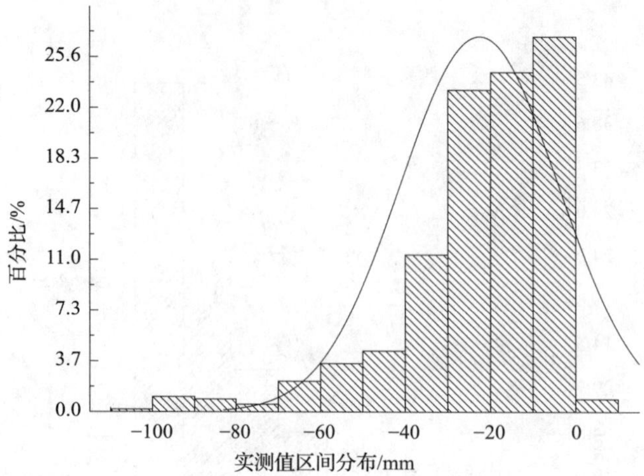

图 4.3–57　中段矿山法区间地表竖向位移实测值区间分布

3. 北京东段（中软土）

统计北京东段（中软土）9 个矿山法隧道工程。地表沉降有 50.9% 的监测点实测最终变形值在 30mm 以内，有 49.1% 的监测点超控制值 30mm，变化速率绝大多数在 3mm/d 以内，具体见图 4.3–58 ~图 4.3–60。

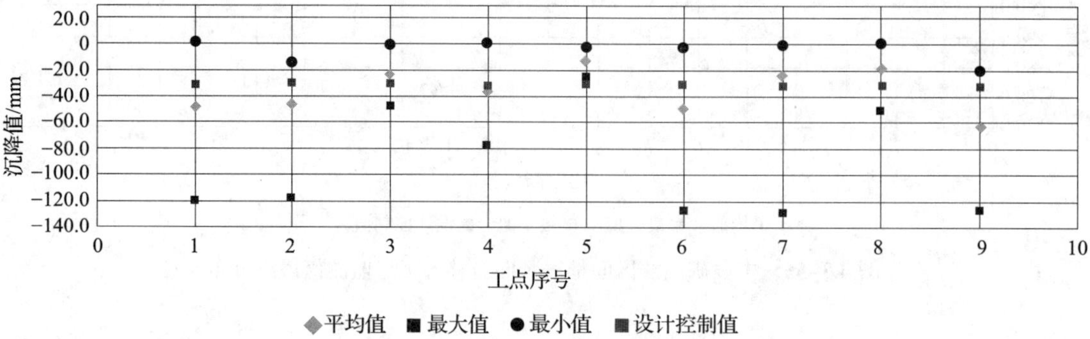

图 4.3–58　东段矿山法区间地表竖向位移各工点监测值最终分布

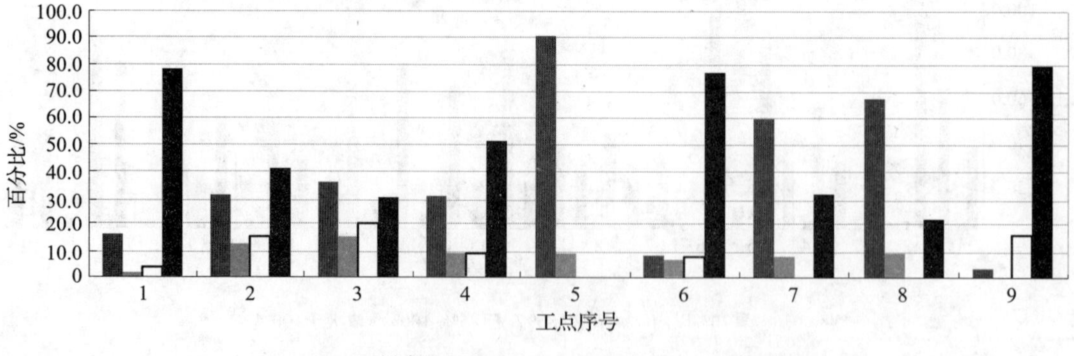

图 4.3–59　东段矿山法区间地表竖向位移各工点监测点实测值占控制值比例分布

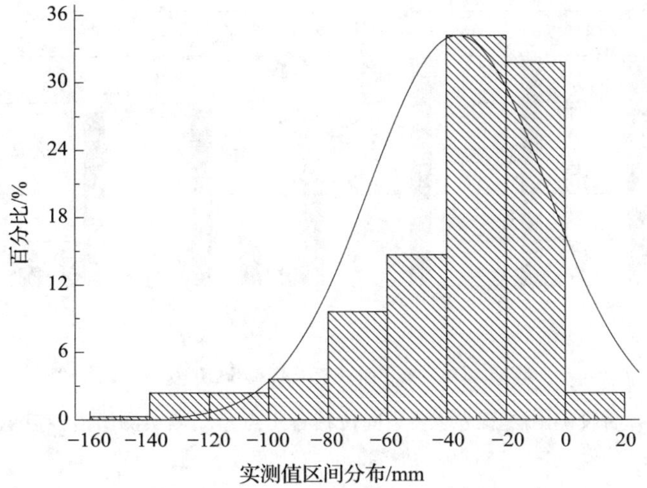

图 4.3-60　东段矿山法区间地表竖向位移实测值区间分布

4.3.5　矿山法暗挖车站

共收集了 26 个矿山法施工车站工程周边地表沉降实例，地表沉降主要统计隧道破马头门、挑高段、反挖、联络通道、区间正线等典型部位的监测断面监测点的实测值。

1. 北京西段（坚硬 – 中硬土）

统计北京西段（坚硬 – 中硬土）9 个矿山法车站案例。地表沉降有 40.3% 的监测点最终变形值小于 20mm，有 73.6% 的监测点最终变形值小于 40mm，有 88.4% 的监测点最终变形值小于控制值 60mm，有 11.6% 的监测点最终变形值超控制值 60mm，变化速率在 3mm/d 以内，具体见图 4.3-61 ~图 4.3-63。

2. 北京中段（中硬 – 中软土）

统计北京中段（中硬 – 中软土）12 个矿山法车站案例。地表沉降有 27.5% 的监测点最终变形值小于 40mm，有 48.8% 的监测点最终变形值小于控制值 60mm，有 51.2% 的监测点最终变形值超控制值 60mm，变化速率在 3mm/d 以内，具体见图 4.3-64 ~图 4.3-66。

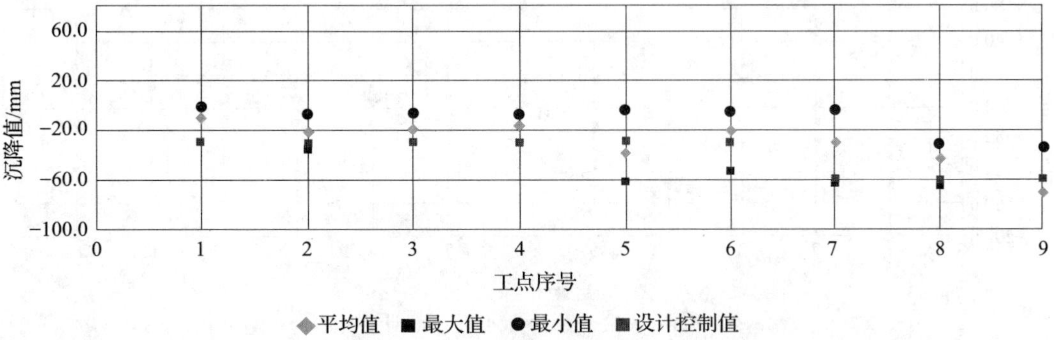

图 4.3-61　西段矿山法车站地表竖向位移各工点监测值最终分布

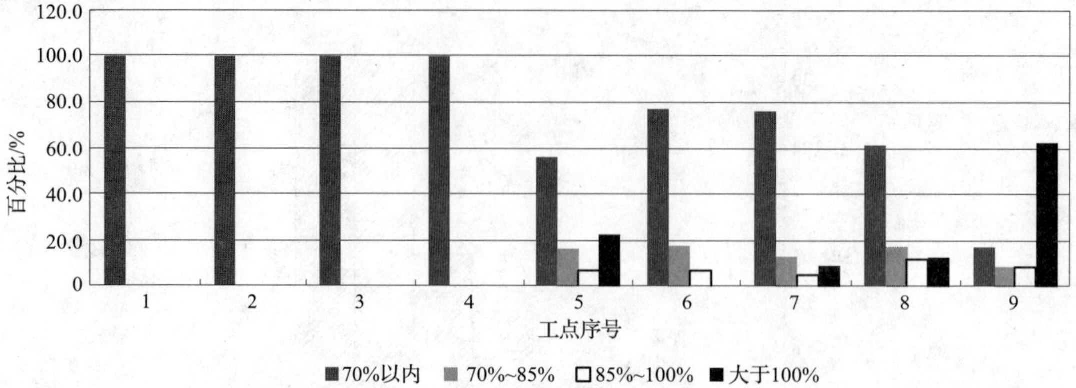

图 4.3-62　西段矿山法车站地表竖向位移各工点监测点实测值占控制值比例分布

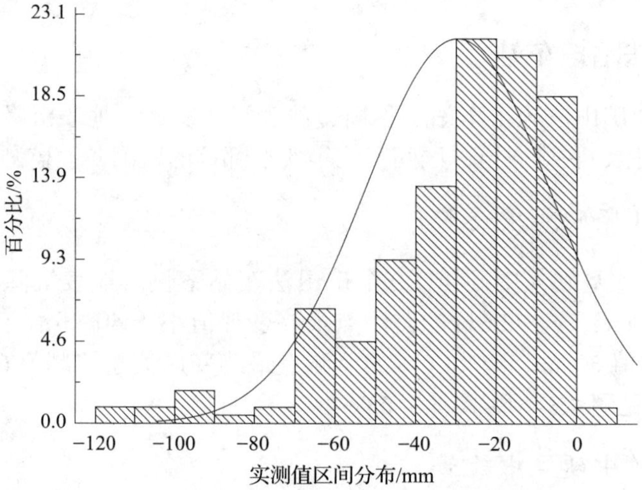

图 4.3-63　西段矿山法车站地表竖向位移实测值区间分布

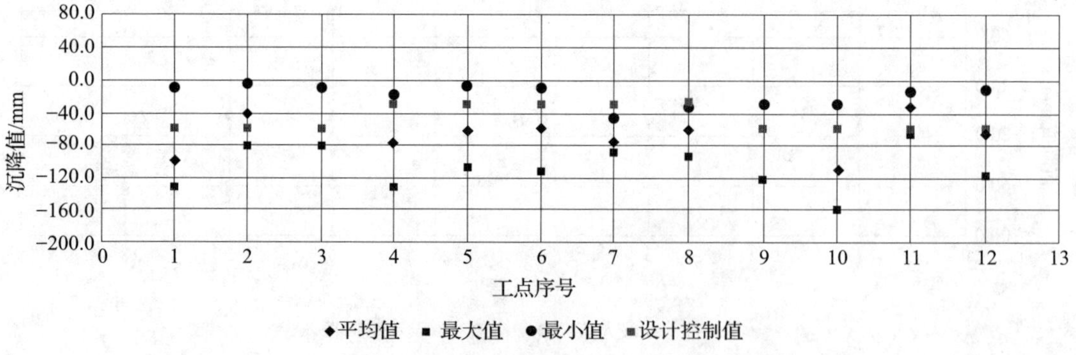

图 4.3-64　中段矿山法车站地表竖向位移各工点监测值最终分布

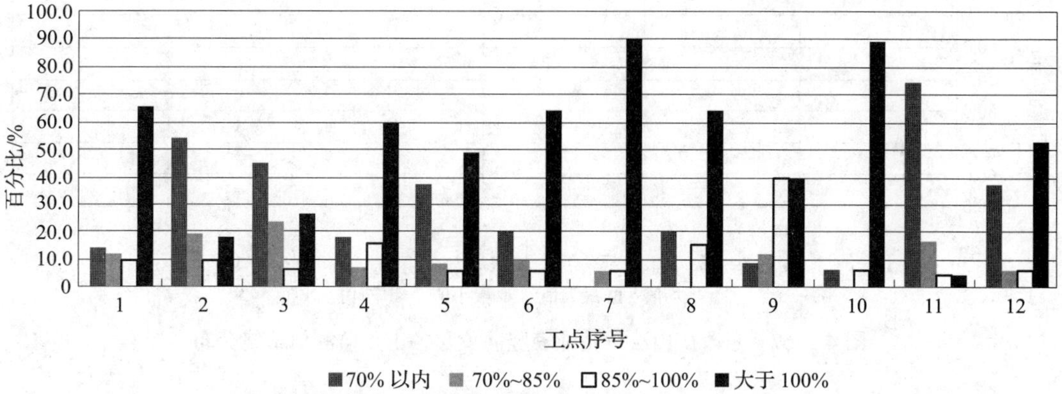

图 4.3-65　中段矿山法车站地表竖向位移各工点监测点实测值占控制值比例分布

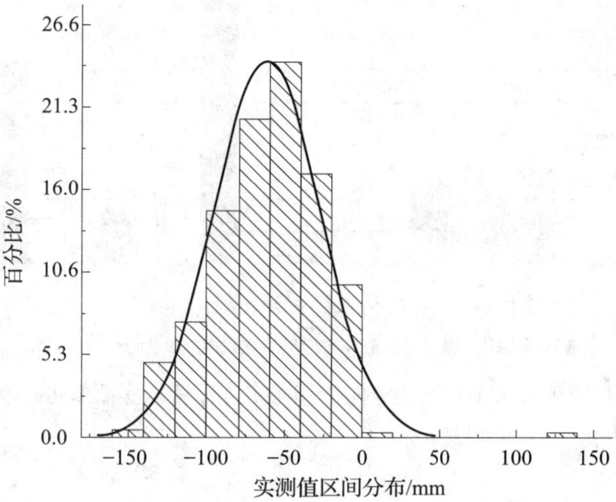

图 4.3-66　中段矿山法车站地表竖向位移实测值区间分布

3. 北京东段（中软土）

统计北京东段（中软土）5 个矿山法车站案例。地表沉降有 30.6% 的监测点最终变形值小于 40mm，有 50.3% 的监测点最终变形值小于控制值 60mm，有 49.7% 的监测点最终变形值超控制值 60mm，变化速率在 3mm/d 以内，具体见图 4.3-67 ~图 4.3-69。

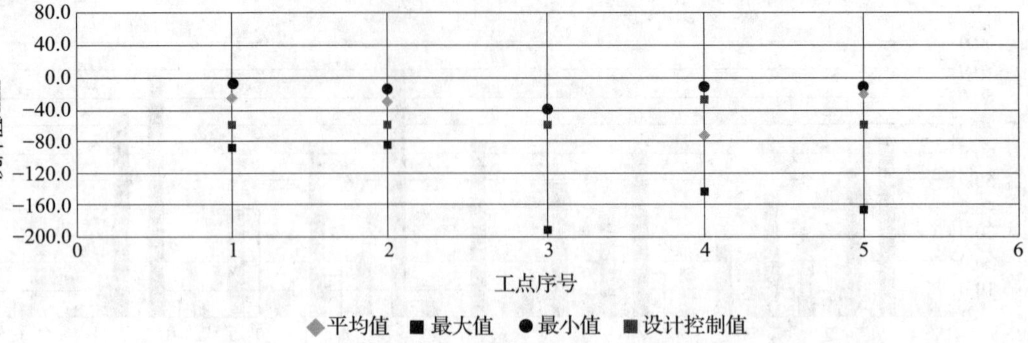

图 4.3-67 东段矿山法车站地表竖向位移各工点监测值最终分布

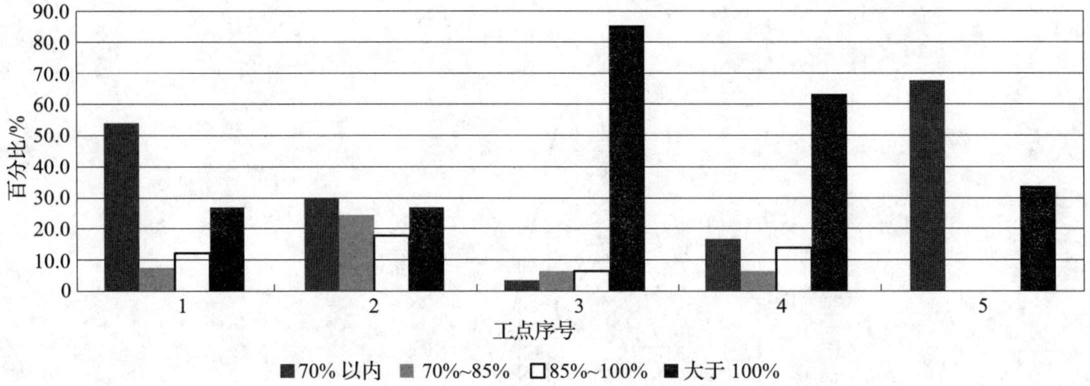

图 4.3-68 东段矿山法车站地表竖向位移各工点监测点实测值占控制值比例分布

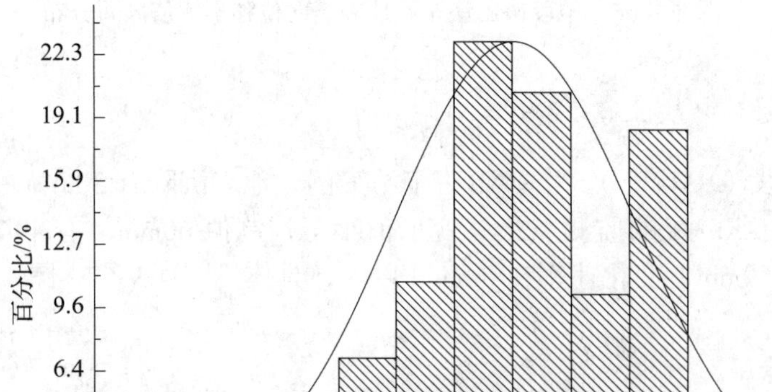

图 4.3-69 东段矿山法车站地表竖向位移实测值区间分布

4.3.6　建（构）筑物

共收集统计了 123 栋建（构）筑物的沉降监测数据资料，主要统计区间正下穿、临近侧穿、基坑临近的建（构）筑物。

1. 北京西段（坚硬 – 中硬土）

（1）1 ~ 7 层建筑。统计北京西段（坚硬 – 中硬土）28 栋 1 ~ 7 层的建筑物监测案例。竖向变形最终变形值大多数小于 10mm，除少数监测点外监测点最终变形值均小于控制值 15mm，变化速率在 2mm/d 以内，具体见图 4.3–70 ~图 4.3–72。

（2）7 层以上建筑。统计北京西段（坚硬 – 中硬土）12 栋 7 层以上的建筑物监测案例。竖向变形最终变形值大多数小于 10mm，监测点最终变形值均小于控制值 15mm，变化速率在 3mm/d 以内，具体见图 4.3–73 ~图 4.3–75。

2. 北京中段（中硬 – 中软土）

（1）1 ~ 7 层建筑。统计中段（中硬 – 中软土）31 栋 1 ~ 7 层的建筑物监测案例。竖向变形有 79.1% 的监测点最终变形值小于 10mm，有 11.5% 的监测点最终变形值大于控制值 15mm，变化速率在 3mm/d 以内，具体见图 4.3–76 ~图 4.3–78。

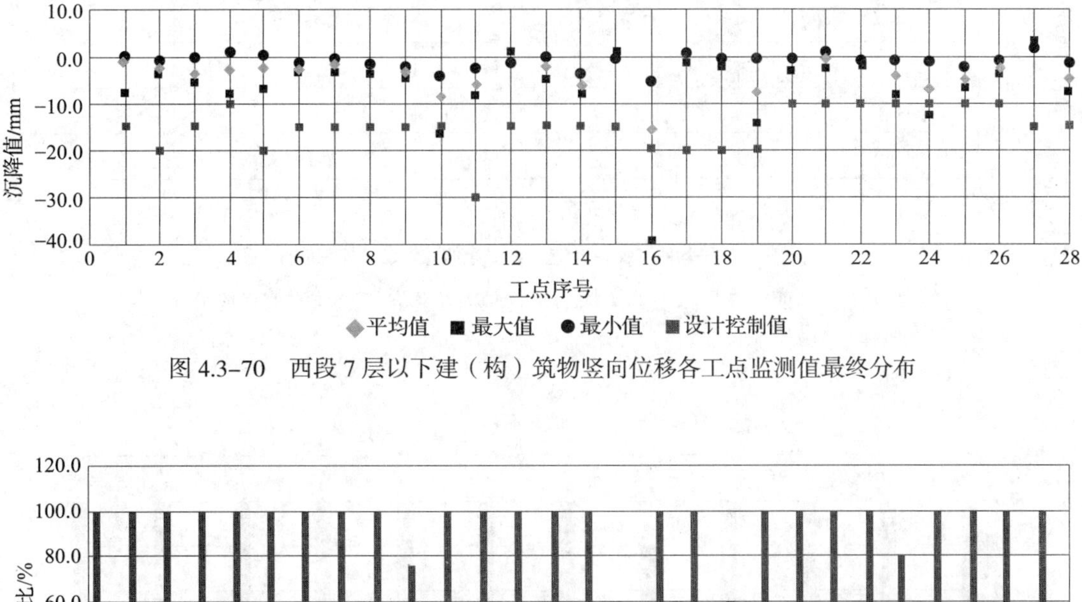

图 4.3–70　西段 7 层以下建（构）筑物竖向位移各工点监测值最终分布

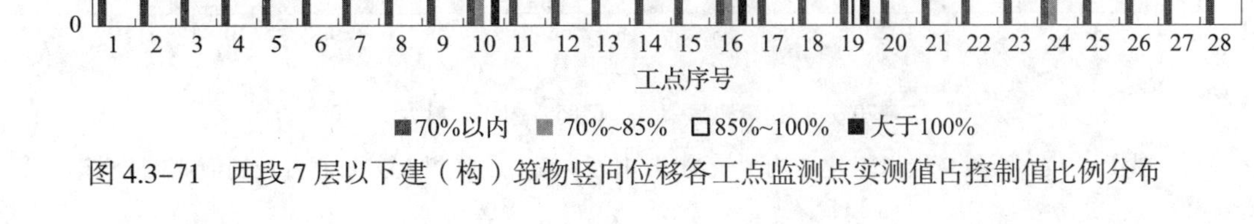

图 4.3–71　西段 7 层以下建（构）筑物竖向位移各工点监测点实测值占控制值比例分布

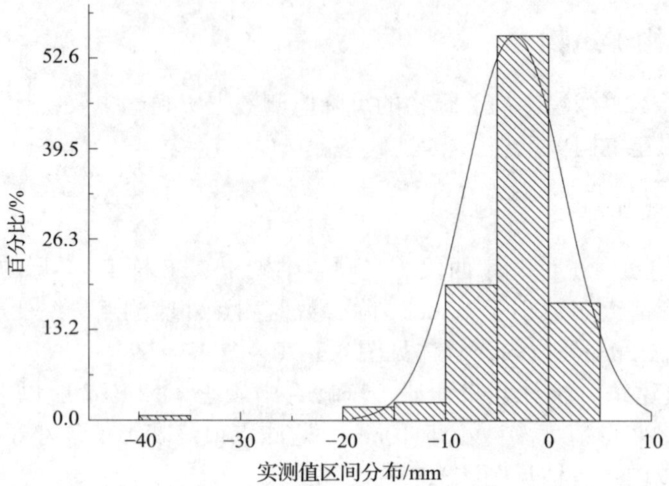

图 4.3–72 西段 7 层以下建（构）筑物竖向位移实测值区间分布

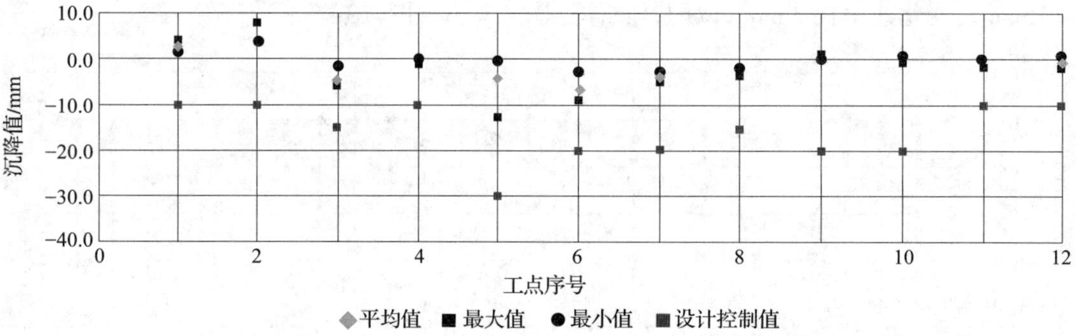

图 4.3–73 西段 7 层以上建（构）筑物竖向位移各工点监测值最终分布

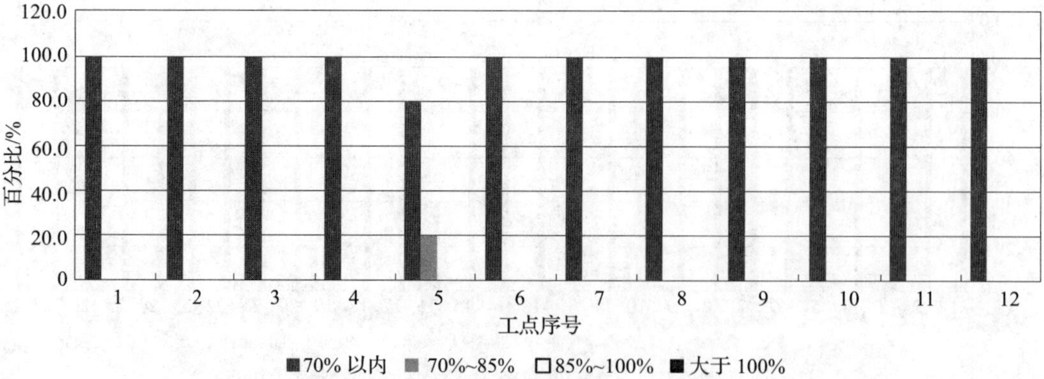

图 4.3–74 西段 7 层以上建（构）筑物竖向位移各工点监测点实测值占控制值比例分布

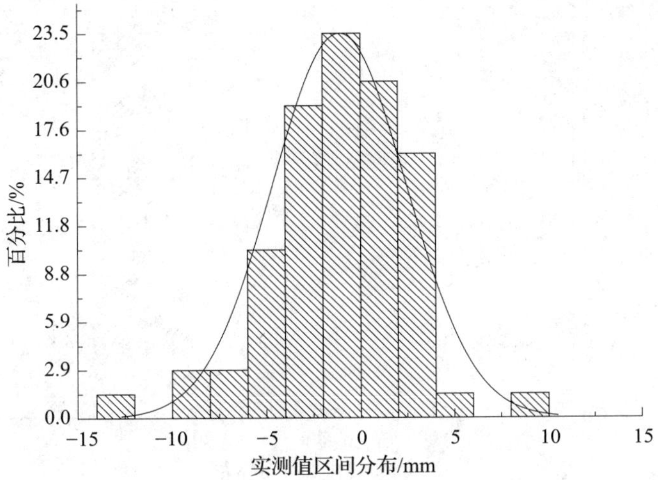

图 4.3-75　西段 7 层以上建（构）筑物竖向位移实测值区间分布

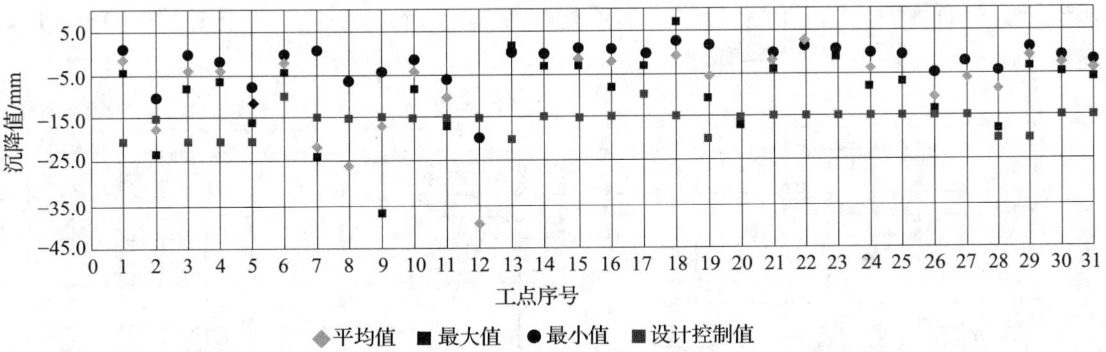

图 4.3-76　中段 7 层以下建（构）筑物竖向位移各工点监测值最终分布

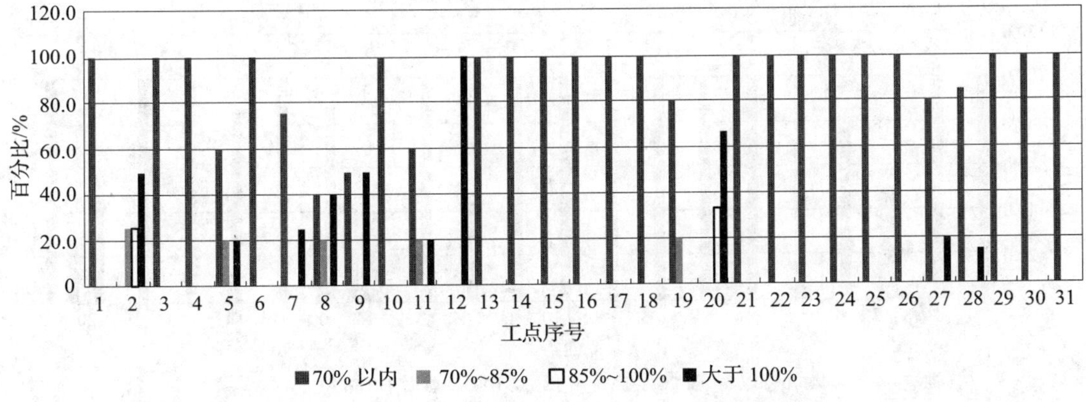

图 4.3-77　中段 7 层以下建（构）筑物竖向位移各工点监测点实测值占控制值比例分布

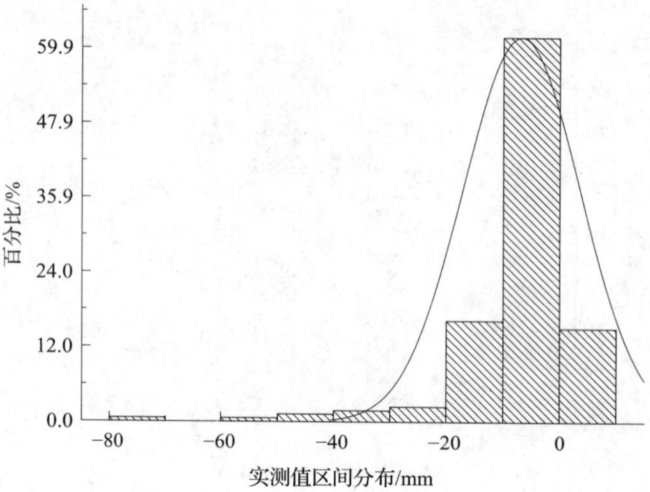

图 4.3-78　中段 7 层以下建（构）筑物竖向位移实测值区间分布

（2）7 层以上建筑。统计北京中段（中硬 - 中软土）21 栋 7 层以上的建筑物监测案例。竖向变形最终变形值大多数小于 15mm，有 80.1% 的监测点最终实测数值在控制值的 70% 以内，有 87.9% 的监测点最终变形值均在控制值 15mm 以内，变化速率在 3mm/d 以内，具体见图 4.3-79 ~图 4.3-81。

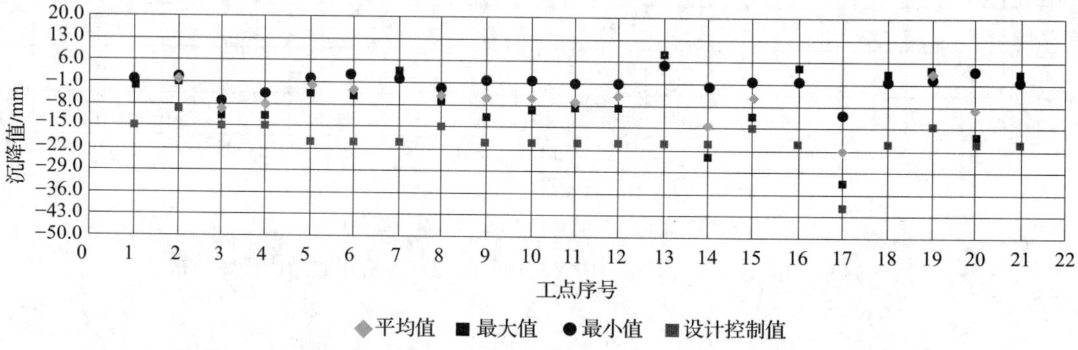

图 4.3-79　中段 7 层以上建（构）筑物竖向位移各工点监测值最终分布

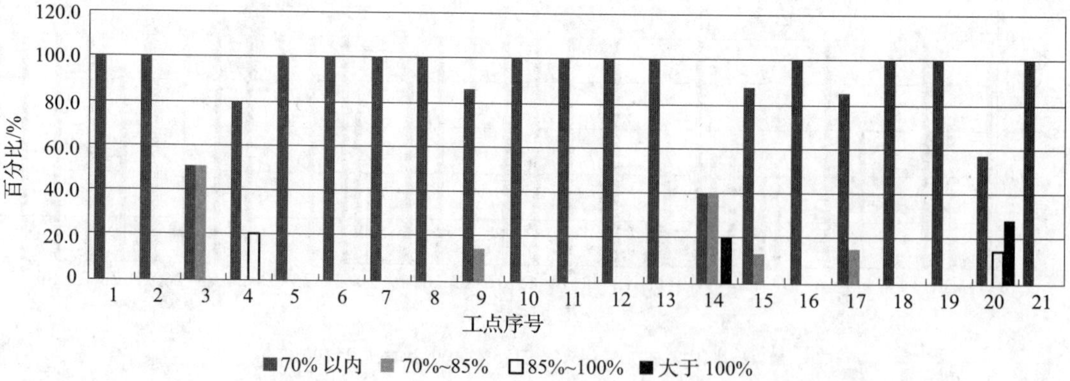

图 4.3-80　中段 7 层以上建（构）筑物竖向位移各工点监测点实测值占控制值比例分布

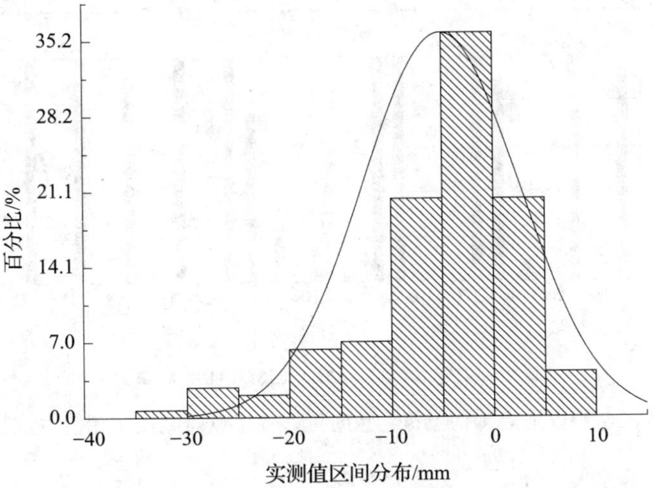

图 4.3–81 中段 7 层以上建（构）筑物竖向位移实测值区间分布

3. 北京东段（中软土）

（1）1 ~ 7 层建筑。统计东段（中软土）20 栋 1 ~ 7 层的建筑物监测案例。竖向变形 82.7% 的测点最终变形值小于 10mm，有 15.5% 的监测点最终变形值大于控制值 15mm，有 84.5% 的监测点最终变形值均在控制值 15mm 以内，变化速率在 3mm/d 以内，具体见图 4.3–82 ~图 4.3–84。

（2）7 层以上建筑。统计东段（中软土）12 栋 7 层以上的建筑物监测案例。竖向变形最终变形值大多数小于 15mm，有 76.7% 的监测点最终实测数值在控制值的 70% 以内，有 88.9% 的监测点最终变形值在控制值 15mm 以内，变化速率在 3mm/d 以内，具体见图 4.3–85 ~图 4.3–87。

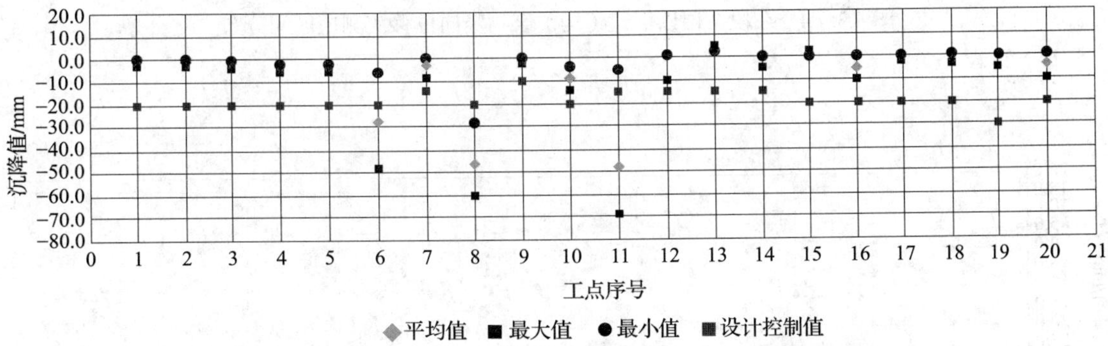

图 4.3–82 东段 7 层以下建（构）筑物竖向位移各工点监测值最终分布

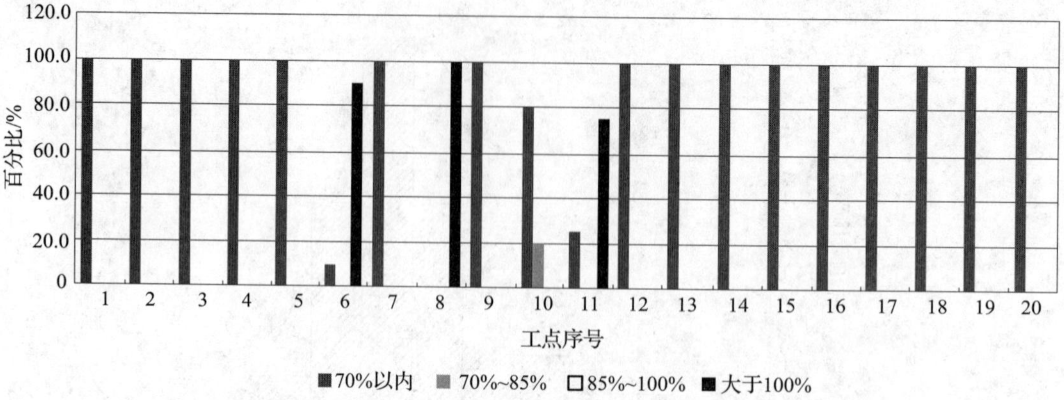

图 4.3-83 东段 7 层以下建（构）筑物竖向位移各工点监测点实测值占控制值比例分布

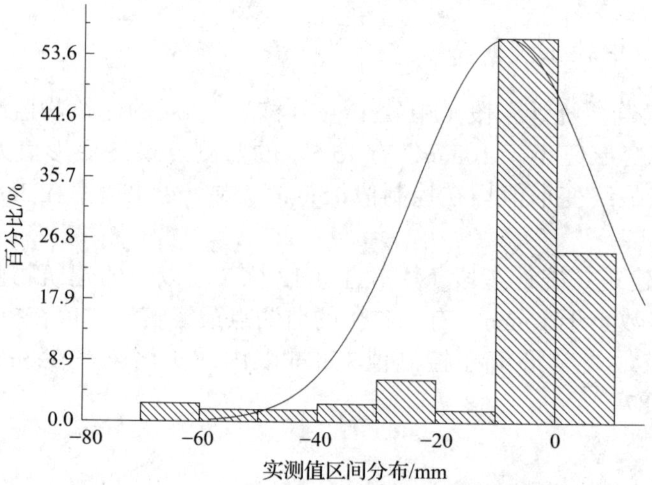

图 4.3-84 东段 7 层以下建（构）筑物竖向位移实测值区间分布

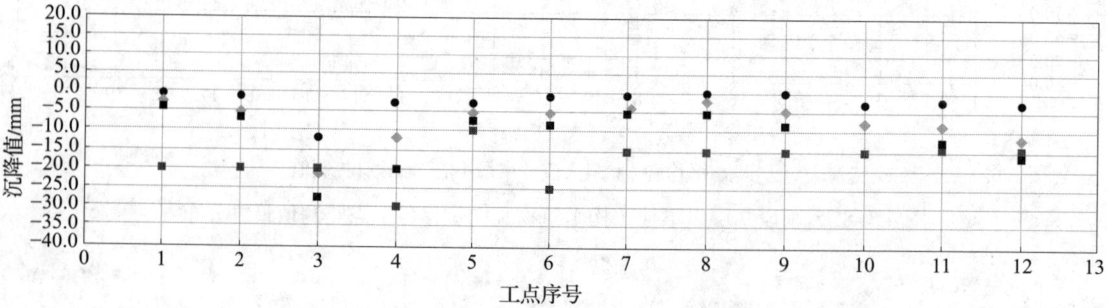

图 4.3-85 东段 7 层以上建（构）筑物竖向位移各工点监测值最终分布

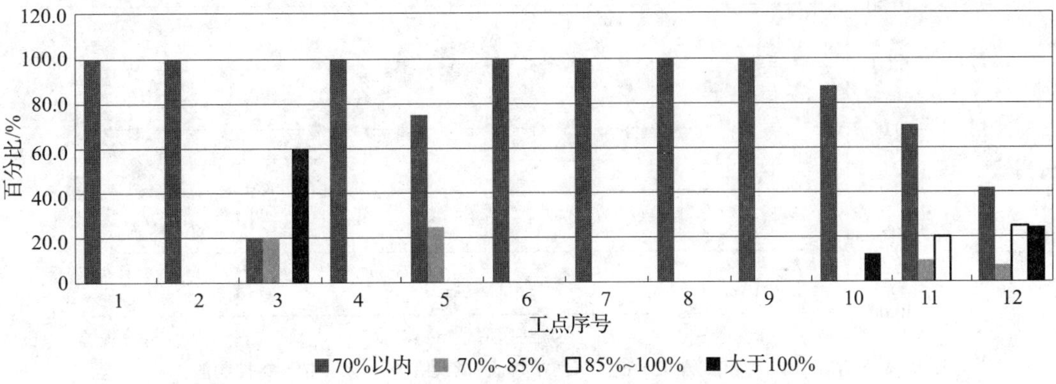

图 4.3-86　东段 7 层以上建（构）筑物竖向位移各工点监测点实测值占控制值比例分布

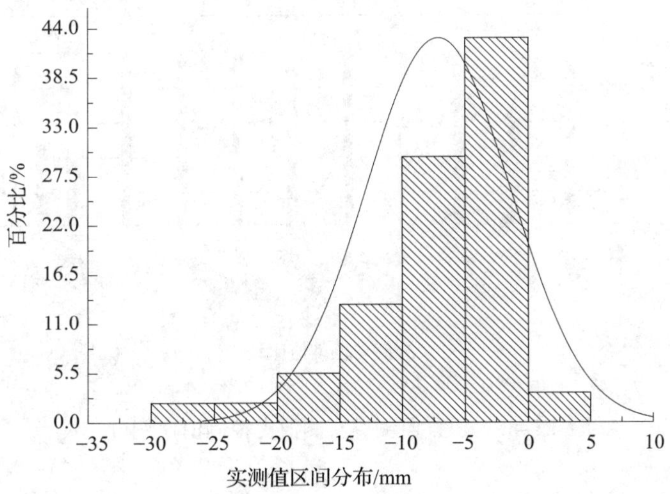

图 4.3-87　东段 7 层以上建（构）筑物竖向位移实测值区间分布

4.3.7　桥梁

共收集了 29 座桥梁的沉降资料，实际监测结果表明桥梁沉降值较小，多在 −10 ~ +5mm 之间，均在控制值以内，变化速率多在 2mm/d 以内。实测值的分布区间多在控制值的 70% 以内，见图 4.3-88 ~图 4.3-90。

4.3.8　地下管线

地下管线大多埋深较浅，实际监测项目中多以地表间接监测点进行监测，共收集了 280 条地下管线沉降监测案例，监测结果规律与地表沉降结果规律类似，与施工工法及开挖断面大小相关。中软土区域地下管线整体沉降较大，但相邻点差异沉降普遍较小。

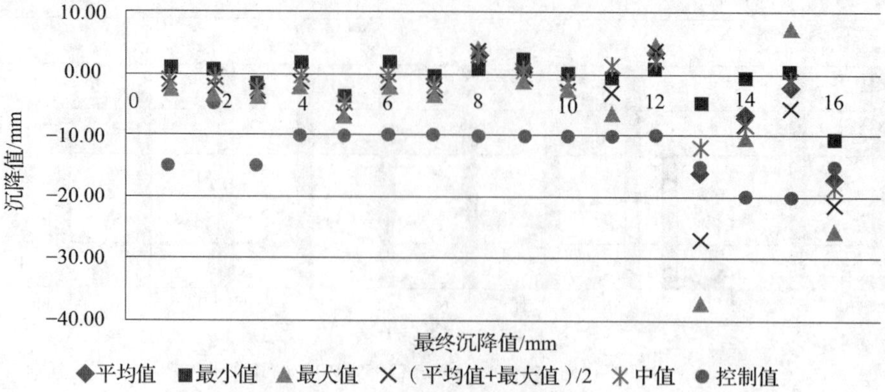

图 4.3-88　桥梁监测值最终分布

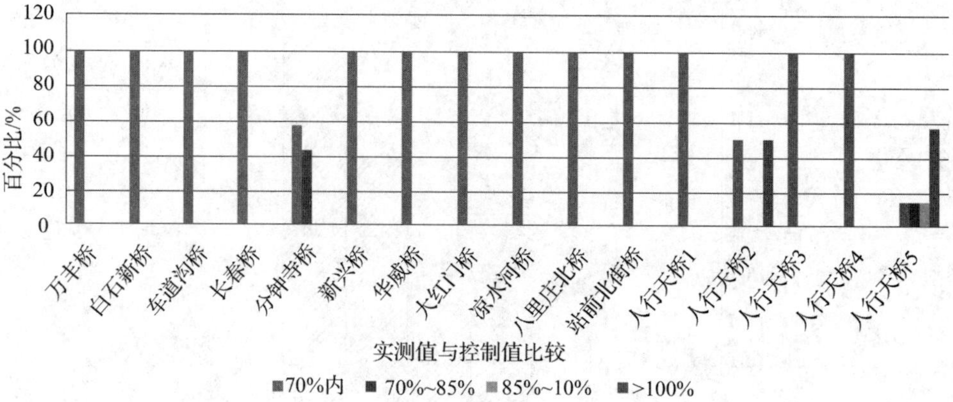

图 4.3-89　桥梁监测点实测值占控制值比例分布

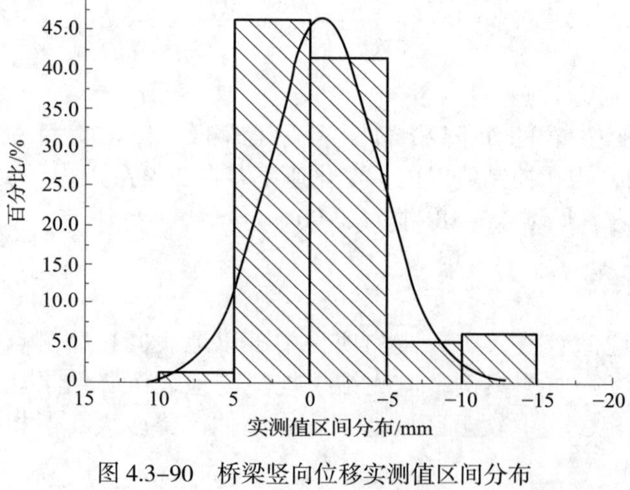

图 4.3-90　桥梁竖向位移实测值区间分布

4.4　控制指标建议值

监测实例统计分析表明，工程结构自身、周边环境变形大小受工程地质水文条件、施工工法、工程规模以及施工队伍的技术水平、施工经验、管理水平等因素的影响显著，实施时应综合考虑这些因素。

4.4.1　明（盖）挖法基坑工程监测控制指标

明挖基坑结构及地层最终变形的大小与结构自身设计刚度、地质条件、周边环境保护密切相关，与明挖施工过程支护结构施工质量、施工工艺控制密切相关，因此，控制指标设置应能够判定明挖基坑结构稳定性和对周边环境的保护起作用，当监测数据与控制指标对比发现异常，能够反映出基坑支护设计问题、地质问题和施工问题。同时，支护结构和地层的监测项目的控制指标应建立关联关系，并相互匹配。

北京市基坑工程多采用桩撑形式的支护形式，监测实例统计资料显示深度对基坑围护结构及周边环境变形影响不大，地下水及支护及时性对基坑围护结构及周边环境影响较明显。

表 4.4–1 结合现有国家标准、行业标准及地方标准，结合实际监测数据统计，给出了以北京地区为例的不同监测等级的围护结构及地层监测项目的控制指标建议。

表 4.4–1　明（盖）挖法基坑监测项目控制值

<table>
<tr><th rowspan="4">监测项目</th><th rowspan="4">支护结构类型</th><th colspan="9">工程监测等级</th></tr>
<tr><th colspan="3">一级</th><th colspan="3">二级</th><th colspan="3">三级</th></tr>
<tr><th colspan="2">累计值 /mm</th><th rowspan="2">变化速率 /（mm/d）</th><th colspan="2">累计值 /mm</th><th rowspan="2">变化速率 /（mm/d）</th><th colspan="2">累计值 /mm</th><th rowspan="2">变化速率 /（mm/d）</th></tr>
<tr><th>绝对值</th><th>相对基坑深度值 H</th><th>绝对值</th><th>相对基坑深度值 H</th><th>绝对值</th><th>相对基坑深度值 H</th></tr>
<tr><td rowspan="2">围护桩（墙）顶水平位移</td><td>土钉墙、型钢水泥土墙</td><td>—</td><td>—</td><td>—</td><td>—</td><td>—</td><td>—</td><td>30 ~ 50</td><td>0.5%</td><td>3</td></tr>
<tr><td>灌注桩、地下连续墙</td><td>15 ~ 25</td><td>0.15%</td><td>3</td><td>20 ~ 30</td><td>0.2%</td><td>4</td><td>20 ~ 40</td><td>0.3%</td><td>5</td></tr>
<tr><td rowspan="2">围护桩（墙）顶竖向位移</td><td>土钉墙、型钢水泥土墙</td><td>—</td><td>—</td><td>—</td><td>—</td><td>—</td><td>—</td><td>30 ~ 50</td><td>0.8%</td><td>6</td></tr>
<tr><td>灌注桩、地下连续墙</td><td>20 ~ 25</td><td>0.1%</td><td>3</td><td>20 ~ 30</td><td>0.2%</td><td>4</td><td>20 ~ 40</td><td>0.3%</td><td>4</td></tr>
</table>

表 4.4–1（续）

<table>
<tr><th rowspan="4">监测项目</th><th rowspan="4" colspan="2">支护结构类型</th><th colspan="9">工程监测等级</th></tr>
<tr><th colspan="3">一级</th><th colspan="3">二级</th><th colspan="3">三级</th></tr>
<tr><th colspan="2">累计值 /mm</th><th rowspan="2">变化速率 /（mm/d）</th><th colspan="2">累计值 /mm</th><th rowspan="2">变化速率 /（mm/d）</th><th colspan="2">累计值 /mm</th><th rowspan="2">变化速率 /（mm/d）</th></tr>
<tr><th>绝对值</th><th>相对基坑深度值 H</th><th>绝对值</th><th>相对基坑深度值 H</th><th>绝对值</th><th>相对基坑深度值 H</th></tr>
<tr><td rowspan="4">围护桩（墙）体水平位移</td><td rowspan="2">坚硬－中硬土</td><td>型钢水泥土墙</td><td>—</td><td>—</td><td rowspan="2">3</td><td>—</td><td>—</td><td rowspan="2">4</td><td>40 ~ 50</td><td>0.4%</td><td rowspan="2">6</td></tr>
<tr><td>灌注桩、地下连续墙</td><td>20 ~ 30</td><td>0.15%</td><td>30 ~ 40</td><td>0.2%</td><td>30 ~ 40</td><td>0.4%</td></tr>
<tr><td rowspan="2">中软－软弱土</td><td>型钢水泥土墙</td><td>—</td><td>—</td><td rowspan="2">3</td><td>—</td><td>—</td><td rowspan="2">4</td><td>50 ~ 70</td><td>0.5%</td><td rowspan="2">6</td></tr>
<tr><td>灌注桩、地下连续墙</td><td>30 ~ 50</td><td>0.2%</td><td>40 ~ 60</td><td>0.3%</td><td>40 ~ 60</td><td>0.5%</td></tr>
<tr><td rowspan="2">地表沉降</td><td colspan="2">西段及中段（坚硬－中硬土）</td><td>20 ~ 30</td><td>—</td><td>2</td><td>25 ~ 35</td><td>—</td><td>3</td><td>30 ~ 40</td><td>—</td><td>4</td></tr>
<tr><td colspan="2">东段（中软土）</td><td>20 ~ 40</td><td>—</td><td>3</td><td>30 ~ 50</td><td>—</td><td>4</td><td>40 ~ 60</td><td>—</td><td>5</td></tr>
<tr><td colspan="3">地表隆起</td><td>10</td><td>—</td><td>3</td><td>10</td><td>—</td><td>3</td><td>10</td><td>—</td><td>3</td></tr>
</table>

注：1. *H* 为基坑开挖深度。

2. 累计值宜按表中绝对值和相对基坑深度值 *H* 两者中的小值取用。

3. 嵌岩的灌注桩或地下连续墙控制值宜按表中数值的 50% 取用。

4. 盖挖法基坑监测宜按表中范围值的小值取用。

5. 基坑工程安全等级低、周边无重要的环境风险源，控制值可按表中范围值的大值取用；基坑工程安全等级高、周边有重要的环境风险源，控制值可按表中范围值的小值取用，特殊情况还应适当从严要求。

4.4.2 盾构法隧道工程监测控制指标

盾构法隧道施工与盾构设备选项、维护状态、掘进参数控制、土体改良情况、掘进的地层、注浆情况、盾构隧道埋深情况等密切相关，因此，控制指标设置应能够判定盾构设备状态、地层安全及对环境的保护，当监测数据与控制指标对比发现异常，能够反映出盾构设备异常、地层异常及施工问题。在盾构施工前针对工程地质、水文地质及环境保护要求做好盾构设备选型，初始施工段设置试验段，掌握盾构施工参数与地面变形控制指标的关系。

北京地区大断面盾构隧道地表沉降一般大于标准断面隧道的沉降数值。北京西、中、东三个不同的地质区段变形有一定的差异性，结合现场监测经验，盾构选型及施工过程的规范性对地层变形影响明显。

表 4.4–2 结合现有国家标准、行业标准及地方标准，结合实际监测数据统计，给出了以北京地区为例的不同监测等级、不同地质区域的盾构隧道地表沉降控制指标建议。

表 4.4–2　盾构法隧道地表监测项目控制值

<table>
<tr><th colspan="2" rowspan="3">监测项目
及岩土类型</th><th colspan="6">工程监测等级</th></tr>
<tr><th colspan="2">一级</th><th colspan="2">二级</th><th colspan="2">三级</th></tr>
<tr><th>累计值 /mm</th><th>变化速率 /（mm/d）</th><th>累计值 /mm</th><th>变化速率 /（mm/d）</th><th>累计值 /mm</th><th>变化速率 /（mm/d）</th></tr>
<tr><td rowspan="2">地表沉降</td><td>西段及中段（坚硬 – 中硬土）</td><td>10 ~ 20</td><td>3</td><td>20 ~ 30</td><td>3</td><td>30 ~ 40</td><td>4</td></tr>
<tr><td>东段（中软土）</td><td>15 ~ 25</td><td>3</td><td>25 ~ 35</td><td>3</td><td>35 ~ 45</td><td>4</td></tr>
<tr><td colspan="2">地表隆起</td><td>10</td><td>3</td><td>10</td><td>3</td><td>10</td><td>3</td></tr>
</table>

4.4.3　矿山法工程监测控制指标

矿山法隧道施工与矿山法支护形式、加固方式、开挖地层情况、开挖工艺、信息化施工措施密切相关，因此，控制指标设置应能够判定支护稳定性、支护合理性、地质异常情况及对环境的保护，当监测数据与控制指标对比发现异常，能够反映出支护设计问题、地层异常及施工问题。

北京地区暗挖车站地层变形最大，其次为大断面区间，标准断面区间的地表沉降值最小。相同施工工法、埋深相近的情况下，北京市东段沉降显著，其次为中段，西段砂卵石地层区段变形量最小。

表 4.4–3 结合现有国家标准、行业标准及地方标准，结合实际监测数据统计，给出了以北京地区为例的不同监测等级、不同地质区域的矿山法区间隧道及车站的控制指标。

表 4.4–3　矿山法隧道地表沉降监测项目控制值

<table>
<tr><th colspan="3" rowspan="3">监测项目
及岩土类型</th><th colspan="6">工程监测等级</th></tr>
<tr><th colspan="2">一级</th><th colspan="2">二级</th><th colspan="2">三级</th></tr>
<tr><th>累计值 /mm</th><th>变化速率 /（mm/d）</th><th>累计值 /mm</th><th>变化速率 /（mm/d）</th><th>累计值 /mm</th><th>变化速率 /（mm/d）</th></tr>
<tr><td rowspan="3">矿山法区间隧道</td><td rowspan="2">地表沉降</td><td>坚硬 – 中硬土</td><td>20 ~ 30</td><td>3</td><td>20 ~ 30</td><td>3</td><td>30 ~ 40</td><td>4</td></tr>
<tr><td>中软土</td><td>20 ~ 30</td><td>3</td><td>30 ~ 40</td><td>4</td><td>30 ~ 40</td><td>4</td></tr>
<tr><td colspan="2">地表隆起</td><td>10</td><td>3</td><td>10</td><td>3</td><td>10</td><td>3</td></tr>
</table>

表 4.4-3（续）

<table>
<tr><td colspan="3" rowspan="3">监测项目
及岩土类型</td><td colspan="6">工程监测等级</td></tr>
<tr><td colspan="2">一级</td><td colspan="2">二级</td><td colspan="2">三级</td></tr>
<tr><td>累计值 / mm</td><td>变化速率 /（mm/d）</td><td>累计值 / mm</td><td>变化速率 /（mm/d）</td><td>累计值 / mm</td><td>变化速率 /（mm/d）</td></tr>
<tr><td rowspan="3">矿山法车站</td><td rowspan="2">地表沉降</td><td>坚硬－中硬土</td><td>40 ~ 50</td><td>3</td><td>50 ~ 60</td><td>4</td><td colspan="2">—</td></tr>
<tr><td>中软土</td><td>50 ~ 60</td><td>3</td><td>60 ~ 80</td><td>4</td><td colspan="2">—</td></tr>
<tr><td colspan="2">地表隆起</td><td>10</td><td>3</td><td>10</td><td>3</td><td colspan="2">—</td></tr>
</table>

注：1. 表中数值适用于土的类型为中软土、中硬土及坚硬土中的密实砂卵石地层。
2. 大断面区间的地表沉降监测控制值可参照车站控制标准。

4.4.4 建（构）筑物监测控制指标

建（构）筑物所处地层、本身的基础形式、结构形式、内部运行设施、使用年限、结构自身的病害状态等存在差异，对建设工程扰动引起的附加变形承受能力也不同，同时由于建筑物自身有使用功能和使用年限要求，对建筑物的变形控制值更多的是一种管理标准。

建（构）筑物监测控制值与建设工程的各类工法结构无直接关系，在建设工程设计的支护设计阶段，需要考虑建筑物的保护及控制指标，在支护结构设计强度、对地层的加固处理及施工工艺要求等方面做好工作。

北京地区实测结果表明，中低层建筑的沉降变化相对较大，高层、超高层的变形一般较小。建（构）筑物变形量与地下水变化及建（构）筑物与工程的空间位置影响关系相关度高，区段地下水丰富、与拟建工程近接的建（构）筑物变形量明显大于无水或少水、距离建设工程边线较远的建（构）筑物变形量。

根据建（构）筑物的保护要求，其监测控制指标应包括允许沉降控制值、差异沉降控制值和位移最大速率控制值，对高耸建（构）筑物还应包括倾斜控制值，应在调查分析建（构）筑物使用功能、建筑规模、修建年代、结构形式、基础类型、地质条件等的基础上，结合其与工程的空间位置关系、已有沉降、差异沉降和倾斜以及当地工程经验综合确定，应符合现行相关标准的规定及管理单位或产权单位的要求。对风险等级较高的建（构）筑物，必要时宜通过结构检测、计算分析和安全性评估确定控制值。无特殊要求的一般建（构）筑物沉降控制值宜为 10 ~ 30mm，变化速率控制值宜为 1 ~ 3mm/d，差异沉降控制值宜为 $0.001l \sim 0.002l$（l 为相邻基的中心距离）。

4.4.5 桥梁监测控制指标

桥梁较为复杂，从类型上可分为梁桥、拱桥、斜拉桥、悬索桥等，监测控制指标与桥梁结构形式、基础所处地层、基础形式、梁结构形式、桥梁承载的运行设施、使用年限、结构自身的病害状态及对变形承受能力等相关。

对北京地区实测统计的案例大多为梁式桥，以下部结构的沉降变形监测为主，实测结果表明各类地层条件下桥梁下部结构沉降变形较小，这与桥梁基础结构较好以及建设单位和产权单位重视并加强了管理有关。

桥梁监测控制值应在调查分析桥梁规模、结构形式、基础类型、建筑材料、养护情况等的基础上，结合其与工程的空间位置关系、已有沉降、差异沉降和倾斜以及当地工程经验综合确定，应符合现行相关标准的规定及管理单位或产权单位的要求。对风险等级较高桥梁，必要时宜通过结构检测、计算分析和安全性评估确定桥梁的沉降、差异沉降和倾斜控制值。

以常见的梁式桥为例，无特殊要求的一般连续梁桥梁的基础墩台沉降控制值的累计值为 5 ~ 10mm，相邻墩台差异沉降控制值应小于 10mm；简支梁桥梁的基础墩台沉降控制值的累计值为 10 ~ 30mm，相邻墩台差异沉降控制值应小于 20mm；变化速率值为 1 ~ 3mm/d。

4.4.6　管线监测控制指标

地下管线沉降主要受工程施工场地地质条件、施工工法、自身特点（功能、管径、接口形式、材质等）以及与工程的空间位置关系影响。地下管线类型多样，管线的类型、功能、结构形式、材质、铺设方法、埋置深度、管径、接口形式、铺设年代、使用状态等因素不同，对变形的承受特点各异，应综合考虑管线的这些特点确定控制值。

实例统计的北京市地下管线沉降监测成果多以在管线上方地表间接监测点方式进行的监测，北京市东部富含水地区的各类地下管线整体沉降较大（参照地表变形量），但管线损坏事件鲜有发生，可见整体均匀沉降对管线影响较小，过程中应注重管线的差异沉降控制。

地下管线监测控制值应在调查分析管线工作压力、功能、材质、铺设方法、埋置深度、管径、接口形式、铺设年代等的基础上，结合其与工程的空间位置关系和当地工程经验综合确定，并应符合管理单位或产权单位的要求。对风险等级较高的地下管线，必要时宜通过专项调查、计算分析和安全性评估确定地下管线的沉降和差异沉降控制值。

综合实测结果及相关规范规定，无特殊要求的地下管线沉降控制值可按表 4.4–4 确定。

表 4.4–4　地下管线沉降控制值

管线类型	累计值 /mm	差异值	变化速率 /（mm/d）
燃气管道	20 ~ 40	0.20%*Li*	2
雨污水管	20 ~ 30	0.30%*Li*	2
供水管	20 ~ 40	0.25%*Li*	2

注：燃气管道的变形控制值适用于 100 ~ 400mm 的管径，管径较大时宜按表中范围值的小值取用。*Li* 为管节长度。

第5章　施工影响地表变形规律

5.1　概述

5.1.1　地表变形规律研究目的及意义

城市轨道交通地下工程一般埋深多在二三十米以内，而在此深度范围内大多为第四纪冲洪积、淤积层，或为全风化、强风化的岩层，地层多松散无胶结，地下水和地表水、大气降水直接联系，工程地质条件和水文地质条件复杂。同时，城市轨道交通线路基本处于环境复杂、人口密集的城区，周边高楼林立，地下管网密集，城市桥梁、道路、既有铁路等纵横交错，沿线交通流量大，工程周边环境条件复杂。复杂的地质条件和环境条件给城市轨道交通工程设计、施工带来诸多难题。另外，城市轨道交通工程具有建设规模大、建设周期长、地质条件和环境条件复杂、工程风险高等特点，而目前我国轨道交通建设的设计水平、施工能力及管理经验与轨道交通建设的发展速度、规模不相匹配，相应的工程技术规范、标准偏少，在施工过程中经常发生支护结构垮塌、周围岩土体坍塌以及建（构）筑物、地下管线等周边环境对象的过大变形或破坏等安全风险事件，因此，在地下工程施工过程中，为保证工程施工安全、周边环境稳定及线路结构自身安全，工程监测尤为重要。

截至2021年6月，全国（不含港澳台）开通运营城市轨道交通线路245条，运营里程7 957km。随着我国城市轨道交通的快速发展，工程监测技术取得了长足的进步，也积累了大量的工程监测数据成果。根据不同的地质条件和施工工法对这些海量的监测数据进行统计分析，构建不同地质环境条件下的沉降位移模型及预测参数体系，在地下工程施工过程中对地表及环境安全风险事件的预防预报和控制安全风险事件的发生具有十分重要的指导意义。

5.1.2　地表变形规律研究现状

5.1.2.1　暗挖工程

目前，随着国内外对隧道开挖造成的地表沉降问题认识与研究的深入，对地层沉降和变形规律研究趋于多元化，涌现出了大量的研究理论和方法。地表沉降预测方法主要有：经验公式法、理论分析法、数值模拟法和模型试验法等。经验公式法虽然简单方便，但是对于地层的要求高，要基于大量的工程监测数据；理论分析法和数值模拟法对于使用者的知识水平要求高，难以在工程实际中普及；模型试验法成本较高，一般适用于特大型工程研究。

1. 经验公式法

经验公式法主要是根据地下隧道开挖后地表沉降槽（图5.1–1）的形状，采用一定的曲线形式表示，再根据地表沉降实测结果或已有的资料确定曲线的具体特征参数。在隧道施工引起的地表沉降中，地表沉降的大小和分布是最受关注的。对于这种方法，首先对地表沉降槽的形状进行观察，将沉降槽的曲线形态以数学形式加以表现，逐步对地表沉降分布、最大沉降量等进行理论和经验上的推断。

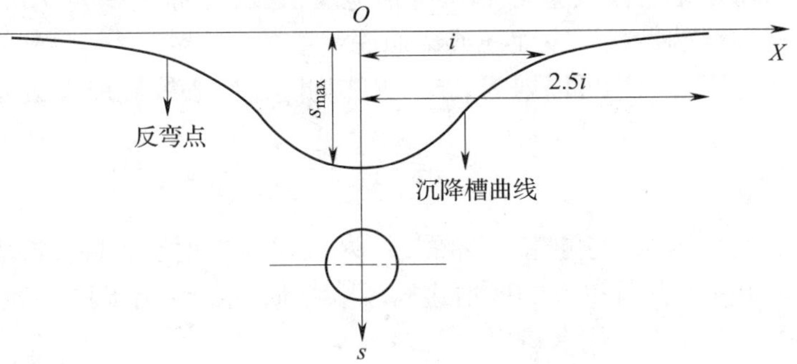

图5.1-1　地表横向沉降槽预测示意图

（1）1969年在大量隧道开挖施工引起的地表沉降实测资料的基础上，Peck系统地提出了地层损失的概念和估算隧道开挖地表下沉的实用方法，即Peck公式[21]：

$$S(x)=S_{max}\exp\left(-\frac{x^2}{2i^2}\right) \tag{5.1-1}$$

式中：$S(x)$——距离隧道中心轴线为x处地表沉降值（mm）；

i——地表沉降槽宽度系数，从隧道中心至沉降曲线反弯点的距离（mm）。

如果定义地层损失率V_1为单位长度的地表沉降槽的体积占隧道开挖单位体积的百分比，对于不排水条件，地层损失率V_1与最大位移之间的关系可以通过对式（5.1-1）的积分得到：

$$S_{max}=\frac{\pi D^2V_1}{4i\sqrt{2\pi}}=\frac{0.313V_1D^2}{i} \tag{5.1-2}$$

式中：D——隧道的直径（m）。

V_1——地层损失率，主要与工程地质条件、水文地质条件、施工方法、施工技术水平以及工程管理经验等因素有关。因此，这个参数的取值依赖于地区经验。

根据O'Reilly和New[22]在伦敦地区的经验，i和隧道深度Z_0之间存在以下简单的线性关系：

$$i=KZ_0 \tag{5.1-3}$$

式中：K——沉降槽宽度系数，主要取决于地层岩性。根据伦敦地区的经验，对于无黏性土此值为0.2～0.3；对于硬黏土此值为0.4～0.5；而对于软的粉质黏土则可高达0.7。

可见，沉降槽宽度系数K的取值因特殊区域地质条件的差异而变化很大，这导致Peck公式的运用具有很强的区域性。

将式（5.1-2）和式（5.1-3）代入式（5.1-1），就可以得到一个工程实用的预估地面沉降的公式：

$$S=\left[\frac{0.313V_1D^2}{KZ_0}\right]\exp\left[\frac{-x^2}{2K^2Z_0^2}\right] \tag{5.1-4}$$

根据式（5.1-4），对于一个确定的工程，隧道的埋深 Z_0 和直径 D 都是确定的，因此，地表的位移就取决于地层损失率 V_1 和沉降槽宽度系数 K，前者决定了沉降的大小，而后者则决定了沉降槽曲线的性状（宽而浅或窄而深）。

沉降槽大体宽度的一半可以取为 $2.5i$，S_{max} 为隧道中心线处地表最大沉降量：

$$S_{max}=\frac{V_i}{i\sqrt{2\pi}}\approx\frac{V_i}{2.5i} \tag{5.1-5}$$

式中：V_i、i——这两个参数与隧道开挖深度、断面尺寸、地层条件和施工条件等密切相关。

Peck[21]等许多学者对参数的取值进行了大量研究，给出了许多经验取值，沉降槽宽度系数 i 可采用以下经验公式求得：

$$i=\frac{H+R}{\sqrt{2\pi}\tan\left(45°-\frac{\varphi}{2}\right)} \tag{5.1-6}$$

式中：H——覆土厚度（m）；

R——计算半径（m）。

并根据各地实测资料提出以下公式：

$$i/R=a\,(Z_0/2R)^n \quad (n=0.8\sim1.0) \tag{5.1-7}$$

式中：i——沉降槽宽度系数；

Z_0——隧道中线埋深（m）；

R——隧道半径（m）；

a、n——常数，受施工方法和地质条件等影响。Attewell，Farmer（1974）认为对于伦敦地区 n 的取值为 1.0；Clough，Schmidt（1981）则认为对于英国软黏土地层 n 可取 0.8。

（2）竹山乔根据日本盾构隧道施工中积累的实际数据，将地面沉降通过回归曲线分析，提出了估算地表最大沉降的经验公式：

$$S_{max}=\frac{2.3\times10^2}{E^2}\left(21-\frac{H}{D}\right) \tag{5.1-8}$$

式中：E——平均变形模量（MPa）；

H——覆土厚度（m）；

D——盾构外径（m）。

（3）加拿大的 Rowe 和 Hack 提出了间隙值来模拟地层损失，间隙值 g 与地层损失的关系为：

$$V_i=(D_m+g)^2-D_m^2 \tag{5.1-9}$$

式中：D_m——隧道外径（m）。

（4）国内众多学者在这方面也进行了大量研究工作，刘建航等[23]以 Peck 法为基础，根据上海延安东路隧道施工实测资料，提出“负地层损失”的概念，在此基础上得出预测纵向沉降槽曲线的计算公式：

$$S(y)=\frac{V_{L1}}{\sqrt{2\pi}i}\left[\varphi\left(\frac{y-y_i}{i}\right)-\varphi\left(\frac{y-y_f}{i}\right)\right]+\frac{V_{L2}}{\sqrt{2\pi}i}\left[\varphi\left(\frac{y-y_i'}{i}\right)-\varphi\left(\frac{y-y_f'}{i}\right)\right] \tag{5.1-10}$$

$$y_f'=y_f-L \tag{5.1-11}$$

$$y_i'=y_i-L \tag{5.1-12}$$

式中：$S(y)$——沿隧道纵轴线分布的沉降量，当该值为负时为隆起量；

y——沉降点距坐标原点的距离；

V_{L1}、V_{L2}——盾构开挖面和盾尾后部间隙的地层损失；

y_i、y_i'——盾构推进起始点和盾构开挖面到坐标原点的距离；

L——盾构机的长度；

$\varphi(\ )$——标准正态分布函数。

2　理论分析法

（1）粘弹塑性理论解析方法。随着对地层变形研究的深入，许多学者将相关学科的研究成果引入隧道软土地层变形研究中，考虑地基土层的变形特点，将地基土作为弹性、弹塑性、粘弹塑性体考虑。日本的久保胜保研究了圆形隧道的非线性弹塑性的理论解，将土体作为弹塑性和粘弹性材料，反映了土体的非弹性性质，并考虑地层位移与时间的相关性，利用粘弹塑性理论对圆形隧道围岩和衬砌进行了粘弹塑性分析。

由于受到计算条件的限制，只能对较简单的边界条件和初始条件解答，所以这些方法几乎无一例外地将地层假定为均匀的、轴对称的平面应变问题，使其应用受到极大的限制。

（2）随机介质理论方法。随机介质理论是波兰学者李特威尼申（J. Litwiniszyn）为研究采煤岩层与地表移动问题所提出的，他基于砂箱模型实验研究，提出了五大公理，应用严密的数学方法，建立了随机介质理论。随机介质自提出以来，经过我国学者刘宝琛、廖国华、阳军生等的发展，其理论已逐步完善，应用领域从最初的煤矿地下开采地表移动预计，发展到露天开采、金属矿地下开采、近地表开挖及地层疏水所引起的地表移动预计问题。该理论分析的对象是一种被称为“随机介质”的介质，由于常见的城市隧道一般距离地表不深，大都处于表土或风化岩层中，这些介质能被较好地视为随机介质。其研究成果开始被应用于地铁工程，初步解决了地铁各种开挖方法地面各点位移（垂直及水平）和变形（倾斜、曲率、水平应变）的计算方法，获得了全套计算公式，并编制了相应的程序。通过把随机介质方法与固结理论相结合的方法，对于疏水地面沉降问题也进行了有实际工程意义的探索和运用。

3. 数值模拟法

国内外科技工作者应用有限元法对隧道施工进行预测的研究很广泛，从一般断面的隧道模拟，发展到对大跨度隧道以及小净距隧道、交叉隧道、连拱隧道的模拟；从对弹性介质的模拟，发展到对弹塑性介质、粘弹塑性介质的模拟；从单一应力场问题模拟，发展到对应力场、渗流场乃至温度场等多场耦合问题的模拟；从平面问题施工过程的模拟，发展到对空间问题的动态施工模拟等。

隧道施工过程动态数值模拟技术，其发展水平主要体现在国内外的相关商业软件中，国外能够模拟地下工程开挖过程的软件主要有FLAC、ABAQUS、ADINA、ANSYS、MARC、MIDAS–GTS等，国内主要有2D–SIGMA、3D–SIGMA、同济曙光等。由于地下工程的复杂性，这些商业软件虽然已经发展到具有能够求解时空问题的功能，但都暴露出专业性不太强，需要更多地依赖计算者的工程和计算经验。

4. 模型试验法

模型试验法是指在实验室内针对某一工程具体条件，依照相似理论建立模型进行模型试验，然后得出地层运动规律。该方法需要较长时间，造价高，重复性低，因此该方法用得较少。

5.1.2.2 基坑工程

一般认为，在施工过程中，降水引起的土体排水固结的沉降和支护结构水平位移引起的基坑周边土体沉降，是基坑周围地表沉降的两大主要因素。基坑周围地表沉降曲线可以总结概括为三角形沉降和凹槽形沉降两大类型，如图5.1–2所示。当基坑采用悬臂式支护或支护桩变形较大时，地表最大沉降点会发生在基坑边缘处，地表沉降曲线大致呈三角形分布，如图5.1–2（a）所示。在深基坑中为提高基坑整体稳定性，大多采用多道内支撑，由于受内支撑的约束，支护桩外侧的土体与支护桩接触面之间的摩擦力可在一定程度上制约土体下沉，基坑周围地表沉降曲线大致呈凹槽形分布，如图5.1–2（b）所示。

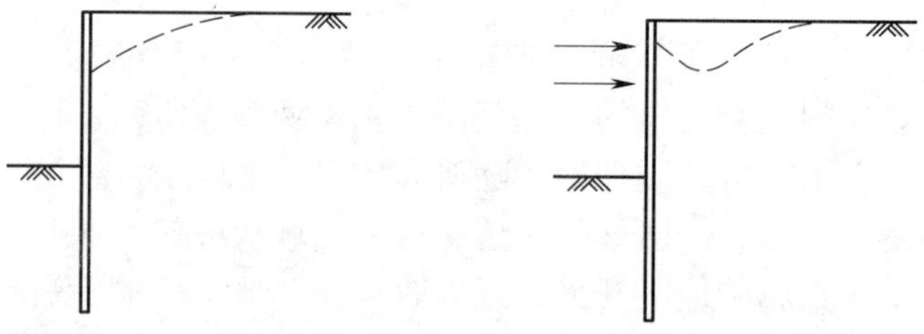

（a）三角形沉降　　（b）凹槽形沉降

图5.1–2　地表沉降曲线基本形态

目前，深基坑周围地表沉降的预测方法主要有以下两种：

（1）基于有限元及相关软件的数值分析法。从理论上讲，通过三轴剪切蠕变试验和单剪蠕变试验，建立土层流变本构模型，再按试验曲线通过非线性分析及其拟合程序的编制，确定本构模型的参数。有限元法等可精确地预测墙体的变形、基底隆起、墙后地表沉降及周围地层的移动，预测周围建筑物、地下构筑物、管线的变形，因而是一种非常有用的方法。然而，这种方法由于关键的本构模型和土工参数选取与实际工程存在差异，而且基坑的时空效应、周围环境条件、深基坑周围附加荷载等不确定因素无法在计算中得到真实反映，导致其预测结果很难用于实际工程预测。

（2）基于实测数据的经验统计法。可根据现场实测数据，快速而简单地进行预测。张尚根[24]运用偏态分布密度函数的地表沉降估算方法对深基坑开挖引起的地表沉降进行了计算预测研究，并提出了周围建筑物变形的计算方法以及破坏程度的评价指标。王卫东等[25]利用多个工程的监测数据分析了基坑开挖引起的周围地面沉降曲线的预估方法。张建新等[26]研究了不同的基坑开挖方法对地连墙和墙后土体位移变化的影响规律。孙曦源[27]对于板式支护体系，采用经验方法预估基坑开挖引起的围护墙后的地表沉降可采用三点折线法确定地表沉降的影响范围、最大沉降的位置及沉降曲线分布。刘建航等[23]认为基坑围护结构变形是引起周围地层变形的主要原因之一，以围护结构水平位移为边界条件，基于线弹性理论的解析式在预测黏性土基坑地表沉降最大值位置方面与实测数据较为吻合。胡之锋等[28]在总结前人研究成果基础上设定墙后凹槽形地表沉降曲线为正态分布概率密度函数，其表达式如式（5.1–13）所示。

$$\delta(x)=\delta_{\max}e^{-\pi\left(\frac{x-x_m}{r}\right)^2} \tag{5.1–13}$$

$$r=x_0-x_m \tag{5.1–14}$$

式中，$\delta_{\max}$——地表沉降最大值；

x_m——地表沉降最大值位置距基坑边缘的距离，即地表沉降最大值位置；

x——墙后任意点到基坑边缘的水平距离；

r——沉降盆影响半径；

x_0——地表沉降影响范围。

各参数意义如图 5.1–3 所示。

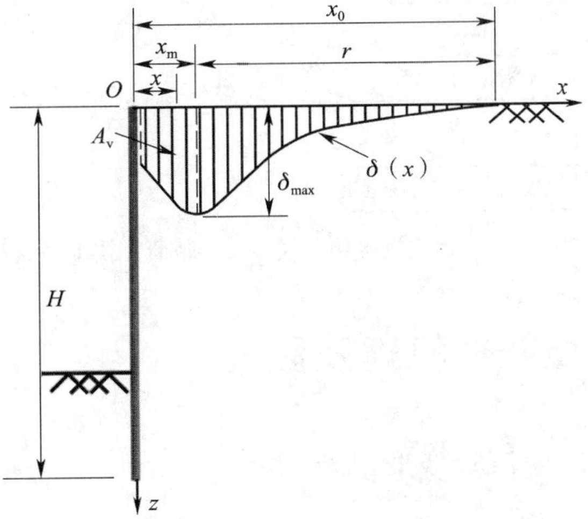

图 5.1–3　凹槽形地表沉降模型

总体而言，基于工程实测数据的统计分析方法和基于有限元的数值模拟方法等均被广泛应用于实际工程中，而基于弹性边值问题的理论解析法在实际工程中应用较少，但不同模型对深基坑周围地表沉降预测结果与实际监测数据均存在一定差异性，差异的存在一方面来自动态观测采集的数据，另一方面来自不同预测模型本身的缺陷。

5.1.3 研究内容及方法

本章研究内容主要包括：①收集目前国内外关于地下工程施工引起的地表沉降变形的各种研究方法及其研究成果；②总结分析地下工程施工引起地表沉降变形的机理及关键影响因素；③在总结现有研究成果的基础上，研究确定适合本地区工程地质水文地质条件、施工工法及施工经验等特点的地表沉降变形预测模型；④收集大量的工程监测数据案例，通过数据统计分析及反演计算等，构建不同地质条件下不同施工工法特点的地表沉降预测模型及参数体系；⑤通过工程实际监测数据案例对上述地表沉降预测模型及模型参数进行适宜性对比验证；⑥通过对地表沉降量、影响范围、沉降曲线最大斜率变形位置及对附近建筑设施的影响程度等分析，以求在设计和施工中采取更为合理的措施，减少地表沉降变形的危害。

本章采用已有的研究成果及工程实例监测数据，通过统计分析，反演计算相关模型参数，并与实测数据进行对比分析的技术路线。技术路线如图 5.1–4 所示。

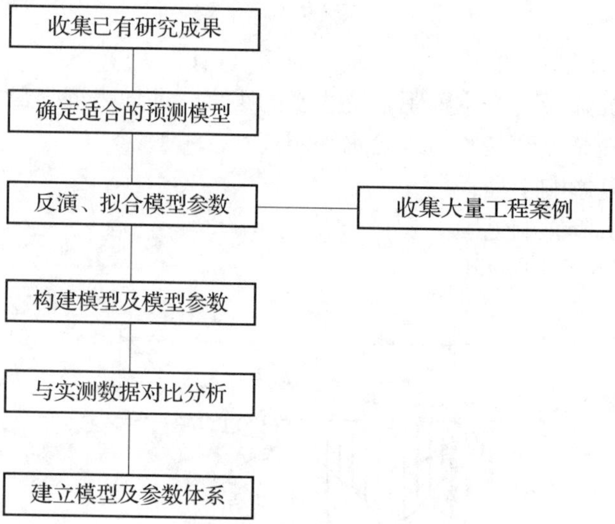

图 5.1–4 地表沉降预测模型及参数研究技术路线

5.2 地层沉降变形机理及因素

5.2.1 暗挖工程地层沉降变形机理

隧道的开挖过程是一个围岩应力重新分布的过程，其中应力传递和变形传递是围岩达到平衡状态的前提条件。隧道的开挖首先使得围岩突然卸载，引起围岩周围内部应力的急剧变化，应力在达到平衡状态之前的调整过程中，使周围土体变形破坏，并逐步向外扩张，通过地层传到地表，造成围岩影响范围内及上部土体的应力集中，在达到土体抗剪强度后趋于破坏，体现在地表则是产生地表较大变形。围岩在向平衡状态转化的过程中，拱顶下沉及隧道收敛变形会借助地层自下而上地传递到地表，在垂直隧道轴线方向上产生一定范围内的地表沉降，形成沉降槽。通常情况下地表沉降主要有三个过程：一是先期沉降，这一过程的沉降是距实际开挖面前方地层受扰动反应到地表的沉降，由于覆土厚度、孔隙含水量及土体颗粒的压缩性能不同，地表沉降的程度也有所差异；二是开挖过程沉降，开挖面的土体在卸载之后，围岩土体进入应力重分布阶段，地表沉降量受本身松弛变形及支护环闭合时间的影响，开挖阶段的地表沉降是整个隧道沉降的主要沉降段；三是滞后沉降，在围岩支护衬砌完成后，由于支护衬砌徐变效应、土体固结程度及水文地质情况的影响，结构衬砌及上覆土体会产生一定的压缩（固结）变形，导致地表沉降。

5.2.2　暗挖工程地表沉降变形因素

隧道开挖引起地层沉降的因素主要包括地层损失沉降变形、土层固结及次固结沉降变形、隧道埋深以及围岩质量和土体性质等。

1. 地层损失沉降变形

隧道在开挖过程中，实际开挖体积与隧洞竣工后的体积会产生差值，即隧洞开挖施工过程中产生了一定的地层损失，导致上层土体向下移动，地层产生沉降，传导到地面则表现为体积等于地层损失量的沉降槽。

2. 土层固结及次固结沉降变形

隧洞开挖造成地下水位降低或开挖前的施工降水，使孔隙水压力减小，土颗粒间有效应力增加，隧洞周围土层产生固结沉降，导致隧洞上部地层沉降，发展到地表则表现为地表的沉降变形。隧洞周围土体由于蠕变产生次固结沉降，地层累计次固结沉降变形发展到地面就会表现为地表的沉降变形。这种蠕变沉降变形在孔隙率较大、灵敏度较高的软塑及流塑性黏土中比较明显，持续时间可达几年以上。在一般性地层，尤其是砂性土中次固结沉降变形较小，持续时间也相对较短。

3. 隧道埋深

隧道埋深在很大程度上会影响地表沉降程度，隧道开挖会出现覆土层坍塌现象，形成坍塌带，随着开挖量的增大坍塌带不断向上发展，当上覆土体不能形成自然拱时，就会造成隧道支护结构变形和地面沉降。隧道工程实践表明，能够自然成拱的隧道，即隧道覆跨比一般大于 1.5 时，其地面沉降较小。若隧道埋深较小，即隧道覆跨比小于 1 时，地面沉降量一般都会较大。

4. 围岩质量和土体性质

在隧道开挖之后，覆土层形成自然拱的最小土层厚度直接与土体力学特性有关，浅埋暗挖法隧道施工是通过利用土体自然成拱的稳定性来实现初期支护的，如果围岩质量较差，土体物理力学性质低，隧道开挖后地表沉降变形普遍较大。

5.2.3　基坑工程地层沉降变形机理

基坑的开挖过程事实上就是开挖面上的卸载过程，挡土墙内侧土压力减小，挡土墙内外侧土压力差产生向坑内方向的变形，导致墙后土体产生了竖向位移。坑底部土体原始应力状态因垂直卸载而回弹，产生以向上为主的位移，导致坑底土体隆起。挡土墙的变形、基坑底部的隆起和基坑周围地层的变化之间是存在关系的，其中最重要的问题是基坑周围地层的变化。当开挖不太深时，坑底土体卸荷后发生垂直的弹性隆起，如果挡土墙底为注浆加固体或密实原状土时，挡土墙也会随土体的隆起而抬高。这种坑底隆起会随着开挖的停止而停止，不会造成挡土墙外侧土体向基坑内的位移。当开挖深度增大，基坑内外的土压也随之增大，等到一定深度再加上地面各种超载的作用，挡土墙外侧土体就会向坑内移动，致使坑底产生向上的塑性隆起，并在基坑周围引起地面沉降。

基坑开挖是先于支撑的，所以在支撑架设之前挡土墙已经发生了一定的变形。当挡土墙体变形较小时，墙体外侧与土体的摩擦力可阻止土体下沉，沉降范围小于1倍的开挖深度。当挡土墙变形较大时，墙体外侧与土体间的摩擦力无法约束对墙后土体的下沉，沉降范围大于1倍的开挖深度。开挖到坑底设计标高时，墙体最大位移通常在坑底下方。在深基坑施工阶段，挡土墙变形和基坑坑底隆起产生及地层损失引起基坑周围地层沉降变形，而且在后期相当长的时间内，基坑周围的地层还发生逐渐收敛的固结沉降。

5.2.4 基坑工程地表沉降变形因素

1. 基坑降水作用

基坑降水前土体所受的荷载由两部分承担，分别是土粒和孔隙水，当疏水后，孔隙水所承担的这部分荷载变小，而土的有效应力增加，从而使得降水范围内的土体固结压密，在地表上就产生了沉降。同时，由于地层中固体颗粒构成的骨架和地下水组成承受外力作用的集体，水只能承受法向应力，而土体颗粒则主要承担剪切应力作用。在自然状态下，地下水以较小的水力坡度在土壤中运动，抽水降水后，地下水水位下降，水力坡度增大，渗透压力也随之增大。当抽取地下水时，在地下水自上而下的渗透过程中，若水的渗透压力与土的浮重的合力等于土体颗粒间的摩擦力及黏滞力时，则处于极限平衡状态；当渗透压力继续增大时，土体颗粒就会被滞流带走或移动。承担剪切应力的土体颗粒受到冲蚀和流失，稳定结构受到破坏，地层发生不均匀沉降。

2. 坑底土体及基坑侧壁卸荷作用

基坑开挖后，坑底土体和基坑侧壁卸荷，结构两侧土压力不平衡，引起支护结构发生位移，坑底发生隆起。随着上述两种变形的发展，墙后土体剪应力增大，主动区土体出现塑性区，使得墙后土体发生垂直和水平位移。围护结构变形是地层岩土工程性质、支护形式、开挖深度、施工工艺等多种因素共同作用的结果。地表变形呈现隆起和沉降特征，距离基坑较近的土体，由于受基坑底土体隆起而使围护墙体向上移动，同时随着预应力的施加，墙体将向坑外移动并挤压土体。墙体回弹带动邻近土体上抬以及挤土效应，二者共同作用导致在墙体邻近范围土体产生隆起。随着基坑开挖加深，加上降水或止水帷幕作用使土体的固结沉降逐步加大并占主导地位，墙体侧移进一步带动背后土体产生塑性区并整体向坑内斜向运动，共同使得坑外土体的沉降逐渐加大。

3. 基坑围护结构的变形作用

（1）围护结构刚度和横向支撑刚度的影响。围护结构刚度和横向支撑刚度直接影响围护结构的水平位移，当围护结构刚度和横向支撑刚度增大时，可以有效减少围护结构水平位移引起的基坑周围的地表沉降。围护结构的刚度增大在一定范围内可以有效地减少围护结构的水平位移，但是这种作用随着刚度的不断增大越来越小。同样地，增大支撑的刚度也是减少围护结构水平位移的有效方式，随着支撑刚度的逐渐变大，位移的变化率逐渐变小，直到最终趋于零，在这之间存在一个临界刚度比。

（2）支撑预加轴力的影响。在深基坑施工中通常采用对钢支撑施加预加轴力控制围护结构的水平位移从而控制深基坑变形。对钢支撑施加的预应轴力可以改善围护结构内外侧的土压力，并且可以增加支护结构和土体之间的粘结力或者摩擦力，从而减小塑性区的开展范围。这不仅有效减少了围护结构的水平位移，而且改善了深基坑的抗隆起稳定性。尤其是在土质较差的软土地区，增设钢支撑预加轴力是控制深基坑各类变形的重要措施。

（3）基坑开挖工程中周边的各类荷载作用。基坑施工现场周围往往存在各种各样的荷载作用，这些荷载作用也对围护结构的水平位移产生着较大的影响。这些荷载主要包括施工过程中的大型施工机械频繁的调动、堆载、周围既有的建筑群以及周边大型机动车辆等动荷载。大量实践证明，当地面超载增加时，支护结构的水平位移出现一定程度上的增大，因此施工中应当严格控制坑边堆载，对堆载的重量、数量以及区域加以严格的限制，大型机械设备作业结束后应该立刻远离基坑周围停放。

5.3 地表沉降变形规律分析

5.3.1 暗挖工程地表沉降规律数学分析方法

1. 采用最小二乘法拟合计算

由 Peck 公式可知，若通过理论公式可以计算确定地表沉降最大值 S_{max} 和地表沉降分布曲线对应的沉降槽宽度系数 i，就可以得到 Peck 经验公式，在开挖掘进施工中可以用来预测隧道上方地表横断面上任一位置沉降量的大小。

由于 Peck 公式是结合当地工程地质情况及工程实践经验确定公式相关参数得到的，所以在应用前，应首先通过 Peck 公式的回归拟合模型对实测数据进行分析，得到 Peck 公式对该地区施工沉降预测的适用性程度，并验证其准确性。同时得到公式的相关拟合参数，将拟合参数代入 Peck 公式得到 Peck 拟合公式，可更准确地对沉降进行预测。由于采用 Peck 公式所得到的预测曲线形态分布接近高斯函数，所以沉降曲线的表示函数是非线性的。为了使实测数据的拟合计算及分析简单方便，可采用数学方法对 Peck 公式进行线性变换，使其变换的函数形式是线性的，通过工程实测数据拟合得到 Peck 公式相关参数。

由 Peck 公式所表示的等式经过对数运算后，可得 Peck 公式回归拟合模型式，如式（5.3–1）所示。

$$\ln S(x)=\ln S_{\max}+\frac{1}{i^2}\times\left(-\frac{x^2}{2}\right) \tag{5.3–1}$$

式中：$\ln S_{\max}$——回归拟合后的常数项；

$\frac{1}{i^2}$——回归拟合后的线性系数。以 $\ln S(x)$ 和 $-\frac{x^2}{2}$ 作为线性回归的变量进行求解分析，如果绘制出的“$\ln S(x)-\left(-\frac{x^2}{2}\right)$”的关系为线性相关的直线，则说明适用于 Peck 公式来分析研究，其施工沉降实测数据回归过程如式（5.3–2）~式（5.3–8）所示。

$$S_{xx}=\sum\left(\frac{-x_i^2}{2}\right)^2-\frac{1}{n}\left(\sum\frac{x_i^2}{2}\right)^2 \tag{5.3–2}$$

$$S_{yy}=\sum\ln^2 S(x_i)-\frac{1}{n}\left[\sum\ln S(x_i)\right]^2 \tag{5.3–3}$$

$$S_{xy}=\sum\left[\left(\frac{-x_i^2}{2}\right)\ln S(x_i)\right]-\frac{1}{n}\sum\left(\frac{-x_i^2}{2}\right)\sum\ln S(x_i) \tag{5.3–4}$$

$$b=\frac{S_{xy}}{S_{xx}} \tag{5.3–5}$$

$$a=\overline{\ln S(x_1)}-b\overline{\left(\frac{-x_1^2}{2}\right)} \tag{5.3–6}$$

回归后得到线性函数为：

$$\ln S(x)=a+b\left(-\frac{x^2}{2}\right) \tag{5.3–7}$$

结合式（5.3–1）和式（5.3–7）可以计算得到地表最大沉降值和沉降槽宽度系数为：

$$S_{\max}=\exp(a),\quad i=\sqrt{\frac{1}{b}} \tag{5.3–8}$$

将式（5.3–8）代入 Peck 经验公式就可以得到基于沉降实测数据为样本回归拟合后的 Peck 拟合公式，并可计算得到地层损失率为：

$$V_1=\frac{S_{\max}\times i\times\sqrt{2\pi}}{A} \tag{5.3–9}$$

根据以上方法，可以判别沉降曲线是否符合高斯分布，同时还可以获得相关的拟合参数，主要包括地层损失率和沉降槽宽度系数。

2. 基于最大沉降值斜率法

为了评价工程实际监测数据是否符合 Peck 公式，并获得相关参数，还可以将 Peck 公式重新写为以下形式：

$$\frac{S}{S_{\max}}=\exp\left(\frac{-y^2}{2i^2}\right) \tag{5.3–10}$$

将其两端同时取自然对数，得到：

$$\ln\left(\frac{S}{S_{\max}}\right)=-\frac{1}{2i^2}y^2 \tag{5.3-11}$$

从式（5.3-11）可以看到，如果沉降曲线符合高斯分布，则绘制“$\ln\left(\frac{S}{S_{\max}}\right)-y^2$”的关系曲线应该得到一条直线（图 5.3-1），如果这条直线的斜率表示为 m，则沉降槽宽度系数 i 可以从以下公式中计算得到：

$$i=\sqrt{\frac{-1}{2m}} \tag{5.3-12}$$

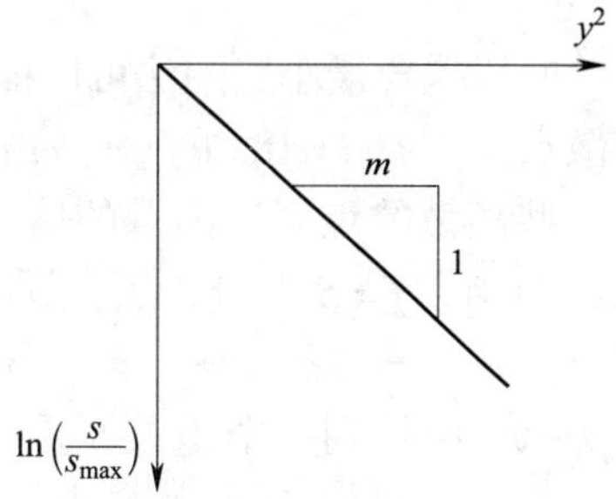

图 5.3-1 “$\ln\left(\frac{S}{S_{\max}}\right)-y^2$”的关系曲线

5.3.2　基坑工程地表沉降规律数学分析方法

根据深基坑地表沉降监测断面沉降槽曲线形态，可采用四种方法构建沉降预测模型曲线，即四点折线法、曲线拟合法、正态分布函数计算法及偏态分布函数计算法。

1. 四点折线法

对于深基坑板式支护体系，可采用经验方法预估基坑开挖引起的围护桩（墙）后的地表沉降的影响范围、最大沉降的位置、断面任意点沉降量及沉降曲线分布形态，如图 5.3-2 所示。图中以坑外地表监测点距围护墙外侧的距离与基坑开挖深度的比值（L/H）为横坐标，以坑外地表监测点沉降量与最大沉降量的比值（$\delta/\delta_{\max}$）为纵坐标，建立二维坐标系，再通过确定 A（0.0，$\delta_a/\delta_{\max}$）、B（L_b/H，1.0）、C（L_c/H，0.1）和 D（L_d/H，0.0）四点的对应坐标将其定位，最终以直线将四点顺次连接形成预测曲线来反映基坑开挖对周围地表变形的影响程度。

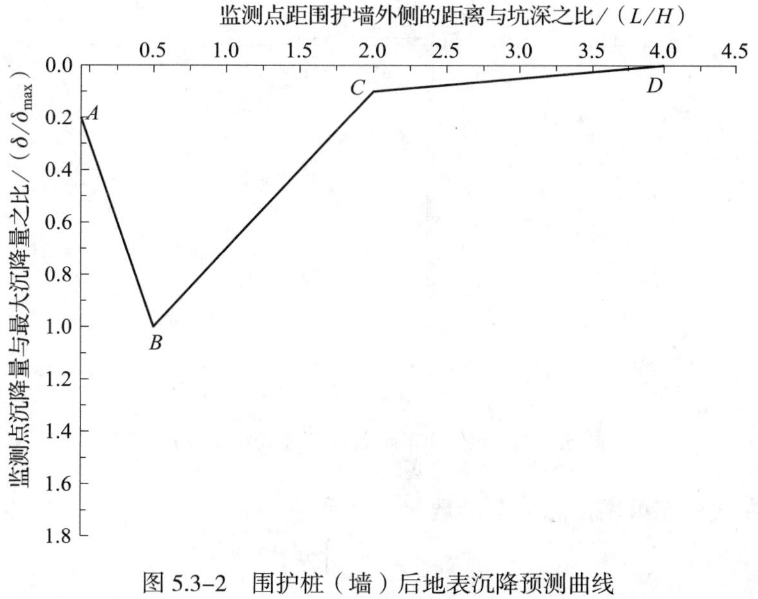

图 5.3-2　围护桩（墙）后地表沉降预测曲线

2. 曲线拟合法

曲线拟合最小二乘法可以描述为：最佳平方逼近中 $f(x)\in C[d,\ b]$，$f(x)$ 只是一组离散点集 $\{x,\ i=0,\ 1,\ \cdots,\ m\}$ 给出，工程中采集的实测数据 $\{(x_i,\ y_i),\ i=0,\ 1,\ \cdots,\ m\}$ 是一些离散的点对应离散的值，通过分析数据发现数字变化的规律找到一个与采集数据相拟合的函数 $f=S^*(x)$，若记误差 $\delta_i=S^*(x_i)-y_i(i=0,\ 1,\cdots,\ m)$，$\delta=(\delta_0,\ \delta_1,\cdots,\ \delta_m)^T$，设 $\varphi_0(x),\ \varphi_1(x),\cdots,\ \varphi_n(x)$ 是 $C[d,\ b]$ 上线性无关组，在 $\mathrm{span}\{\varphi_0(x),\ \varphi_1(x),\cdots,\ \varphi_n(x)\}$ 中找到一个函数 $S^*(x)$，使误差平方和最小，即可转化为求解 $C[d,\ b]$ 线性方程组，从而得到 $f(x)$ 的最小二乘解。目前常用的曲线模型有：

成峰等[29]提出的可采用双复合指数函数模型进行深基坑地表沉降预测，其数学表达式为：

$$f(x)=ace^{b-cx}e^{-e^{b-cx}} \tag{5.3-13}$$

陈万鹏[30]提出的采用复合线性指数函数预测基坑周围地表沉降的数学模型：

$$f(x)=(ax+b)e^{-cx^2} \tag{5.3-14}$$

徐洪涛等[31]提出可采用常复合指数函数预测深基坑地表沉降的数学模型：

$$f(x)=ae^{-bx}(ce^{-bx}+1)^{-2} \tag{5.3-15}$$

上述模型中，a、b、c 均为大于零的待定参数。

3. 正态分布函数计算法

设基坑开挖深度为 h，支护结构长度为 H，在支护结构水平位移极值点（z_m，y_m）处侧向位移达到最大偏移值 θ_{max}，基坑开挖引起的地表沉降最大值为 δ_{max}，距基坑边缘的距离为 d，正态分布函数计算地表沉降原理如图 5.3-3 所示。

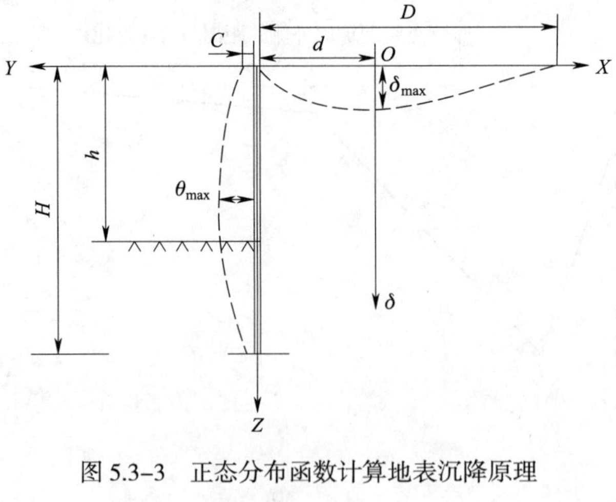

图 5.3-3 正态分布函数计算地表沉降原理

地表沉降曲线形态可用正态分布函数[32]表示：

$$\delta(x)=\delta_{max}e^{-\pi\left(\frac{x-d}{r}\right)^2} \tag{5.3-16}$$

式中：$\delta_{\max}$——最大沉降量（mm）；

r——沉降范围的影响半径（m）；

d——最大沉降点距基坑边缘的距离（m）。

支护结构侧向位移面积 A_h 与地表沉降曲线面积 A_d 的关系如下：

$$A_d = 0.85A_h \tag{5.3-17}$$

其中，支护结构侧向位移面积可用最小二乘法求得，设拟合曲线为：

$$f(x) = az^2+bz+c \tag{5.3-18}$$

系数按下列公式求得：

$$a = \frac{c-y_m}{z_m^2} \tag{5.3-19}$$

$$b = -2\,\frac{c-y_m}{z_m} \tag{5.3-20}$$

地表最大沉降量 $\delta_{\max}$ 与支护结构侧向最大位移量 $\theta_{\max}$ 的关系为：

$$\theta_{\max} = 1.46\delta_{\max} \tag{5.3-21}$$

地表沉降曲线围成的面积 A_d 为：

$$A_d = \int_{-C}^{+\infty} \delta(x)\,\mathrm{d}x = \delta_{\max} r\varphi\left(\sqrt{2\pi}\,\frac{c}{r}\right) \tag{5.3-22}$$

式中：c——支护结构桩顶水平位移（mm）。

其中，$\varphi\left(\sqrt{2\pi}\,\frac{c}{r}\right)$服从标准正态分布，可由标准正态分布表查得。联立式（5.3–17）~式（5.3–22）可得 $\delta_{\max}$、r，再由式（5.3–16）即可求出地表任意点的沉降值。

4. 偏态分布函数计算法

偏态分布地表沉降计算原理如图 5.3–4 所示。地表沉降曲线为偏态分布函数的表达式为：

$$\delta(x) = \varepsilon\,\frac{A_d}{\sqrt{2\pi}\,\omega x}\exp\left[\frac{-\left(\ln\dfrac{x}{2d}\right)^2}{2\omega^2}\right] \tag{5.3-23}$$

式中：x——待求点与基坑边缘的距离（m）；

ω——经验系数，一般可取 0.6 ~ 0.7；

ε——修正系数。

沉降曲线面积 A_d 与支护结构侧向曲线面积 A_h 有如下关系：

$$A_d = \alpha A_h \tag{5.3-24}$$

式中：α——比例系数，根据经验，α 的取值与插入比 Φ 有关，当插入比 $\Phi \leqslant 0.5$ 时，α 取 1.0 ~ 1.2；当插入比 $\Phi>0.5$ 时，α 取 0.8 ~ 1.0。

最大沉降点位置与基坑开挖深度有如下关系：

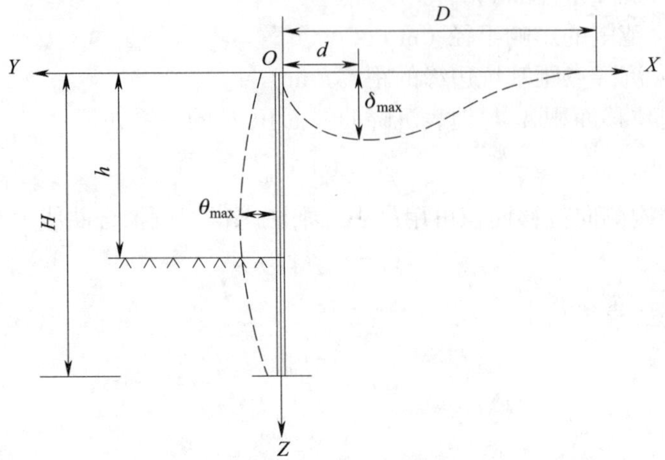

图 5.3–4　偏态分布的地表沉降计算原理

$$d = \beta h \tag{5.3–25}$$

式中：β——比例系数，根据经验，β 的取值与插入比 Φ 有关，当插入比 $\Phi \leqslant 0.5$ 时，β 取 0.5 ~ 0.6；当插入比 $\Phi > 0.5$ 时，β 取 0.6 ~ 0.7。

由支护结构插入比 Φ 确定比例系数 α、β，修正系数 ε 可依具体工程选定，再由实测数据求得支护结构侧向曲线面积 A_h，由式（5.3–23）可求得基坑周围地表任一点的沉降量 δ（x）。

5.4　地表沉降预测模型及参数体系

基于北京地区轨道交通建设期间的大量监测数据，利用上述数学分析方法计算获得地表沉降预测模型的参数。按照工程地质条件的不同，将北京地区划分为以砂卵石、圆砾、中粗砂地层为主的西部区域，以中粗砂、粉质黏土、粉细砂地层为主的中部区域，以黏质粉土、粉质黏土、粉细砂地层为主的东部区域。每个区域分别选取不同工程项目的多个典型监测断面的实测数据进行拟合计算分析，分别计算得到不同工程地质条件下的地表沉降预测模型参数及取值范围。

5.4.1　盾构工程地表沉降预测模型参数

5.4.1.1　西部地区 K、V_l 值

北京西部地区主要地层岩性是砂卵石、圆砾、中粗砂，地层密实、压缩性低，一般粒径为 2 ~ 15mm，最大粒径为 50mm，呈连续性分布。为此，选取了不同工程项目的 10 个典型监测断面的实测数据进行拟合计算分析。以监测断面 1 的实测数据为例，经过公式计算的实测沉降数据对应的转换值列入表 5.4–1。

使用表 5.4–1 中的转换数据，按式（5.3–2）~ 式（5.3–4）可计算得到：S_{xx} = 48 125.00，S_{yy} = 7.128 6，S_{xy} = 580.041 9。

表 5.4–1　实测数据计算表

横坐标 x/m	0	5	10	15	20
$S(x)$ /mm	12.00	9.10	6.30	3.20	0.90
$-x^2/2$	0	–12.5	–50	–112.5	–200
$\ln S(x)$	2.48	2.21	1.84	1.16	–0.11

由式（5.3–5）、式（5.3–6）、式（5.3–8）可计算得到：$a = 2.386\,8$，$b = 0.012\,1$，$S_{max} = 10.9$mm，$i = 9.11$mm。因此，该监测断面 1 拟合后的 Peck 公式预测数学模型为：

$$S(x) = 10.9\times\exp\left(-\frac{x^2}{2\times 9.11^2}\right) \tag{5.4–1}$$

使用表 5.4–1 中的转换数据，利用 Origin 软件进行线性拟合，拟合结果如图 5.4–1 所示，并得到线性转换后的一元一次方程的截距 a 为 2.456 1，斜率 b 为 0.012 5，与上述解析计算的结果基本一致。

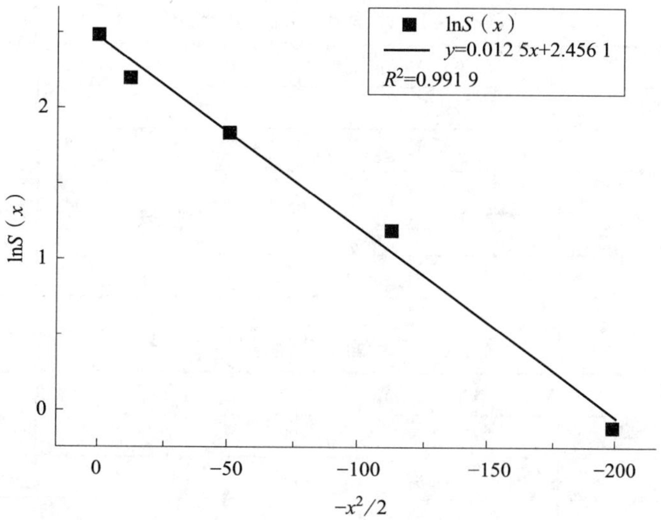

图 5.4–1　断面 1 线性拟合结果图

根据式（5.3–8）反算出拟合公式的最大沉降值 S_{max} 为 12.22mm，沉降槽宽度系数 i 为 8.87。因此该断面拟合后的数学模型如式（5.4–2）所示。

$$S(x) = 12.22\times\exp\left(-\frac{x^2}{2\times 8.87^2}\right) \tag{5.4–2}$$

该盾构区间隧道直径为 12.8m，埋深为 25m，根据式（5.1–2）、式（5.1–3）可计算得到该监测断面沉降槽宽度参数 K 为 0.36、地层损失率为 0.22%。

根据上述方法，将北京西部地区盾构法区间隧道其他 9 组横断面监测数据分别进行系统分析，如表 5.4–2 ~ 表 5.4–10 所示。

表 5.4–2 断面 2 实测数据计算表

横坐标 x/m	$S(x)$ /mm	$-x^2/2$	$\ln S(x)$
0	10.20	0	2.32
5	8.90	–12.5	2.19
10	6.40	–50	1.86
15	2.10	–112.5	0.74
20	1.10	–200	0.10

表 5.4–3 断面 3 实测数据计算表

横坐标 x/m	$S(x)$ /mm	$-x^2/2$	$\ln S(x)$
0	10.20	0	2.32
5	10.10	–12.5	2.31
10	4.50	–50	1.50
15	3.20	–112.5	1.16
20	2.50	–200	0.92

表 5.4–4 断面 4 实测数据计算表

横坐标 x/m	$S(x)$ /mm	$-x^2/2$	$\ln S(x)$
0	9.70	0	2.27
5	6.80	–12.5	1.92
10	3.00	–50	1.10
15	2.80	–112.5	1.03
20	1.20	–200	0.18

表 5.4–5 断面 5 实测数据计算表

横坐标 x/m	$S(x)$ /mm	$-x^2/2$	$\ln S(x)$
0	13.00	0	2.56
5	6.90	–12.5	1.93
10	3.80	–50	1.34
15	2.10	–112.5	0.74
20	0.40	–200	–0.92

表 5.4–6 断面 6 实测数据计算表

横坐标 x/m	$S(x)$ /mm	$-x^2/2$	$\ln S(x)$
0	9.60	0	2.26
5	8.10	–12.5	2.09
10	4.40	–50	1.48
15	2.30	–112.5	0.83
20	0.60	–200	–0.51

表 5.4–7 断面 7 实测数据计算表

横坐标 x/m	$S(x)$ /mm	$-x^2/2$	$\ln S(x)$
0	10.80	0	2.38
5	9.80	–12.5	2.28
10	7.50	–50	2.01
15	3.10	–112.5	1.13
20	1.50	–200	0.41

表 5.4–8 断面 8 实测数据计算表

横坐标 x/m	$S(x)$ /mm	$-x^2/2$	$\ln S(x)$
0	9.80	0	2.28
5	8.70	–12.5	2.16
10	5.60	–50	1.72
15	2.60	–112.5	0.96
20	1.90	–200	0.64

表 5.4–9 断面 9 实测数据计算表

横坐标 x/m	$S(x)$ /mm	$-x^2/2$	$\ln S(x)$
0	13.20	0	2.58
5	11.60	–12.5	2.45
10	7.60	–50	2.03
15	6.40	–112.5	1.86
20	2.30	–200	0.83

表 5.4–10 断面 10 实测数据计算表

横坐标 x/m	$S(x)$ /mm	$-x^2/2$	$\ln S(x)$
0	15.30	0	2.73
5	12.40	–12.5	2.52
10	6.80	–50	1.92
15	5.40	–112.5	1.69
20	2.20	–200	0.79

将上述数据进行线性拟合得到实测数据的线性拟合如图 5.4–2 ~ 图 5.4–10 所示。

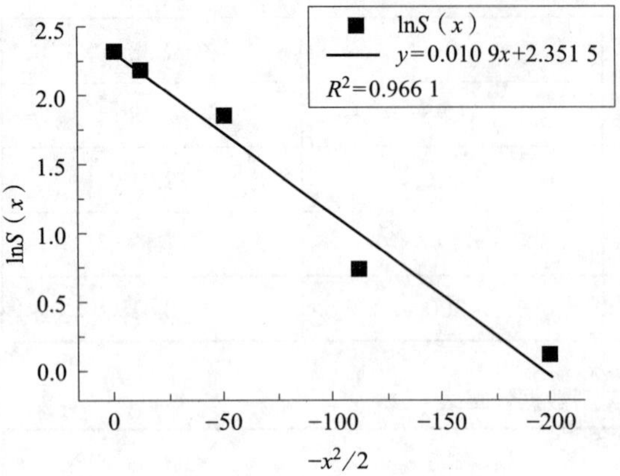

图 5.4–2　断面 2 线性拟合结果图

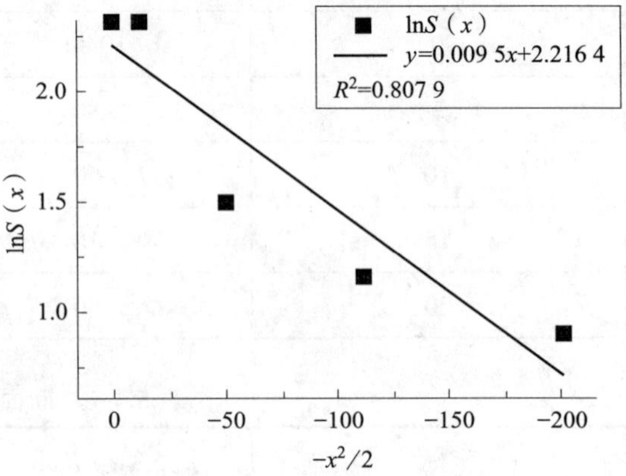

图 5.4–3　断面 3 线性拟合结果图

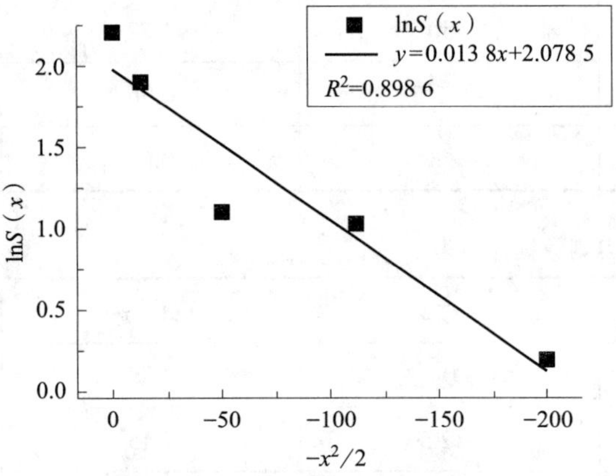

图 5.4–4　断面 4 线性拟合结果图

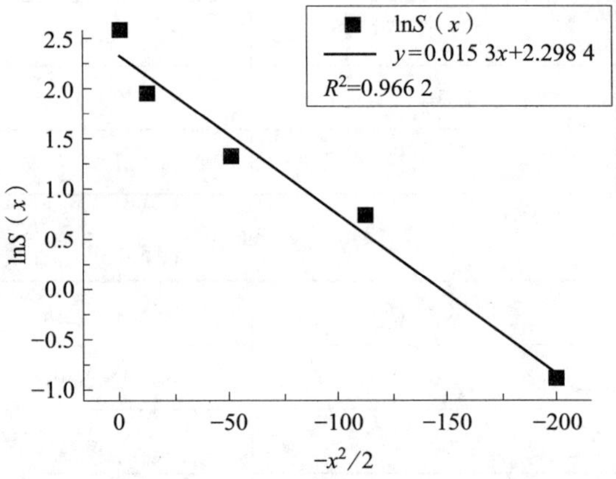

图 5.4–5　断面 5 线性拟合结果图

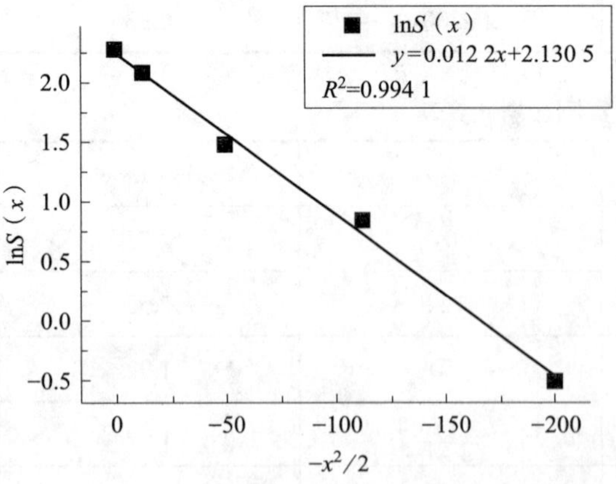

图 5.4–6　断面 6 线性拟合结果图

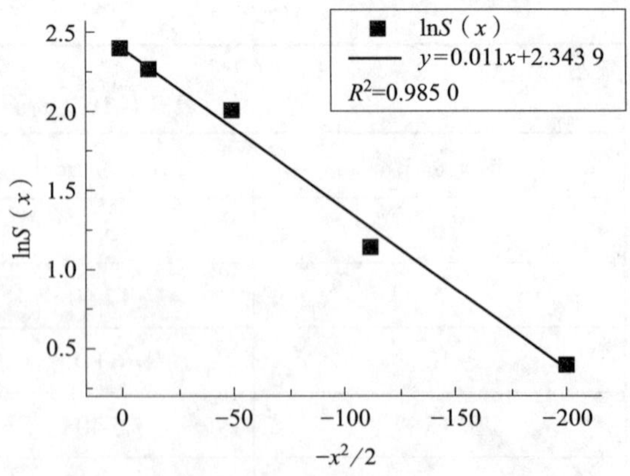

图 5.4–7　断面 7 线性拟合结果图

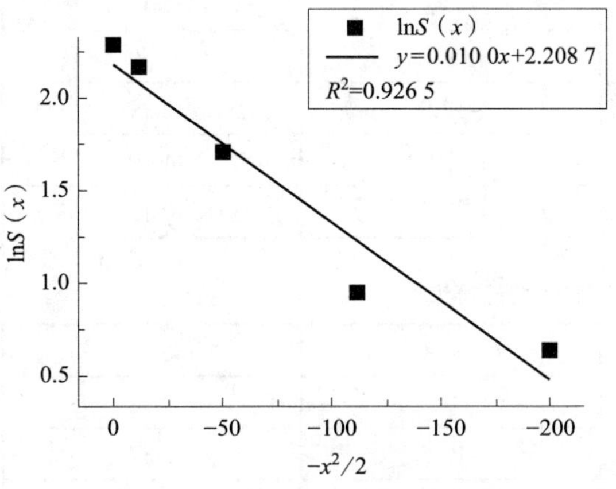

图 5.4–8　断面 8 线性拟合结果图

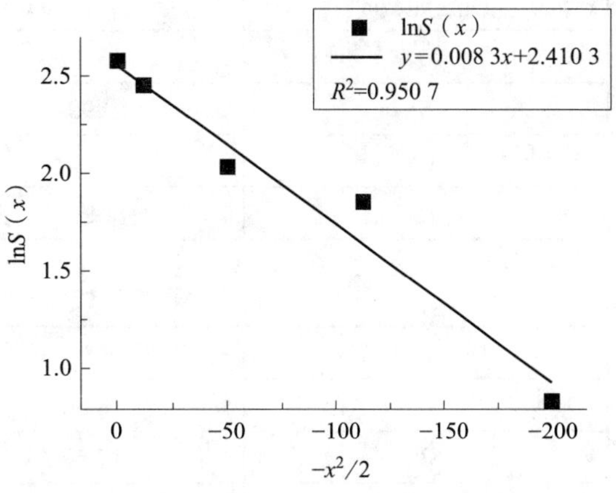

图 5.4–9　断面 9 线性拟合结果图

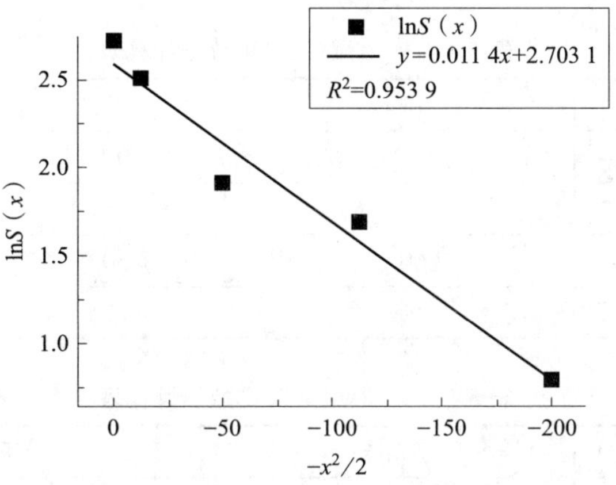

图 5.4–10　断面 10 线性拟合结果图

由上述计算分析可以得出，北京西部地区盾构法区间隧道 10 个监测断面的 Peck 公式地表沉降槽宽度参数 K 最小值是 0.32，最大值是 0.44，平均值为 0.38，不受极大值和极小值影响的中位数是 0.38；沉降槽宽度系数 i 的最小值是 8.10，最大值是 10.95，平均值为 9.45。

地层损失率 V_l 的最小值是 0.60%，最大值是 1.24%，平均值是 0.86%，中位数为 0.85%。

5.4.1.2　中部地区 K、V_l 值

北京中部地区主要地层岩性为中粗砂、粉质黏土、粉细砂，呈褐黄色 ~ 灰黄色，密实，饱和，低压缩性，含云母、石英、长石颗粒，夹杂少量砾石，透镜体分布，平均粒径为 0.5 ~ 0.5mm。选取了不同盾构法区间隧道 9 个典型监测断面的沉降数据，其中前两个断面的隧道埋深为 20m，其他断面的隧道埋深为 22m，经过公式计算的沉降实测数据对应的转换值如表 5.4–11 ~ 表 5.4–19 所示。

表 5.4–11 断面 1 实测数据计算表

横坐标 x/m	S（x）/mm	$-x^2/2$	ln$S$（x）
0	13.30	0	2.59
5	9.90	–12.5	2.29
10	6.60	–50	1.89
15	1.20	–112.5	0.18

表 5.4–12 断面 2 实测数据计算表

横坐标 x/m	S（x）/mm	$-x^2/2$	ln$S$（x）
0	18.50	0	2.92
3	17.60	–12.5	2.87
8	6.50	–50	1.87
23	3.70	–112.5	1.31

表 5.4–13 断面 3 实测数据计算表

横坐标 x/m	S（x）/mm	$-x^2/2$	ln$S$（x）
0	14.30	0	2.66
5	12.60	–12.5	2.53
10	3.60	–50	1.28
15	2.10	–112.5	0.74

表 5.4–14 断面 4 实测数据计算表

横坐标 x/m	S（x）/mm	$-x^2/2$	ln$S$（x）
0	15.10	0	2.71
5	12.30	–12.5	2.51
10	10.20	–50	2.32
15	8.70	–112.5	2.16
20	2.10	–200	0.74
25	0.80	–312.5	–0.22

表 5.4–15 断面 5 实测数据计算表

横坐标 x/m	S（x）/mm	$-x^2/2$	ln$S$（x）
0	13.40	0	2.60
5	12.70	–12.5	2.54
10	8.40	–50	2.13
15	4.30	–112.5	1.46
20	0.80	–200	–0.22

表 5.4–16　断面 6 实测数据计算表

横坐标 x/m	$S(x)$/mm	$-x^2/2$	$\ln S(x)$
0	16.40	0	2.80
5	12.20	–12.5	2.50
10	6.50	–50	1.87
15	3.20	–112.5	1.16
20	2.00	–200	0.69
25	0.90	–312.5	–0.11

表 5.4–17　断面 7 实测数据计算表

横坐标 x/m	$S(x)$/mm	$-x^2/2$	$\ln S(x)$
0	9.20	0	2.22
5	6.60	–12.5	1.89
10	6.00	–50	1.79
15	5.00	–112.5	1.61
20	0.60	–200	–0.51

表 5.4–18　断面 8 实测数据计算表

横坐标 x/m	$S(x)$/mm	$-x^2/2$	$\ln S(x)$
0	13.70	0	2.62
5	6.00	–12.5	1.79
10	7.10	–50	1.96
15	2.30	–112.5	0.83
20	1.70	–200	0.53

表 5.4–19　断面 9 实测数据计算表

横坐标 x/m	$S(x)$/mm	$-x^2/2$	$\ln S(x)$
0	12.50	0	2.53
5	9.70	–12.5	2.27
10	9.60	–50	2.26
15	4.50	–112.5	1.50
20	4.10	–200	1.41
25	1.50	–312.5	0.41

将上述数据进行线性拟合得到实测数据的线性拟合如图 5.4-11 ~ 图 5.4-19 所示。

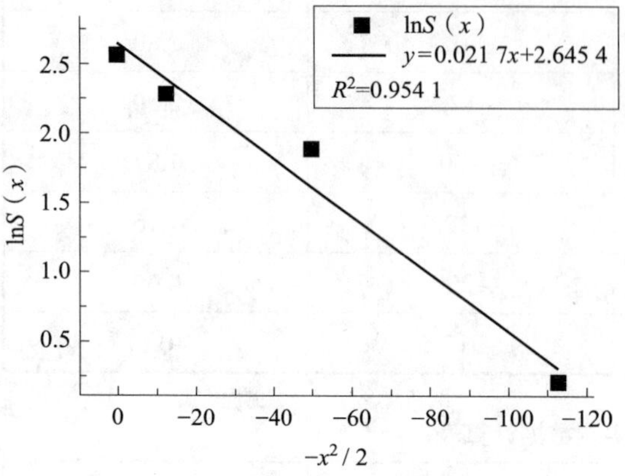

图 5.4-11 断面 1 线性拟合结果图

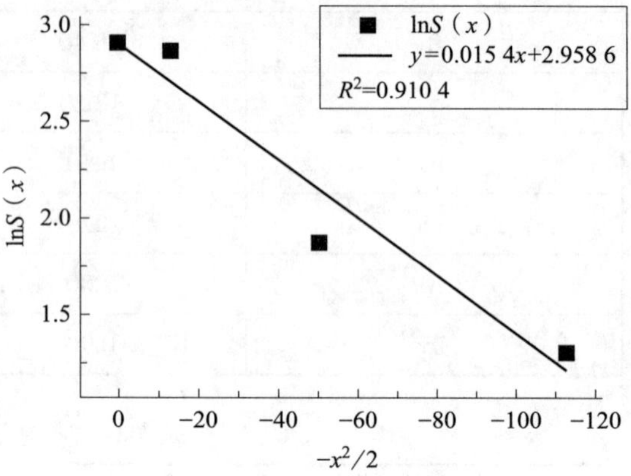

图 5.4-12 断面 2 线性拟合结果图

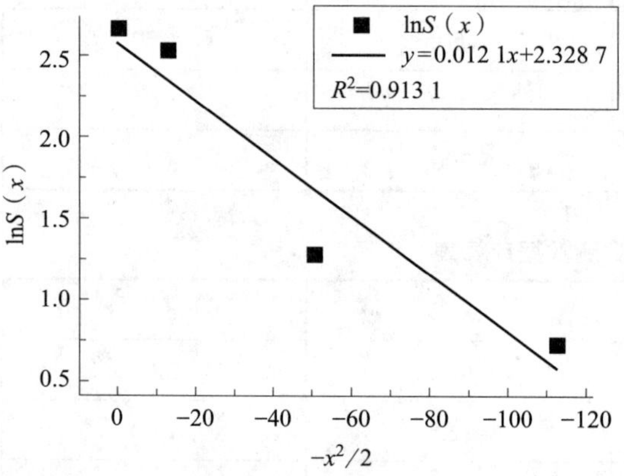

图 5.4-13 断面 3 线性拟合结果图

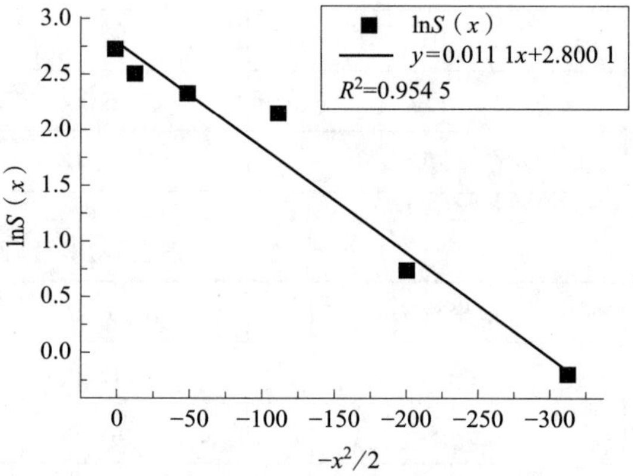

图 5.4-14 断面 4 线性拟合结果图

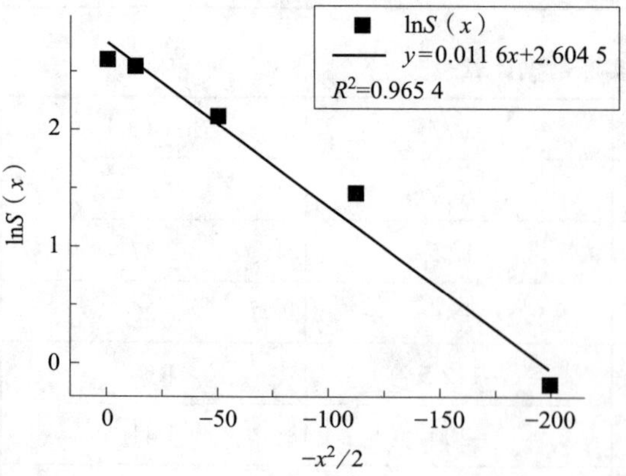

图 5.4-15 断面 5 线性拟合结果图

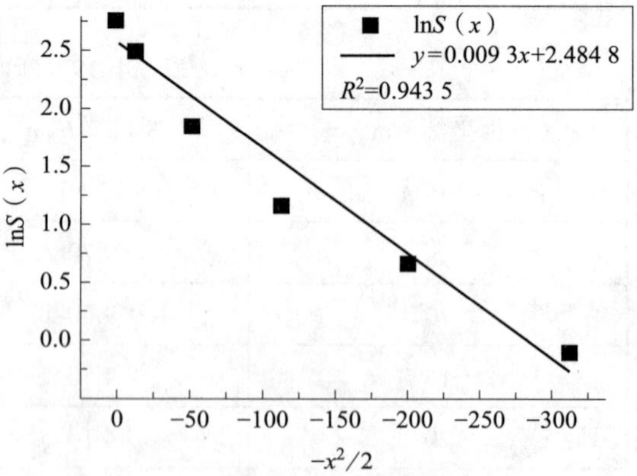

图 5.4-16 断面 6 线性拟合结果图

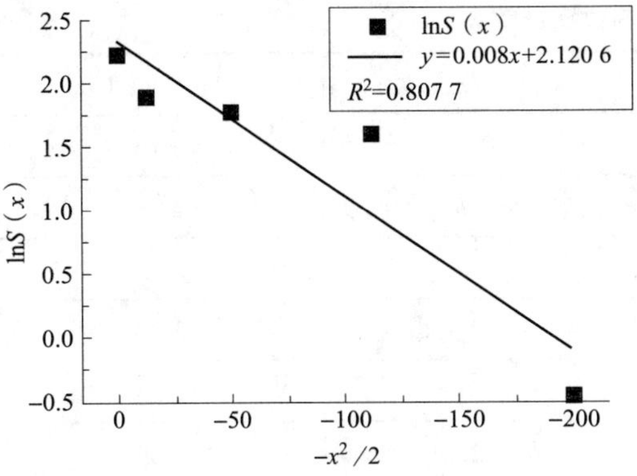

图 5.4–17　断面 7 线性拟合结果图

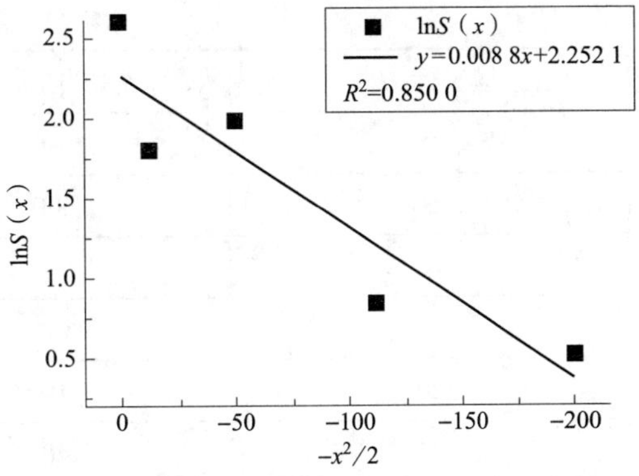

图 5.4–18　断面 8 线性拟合结果图

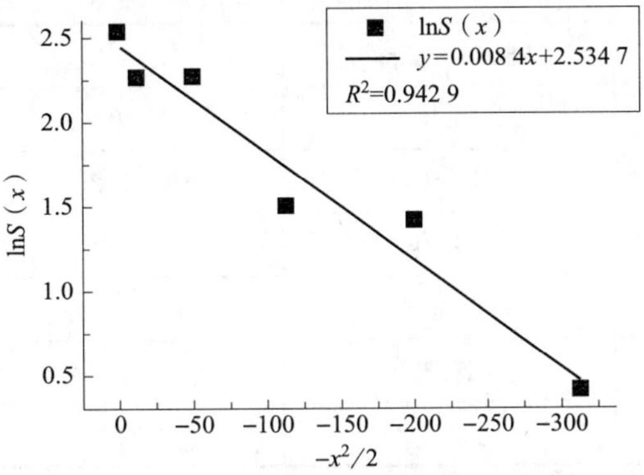

图 5.4–19　断面 9 线性拟合结果图

由上述计算分析可以得出，北京中部地区盾构工法的 9 组横断面的 Peck 公式地表沉降槽宽度参数 K 最小值为 0.34，最大值为 0.51，平均值为 0.44，中位数为 0.43；沉降槽宽度系数 i 最小值为 6.79，最大值为 11.17，平均值为 9.53，中位数为 9.47。

中部地层损失率最小值为 0.83%，最大值为 1.38%，平均值为 1.07%，中位数为 1.10%。

5.4.1.3　东部地区 K、V_1 值

北京东部地区地层主要岩性是黏质粉土、粉质黏土、粉细砂，呈褐黄色 ~ 灰色，密实，很湿，低压缩性，含云母、有机物，连续分布，粒径多为 0.005 ~ 0.1mm。同样选取了不同工程的 7 个典型监测断面的数据，其中前三个断面的隧道实际埋深为 18m，其他隧道埋深为 16m。经过公式计算的沉降实测数据对应的转换值如表 5.4–20 ~ 表 5.4–26 所示。

表 5.4–20　断面 1 实测数据计算表

横坐标 x/m	$S(x)$ /mm	$-x^2/2$	$\ln S(x)$
0	41.00	0	3.71
5	30.90	−12.5	3.43
10	8.70	−50	2.16
15	8.50	−112.5	2.14
20	2.50	−200	0.92

表 5.4–21　断面 2 实测数据计算表

横坐标 x/m	$S(x)$/mm	$-x^2/2$	$\ln S(x)$
0	15.80	0	2.76
5	12.00	–12.5	2.48
10	10.50	–50	2.35
15	9.00	–112.5	2.20
20	5.10	–200	1.63
25	2.40	–312.5	0.88

表 5.4–22　断面 3 实测数据计算表

横坐标 x/m	$S(x)$/mm	$-x^2/2$	$\ln S(x)$
0	18.40	0	2.91
5	16.10	–12.5	2.78
10	14.30	–50	2.66
15	8.60	–112.5	2.15
20	2.10	–200	0.74
25	0.60	–312.5	–0.51

表 5.4–23　断面 4 实测数据计算表

横坐标 x/m	$S(x)$/mm	$-x^2/2$	$\ln S(x)$
0	12.20	0	2.50
5	9.30	–12.5	2.23
10	6.20	–50	1.82
15	5.40	–112.5	1.69
20	4.60	–200	1.53

表 5.4–24　断面 5 实测数据计算表

横坐标 x/m	$S(x)$/mm	$-x^2/2$	$\ln S(x)$
0	19.20	0	2.95
5	20.10	–12.5	3.00
10	10.30	–50	2.33
15	11.30	–112.5	2.42
20	4.00	–200	1.39
25	1.60	–312.5	0.47

表 5.4–25　断面 6 实测数据计算表

横坐标 x/m	$S(x)$ /mm	$-x^2/2$	$\ln S(x)$
0	17.90	0	2.88
5	13.50	–12.5	2.60
10	9.00	–50	2.20
15	8.60	–112.5	2.15
20	3.80	–200	1.34

表 5.4–26　断面 7 实测数据计算表

横坐标 x/m	$S(x)$ /mm	$-x^2/2$	$\ln S(x)$
0	24.40	0	3.19
5	19.30	–12.5	2.96
10	11.90	–50	2.48
15	8.70	–112.5	2.16
20	2.60	–200	0.96

将上述数据进行线性拟合得到实测数据的线性拟合如图 5.4–20 ~ 图 5.4–26 所示。

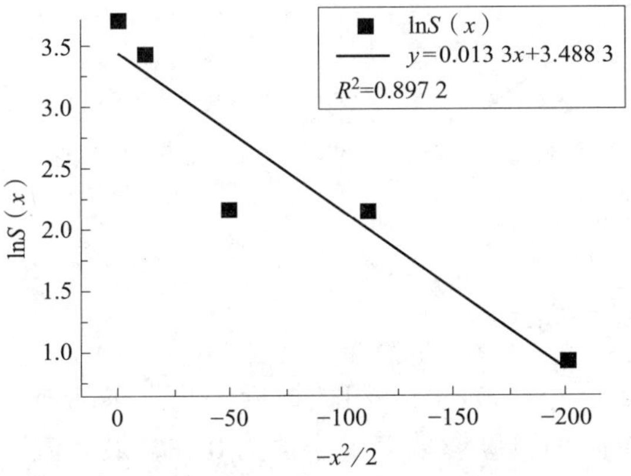

图 5.4–20　断面 1 线性拟合结果图

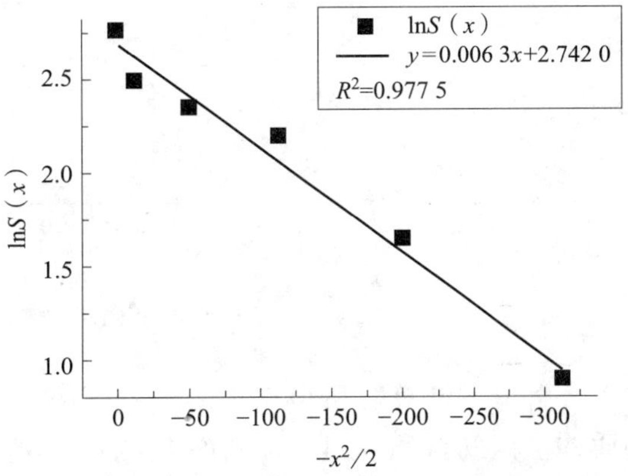

图 5.4–21　断面 2 线性拟合结果图

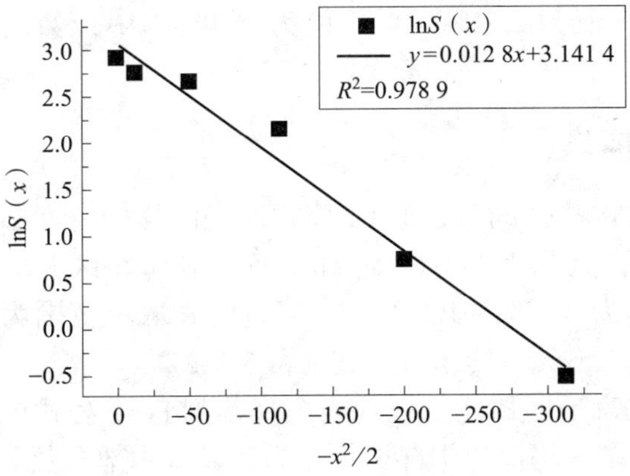

图 5.4–22　断面 3 线性拟合结果图

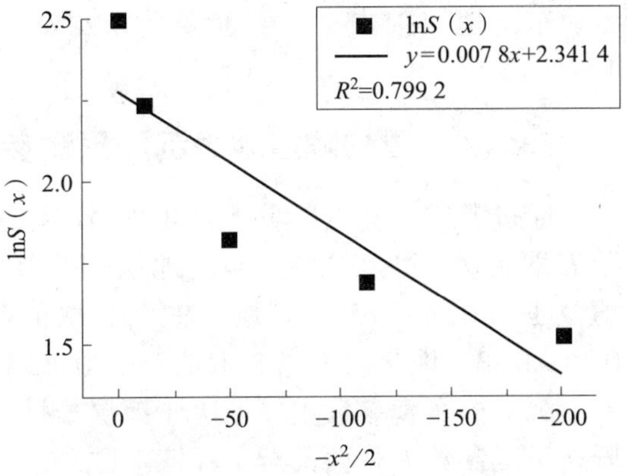

图 5.4–23　断面 4 线性拟合结果图

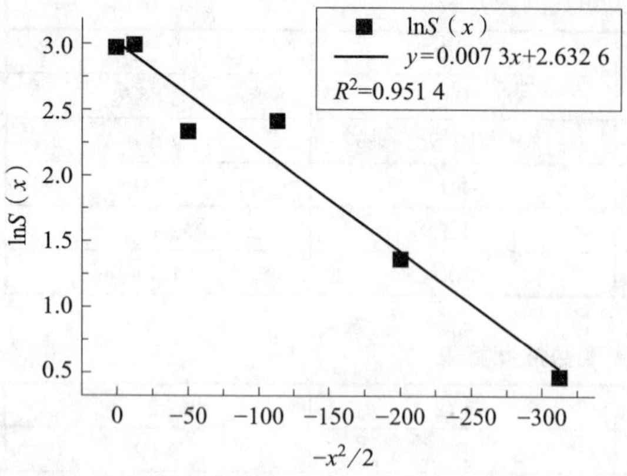

图 5.4–24 断面 5 线性拟合结果图

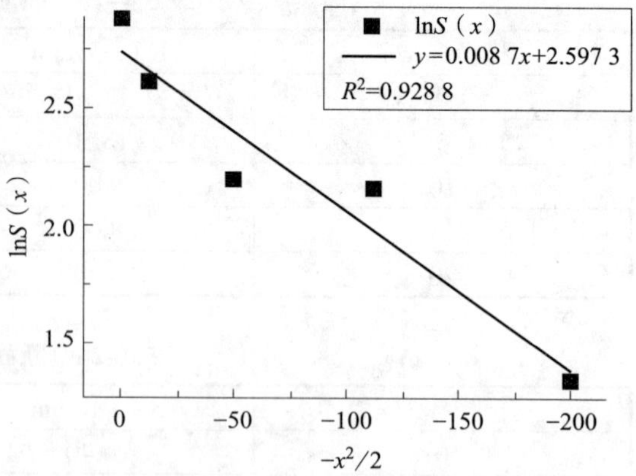

图 5.4–25 断面 6 线性拟合结果图

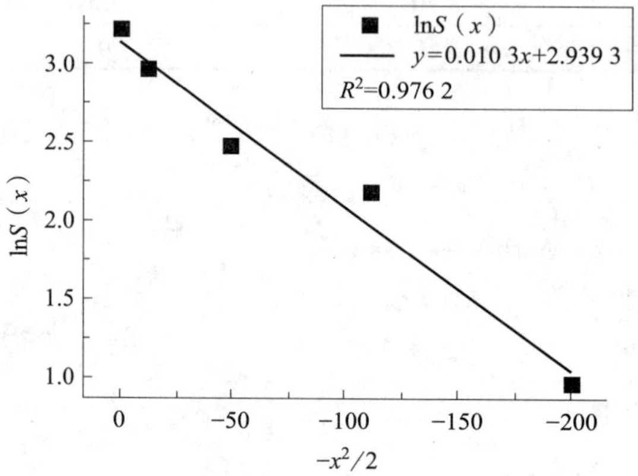

图 5.4–26 断面 7 线性拟合结果图

由上述计算分析可以得出，剔除决定系数 R^2 小于 0.8 的一组数据后，北京东部地区盾构法区间隧道 6 组沉降断面 Peck 公式地表沉降槽宽度参数 K 最小值为 0.48，最大值为 0.73，平均值为 0.62，中位数为 0.64；沉降槽宽度系数 i 最小值为 8.67，最大值为 12.57，平均值为 10.41，中位数为 10.31。

东部地层损失率 V_l 最小值为 1.28%，最大值为 2.52%，平均值为 1.74%，中位数为 1.69%。

5.4.1.4 盾构隧道地表沉降预测参数体系

通过上述计算可以看出，北京西部地区盾构法区间隧道 Peck 公式地表沉降槽宽度参数 K 取值范围为 0.32 ~ 0.44，地层损失率 V_l 取值范围为 0.60% ~ 1.24%；中部地区 K 取值范围为 0.34 ~ 0.51，地层损失率 V_l 取值范围为 0.83% ~ 1.38%；东部地区 K 取值范围为 0.48 ~ 0.73，地层损失率 V_l 取值范围为 1.28% ~ 2.52%。具体参数值见表 5.4–27。

沉降槽宽度参数主要取决于地层岩性。北京地区盾构工程地表沉降预测 Peck 公式沉降槽宽度参数 K 从西部至东部依次增大，其中东部均值比中部增大尤为明显。中部参数 K 平均值比西部增长了 17%，东部 K 值比中部增长 40%。

表 5.4–27 北京盾构法区间 Peck 公式 K、i 及 V_1 计算值

编号	西部			中部			东部		
	参数 K	系数 i	损失率 V_1/%	参数 K	系数 i	损失率 V_1/%	参数 K	系数 i	损失率 V_1/%
1	0.36	9.11	0.88	0.34	6.79	0.85	0.48	8.67	2.52
2	0.38	9.56	0.89	0.40	8.05	1.38	0.70	12.57	1.73
3	0.41	10.26	0.83	0.41	9.09	0.83	0.49	8.84	1.81
4	0.34	8.53	0.60	0.43	9.47	1.38	0.71	11.33	1.04
5	0.32	8.1	0.71	0.42	9.30	1.12	0.73	11.74	1.45
6	0.36	9.05	0.68	0.47	10.35	1.10	0.67	10.74	1.28
7	0.38	9.55	0.88	0.51	11.17	0.83	0.62	9.87	1.65
8	0.4	10.02	0.81	0.49	10.68	0.90	—	—	—
9	0.44	10.95	1.08	0.50	10.91	1.22	—	—	—
10	0.37	9.37	1.24	—	—	—	—	—	—

地层损失率由西至东依次增大，中部地层损失率的平均值比西部增大了 24%，东部比中部增长了 63%。东部多为粉质黏土、粉细砂，连续分布，粒径多为 0.005 ~ 0.1mm，内摩擦角小，自稳性差，盾构掘进地层损失较大，影响范围较广，因此地表沉降槽深且宽；而西部多为卵石层，无黏性土，土体颗粒级配较好，咬合力较好，内摩擦角大，自稳性好，因此地表沉降范围小，并且沉降槽深度较浅，地层损失率小。

5.4.1.5 盾构隧道地表沉降预测参数体系验证分析

1. 参数选取与预测方法

地表沉降槽宽度参数 K 反映开挖对地表沉降的影响范围，在其他参数相同时，K 值越大，地表沉降槽宽度越大。内摩擦角在力学上可以理解为块体在斜面上的临界自稳角，在这个角度内，块体是稳定的，大于这个角度，块体就会产生滑动。因此内摩擦角越大，地表沉降槽宽度越小，应选取较小的地表沉降槽宽度参数。K 值取大值，V_1 值取小值，横向沉降曲线表现为“宽而浅”；反之，则表现为“窄而深”。

地层损失率 V_1 反映了开挖扰动地层的程度，地层损失率 V_1 越大，地表沉降槽越大也越深，沉降槽宽度越大。地层损失率 V_1 主要与工程地质条件、水文地质条件、施工方法、施工技术水平以及工程管理经验等因素有关。以上影响因素相同的条件下，不同埋深的同等大小隧道地层损失率也并不相同。因为地层损失率 V_1 表示的是单位长度地表沉降槽的体积占隧道开挖体积的百分比，施工对地表沉降的影响随着隧道埋深的增加逐渐减弱，埋深增大到一定程度时，地层损失将不会反映到地表上来。超深隧道开挖情况下，地表因为在竖直方向上超出施工影响范围而免受扰动。因此，隧道埋深越大，地表沉降槽体积越小，地层损失率也就越小。沉降槽横向沉降曲线随着隧道埋深 Z_0 的增大而呈现整体减小

的变化特征。

综上所述，地表沉降槽宽度参数 K 和地层损失率 V_l 的确定应根据工程特定的实际岩土特性在上述给定的参数体系中进行选取。地层岩性土体粒径大，颗粒级配好，内摩擦角大，黏聚力小，土层稳定性好，K 值取小值、V_l 值取小值；反之，K 取大值、V_l 取大值。

由此确定地层损失率 V_l 及沉降槽宽度参数 K 后，利用式（5.1–6）及式（5.1–5）求得宽度系数 i 值及最大值 S_{max}，根据 Peck 公式及工程实际概况对地表沉降值进行预测。

2. 预测结果与实测数据的对比

在北京西部、中部和东部三个区域，分别重新选择了 3 个盾构工程地表沉降监测断面的实测数据，利用上述方法进行了预测，利用 Origin 软件对预测值进行 Peck 曲线拟合。西、中、东部各监测断面的预测结果与实测数据结果分别如表 5.4–28 ~ 表 5.4–30 和图 5.4–27 ~ 图 5.4–29 所示，对比分析二者的异同。

表 5.4–28　西部盾构隧道地表沉降预测数据与实测数据表

断面序号	1			2			3		
测点编号	预测 / mm	实测 / mm	误差 / %	预测 / mm	实测 / mm	误差 / %	预测 / mm	实测 / mm	误差 / %
1	0.95	0.90	0.05	0.41	0.50	–0.09	0.25	0.10	0.15
2	3.27	3.30	–0.03	1.86	1.80	0.06	1.32	1.70	–0.38
3	7.93	8.50	–0.57	5.49	4.80	0.69	4.33	3.90	0.43
4	13.48	12.60	0.88	10.51	9.90	0.61	8.82	7.90	0.92
5	16.10	15.90	0.20	13.05	13.80	–0.75	11.17	10.80	0.37
6	13.48	12.90	0.58	10.51	11.00	–0.49	8.82	8.80	0.02
7	7.93	6.50	1.43	5.49	5.20	0.29	4.33	5.20	–0.87
8	3.27	3.40	–0.13	1.86	2.20	–0.34	1.32	1.90	–0.58
9	0.95	1.20	–0.25	0.41	0.40	0.01	0.25	0.30	–0.05
i	8.40	8.64	–0.24	7.60	7.73	–0.13	7.26	7.03	0.23

表 5.4–29　中部盾构隧道地表沉降预测数据与实测数据表

断面序号	1			2			3		
测点编号	预测 / mm	实测 / mm	误差 / %	预测 / mm	实测 / mm	误差 / %	预测 / mm	实测 / mm	误差 / %
1	0.09	0.10	–0.01	0.07	0.10	–0.03	0.12	0.30	–0.18
2	0.63	0.50	0.13	0.50	0.30	0.20	0.62	1.10	–0.48
3	2.91	2.20	0.71	2.28	3.30	–1.02	2.27	3.20	–0.93
4	8.70	8.30	0.40	6.74	6.60	0.14	5.75	6.70	–0.95

表 5.4–29（续）

断面序号	1			2			3		
测点编号	预测 / mm	实测 / mm	误差 / %	预测 / mm	实测 / mm	误差 / %	预测 / mm	实测 / mm	误差 / %
5	16.77	17.10	–0.33	12.90	12.50	0.40	10.04	10.20	–0.16
6	20.87	19.80	1.07	16.01	15.80	0.21	12.09	12.90	–0.81
7	16.77	18.10	–1.33	12.90	12.10	0.80	10.04	9.80	0.24
8	8.70	8.10	0.60	6.74	6.50	0.24	5.75	6.70	–0.95
9	2.91	2.20	0.71	2.28	2.00	0.28	2.27	3.20	–0.93
10	0.63	0.80	–0.17	0.50	0.40	0.10	0.62	0.50	0.12
11	0.09	0.20	–0.11	0.07	0.10	–0.03	0.12	0.10	0.02
i	7.56	7.89	–0.33	7.60	7.74	–0.14	8.20	8.50	–0.30

表 5.4–30 东部盾构隧道地表沉降预测数据与实测数据表

断面序号	1			2			3		
测点编号	预测 / mm	实测 / mm	误差 / %	预测 / mm	实测 / mm	误差 / %	预测 / mm	实测 / mm	误差 / %
1	0.33	0.10	0.23	1.86	0.20	1.66	4.62	0.50	4.12
2	1.47	1.50	–0.03	4.71	3.50	1.21	7.43	2.60	4.83
3	4.74	3.90	0.84	9.70	8.60	1.10	10.75	8.90	1.85
4	10.95	9.90	1.05	16.26	15.30	0.96	13.99	11.50	2.49
5	18.09	19.50	–1.41	22.17	21.80	0.37	16.38	14.50	1.88
6	21.39	22.50	–1.11	24.58	25.80	–1.22	17.27	16.40	0.87
7	18.09	19.20	–1.11	22.17	23.40	–1.23	16.38	13.40	2.98
8	10.95	11.10	–0.15	16.26	15.80	0.46	13.99	12.20	1.79
9	4.74	4.70	0.04	9.70	8.80	0.90	10.75	8.50	2.25
10	1.47	2.10	–0.63	4.71	3.80	0.91	7.43	4.50	2.93
11	0.33	0.40	–0.07	1.86	1.20	0.66	4.62	0.20	4.42
i	8.64	8.27	0.37	11.00	9.02	1.98	15.40	9.11	6.29

由表 5.4–28 ~ 表 5.4–30 中的西、中、东三个区域 9 个盾构监测断面的实测与预测数据分析可知，西部地区断面 1 的预测最大沉降值是 16.10mm，实际监测最大沉降值是 15.90mm，预测误差为 1.24%；断面 2 的预测最大沉降值是 13.05mm，实际监测最大沉降值是 13.80mm，预测误差为 –5.46%；断面 3 的预测最大沉降值是 11.17mm，实际监测最

大沉降值是 10.80mm，预测误差为 3.47%。

中部地区断面 1 的预测最大沉降值是 20.87mm，实际监测最大沉降值是 19.80mm，预测误差为 5.39%；断面 2 的预测最大沉降值是 16.01mm，实际监测最大沉降值是 15.80mm，预测误差为 1.34%；断面 3 的预测最大沉降值是 12.09mm，实际监测最大沉降值是 12.90mm，预测误差为 -6.26%。

东部地区断面 1 的预测最大沉降值是 21.39mm，实际监测最大沉降值是 22.50mm，预测误差为 -4.94%；断面 2 的预测最大沉降值是 24.58mm，实际监测最大沉降值是 25.80mm，预测误差为 -4.71%；断面 3 的预测最大沉降值是 17.27mm，实际监测最大沉降值是 16.40mm，预测误差为 5.29%。

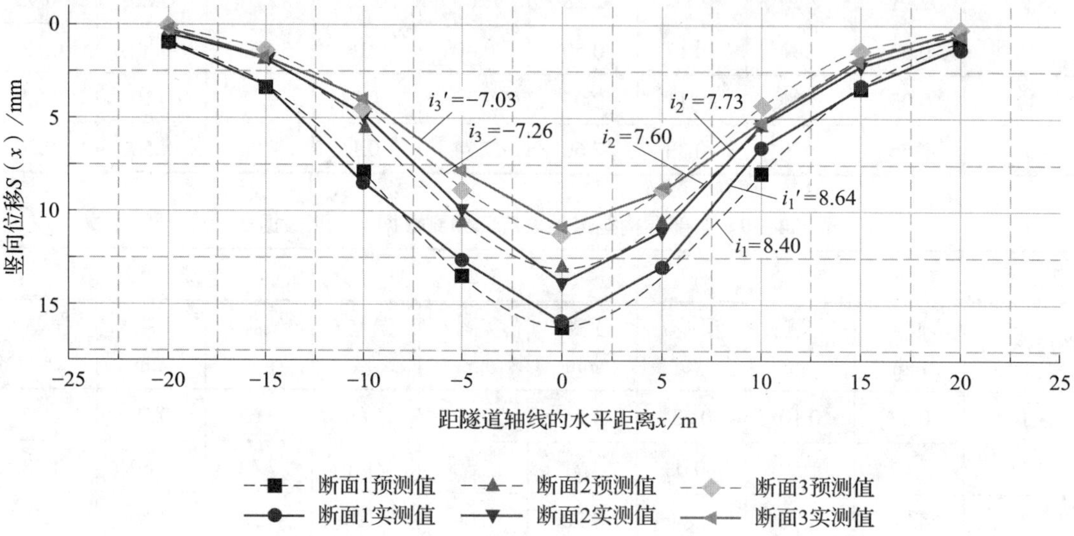

图 5.4-27 西部盾构隧道地表沉降预测与实测数据对比曲线图

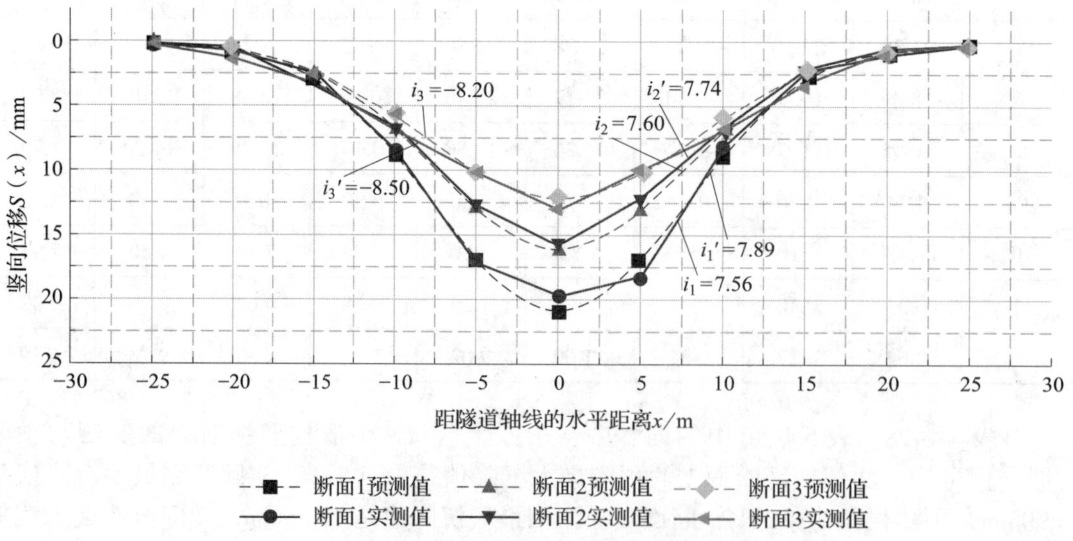

图 5.4-28 中部盾构隧道地表沉降预测与实测数据对比曲线图

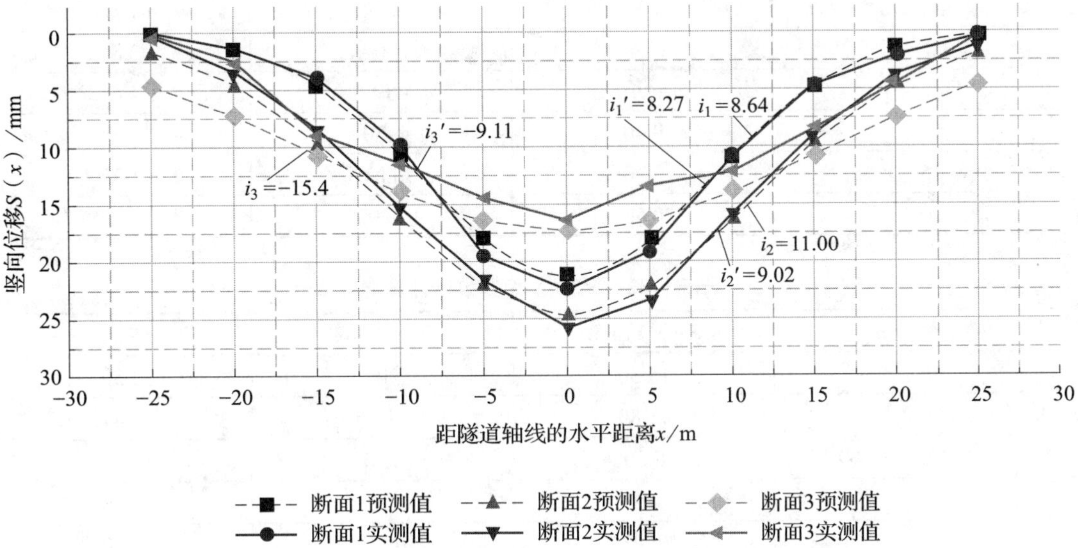

图 5.4–29　东部盾构隧道地表沉降预测与实测数据对比曲线图

由图 5.4–27 ~ 图 5.4–29 可以看出，各监测断面预测曲线与实测曲线基本吻合，隧道正上方地表沉降量最大，距隧道中心的水平距离越远，地面的沉降越小；断面测点受到监测范围及地表环境的限制，实际布设的点间距与点密度作为研究使用有待加强，因此实测曲线的反弯点有时不够明显，预测曲线的反弯点更加清晰可见。

由于监测断面的整体沉降的预测值受最大沉降值的制约，本节仅分析每个监测断面的最大沉降值的预测误差。北京地区盾构法隧道地表沉降 Peck 公式预测误差均在 10% 以内，吻合性较好，没有明显随区域变化的特点。当选取的沉降槽宽度 K 值较大时，断面两端的预测值相对实测值较小。

5.4.2　矿山法工程地表沉降预测模型参数

由于地铁矿山法隧道的横断面形状多为“马蹄形”，为了便于使用 Peck 公式进行分析，将不同形状的隧道断面统一等效为圆形隧道，并定义圆心水平处的埋深为等效轴线埋深。利用上述相同方法可求取沉降槽宽度参数 K 与地层损失率 V_1 等。

5.4.2.1　北京西部地区 K、V_1 值

矿山法工程的地表沉降分析选取了北京西部的 9 个典型断面的实测数据，选定工程的地质条件为圆砾卵石层，杂色，最大粒径为 135mm，一般粒径为 5 ~ 40mm，粒径大于 20mm 的颗粒物含量约为 65%，成分主要为石英砂岩、辉绿岩、安山岩、硅质白云岩，部分有粉细砂、中粗砂充填。经过公式计算的沉降实测数据对应的转换值如表 5.4–31 ~ 表 5.4–39 所示。

表 5.4–31 断面 1 实测数据计算表

横坐标 x/m	$S(x)$/mm	$-x^2/2$	$\ln S(x)$
0	16.60	0	2.81
5	14.10	−12.5	2.65
10	9.40	−50	2.24
15	3.40	−112.5	1.22
20	0.50	−200	−0.69

表 5.4–32 断面 2 实测数据计算表

横坐标 x/m	$S(x)$/mm	$-x^2/2$	$\ln S(x)$
0	13.30	0	2.59
5	11.80	−12.5	2.47
10	8.80	−50	2.17
15	4.50	−112.5	1.50
20	1.10	−200	0.10

表 5.4–33 断面 3 实测数据计算表

横坐标 x/m	$S(x)$/mm	$-x^2/2$	$\ln S(x)$
0	20.60	0	3.03
5	16.70	−12.5	2.82
10	10.50	−50	2.35
15	4.50	−112.5	1.50
20	1.30	−200	0.26

表 5.4–34 断面 4 实测数据计算表

横坐标 x/m	$S(x)$/mm	$-x^2/2$	$\ln S(x)$
0	14.50	0	2.67
5	10.90	−12.5	2.39
10	6.80	−50	1.92
15	3.30	−112.5	1.19
20	1.50	−200	0.41

表 5.4–35 断面 5 实测数据计算表

横坐标 x/m	$S(x)$/mm	$-x^2/2$	$\ln S(x)$
0	15.60	0	2.75
5	13.50	−12.5	2.60
10	9.40	−50	2.24
15	3.80	−112.5	1.34
20	2.10	−200	0.74

表 5.4–36　断面 6 实测数据计算表

横坐标 x/m	$S(x)$/mm	$-x^2/2$	$\ln S(x)$
0	13.40	0	2.60
5	11.10	–12.5	2.41
10	6.90	–50	1.93
15	3.10	–112.5	1.13
20	0.80	–200	–0.22

表 5.4–37　断面 7 实测数据计算表

横坐标 x/m	$S(x)$/mm	$-x^2/2$	$\ln S(x)$
0	15.20	0	2.72
5	14.60	–12.5	2.68
10	9.80	–50	2.28
15	5.50	–112.5	1.70
20	2.40	–200	0.88

表 5.4–38　断面 8 实测数据计算表

横坐标 x/m	$S(x)$/mm	$-x^2/2$	$\ln S(x)$
0	14.90	0	2.70
5	12.70	–12.5	2.54
10	9.80	–50	2.28
15	5.40	–112.5	1.69
20	1.80	–200	0.59

表 5.4–39　断面 9 实测数据计算表

横坐标 x/m	$S(x)$/mm	$-x^2/2$	$\ln S(x)$
0	13.90	0	2.63
5	11.80	–12.5	2.47
10	6.70	–50	1.90
15	2.30	–112.5	0.83
20	0.90	–200	–0.11

将上述数据进行线性拟合得到实测数据的线性拟合如图 5.4-30 ~ 图 5.4-38 所示。

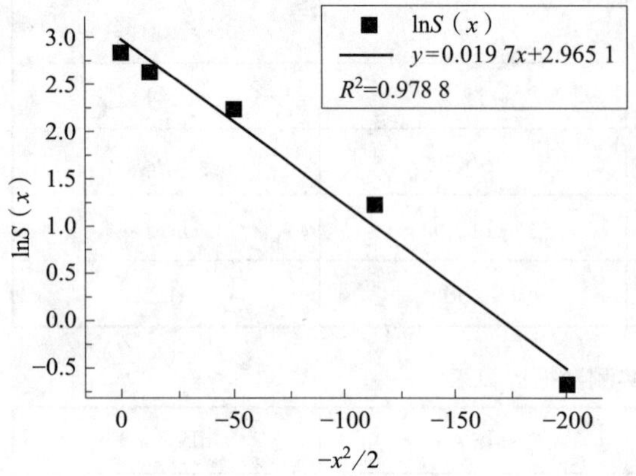

图 5.4-30　断面 1 线性拟合结果图

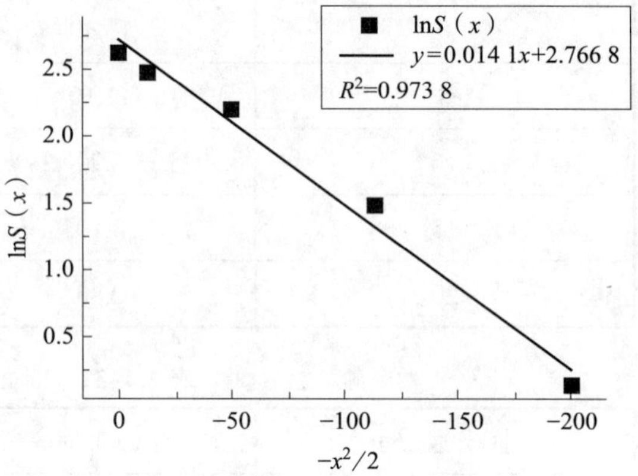

图 5.4-31　断面 2 线性拟合结果图

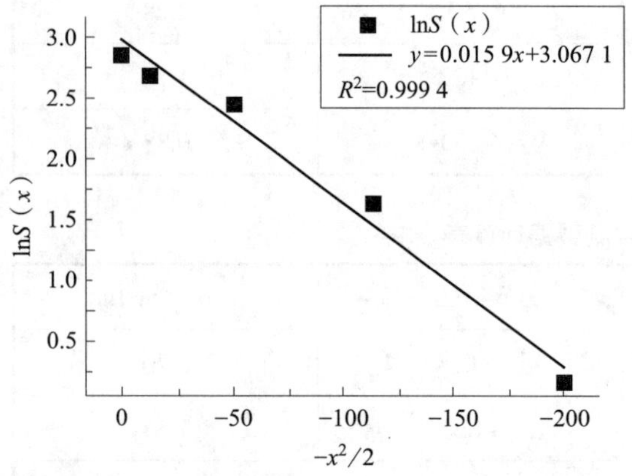

图 5.4-32　断面 3 线性拟合结果图

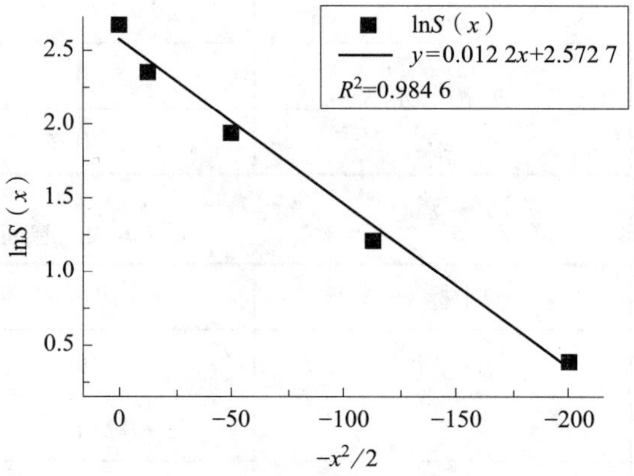

图 5.4-33　断面 4 线性拟合结果图

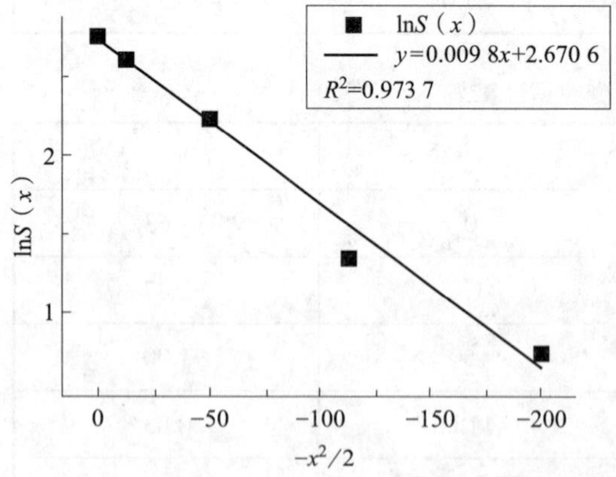

图 5.4-34　断面 5 线性拟合结果图

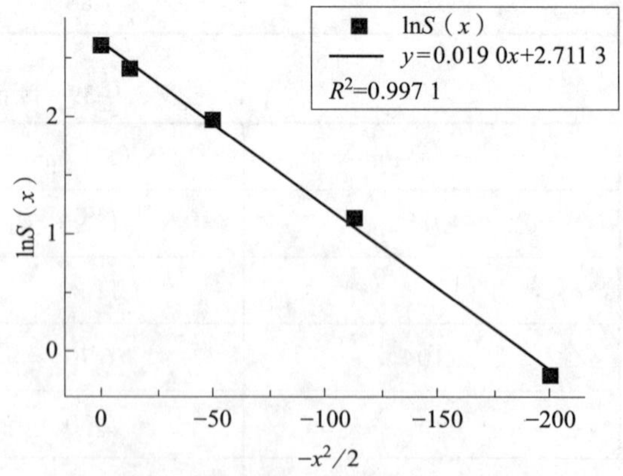

图 5.4-35　断面 6 线性拟合结果图

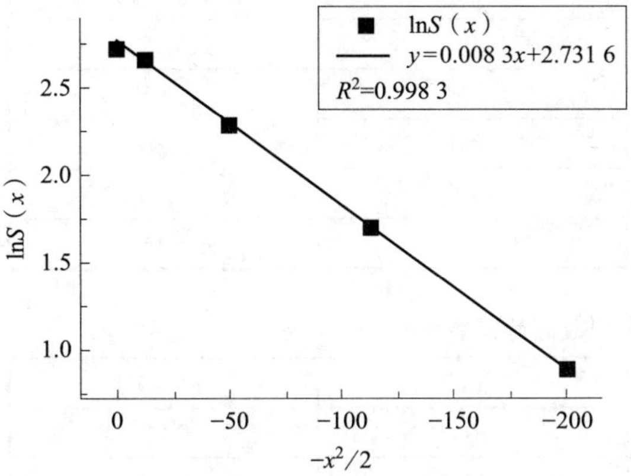

图 5.4–36　断面 7 线性拟合结果图

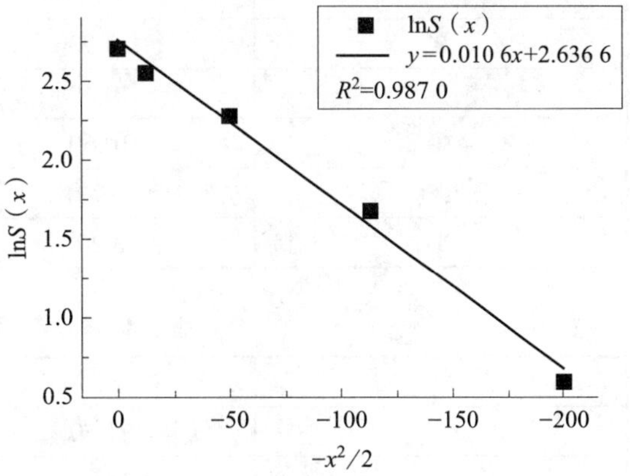

图 5.4–37　断面 8 线性拟合结果图

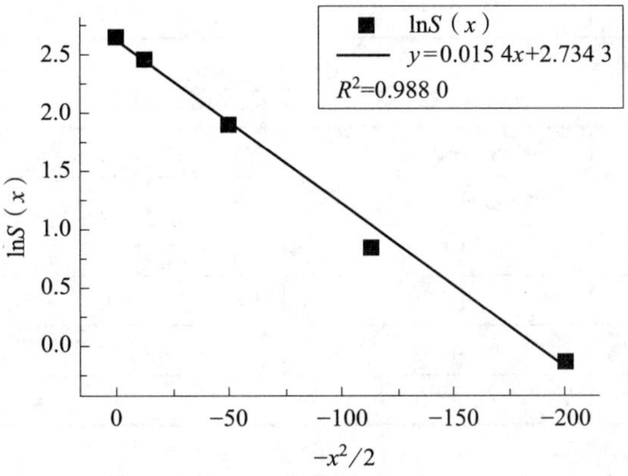

图 5.4–38　断面 9 线性拟合结果图

由上述计算分析可以得出，北京西部地区矿山法工程的 9 个典型断面的地表沉降槽宽度参数 K 值的最小值为 0.29，最大值为 0.44，平均值为 0.35，中位数为 0.34；宽度系数 i 值的最小值为 7.13，最大值为 10.95，平均值为 8.74，中位数为 8.42。

矿山法工程的地层损失率 V_1 的最小值为 0.97%，最大值为 1.51%，平均值为 1.23%，中位数为 1.2%。

5.4.2.2　北京中部地区 K、V_1 值

北京中部地区矿山法工程选取了 8 个典型监测断面的实测数据，选定区域的地层岩土特性为细中砂，褐黄色，密实，饱和，低压缩性，含云母及个别砾石，一般粒径为 2 ~ 8cm，最大粒径约为 20cm，细中砂充填约为 30%。经过公式计算的沉降实测数据对应的转换值如表 5.4–40 ~ 表 5.4–47 所示。

表 5.4–40　断面 1 实测数据计算表

横坐标 x/m	$S(x)$/mm	$-x^2/2$	$\ln S(x)$
0	23.90	0	3.17
5	19.20	–12.5	2.95
10	10.60	–50	2.36
15	6.70	–112.5	1.90
20	3.20	–200	1.16

表 5.4–41　断面 2 实测数据计算表

横坐标 x/m	$S(x)$/mm	$-x^2/2$	$\ln S(x)$
0	21.50	0	3.07
5	14.70	–12.5	2.69
10	9.40	–50	2.24
15	5.50	–112.5	1.70
20	2.10	–200	0.74

表 5.4–42　断面 3 实测数据计算表

横坐标 x/m	$S(x)$/mm	$-x^2/2$	$\ln S(x)$
0	19.10	0	2.95
5	14.30	–12.5	2.66
10	10.20	–50	2.32
15	4.50	–112.5	1.50
20	3.10	–200	1.13

表 5.4–43　断面 4 实测数据计算表

横坐标 x/m	$S(x)$/mm	$-x^2/2$	$\ln S(x)$
0	26.70	0	3.28
5	20.60	–12.5	3.03
10	18.60	–50	2.92
15	9.80	–112.5	2.28
20	2.60	–200	0.96

表 5.4–44　断面 5 实测数据计算表

横坐标 x/m	$S(x)$/mm	$-x^2/2$	$\ln S(x)$
0	18.30	0	2.91
5	10.40	–12.5	2.34
10	9.00	–50	2.20
15	3.90	–112.5	1.36
20	1.10	–200	0.10

表 5.4–45　断面 6 实测数据计算表

横坐标 x/m	$S(x)$ /mm	$-x^2/2$	$\ln S(x)$
0	16.50	0	2.80
5	11.70	–12.5	2.46
10	7.70	–50	2.04
15	5.00	–112.5	1.61
20	3.20	–200	1.16

表 5.4–46　断面 7 实测数据计算表

横坐标 x/m	$S(x)$ /mm	$-x^2/2$	$\ln S(x)$
0	17.30	0	2.85
5	13.20	–12.5	2.58
10	9.30	–50	2.23
15	3.30	–112.5	1.19
20	1.50	–200	0.41

表 5.4–47　断面 8 实测数据计算表

横坐标 x/m	$S(x)$ /mm	$-x^2/2$	$\ln S(x)$
0	14.30	0	2.66
5	11.20	–12.5	2.42
10	8.50	–50	2.14
15	6.20	–112.5	1.82
20	1.60	–200	0.47

将上述数据进行线性拟合得到实测数据的线性拟合如图 5.4–39 ~ 图 5.4–46 所示。

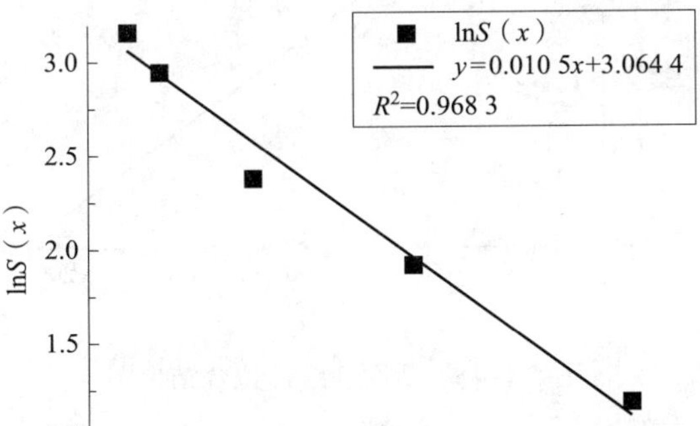

图 5.4–39　断面 1 线性拟合结果图

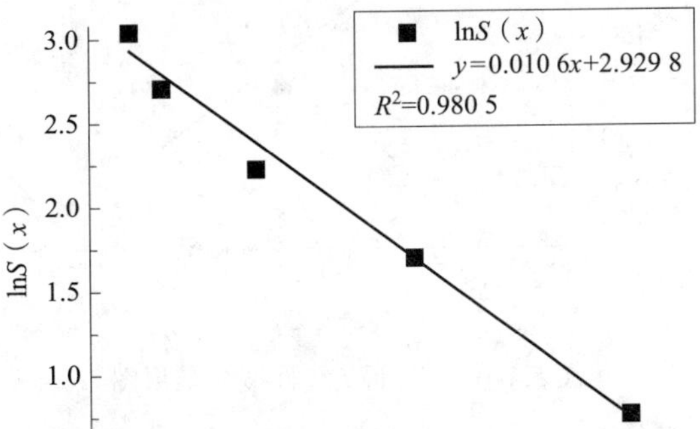

图 5.4–40　断面 2 线性拟合结果图

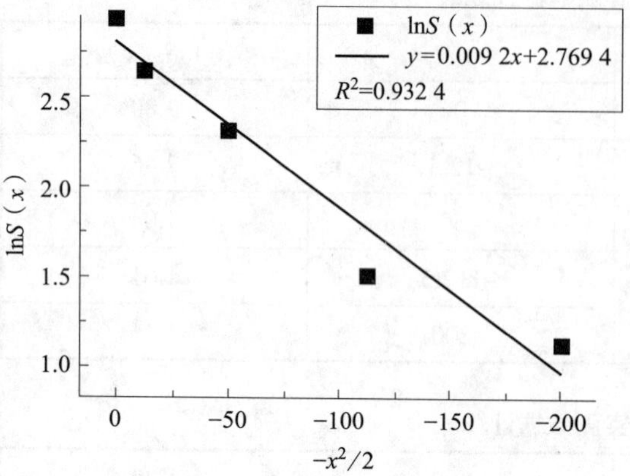

图 5.4–41　断面 3 线性拟合结果图

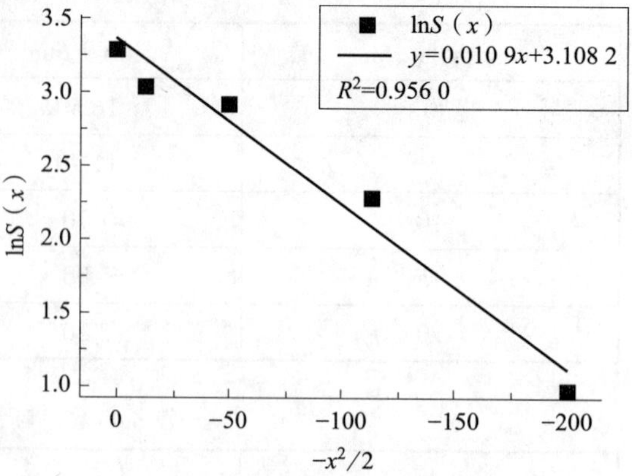

图 5.4–42　断面 4 线性拟合结果图

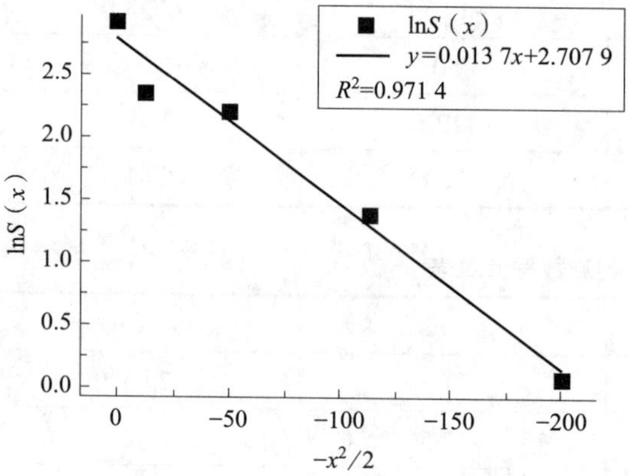

图 5.4–43　断面 5 线性拟合结果图

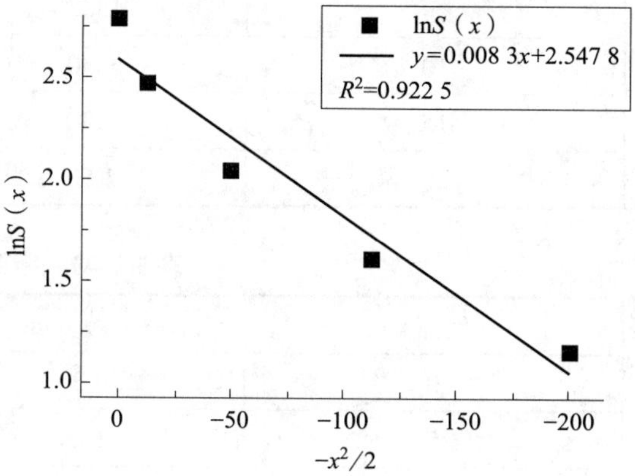

图 5.4–44　断面 6 线性拟合结果图

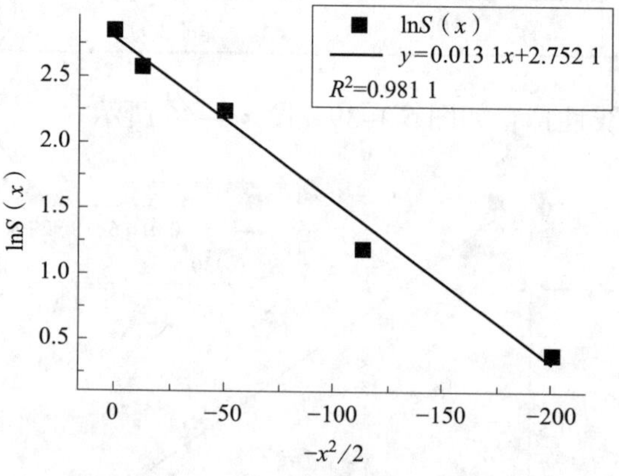

图 5.4–45　断面 7 线性拟合结果图

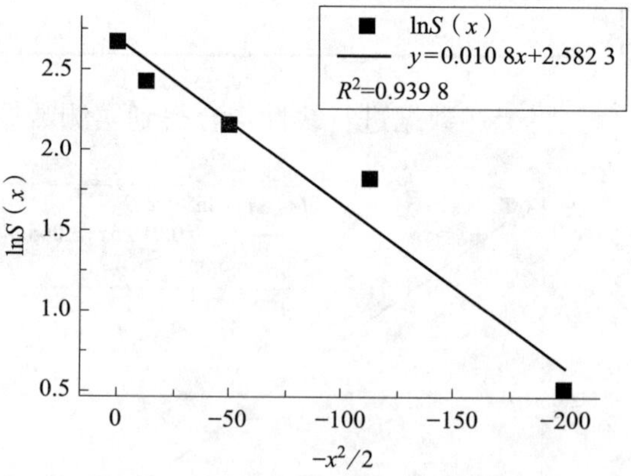

图 5.4–46　断面 8 线性拟合结果图

由上述计算分析可以得出，北京中部地区矿山法工程的 8 个典型断面的地表沉降槽宽度参数 K 值的最小值为 0.47，最大值为 0.61，平均值为 0.54，中位数为 0.54；宽度系数 i 值的最小值为 8.54，最大值为 10.95，平均值为 9.67，中位数为 9.67。

矿山法工程的地层损失率 V_l 的最小值为 1.13%，最大值为 1.90%，平均值为 1.44%，中位数为 1.36%。

5.4.2.3　北京东部地区 *K*、V_l 值

北京东部地区的矿山法工程选取了 10 个典型断面的实测数据，选定的工程地质岩土特性为砂质粉土、黏质粉土、素填土，黄褐色，松散，稍湿，以砂质粉土、黏质粉土为主，含少量砖渣、灰渣，不连续，粒径多为 0.005 ~ 0.1mm。经过公式计算的沉降实测数据对应的转换值如表 5.4–48 ~ 表 5.4–57 所示。

表 5.4–48　断面 1 实测数据计算表

横坐标 x/m	$S(x)$ /mm	$-x^2/2$	$\ln S(x)$
0	24.90	0	3.21
5	16.40	–12.5	2.80
10	11.30	–50	2.42
15	6.50	–112.5	1.87
20	3.20	–200	1.16

表 5.4–49　断面 2 实测数据计算表

横坐标 x/m	$S(x)$ /mm	$-x^2/2$	$\ln S(x)$
0	28.60	0	3.35
5	19.40	–12.5	2.97
10	11.20	–50	2.42
15	5.60	–112.5	1.72
20	3.40	–200	1.22

表 5.4–50　断面 3 实测数据计算表

横坐标 x/m	$S(x)$ /mm	$-x^2/2$	$\ln S(x)$
0	32.40	0	3.48
5	23.40	–12.5	3.15
10	9.50	–50	2.25
15	6.50	–112.5	1.87
20	2.50	–200	0.92

表 5.4–51　断面 4 实测数据计算表

横坐标 x/m	$S(x)$ /mm	$-x^2/2$	$\ln S(x)$
0	18.50	0	2.92
5	14.20	–12.5	2.65
10	11.30	–50	2.42
15	8.60	–112.5	2.15
20	3.30	–200	1.19

表 5.4–52 断面 5 实测数据计算表

横坐标 x/m	$S(x)$/mm	$-x^2/2$	$\ln S(x)$
0	25.60	0	3.24
5	20.30	−12.5	3.01
10	12.10	−50	2.49
15	5.70	−112.5	1.74
20	2.80	−200	1.03

表 5.4–53 断面 6 实测数据计算表

横坐标 x/m	$S(x)$/mm	$-x^2/2$	$\ln S(x)$
0	24.60	0	3.20
5	18.70	−12.5	2.93
10	10.50	−50	2.35
15	6.50	−112.5	1.87
20	2.30	−200	0.83

表 5.4–54 断面 7 实测数据计算表

横坐标 x/m	$S(x)$/mm	$-x^2/2$	$\ln S(x)$
0	23.00	0	3.14
5	19.10	−12.5	2.95
10	12.60	−50	2.53
15	4.80	−112.5	1.57
20	2.70	−200	0.99

表 5.4–55 断面 8 实测数据计算表

横坐标 x/m	$S(x)$/mm	$-x^2/2$	$\ln S(x)$
0	24.90	0	3.21
5	17.60	−12.5	2.87
10	12.40	−50	2.52
15	6.50	−112.5	1.87
20	3.00	−200	1.10

表 5.4–56　断面 9 实测数据计算表

横坐标 x/m	$S(x)$ /mm	$-x^2/2$	$\ln S(x)$
0	23.90	0	3.17
5	20.40	–12.5	3.02
10	13.70	–50	2.62
15	6.40	–112.5	1.86
20	3.10	–200	1.13

表 5.4–57　断面 10 实测数据计算表

横坐标 x/m	$S(x)$ /mm	$-x^2/2$	$\ln S(x)$
0	23.80	0	3.17
5	20.50	–12.5	3.02
10	11.80	–50	2.47
15	8.70	–112.5	2.16
20	3.80	–200	1.34

将上述数据进行线性拟合得到实测数据的线性拟合如图 5.4–47 ~ 图 5.4–56 所示。

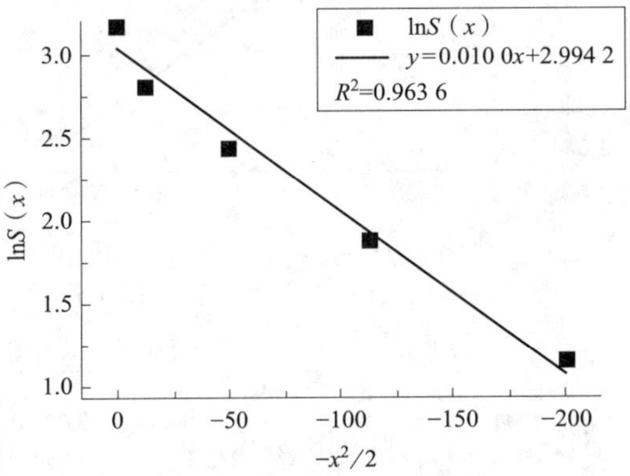

图 5.4–47　断面 1 线性拟合结果图

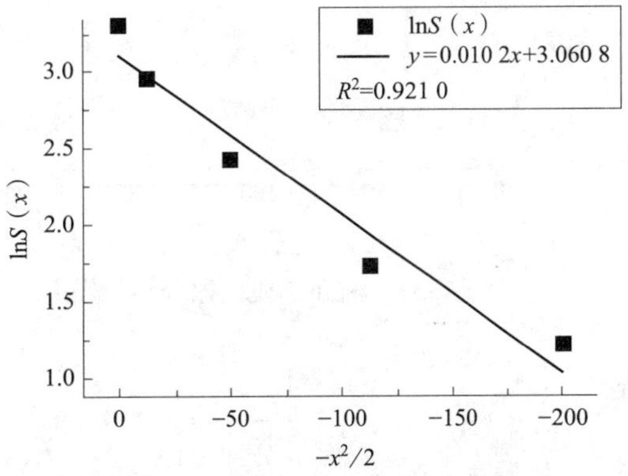

图 5.4–48　断面 2 线性拟合结果图

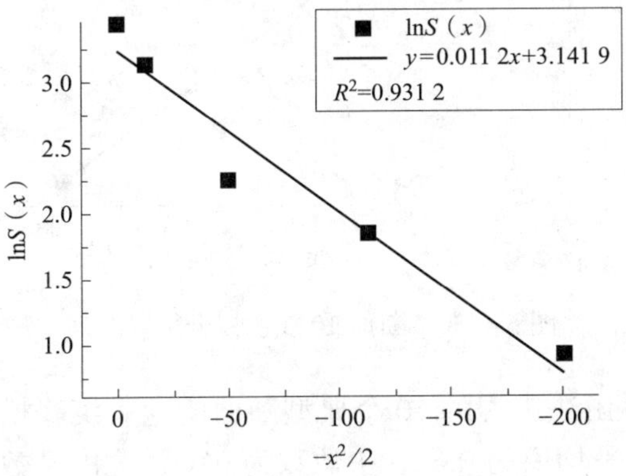

图 5.4–49　断面 3 线性拟合结果图

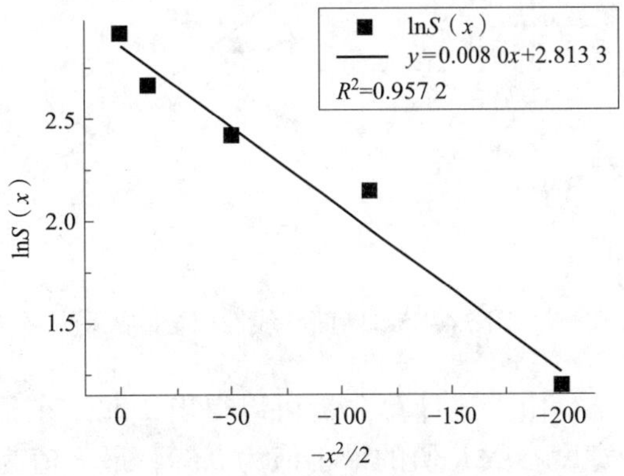

图 5.4–50　断面 4 线性拟合结果图

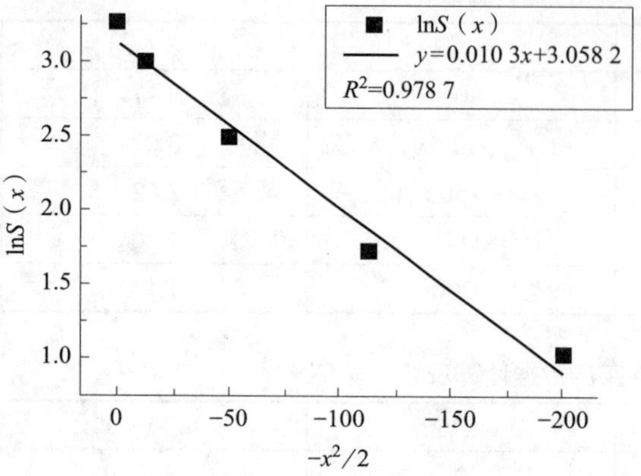

图 5.4-51　断面 5 线性拟合结果图

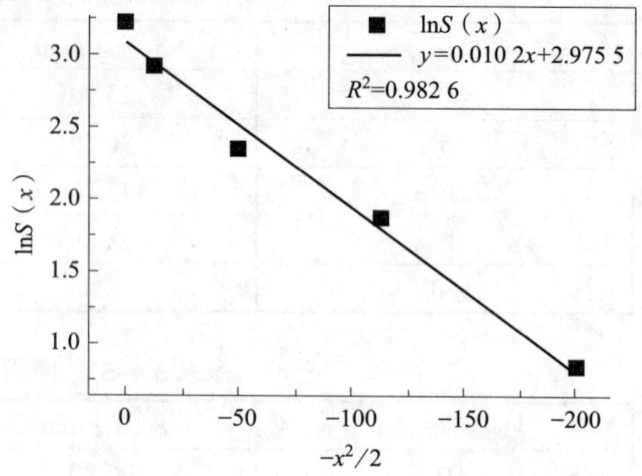

图 5.4-52　断面 6 线性拟合结果图

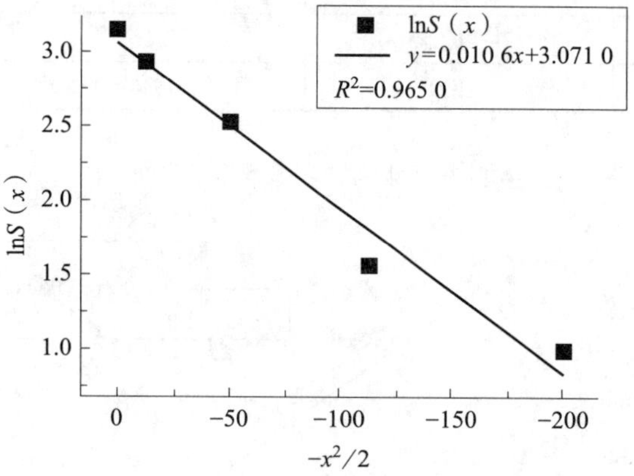

图 5.4-53　断面 7 线性拟合结果图

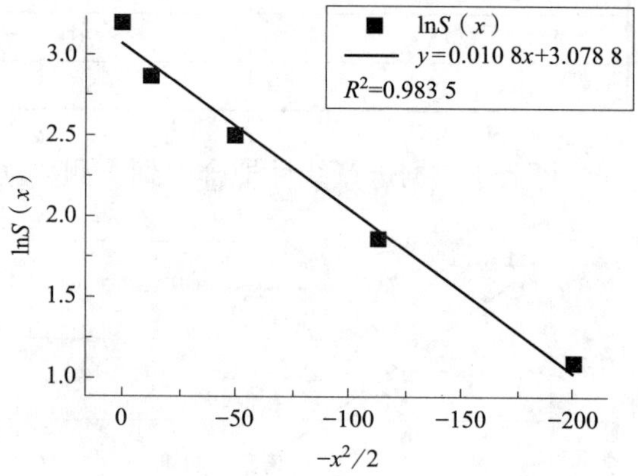

图 5.4-54　断面 8 线性拟合结果图

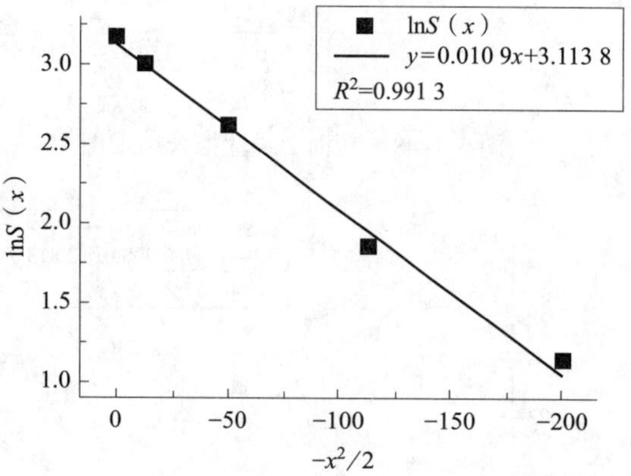

图 5.4-55　断面 9 线性拟合结果图

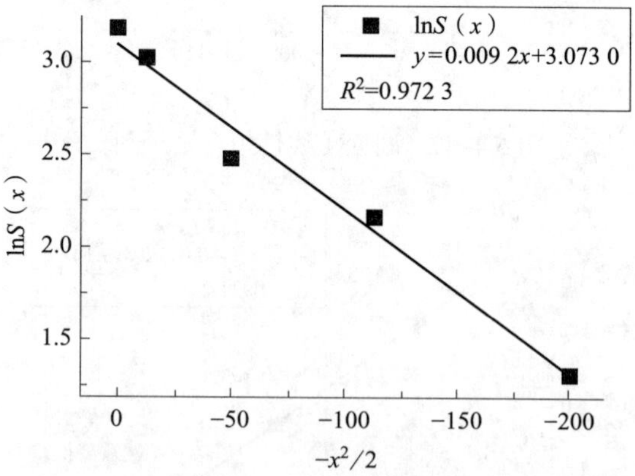

图 5.4-56　断面 10 线性拟合结果图

由上述计算分析可以得出，北京东部地区矿山法工程的 10 个典型断面的地表沉降槽宽度参数 K 值的最小值为 0.59，最大值为 0.70，平均值为 0.62，中位数为 0.62；宽度系数 i 值的最小值为 9.44，最大值为 11.15，平均值为 9.96，中位数为 9.87。

矿山法隧道的地层损失率 V_l 的最小值为 1.65%，最大值为 2.00%，平均值为 1.84%，中位数为 1.86%。

5.4.2.4　矿山法隧道地表沉降预测参数体系

基于北京地铁矿山法区间地表沉降实测数据，采用线性回归分析方法对暗挖区间的 27 组监测断面数据进行了分析，给出了本地区不同地质条件的预测参数值。西部地区矿山法区间隧道 Peck 公式地表沉降槽宽度参数 K 值取值范围为 0.29 ~ 0.44，地层损失率 V_l 值取值范围为 0.97% ~ 1.51%；中部地区 K 值取值范围为 0.47 ~ 0.61，地层损失率 V_l 值取值范围为 1.13% ~ 1.90%；东部地区 K 值取值范围为 0.59 ~ 0.70，地层损失率 V_l 值取值范围为 1.65% ~ 2.00%，具体参数值见表 5.4–58。

表 5.4–58　矿山法区间隧道 Peck 公式 K、i 及 V_l 计算值

编号	西部			中部			东部		
	参数 K	系数 i	损失率 V_l/%	参数 K	系数 i	损失率 V_l/%	参数 K	系数 i	损失率 V_l/%
1	0.29	7.13	1.23	0.54	9.77	1.85	0.62	9.99	1.77
2	0.34	8.42	1.19	0.54	9.70	1.61	0.62	9.88	1.87
3	0.32	7.94	1.51	0.58	10.42	1.47	0.59	9.44	1.94
4	0.36	9.07	1.05	0.53	9.57	1.90	0.70	11.15	1.65
5	0.40	10.11	1.30	0.47	8.54	1.14	0.62	9.85	1.86
6	0.29	7.26	0.97	0.61	10.95	1.24	0.62	9.90	1.72
7	0.44	10.95	1.49	0.49	8.74	1.21	0.61	9.71	1.86
8	0.39	9.70	1.20	0.54	9.63	1.13	0.60	9.64	1.86
9	0.32	8.05	1.10	—	—	—	0.60	9.58	1.91
10	—	—	—	—	—	—	0.65	10.42	2.00

矿山法隧道地表沉降槽宽度参数及地层损失率的变化特征与盾构工程基本一致。参数 K 值从西部至东部依次增大，其中，中部地区参数 K 平均值比西部增大尤为明显，东部地区与中部地区比较接近。中部地区参数 K 平均值比西部增长了 54%，东部地区均值比中部地区增长了 16%。地层损失率由西至东依次增大，中部地区地层损失率的平均值比西部地区增长了 18%，东部地区比中部地区增长了 27%。

5.4.2.5　矿山法隧道地表沉降预测参数体系验证分析

1. 参数选取与预测方法

上述计算结果表明，北京地区矿山法工程地表沉降 Peck 公式沉降槽宽度参数 K 值变化规律与盾构工程基本一致，矿山法工程地表沉降预测参数的选取方法与盾构工程也基本相同，根据工程实际地层岩性粒径大小、颗粒级配程度、内摩擦角等岩土力学特性，在给定的范围内选取该工程的沉降槽宽度参数 K 值及地层损失率 V_1。

2. 预测结果与实测数据的对比

在西部地区、中部地区和东部地区针对不同矿山法隧道工程分别重新选取了 3 个地表沉降监测断面的实测数据，根据上述 K、V_1 值变化规律及取值原则，结合工程自身岩土特性，选取了宽度参数 K 值及地层损失率 V_1，同样利用式（5.1–6）及式（5.1–5）求得宽度系数 i 值及最大值 S_{max}，对矿山法工程的横向地表沉降值进行了预测，利用 Origin 软件对实测值进行曲线拟合，并且与实测数据进行对比分析。西、中、东部地区各监测断面的预测结果与实测数据结果分别如表 5.4–59 ~ 表 5.4–61 和图 5.4–57 ~ 图 5.4–59 所示。

表 5.4–59　西部地区矿山法隧道地表沉降预测数据与实测数据表

断面序号	1			2			3		
测点编号	预测 / mm	实测 / mm	误差 / %	预测 / mm	实测 / mm	误差 / %	预测 / mm	实测 / mm	误差 / %
1	0.40	0.50	–0.10	0.90	0.70	0.20	1.41	0.80	0.61
2	2.14	1.80	0.34	3.30	3.40	–0.10	3.92	2.60	1.32
3	7.16	8.20	–1.04	8.36	8.50	–0.14	8.15	7.70	0.45
4	14.76	15.00	–0.24	14.61	13.90	0.71	12.64	11.40	1.24
5	18.78	19.10	–0.32	17.59	17.10	0.49	14.63	15.50	–0.87
6	14.76	13.90	0.86	14.61	12.20	2.41	12.64	10.80	1.84
7	7.16	7.60	–0.44	8.36	7.80	0.56	8.15	6.40	1.75
8	2.14	2.20	–0.06	3.30	3.40	–0.10	3.92	2.30	1.62
9	0.40	0.40	0.00	0.90	1.20	–0.30	1.41	1.10	0.31
i	7.20	7.27	–0.07	8.20	8.36	–0.16	8.36	8.53	–0.17

表 5.4–60　中部地区矿山法隧道地表沉降预测数据与实测数据表

断面序号	1			2			3		
测点编号	预测 / mm	实测 / mm	误差 / %	预测 / mm	实测 / mm	误差 / %	预测 / mm	实测 / mm	误差 / %
1	1.18	0.60	0.58	0.40	0.10	0.30	1.45	1.20	0.25
2	2.98	2.10	0.88	1.68	0.90	0.78	3.08	1.10	1.98
3	6.14	6.20	–0.06	5.17	4.50	0.67	5.55	5.10	0.45
4	10.3	9.90	0.40	11.55	10.50	1.05	8.45	9.10	–0.65

表 5.4–60（续）

断面序号	1			2			3		
测点编号	预测 / mm	实测 / mm	误差 / %	预测 / mm	实测 / mm	误差 / %	预测 / mm	实测 / mm	误差 / %
5	14.04	13.80	0.24	18.71	17.10	1.61	10.87	10.20	0.67
6	15.57	15.80	–0.23	21.97	20.80	1.17	11.82	12.90	–1.08
7	14.04	12.10	1.94	18.71	18.10	0.61	10.87	9.80	1.07
8	10.30	8.90	1.40	11.55	10.20	1.35	8.45	6.70	1.75
9	6.14	5.50	0.64	5.17	5.60	–0.43	5.55	4.40	1.15
10	2.98	2.10	0.88	1.68	0.80	0.88	3.08	3.10	–0.02
11	1.18	0.10	1.08	0.40	0.20	0.20	1.45	0.80	0.65
i	11.00	8.84	2.16	8.82	7.85	0.97	11.60	11.04	0.56

表 5.4–61　东部地区矿山法隧道地表沉降预测数据与实测数据表

断面序号	1			2			3		
测点编号	预测 / mm	实测 / mm	误差 / %	预测 / mm	实测 / mm	误差 / %	预测 / mm	实测 / mm	误差 / %
1	1.23	0.10	1.13	2.10	0.90	1.20	2.02	1.20	0.82
2	3.45	1.50	1.95	4.59	3.50	1.09	4.54	3.50	1.04
3	7.69	3.90	3.79	8.43	8.60	–0.17	8.51	8.90	–0.39
4	13.64	9.90	3.74	13.01	15.30	–2.29	13.34	11.50	1.84
5	19.25	19.50	–0.25	16.87	15.60	1.27	17.46	16.80	0.66
6	21.59	22.50	–0.91	18.40	17.90	0.50	19.10	20.50	–1.40
7	19.25	19.20	0.05	16.87	16.10	0.77	17.46	16.60	0.86
8	13.64	11.10	2.54	13.01	12.30	0.71	13.34	12.20	1.14
9	7.69	4.70	2.99	8.43	8.80	–0.37	8.51	8.50	0.01
10	3.45	2.10	1.35	4.59	3.80	0.79	4.54	2.30	2.24
11	1.23	0.40	0.83	2.10	1.20	0.90	2.02	2.00	0.02
i	10.62	8.27	2.35	12.40	10.48	1.92	12.00	10.96	1.04

由表 5.4–59 ~ 表 5.4–61 中的西、中、东三个地区的矿山法隧道地表沉降断面的实测与预测数据分析可知，西部地区断面 1 的预测最大沉降值是 18.78mm，实测最大沉降值是 19.10mm，预测误差为 –1.68%；断面 2 的预测最大沉降值是 17.59mm，实测最大沉降值是

17.10mm，预测误差为 2.86%；断面 3 的预测最大沉降值是 14.63mm，实测最大沉降值是 15.50mm，预测误差为 –5.59%。

中部地区断面 1 的预测最大沉降值是 15.57mm，实测最大沉降值是 15.80mm，预测误差为 –1.45%；断面 2 的预测最大沉降值是 21.97mm，实测最大沉降值是 20.80mm，预测误差为 5.64%；断面 3 的预测最大沉降值是 11.82mm，实测最大沉降值是 12.90mm，预测误差为 –8.36%。

东部地区断面 1 的预测最大沉降值是 21.59mm，实测最大沉降值是 22.50mm，预测误差为 –4.06%；断面 2 的预测最大沉降值是 18.40mm，实测最大沉降值是 17.90mm，预测误差为 2.82%；断面 3 的预测最大沉降值是 19.10mm，实测最大沉降值是 20.50mm，预测误差为 –6.84%。

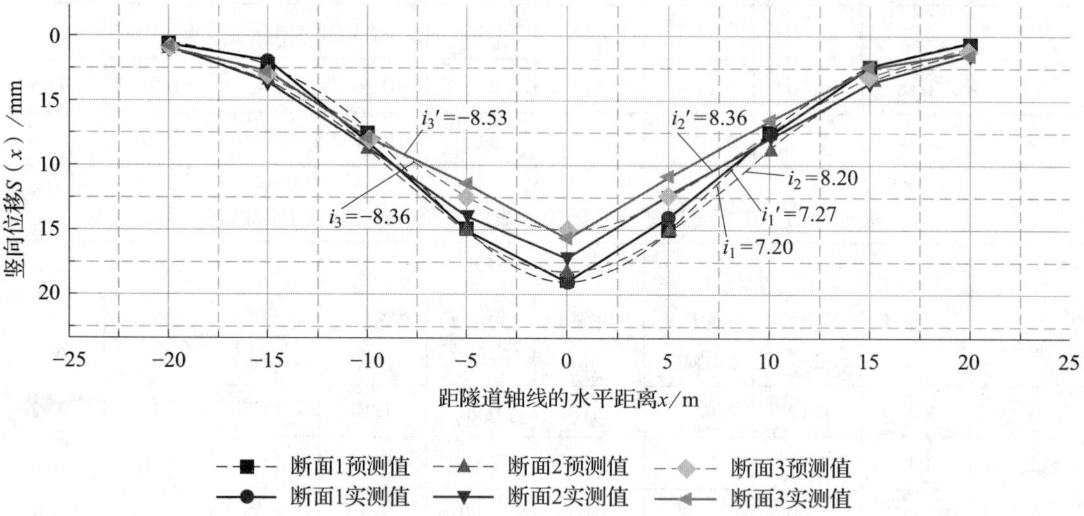

图 5.4–57　西部地区矿山法隧道地表沉降预测数据与实测数据对比曲线图

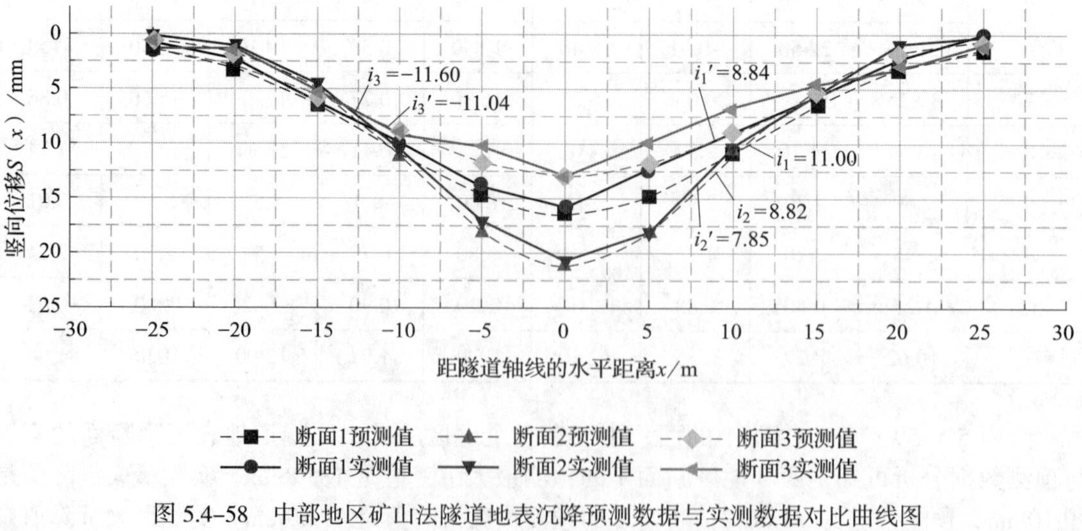

图 5.4–58　中部地区矿山法隧道地表沉降预测数据与实测数据对比曲线图

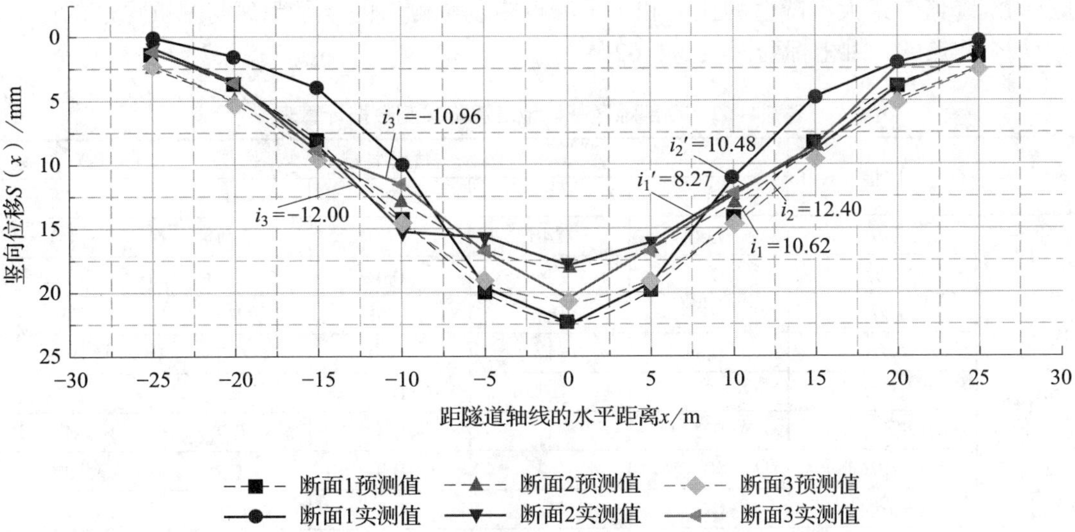

图 5.4–59　东部地区矿山法隧道地表沉降预测数据与实测数据对比曲线图

从图 5.4–57 ~ 图 5.4–59 可以看出，各区域矿山法隧道地表沉降预测曲线与实测曲线基本吻合，隧道正上方地表沉降量最大，距隧道中心的水平距离越远，地面的沉降越小；中部地区预测曲线的反弯点更加明显，沉降槽宽度系数 i 与西部地区相比有所减小。预测值随着工程地质条件、沉降槽宽度参数 K 以及地层损失率 V_l 的变化特征与盾构法基本相同。

北京地区矿山法隧道地表沉降 Peck 公式预测误差均在 10% 以内，预测准确度因具体工程地质条件与环境特征而异，没有明显随区域变化的特点。

5.4.3　基坑工程地表沉降预测模型参数

基于北京地区大量基坑的地表沉降实测数据，采用“四点折线法”拟合计算基坑地表沉降预测模型及参数。具体方法是将监测点的沉降值与最大沉降值的比值，以及监测点距围护墙的水平距离与基坑深度的比值，作为各监测点的二维坐标，将每个监测断面的监测点坐标绘制于同一坐标图中，通过散点拟合方法确定模型曲线的 A（0，δ_1/δ_{max}）、B（L_b/H，1.0）、C（L_c/H，0.1）和 D（L_d/H，0.0）四点的对应坐标，以直线对四点顺次连接形成模型曲线，用来反映基坑开挖对周围地表变形的影响规律。根据坐标分别求取每段直线的一元一次函数，分析一元一次函数的斜率 K_i 与截距 b_i，由此获得不同工程地质条件下的基坑地表沉降曲线的模型参数。通过研究北京西部、中部以及东部地区的实测数据的预估曲线参数总结基坑工程地表沉降规律。

5.4.3.1　西部地区

1. 实测数据统计分析

西部地区基坑工程的地表沉降选取了不同基坑的 10 个典型断面的实测数据，根据基坑的实际开挖深度 H、各测点距基坑侧壁的水平距离 d 以及各监测点的沉降值 δ，将每个测点的沉降值与最大沉降值的比值和每个测点距基坑侧壁的水平距离与基坑深度的比值，作为每个测点的二维坐标列入表 5.4–62。

表 5.4–62 西部地区基坑地表沉降实测数据计算表

断面号	比值	测点编号				
		1	2	3	4	5
1	d_1/H	0.00	0.40	1.00	2.00	3.00
	δ_1/δ_{max}	0.1	1	0.4	0.1	0
2	d_2/H	0	0.5	1	1.5	3
	δ_2/δ_{max}	0.3	1	0.5	0.2	0
3	d_3/H	0	0.3	0.6	1.5	1.7
	δ_3/δ_{max}	0.2	1	0.4	0.2	0
4	d_4/H	0	0.3	0.9	1.3	1.9
	δ_4/δ_{max}	0.2	1	0.3	0.1	0
5	d_5/H	0	0.3	1	1.3	—
	δ_5/δ_{max}	0.1	1	0.3	0	—
6	d_6/H	0	0.3	0.5	1	—
	δ_6/δ_{max}	0.1	1	0.3	0	—
7	d_7/H	0	0.3	1	1.3	2
	δ_7/δ_{max}	0.1	1	0.3	0.1	0
8	d_8/H	0	0.4	0.7	1.4	—
	δ_8/δ_{max}	0.2	1	0.2	0.1	—
9	d_9/H	0	0.3	0.6	1.1	1.7
	δ_9/δ_{max}	0.2	1	0.3	0.1	0
10	d_{10}/H	0	0.3	1	1.3	—
	δ_{10}/δ_{max}	0.2	1	0.4	0.2	—

利用 Origin 软件将各监测断面的转换数据绘制到同一坐标系中，各监测断面的沉降曲线如图 5.4–60 所示。

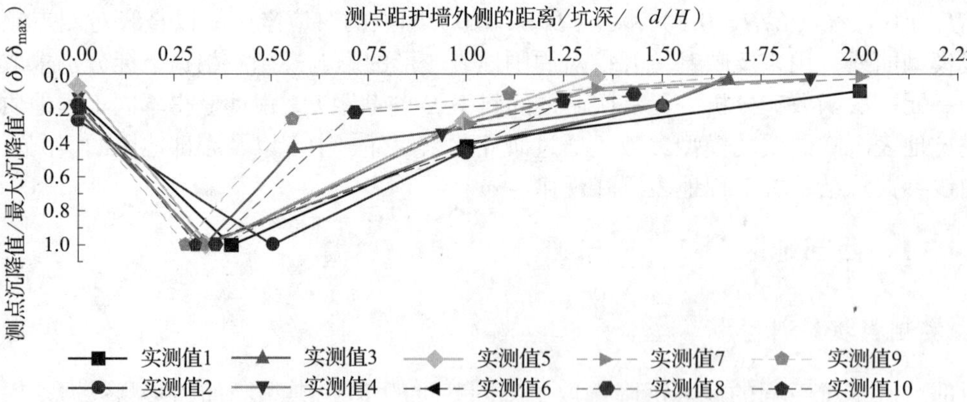

图 5.4–60 西部地区基坑地表沉降曲线

由图 5.4-60 可知，北京西部地区基坑地表最大沉降值位于围护结构外侧约 0.3H 处，在距离基坑边线 1H 处地表沉降值占最大沉降值的 20% ~ 50%，在距离基坑边线 1.5H 处地表沉降值占最大沉降值的 10% ~ 30%，在距离基坑边线 2.0H 处地表沉降值占最大沉降值的 0% ~ 10%。

2. 预测模型参数计算

根据监测断面沉降点位置及实测数据求得四点折线法各点坐标，具体为由实测数据已知 A 点与 B 点的坐标，选取沉降值比上最大沉降值最接近 0.1 的测点，通过该点与 B 点的坐标提取一元一次函数，再定义一元一次函数的因变量 y 为 0.1 反算出 C 点的横坐标值，至此求得了 C 点的二维坐标。由 C 点坐标以及监测断面的最远测点的坐标建立新的一元一次函数，利用相同方法求得 D 点的二维坐标，至此便获得了预估曲线的四点所有坐标。通过分析三个阶段的三个一元一次函数的斜率 K 与截距 b 的变化特征，总结北京地区基坑地表沉降规律。

基于西部地区不同工程的 10 个基坑地表监测断面监测点位置及实测数据，首先根据上述四点折线法计算得到实测曲线的 A（0.0，δ_1/δ_{max}）、B（L_b/H，1.0）、C（L_c/H，0.1）和 D（L_d/H，0.0）四点的对应坐标，如表 5.4-63 所示，并绘制对应的曲线，如图 5.4-61 所示，再将每条曲线划分为三条直线段，求得每条直线段的两个表征四点折线变化特征的参数斜率 K_{ij} 与截距 b_{ij}，具体参数统计见表 5.4-64。最终通过统计分析参数的分布特点总结基坑地表沉降的变化规律，对工程地质相似的基坑进行选参及预测。

表 5.4-63 西部基坑地表沉降实测四点坐标值

断面号	A（0.0，δ_1/δ_{max}）	B（L_b/H，1.0）	C（L_c/H，0.1）	D（L_d/H，0.0）
断面 1	（0.0，0.1）	（0.4，1.0）	（2.0，0.1）	（3.0，0.0）
断面 2	（0.0，0.3）	（0.5，1.0）	（1.6，0.1）	（3.0，0.0）
断面 3	（0.0，0.2）	（0.3，1.0）	（1.6，0.1）	（1.7，0.0）
断面 4	（0.0，0.2）	（0.3，1.0）	（1.3，0.1）	（1.9，0.0）
断面 5	（0.0，0.1）	（0.3，1.0）	（1.3，0.1）	（1.3，0.0）
断面 6	（0.0，0.1）	（0.3，1.0）	（1.0，0.1）	（1.0，0.0）
断面 7	（0.0，0.1）	（0.3，1.0）	（1.3，0.1）	（2.0，0.0）
断面 8	（0.0，0.2）	（0.4，1.0）	（1.4，0.1）	—
断面 9	（0.0，0.2）	（0.3，1.0）	（1.1，0.1）	（1.7，0.0）
断面 10	（0.0，0.2）	（0.3，1.0）	（1.3，0.1）	—

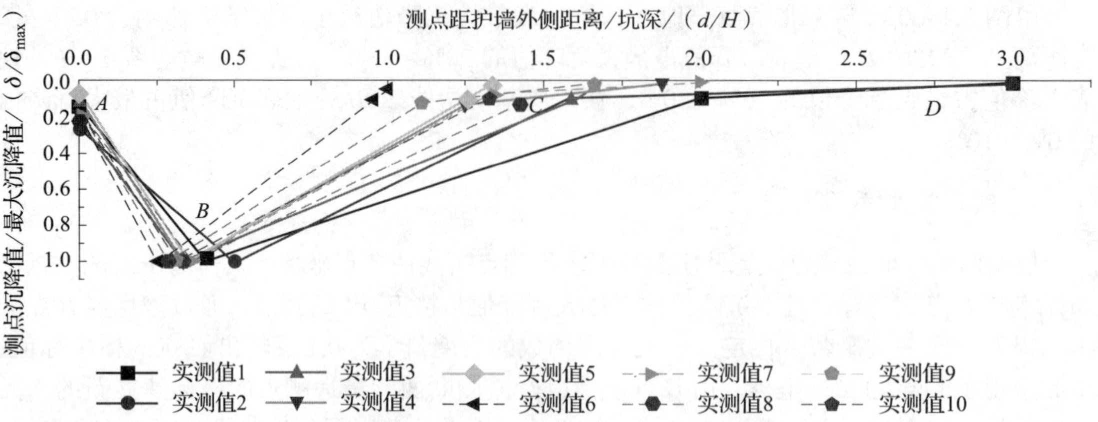

图 5.4–61 西部地区基坑地表沉降四点折线图

表 5.4–64 西部地区基坑四点折线图斜率 *K* 与截距 *b* 统计

斜率 K_{ij}	断面 1	断面 2	断面 3	断面 4	断面 5	断面 6	断面 7	断面 8	断面 9	断面 10
K_{AB}	–2.14	–1.46	–2.36	–2.49	–2.81	–3.58	–2.69	–2.25	–3.00	–2.65
K_{BC}	0.56	0.83	0.71	0.95	0.98	1.27	0.92	0.82	1.05	0.89
K_{CD}	0.09	0.07	1.12	0.17	0.98	1.27	0.11	—	0.19	—
b_{AB}	–0.14	–0.27	–0.21	–0.17	–0.06	–0.11	–0.10	–0.20	–0.17	–0.17
b_{BC}	–1.23	–1.41	–1.24	–1.32	–1.33	–1.32	–1.31	–1.29	–1.29	–1.28
b_{CD}	–0.28	–0.21	–1.89	–0.35	–1.33	–1.32	–0.23	—	–0.34	—

根据表 5.4–64 的统计数据，西部地区基坑地表沉降实测四点折线各沉降直线段具体参数的取值范围为：第一阶段各监测断面实测数据的所有直线斜率 *K* 最大值为 –1.46，最小值为 –3.58，平均值为 –2.54；截距 *b* 最大值为 –0.06，最小值为 –0.27，平均值为 –0.16；第二阶段的所有直线斜率 *K* 的最大值为 1.27，最小值为 0.56，平均值是 0.90；截距 *b* 最大值为 –1.23，最小值为 –1.41，平均值为 –1.30；第三阶段的所有直线斜率 *K* 的最大值为 1.27，最小值为 0.07，平均值为 0.50；截距 *b* 的最大值为 –0.21，最小值为 –1.89，平均值为 –0.74。

5.4.3.2 中部地区

1. 实测数据统计分析

中部地区基坑工程的地表沉降选取了不同工程 6 个典型监测断面的实测数据，根据基坑的实际开挖深度 H、各测点距基坑侧壁的水平距离 d 以及各监测点的沉降值 δ，将每个测点的沉降值与最大沉降值的比值和每个测点距基坑侧壁的水平距离与基坑深度的比值，作为每个测点的二维坐标列入表 5.4–65。

表 5.4–65 中部地区基坑地表沉降实测数据计算表

点编号	断面号					
	1	2	3	4	5	6
	(d_1/H, δ_1/δ_{max})	(d_2/H, δ_2/δ_{max})	(d_3/H, δ_3/δ_{max})	(d_4/H, δ_4/δ_{max})	(d_5/H, δ_5/δ_{max})	(d_6/H, δ_6/δ_{max})
1	(0.0, 0.1)	(0.0, 0.2)	(0.0, 0.2)	(0.0, 0.1)	(0.0, 0.0)	(0.0, 0.2)
2	(0.2, 1.0)	(0.3, 1.0)	(0.3, 1.0)	(0.3, 1.0)	(0.3, 1.0)	(0.3, 1.0)
3	(0.4, 0.3)	(0.8, 0.3)	(0.7, 0.5)	(0.6, 0.3)	(0.7, 0.5)	(0.6, 0.8)
4	(0.9, 0.1)	(1.1, 0.1)	(1.3, 0.3)	(1.1, 0.1)	(1.3, 0.2)	(1.3, 0.4)
5	(1.3, 0.1)	(2.3, 0.0)	(2.0, 0.2)	(1.7, 0.1)	(2.0, 0.1)	(1.9, 0.1)

利用 Origin 软件将各监测断面的转换数据绘制到同一坐标系中，各监测断面的沉降曲线如图 5.4–62 所示。

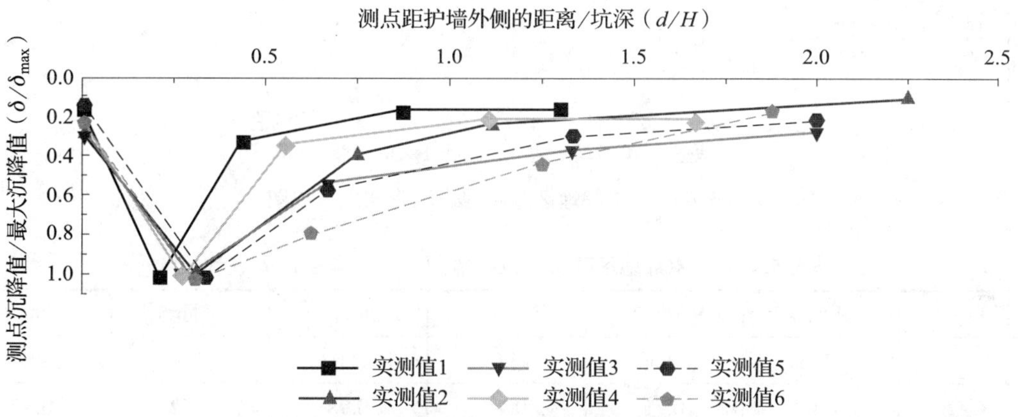

图 5.4–62 中部地区基坑地表沉降曲线

由图 5.4–62 可知，北京中部地区基坑地表最大沉降值大致位于围护结构外侧 0.25H 处，在距离基坑边线 1.0H 处地表沉降值占最大沉降值的 20%～60%，在距离基坑边线 1.5H 处地表沉降值占最大沉降值的 15%～40%，在距离基坑边线 2.0H 处地表沉降值占最大沉降值的 10%～25%。

2. 预测模型参数计算

基于中部地区不同工程的 6 个基坑地表监测断面监测点位置及实测数据，首先根据上述四点折线法计算得到实测曲线的 A（0.0，δ_1/δ_{max}）、B（L_b/H，1.0）、C（L_c/H，0.1）和 D（L_d/H，0.0）四点对应坐标，如表 5.4–66 所示，并绘制出对应的曲线，如图 5.4–63 所示，再将每条曲线划分为三条直线段，求得每条直线段的两个表征四点折线变化特征的参数斜率 K_{ij} 与截距 b_{ij}，具体参数统计见表 5.4–67。

表 5.4–66 中部地区基坑地表沉降实测曲线四点坐标值

断面号	A（0.0，δ_1/δ_{max}）	B（L_b/H，1.0）	C（L_c/H，0.1）	D（L_d/H，0.0）
断面 1	（0.0，0.1）	（0.2，1.0）	（0.9，0.1）	（17.6，0.0）
断面 2	（0.0，0.2）	（0.3，1.0）	（1.1，0.1）	（2.3，0.0）
断面 3	（0.0，0.2）	（0.3，1.0）	（2.2，0.1）	—
断面 4	（0.0，0.1）	（0.3，1.0）	（1.1，0.1）	（2.3，0.0）
断面 5	（0.0，0.0）	（0.3，1.0）	（2.0，0.1）	（8.5，0.0）
断面 6	（0.0，0.2）	（0.3，1.0）	（1.9，0.1）	（3.8，0.0）

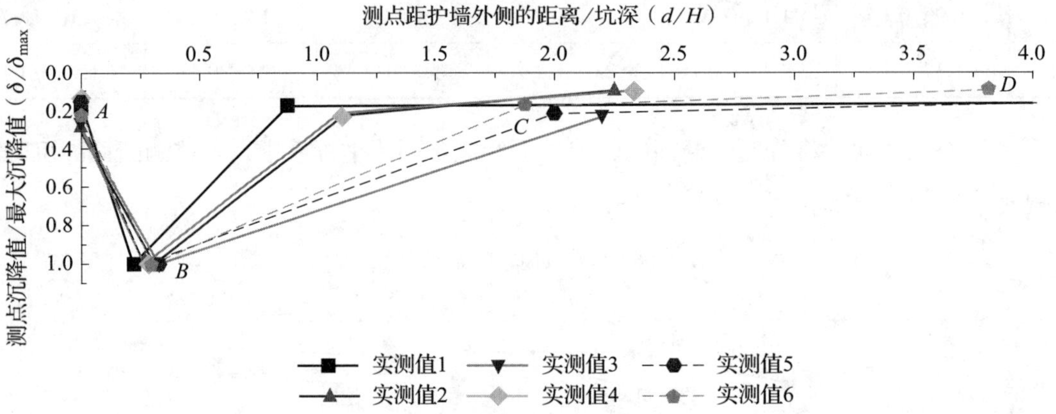

图 5.4–63 中部地区基坑地表沉降四点折线图

表 5.4–67 中部地区基坑四点折线图斜率 *K* 与截距 *b* 统计

斜率 K_{ij}	断面 1	断面 2	断面 3	断面 4	断面 5	断面 6
K_{AB}	–4.19	–2.60	–3.04	–3.07	–2.86	–2.72
K_{BC}	1.40	0.71	0.45	0.98	0.52	0.89
K_{CD}	0.01	0.12	—	0.12	0.02	0.05
b_{AB}	–0.09	–0.22	–0.16	–0.15	–0.05	–0.15
b_{BC}	–1.30	–0.93	–1.12	–1.22	–1.17	–1.75
b_{CD}	–0.09	–0.28	—	–0.27	–0.17	–0.17

根据表 5.4–67 的统计数据，中部地区基坑地表沉降实测四点折线三个直线段的具体参数的取值范围为：第一阶段各监测断面实测数据的所有直线斜率 *K* 的最大值为 –2.60，最小值为 –4.19，平均值为 –3.08；截距 *b* 最大值为 –0.05，最小值为 –0.22，平均值为 –0.13。第二阶段的所有直线斜率 *K* 的最大值为 1.40，最小值为 0.45，平均值是 0.82；截距 *b* 最大值为 –0.93，最小值为 –1.75，平均值为 –1.25。第三阶段的所有直线斜率 *K* 的最大值为 0.12，最小值为 0.01，平均值为 0.05；截距 *b* 的最大值为 –0.09，最小值为 –0.28，平均值为 –0.16。

5.4.3.3 东部地区

1. 实测数据统计分析

东部地区基坑工程的地表沉降选取了不同工程 8 个典型监测断面的实测数据，根据基坑的实际开挖深度 H、各测点距基坑侧壁的水平距离 d 以及各监测点的沉降值 δ，将每个测点的沉降值与最大沉降值的比值和每个测点距基坑侧壁的水平距离与基坑深度的比值，作为每个测点的二维坐标列入表 5.4–68。

表 5.4–68 东部地区基坑地表沉降实测数据计算表

断面号	比值	测点编号				
		1	2	3	4	5
1	d_1/H	0	0.25	0.5	1	1.5
	δ_1/δ_{max}	0.1	1	1	0.38	0.02
2	d_2/H	0	0.31	0.75	1.25	1.88
	δ_2/δ_{max}	0.14	1	0.38	0.11	0.03
3	d_3/H	0	0.26	0.87	1.67	2
	δ_3/δ_{max}	0.11	1	0.53	0.15	0.03
4	d_4/H	0	0.26	0.53	1.05	1.58
	δ_4/δ_{max}	0.07	0.68	1	0.31	0.04
5	d_5/H	0	0.23	0.55	1	—
	δ_5/δ_{max}	0.21	1	0.61	0.14	—
6	d_6/H	0	0.28	0.56	1.11	1.67
	δ_6/δ_{max}	0.12	1	0.33	0.11	0.02
7	d_7/H	0	0.33	0.87	1.33	2
	δ_7/δ_{max}	0.05	1	0.36	0.14	0.02
8	d_8/H	0	0.29	0.59	1.18	—
	δ_8/δ_{max}	0.14	1	0.32	0.17	—

利用 Origin 软件将各监测断面的转换数据绘制到同一坐标系中，各监测断面的沉降曲线如图 5.4–64 所示。

由图 5.4–64 可知，北京东部地区基坑地表最大沉降点大致位于围护结构外侧 0.25H 处，在距离基坑边线 1.0H 处地表沉降值占最大沉降值的 30%～65%，在距离基坑边线 1.5H 处地表沉降值占最大沉降值的 15%～40%，在 2.0H 处地表沉降值占最大沉降值的 15%～25%。

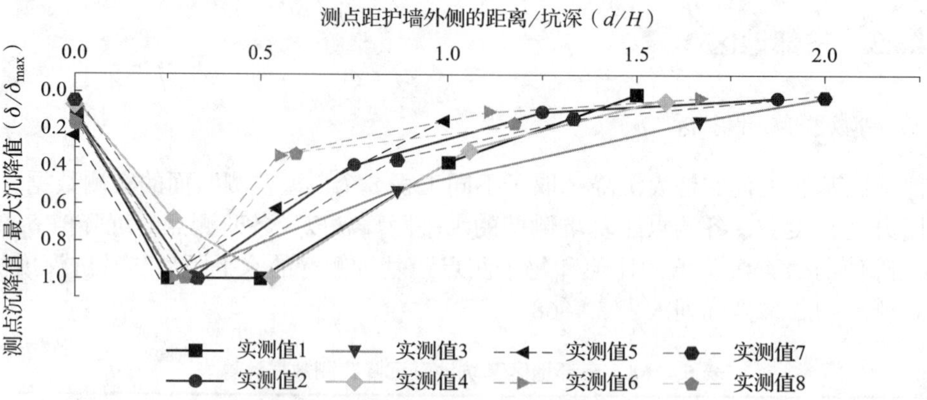

图 5.4–64 东部地区基坑地表沉降曲线

综上所述，西部地区基坑工程的地表沉降变形规律相对中、东部地区有所不同，地表最大沉降点的位置离开围护结构的距离偏大，几乎增大了 $0.1H$，相同深度的基坑沉降槽的影响范围也比中部、东部地区要小，沉降量也小，这主要是因为西部地区以砂卵石地层为主，砂石级配好，内摩擦角大，地下水影响较小，地层稳定性相对较好。中部与东部地区的沉降规律和沉降趋势基本一致，没有明显的区别，主要是因为两个地区均包含了砂层、黏土层，地层岩性相近，地表变形机理相似。

2. 预测模型参数计算

基于东部地区不同工程的 8 个基坑地表沉降监测断面监测点的位置及实测数据，首先根据上述四点折线法计算得到实测曲线的 A（0.0，δ_1/δ_{max}）、B（L_b/H，1.0）、C（L_c/H，0.1）和 D（L_d/H，0.0）四点的对应坐标，如表 5.4–69 所示，并绘制出各沉降曲线，如图 5.4–65 所示，再将每条曲线划分为三条直线段，求得每条直线段的两个表征四点折线变化特征的参数斜率 K_{ij} 与截距 b_{ij}，具体参数统计如表 5.4–70 所示。

表 5.4–69 东部地区基坑地表沉降实测四点坐标值

断面号	A（0.0，δ_1/δ_{max}）	B（L_b/H，1.0）	C（L_c/H，0.1）	D（L_d/H，0.0）
断面 1	（0.0，0.1）	（0.5，1.0）	（1.2，0.1）	（1.5，0.0）
断面 2	（0.0，0.1）	（0.3，1.0）	（1.3，0.1）	（1.9，0.0）
断面 3	（0.0，0.1）	（0.3，1.0）	（1.8，0.1）	（1.9，0.0）
断面 4	（0.0，0.1）	（0.5，1.0）	（1.2，0.1）	（1.6，0.0）
断面 5	（0.0，0.2）	（0.2，1.0）	（1.0，0.1）	—
断面 6	（0.0，0.1）	（0.3，1.0）	（1.1，0.1）	（1.7，0.0）
断面 7	（0.0，0.0）	（0.3，1.0）	（1.3，0.1）	（2.0，0.0）
断面 8	（0.0，0.1）	（0.3，1.0）	（1.2，0.1）	—

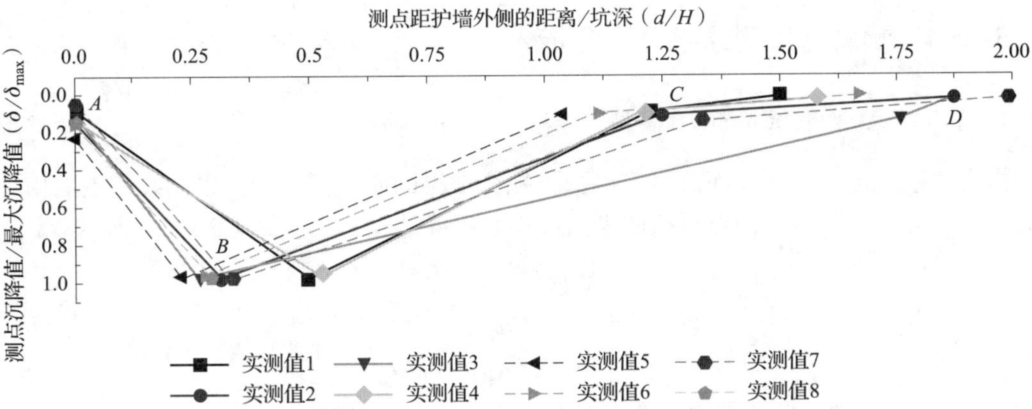

图 5.4–65　东部地区基坑地表沉降四点折线图

表 5.4–70　东部地区基坑四点折线图斜率 K 与截距 b 统计

斜率 K_{ij} 或截距 b_{ij}	断面 1	断面 2	断面 3	断面 4	断面 5	断面 6	断面 7	断面 8
K_{AB}	–1.80	–2.74	–3.39	–1.76	–3.47	–3.16	–2.86	–2.93
K_{BC}	1.23	0.83	0.58	0.98	1.27	1.07	0.86	0.89
K_{CD}	0.34	0.13	0.91	0.20	—	0.16	0.18	—
b_{AB}	–0.10	–0.14	–0.11	–0.07	–0.21	–0.12	–0.05	–0.14
b_{BC}	–1.62	–1.15	–1.15	–1.28	–1.42	–1.30	–1.29	–1.21
b_{CD}	–0.51	–0.27	–1.73	–0.35	—	–0.28	–0.39	—

根据表 5.4–70 的统计数据，东部地区基坑地表沉降实测四点折线各直线段的具体参数的取值范围为：第一阶段的 8 个监测断面实测数据的所有直线斜率 K 的最大值为 –1.76，最小值为 –3.47，平均值为 –2.76；截距 b 的最大值为 –0.05，最小值为 –0.21，平均值为 –0.12。第二阶段的所有直线斜率 K 的最大值为 1.27，最小值为 0.58，平均值是 0.96；截距 b 的最大值为 –1.15，最小值为 –1.62，平均值为 –1.30。第三阶段的所有直线斜率 K 的最大值为 0.91，最小值为 0.13，平均值为 0.24；截距 b 的最大值为 –0.27，最小值为 –1.73，平均值为 –0.44。

综上所述，四点折线图第一阶段直线 AB 的斜率 K 绝对值均值由西向东依次增大，坑深相同时西部基坑的最大沉降值偏小，位置距离围护结构相对较远，而东部地区基坑最大沉降值较大，且距离围护结构距离较近，表明东部地区粉细砂地层比西部地区砂卵石地层沉降坡度更加明显。但是，东部地区四点折线图第二阶段直线 BC 的斜率 K 与西部地区相比反而较小，这表明东部地区的沉降影响范围较大；根据预测模型可知，当 X 取 0 时，$S(x)$ 即为桩顶沉降值，在数值上等于截距 b_{AB}，结合西部、中部、东部各地区的参数统计表分析可知，参数 b_{AB} 的绝对值均值由西向东依次增大，表明东部粉质黏土、细沙层相对西部砂卵石地层的桩顶沉降值更大，约为最大沉降值的 31%，中部地区为 21%，西部地区仅为 16%；相同深度的基坑东部地区的地表最大沉降值更大，最大沉降值距离围护结构距离 d 更小，约为基坑深度 H 的 26%，西部地区约为 30%。

5.4.3.4 预测与实测结果对比分析

1. 基坑工程地表沉降预测模型

由上述基坑地表监测断面沉降实测数据拟合求得的四点折线图，以曲线四点的横坐标为界，划分为三个阶段，四点折线的三阶段地表沉降计算公式如式（5.4-3）所示。

$$S(x)=\begin{cases}K_{AB}x+b_{AB}, & 0\leqslant x<d\\ K_{BC}x+b_{BC}, & d\leqslant x<L\\ K_{CD}x+b_{CD}, & x\geqslant L\end{cases} \tag{5.4-3}$$

式中：$S(x)$——地表监测断面任意点沉降预测值与最大沉降值的比值；

x——地表监测点距围护结构外侧距离与基坑深度的比值；

d——最大沉降监测点距围护结构外侧的距离与基坑深度的比值；

L——沉降曲线拐点距围护结构外侧距离与基坑深度的比值；

K、b——不同直线段方程的斜率和截距，与基坑地质条件密切相关。

2. 预测与实测结果对比分析

在西部、中部、东部地区分别选取了不同基坑工程的三个监测断面的实测数据，根据不同基坑工程所在区域及岩土地质特性，结合上述基坑地表沉降预测模型及参数研究成果，对各监测断面监测点的沉降值进行了预测，并将各监测断面沉降点实测值与预测值分别绘制出曲线，如图 5.4-66 ~ 图 5.4-68 所示。

由西部、中部、东部三个地区各基坑地表沉降监测点沉降预测与实测曲线对比分析可知，西部地区的预测曲线与实测数据相对吻合，中部地区与东部地区的预测曲线与实测数据有一定的偏差；预测最大沉降值位于 0.25H ~ 0.3H 处，与实际情况基本相符，预测曲线显示 1.25H 范围内的沉降值相对较大，与实际监测数据基本一致。由于基坑周围地表沉降受多种环境因素影响，沉降变化较大，沉降预测需要结合工程实际合理选择预测模型及参数。

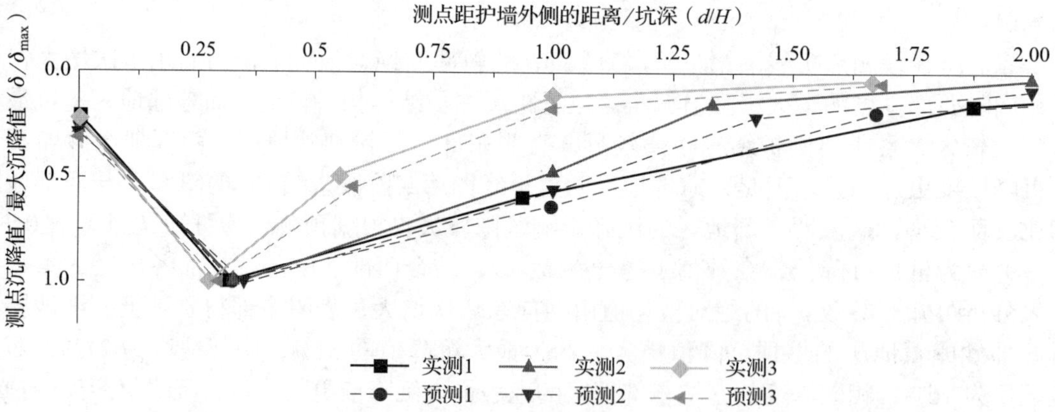

图 5.4-66 西部地区基坑地表沉降监测点沉降预测与实测曲线对比图

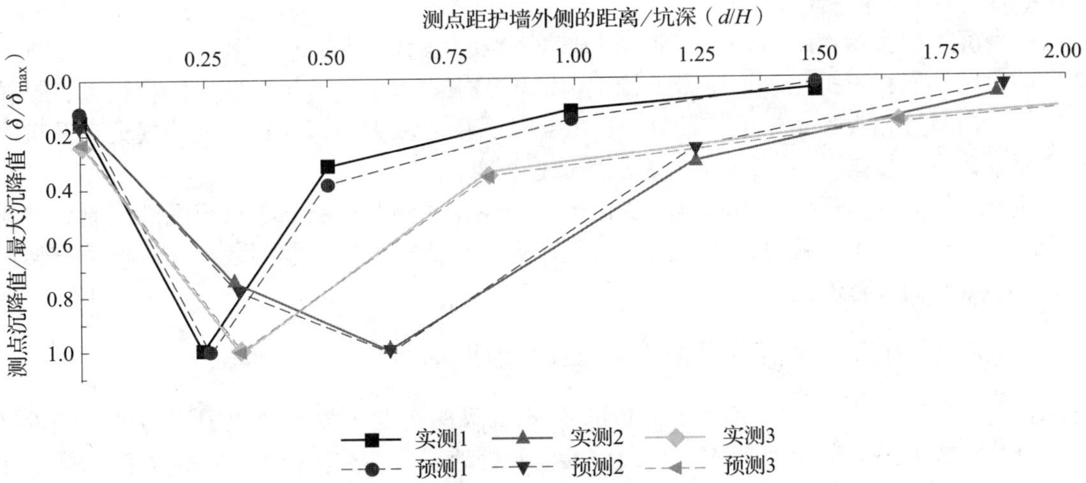

图 5.4-67　中部地区基坑地表沉降监测点沉降预测与实测曲线对比图

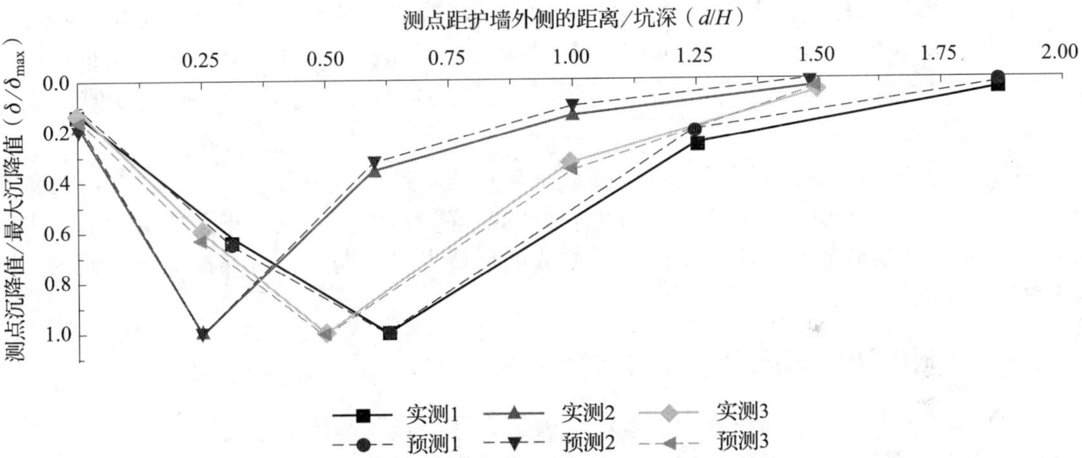

图 5.4-68　东部地区基坑地表沉降监测点沉降预测与实测曲线对比图

5.5　地表沉降预测参数变化规律

5.5.1　盾构法地表沉降预测参数变化规律

北京地区盾构工程地表沉降预测 Peck 公式沉降槽宽度参数 K 具有一定规律，沉降槽宽度参数 K 从东部至西部依次增大，工程所处地层岩性粒径越大，相同埋深的横断面沉降值变化越小，沉降槽越平缓，地表沉降槽参数 K 越大，地层损失率 V_l 越小。西部地区沉降槽呈现“宽而浅”的特点，东部地区则相对“窄而深”。

北京西部地区盾构法区间隧道 Peck 公式地表沉降槽宽度参数 K 取值范围为 0.55 ~ 0.79，地层损失率 V_l 取值范围为 2.02 ~ 3.10；中部地区 K 取值范围为 0.34 ~ 0.53，地层损失率 V_l 取值范围为 2.06 ~ 4.78；东部地区 K 取值范围为 0.33 ~ 0.50，地层损失率 V_l 取值范围为

2.61 ~ 6.29。

地表沉降槽反弯点距离 i 反映开挖对地表影响的范围，地层损失率 V_l 反映了开挖扰动地层的程度。同样根据工程地质岩土特性选取地层损失率 V_l，地层岩性土体粒径大，颗粒级配好，内摩擦角大，土层稳定性好，V_l 取小值，反之取大值，确定了地层损失率及沉降槽宽度系数后，根据 Peck 公式对地表沉降值进行预测。

预测沉降值由隧道中心向两侧的变化相对较快，受到监测断面布点范围的限制，实测曲线的反弯点有时不太明显，预测曲线的反弯点更加清晰可见，实测数据在隧道两侧超过 15m 的测点处的沉降值比预测值大。

5.5.2 矿山法地表沉降预测参数变化规律

北京地区暗挖工程地表沉降预测 Peck 公式沉降槽宽度参数 K 变化规律与盾构工程基本一致，参数 K 从东部至西部依次增大，工程所处地层岩性粒径越大，相同埋深的横断面沉降值变化越小，沉降槽越平缓，地表沉降槽参数 K 越大，地层损失率 V_l 越小。西部地区“宽而浅”，东部地区“窄而深”。

北京西部地区暗挖法区间隧道 Peck 公式地表沉降槽宽度参数 K 取值范围为 0.36 ~ 0.58，地层损失率 V_l 取值范围为 2.20 ~ 3.99；中部地区 K 取值范围为 0.35 ~ 0.54，地层损失率 V_l 取值范围为 2.22 ~ 5.72；东部地区 K 取值范围为 0.29 ~ 0.42，地层损失率 V_l 取值范围为 3.55 ~ 4.34。

针对暗挖法开挖的地铁区间，将预测数据与实测数据进行了对比，由对比图可知预测曲线与实测曲线基本吻合，隧道正上方地表处的沉降量最大，距隧道正上方地面的水平距离越远，地面的沉降越小；中部地区预测曲线的反弯点更加明显，沉降槽宽度与西部地区相比有所减小。

5.5.3 明挖法地表沉降预测参数变化规律

北京西部、中部、东部地区明挖基坑地表最大沉降点距基坑侧壁的距离随地层条件的变化表现出一定差异性，东部地区最大沉降值距离围护结构距离 d 更小，约为基坑深度 H 的 26%，中部地区与东部地区基本一致，西部地区约为 30%。基坑开挖地表影响范围也不同，沉降值 10mm 以上的范围西部砂卵石地层较小，约在 1.5H 范围内，东部粉砂层粉质黏土较大，超过了 2.0H 的范围，中部砂层细砂层在 2.0H 范围内。

北京地区由西向东地层岩性由砂卵石、圆砾、中粗砂，到中粗砂、粉质黏土、粉细砂，再到黏质粉土、粉质黏土、粉细砂，地表沉降曲线的形态有所不同，两个表征四点折线变化特征的参数即斜率 K 与截距 b 具有一定规律性，四点折线第一阶段直线 AB 的斜率 K 绝对值由西向东依次增大，表明东部粉细砂地层比西部砂卵石地层沉降坡度更加明显，但是，东部地区四点折线第二阶段直线 BC 的斜率 K 与西部地区相比反而较小，这表明东部地区的沉降影响范围较大；参数 b_{AB} 绝对值均值由西向东依次增大，表明东部粉质黏土、细砂层相对西部砂卵石地层的桩顶沉降值更大，约为最大沉降值的 31%，中部地区为 21%，西部地区仅为 16%。

第 6 章　工程结构及岩土体监测

6.1　概述

按照开挖方式，常见建设工程可分为基坑工程、暗挖工程、边坡工程和桥梁工程四大类，本书主要介绍这四种建设工程安全监测。基坑工程一般采用明挖法或盖挖法施工，暗挖工程分为矿山法暗挖和盾构法暗挖及顶管法暗挖。

6.1.1　建设工程施工方法

6.1.1.1　明（盖）挖法工程

1. 明挖法

目前用于城市轨道交通地下车站及区间、地下管廊、地下综合体、交通枢纽、市政蓄排水等修建施工的明挖基坑工程越来越多，基坑设计向深、大方向发展。受设计、施工及工程管理条件限制，以及基坑工程地质环境及周边环境设施影响，不仅存在基坑本身的安全与稳定问题，还存在因土方开挖引起的周围地层移动而危及相邻建筑物、地下管线网和城市市政设施等的正常使用等问题。

明挖法是指先从地表面向下开挖基坑至设计标高，然后在基坑内设计位置由下而上地建造结构及其防水措施，最后回填土并恢复路面的施工方法。明挖基坑施工分敞口放坡基坑和有围护结构的基坑两类。若基坑深度较小，所处地面空旷，周围无建筑物或建筑物间距很大，地面有足够的空地能满足施工需要又不影响周围环境时，可采用敞口放坡施工。如果因场地限制，基坑边坡坡度稍陡于规范规定时，则可采用适当的挡土结构，如土钉加混凝土抹面对边坡加以支护。敞口放坡基坑分为边坡坡面不加支护的基坑以及喷混凝土面和锚杆护坡基坑两类。如基坑较深、地质条件差、地下水位高、周边建筑物密集、交通繁忙，无足够空地满足施工要求，没有条件采用敞口放坡基坑时，则可采用有围护结构的基坑。有围护结构基坑的围护结构又分为不同类型，如图 6.1–1 所示。

- 明挖法基坑类型
  - 敞口放坡基坑
    - 边坡面不加支护的基坑
    - 喷混凝土面和锚杆护坡基坑
  - 有围护结构的基坑
    - 工字钢桩围护基坑
    - 钢板桩围护基坑
    - 钻孔灌注桩围护基坑
    - 地下连续墙围护基坑
    - 土钉墙围护基坑
    - 复合式围护基坑

图 6.1–1　明挖法基坑类型

明（盖）挖基坑支护结构包括围护结构和支撑结构。围护结构一般是开挖面基底下有一定深度的板（桩）墙结构；支撑结构是为了减小围护结构的变形，控制墙体的弯矩。基坑支护结构有多种结构形式，在建设工程中，需要根据施工特点、基坑深度、工程地质水文条件、地面环境条件等，确定支护结构形式。

基坑围护结构体系包括板（桩）墙、围檩（冠梁）及其他附属构件。板（桩）墙主要承受基坑开挖卸荷所产生的土压力和水压力，并将此压力传递到支撑，是稳定基坑的一种施工临时挡墙结构。围护结构类型可归纳为六种：板桩式、柱列式、地下连续墙、自立式水泥土挡墙、组合式、沉井（箱）。其中，板桩式又包括钢板桩、钢管桩、钢筋混凝土板桩和主桩横挡板四类，柱列式又分为钻孔灌注桩和挖孔灌注桩两类。按其止防水性质又可分为透水围护结构和止水围护结构。透水围护结构止水性差，适用于地下水位较低或防水要求不高的部位，常用结构形式有 H 型钢（工字钢）桩、钢板桩、灌注桩、预制混凝土桩等；止水围护结构的抗渗防水性好，可用于地下水位高或防水要求较高的部位，常用结构形式包括地下连续墙、钢板桩、SMW 工法桩、深层搅拌水泥土墙、自立式水泥土挡墙等。

基坑的支撑结构可分为内支撑和外拉锚两类。内支撑一般由各种型钢撑、钢管撑、钢筋混凝土撑等构成支撑系统；外拉锚有拉锚和土锚两种结构。在软弱地层的基坑工程中，支撑结构是承受围护墙所传递的土压力、水压力的结构体系。支撑结构体系包括围檩、支撑、立柱及其他附属构件。支撑结构挡土的应力传递路径是围护墙→围檩（冠梁）→支撑，在地质条件较好的有锚固力的地层中，基坑支撑可采用土锚和拉锚。在深基坑的施工支护结构中，常用的支撑系统按其材料可分为现浇钢筋混凝土支撑体系和钢支撑体系两类。

2. 盖挖法

盖挖法是一种由明挖法派生出来的施工方法，与常见的明挖法施工的主要区别在于施工方法和顺序不同：盖挖法是先盖后挖，即先以临时路面或结构顶板维持地面畅通，再向下施工。施工基本流程是：在现有道路上按所需宽度，以定型标准的预制棚盖结构（包括纵、横梁和路面板）或现浇混凝土顶（盖）板结构置于桩（或墙）柱结构上维持地面交通，在棚盖结构支护下进行开挖和施作主体结构、防水结构，然后回填土并恢复管、线、路或埋设新的管、线、路，最后恢复道路结构。

盖挖法的主要宗旨是尽可能减少对城市交通的干扰。盖挖法根据基坑开挖与结构浇筑顺序的不同，又分为三种基本的施工方法：盖挖顺作法、盖挖逆作法和盖挖半逆作法。

（1）盖挖顺作法。盖挖顺作法是在现有道路上，按所需宽度在地面完成挡土结构后，以定型的预制标准覆盖板（包括纵横梁和路面板）置于挡土结构上维持交通。在覆盖板的保护下由上而下挖土支撑至基底设计标高后，由下而上完成主体结构后恢复路面交通。

（2）盖挖逆作法。盖挖逆作法是先在地表面向下做基坑的围护结构和中间桩柱，围护结构多采用地下连续墙、钻孔灌注桩或人工挖孔桩，中间桩柱则多利用主体结构本身的中间立柱；随后开挖表层土至主体结构顶板底面标高处，利用未开挖的土体作为土模浇筑顶板，待回填土后将路面交通恢复；然后在顶板覆盖下，自上而下逐层开挖并施作主体结构和防水措施直至底板。

（3）盖挖半逆作法。类似于盖挖逆作法，其区别仅在于顶板完成及修复路面后，向下挖土至设计标高后，先建筑底板，再依次向上逐层建筑侧墙、楼板。在半逆作法施工中，需设置横撑并施加预应力。采用逆作或半逆作法时要注意混凝土施工缝的处理问题。

6.1.1.2　暗挖法工程

1. 矿山法暗挖工程

目前建设工程中矿山法施工分类可分为新奥法和浅埋暗挖法。

（1）新奥法。新奥法是以维护和利用围岩的自承能力为基点，以喷射混凝土、锚杆为主的初期支护，支护与围岩联合受力共同作用，围岩成为支护体系的组成部分，支护在与围岩共同变形中承受的是形变应力。因此，要求初期支护有一定的柔度，以利用和充分发挥围岩的自承能力。光面爆破、喷锚支护和变形量测是“新奥法”的三大核心。

新奥法施工隧道适用于稳定地层，根据地质、施工机具条件采用对围岩扰动少的支护方法。岩石地层当采用钻爆法开挖时，一般采用光面爆破、预裂爆破技术，尽量减少欠挖、超挖。围岩开挖后立即进行必要的支护，并使支护与围岩尽量密贴，以稳定围岩。围岩条件比较好时可简单支护或不支护。采用喷混凝土锚杆作为初期支护时的施工顺序一般为先喷混凝土后打锚杆；围岩条件恶劣时，则采用初喷混凝土、架钢支撑、打锚杆、二次喷混凝土。锚杆杆位、孔径、孔深及布置形式应符合设计要求，锚杆杆体露出岩面的长度不宜大于混凝土层厚度，锚杆施工质量应符合有关规范要求。

（2）浅埋暗挖法。浅埋暗挖法是在距离地表较近的地下进行地铁工程暗挖施工的一种方法，是指在城镇软弱围岩地层中，以改造地质条件为前提，以控制地表沉降为重点，以格栅和锚喷混凝土作为初期支护手段，遵循“新奥法”理论，按照“十八字”方针（管超前、严注浆、短进尺、强支护、快封闭、勤量测）进行隧道的设计和施工。

浅埋暗挖法的工艺流程和技术要求主要是针对埋置深度较浅、松散不稳定的土层和软弱破碎岩层施工面而形成的。浅埋暗挖法与新奥法相比，更强调地层的预支护和预加固。因为建设工程大多在城镇施工，对地表沉降的控制要求比较严格。浅埋暗挖法支护衬砌的结构刚度比较大，初期支护允许变形量比较小，从而达到保护周围地层的自承作用和减少对地层的扰动的目的。主要施工顺序为：地层预加固和预支护、隧道土方开挖及支护、初期支护、二次衬砌。利用监测信息指导设计与施工是浅埋暗挖施工工序的重要组成部分。

采用浅埋暗挖法施工时，依据工程地质、水文地质情况、工程规模、覆土厚度、施工工期及环境安全要求等因素，常用掘进施工方法有全断面法、台阶法、中隔壁法（CD，Center Diaphragm）、交叉中隔壁法（CRD，Center Cross Diaphragm）、双侧壁导坑法（眼镜法）、洞桩法（PBA，Pile Beam Arch）、中洞法及侧洞法等。

2. 盾构法暗挖工程

盾构法施工是以盾构机为隧道掘进设备，以盾构机的盾壳作支护，用前端刀盘切削土体，由千斤顶顶推盾构机前进，以开挖面上拼装预制好的管片作衬砌，从而形成隧道的施工方法。

盾构机主要由五部分组成：壳体、推进系统、排土系统、管片拼装系统和辅助注浆系统。盾构机的壳体由切口环、支撑环和盾尾三部分组成，并与外壳钢板连成一体；排土系统主要是由切削土体的刀盘、泥土仓、螺旋出土器、皮带传送机、泥浆运输电瓶车等部分组成。

土压式盾构是把土料（必要时添加泡沫等对土壤进行改良）作为稳定开挖面的介质，刀盘后隔板与开挖面之间形成泥土室，刀盘旋转开挖使泥土料增加，再由螺旋输料器旋转将土料运出，泥土室内土压可由刀盘旋转开挖速度和螺旋输出料器出土量（旋转速度）进行调节。它又可细分为削土加压盾构、加水土压盾构、加泥土压盾构和复合土压盾构。

泥水式盾构机是通过加压泥水或泥浆（通常为膨润土悬浮液）稳定开挖面，在机械式盾构的刀盘的后侧有一个密封隔板，把水、黏土及其添加剂混合制成的泥水经输送管道压入泥水仓，待泥水充满整个泥水仓，并具有一定压力，形成泥水压力室，开挖土料与泥浆混合由泥浆泵输送到洞外分离厂，经分离后重复使用泥浆。

地层渗透系数对于盾构的选型是一个很重要的影响因素。根据施工经验，当地层的透水系数小于 10^{-7}m/s 时，可以选用土压平衡盾构；当地层的渗水系数在 10^{-7} ~ 10^{-4}m/s 时，既可以选用土压平衡盾构也可以选用泥水式盾构；当地层的透水系数大于 10^{-4}m/s 时，宜选用泥水盾构。

盾构法施工工艺包括：①施工准备工作，修建盾构始发井和到达井；②盾构吊装、附属设备和后续车架安装，由于起重设备和运输条件的限制，通常盾构都拆卸成切口环、支承环、盾尾 3 节运到工地，然后用起重机将其逐一放入井下的垫层或支承平台上；③洞口地层加固，当盾构工作井周围地层为自稳能力差、透水性强的松散砂土或饱和含水黏土时，为保证地层稳定采用注浆、旋喷、深层搅拌、井点降水、冻结法等方法加固；④盾构掘进，进行土方开挖、管片拼装、注浆充填衬砌与周围地层之间的环向间隙等；⑤盾构接收。

3. 顶管法暗挖工程

顶管法是隧道或地下管道穿越铁路、道路、河流或建筑物等各种障碍物时采用的一种暗挖式施工方法。在施工时，通过传力顶铁和导向轨道，用支承于基坑后座上的液压千斤顶将管节压入土层中，同时挖除并运走管正面的泥土。当第一节管全部顶入土层后，接着将第二节管接在后面继续顶进，这样将一节节管子顶入，做好接口，建成涵管。顶管法特别适于修建穿过已建成建筑物、交通线下面的涵管或河流、湖泊。顶管按挖土方式的不同分为机械开挖顶进、挤压顶进、水力机械开挖和人工开挖顶进等。

6.1.1.3 建筑边坡工程

建筑边坡指在建（构）筑物场地或其周边，由于建（构）筑物和市政工程开挖或填筑施工所形成的人工边坡和对建（构）筑物安全或稳定有影响的自然边坡。根据边坡对工程影响的时间差别，可分为永久边坡和临时边坡两类；根据边坡与工程的关系，可分为建筑物地基边坡（必须满足稳定和有限变形要求）、建筑物邻近边坡（须满足稳定要求）和对建筑物影响较小的延伸边坡（允许有一定限度的破坏）。

建筑边坡工程支护常用的结构形式包括挡土墙（重力式、悬臂式或扶壁式）、锚杆、土钉墙等方式。除支护结构外，影响边坡稳定性的因素包括：①地质构造。主要是指边坡地段的褶皱形态、岩层产状、断层和节理裂隙的发育程度以及新构造运动的特点等。②岩体结构。不同结构的岩体，物理力学性质差别很大，边坡变形破坏的性质也不同。③风化作用。边坡岩体长期暴露在地表，受到水文、气象变化的影响，逐渐产生物理和化学风化作用，出现稳定性降低现象。④地下水。处于水下的透水边坡将承受水的浮托力的作用，使坡体的有效重力减轻；水流冲刷岩坡，可使坡脚出现临空面，上部岩体失去支撑，导致边坡失稳。⑤边坡形态。边坡形态通常指边坡的高度、坡度、平面形状及周边的临空条件等，坡高越大，坡度越陡，对稳定性越不利。⑥其他作用。人类的工程作用、气象条件、植被生长状况等因素也会影响边坡的稳定性。

6.1.1.4　桥梁工程

1. 桥梁分类及结构组成

在桥梁结构设计中，一般按桥梁的结构形式（也称结构体系）将其分为四个基本类型以及这些基本类型的组合形式：①梁式桥；②拱式桥；③刚架（构）桥；④悬索（吊）桥；⑤组合形式桥，如系杆拱桥、斜拉桥等。各种结构形式其受力特点、适应范围都有很大差异。

通常来讲，桥梁由上部结构、下部结构、基础和附属结构四部分组成。①上部结构，是指桥梁结构中直接承受车辆和其他荷载，并跨越各种障碍物的结构部分。它直接承担使用荷载，一般包括桥面构造、桥梁跨越部分的承载结构和桥梁支座。②下部结构，桥梁的桥墩和桥台统称为下部结构。它是支承桥跨结构并将恒载和车辆活载等荷载传递至基础的建筑物。通常把设在桥梁两端的称为桥台，它除了上述作用外，还与路堤衔接，以抵御路堤土压力，防止路堤填土的滑坡和坍落。③基础，设置在墩台下部、将全部荷载传递至地基的结构部分称为基础。基础是确保桥梁安全使用的关键。由于基础往往深埋于土层之中，并且很多情况下需要进行水下施工，故也是桥梁建筑中比较困难的一部分。④附属结构，设在桥梁主体结构以外，保证桥梁正常、安全使用的建筑物称为附属结构，主要包括锥形护坡、护岸及导流工程等。

2. 桥梁施工方法

（1）基础工程施工方法。桥梁通常采用的基础形式有扩大基础、桩基础、沉井基础、地下连续墙等。扩大基础是将墩台及上部结构传来的荷载直接传递至较浅的支承地基的一种基础形式，一般采用明挖基坑的方法进行施工。桩基础是深入土层的柱形构件，其作用是将来自桩顶的荷载传递到土体中的较深处，按成桩方法可分为沉入桩、灌注桩、大直径桩。沉井基础是一种断面和刚度均比桩基础大得多的筒状结构，施工时在现场开挖井内土方，使之沉落到预定支承的地基上。地下连续墙是用膨润土泥浆进行护壁，在防止开挖壁面坍塌的同时在设计位置开挖出一条狭长端圆的深槽，然后将钢筋骨架放入槽内，并灌注水下混凝土，从而在地下形成连续墙体的一种基础形式。位于旱地、浅水河中采用土石筑岛法施工桩基的桥梁，其承台的施工方法与扩大基础的施工方法相类似，可采用明挖基坑、简易板桩围堰后开挖基坑等方法进行施工。对深水中的承台，可供选择的方法有钢板桩围堰、钢管桩围堰、双壁钢围堰及套箱围堰等。

（2）下部结构施工方法。墩（台）身的施工方法根据其结构形式的不同而不同。对结构形式较简单，高度又不大的中、小桥的墩（台）身，通常采用传统的方法，一次砌筑或立模（一次或多次）现浇施工，但对高度较高的墩台及斜拉桥、悬索桥的索塔，则有较多的施工方法可供选择。而施工方法的多样化主要反映在模板结构形式的不同上。近年来，滑升模板、爬升模板和翻升模板等在高墩及索塔上应用较多，其共同的特点是将墩身分成若干个节段，从下至上逐段进行施工。

（3）上部结构施工方法。桥梁上部结构的形式是多种多样的，其施工方法的种类也较多，但除一些比较特殊的施工方法外，大致可分为预制安装法和现浇法两大类。

1）预制安装法。预制安装可分为预制梁安装和预制节段式块件拼装两种类型。前者主要指装配式的简支梁桥，如空心板、T形梁、工字形梁及小跨径箱梁等的安装，然后进行横向联结或施工桥面板而使之成为桥梁整体；后者则将梁体（一般为箱梁）沿桥轴线分段预制成节段式块件，运至现场进行拼装，其拼装方法一般多采用悬臂法。连续梁、T构、刚构和斜拉桥都可以应用这种方法进行施工。常用的预制安装施工方法主要有：自行式吊车吊装法、跨墩龙门安装法、架桥机安装法、浮吊架设法、浮运整孔架设法、逐孔拼装法、悬臂拼装法等。

2）现浇法。现浇法主要有固定支架法、逐孔现浇法、悬臂浇筑法、顶推法、转体施工法等几种方法。固定支架法是在桥跨间设置支架、安装模板、绑扎钢筋、现场浇筑混凝土的施工方法，适用于钢筋混凝土和预应力混凝土中小跨径桥梁施工，支架按结构的不同分为满布式、柱式、梁式、梁柱式等几种。逐孔现浇法分在支架上逐孔现浇和移动模架逐孔现浇，多采用后者。悬臂浇筑法是在桥墩两侧对称布置吊篮模板，逐段就地浇筑混凝土，待混凝土达到一定强度后张拉预应力筋，移动挂篮继续施工，使悬臂不断接长直至合龙。顶推法施工是在桥台的后方施工场地分节段浇筑梁体，用纵向预应力钢筋将浇筑节段与已完成的梁体连成整体，在梁体前端安装钢导梁，通过水平千斤顶施力，将梁体推出就位，不断重复完成全部梁体施工。转体施工法多用于拱桥的施工，也可用于斜拉桥和刚构桥的施工，先在岸边立支架预制半跨桥梁的上部结构，然后借助上下转轴偏心值产生的分力使两岸半跨桥梁上部结构向桥跨转动，用线缆控制就位合龙。

6.1.2 工程结构及岩土体监测

工程结构及岩土体监测要根据工程结构及岩土体的特点合理确定各类监测要素，包括监测对象、监测项目、监测点布置及方法、监测周期及频率、控制指标等。监测的对象选择应包含：①基坑工程中的支护桩（墙）、立柱、支撑、锚杆（索）等支护结构；②矿山法工程中的初期支护、临时支撑及盾构法工程中的管片、顶管法工程中的管节等结构；③建筑边坡工程中的支护桩（墙）、锚杆（索）等支护结构；④桥梁工程中的墩柱、墩台、主梁、主拱、吊杆、索塔、拉索等主体结构、构件及临时结构；⑤工程周围岩土体、地下水及地表水等；⑥其他应监测的对象。工程结构及岩土体监测项目应根据工程特点、设计及施工要求、监测对象的特性等因素综合确定，并应能反映监测对象的变化特征和安全状态。工程结构及周围岩土体监测点的布设位置和数量总体原则应根据施工方法、监测对象及项目特点、工程地质及周边环境条件、监测方法的要求等综合确定，并应满足反映监测对象实际状态、位移或内力变化规律，以及分析监测对象安全状态的要求。

6.2　明（盖）挖法工程结构及岩土体监测

6.2.1　监测对象和项目

明（盖）挖法工程监测根据基坑工程围护结构特点及施工开挖方法，为掌握基坑开挖过程中开挖与支护的平衡关系，主要考虑支护结构体系中的桩（墙）、边坡、立柱、支撑、锚杆、锚索、土钉、顶板、井壁等以及地表、深层土体、地下水等对象，并能反映这些监测对象间的相互作用关系。

明（盖）挖法的监测项目的选定，根据基坑工程地质条件、围岩类别、围岩应力分布情况、基坑平面形式、埋深、工程性质、开挖方法、支护类型等因素确定。监测的项目选定应遵循经济合理、保证安全、能够信息化指导施工的原则，一般以变形类监测项目为主，如有针对完善设计及对变化机理等研究的要求，可增加力学类项目。《建设工程第三方监测技术规程》DB11/T 1626—2019 要求的明挖基坑工程及岩土体的第三方监测项目共 8 项，见表 6.2–1。

表 6.2–1　基坑工程支护结构及岩土体仪器监测项目

序号	监测项目	监测等级		
		一级	二级	三级
1	支护桩（墙、边坡）顶水平位移	应测	应测	应测
2	支护桩（墙、边坡）顶竖向位移	应测	宜测	可测
3	支护结构深层水平位移	应测	应测	宜测
4	立柱竖向位移	应测	宜测	可测
5	支撑内力	应测	应测	宜测
6	锚杆（索）拉力	应测	应测	宜测
7	地下水位	应测	应测	应测
8	地表沉降	应测	应测	应测

支护桩（墙）、边坡顶部水平位移监测能够直观反映基坑围护结构的整体安全稳定性，修正由于围护结构底部不稳定引起的支护结构深层水平位移基点变化数据。支护桩（墙）顶部的竖向位移也是反映基坑岩土体回弹及围护结构稳定性的一个较为重要的指标，也可了解到支撑体系受竖向变形的影响情况。支护桩（墙）体深层水平位移监测可反映出支护桩（墙）沿深度方向上不同位置处的水平变化情况，并且可以及时地确定桩（墙）体最大水平位移值及其深度，对于分析支护桩（墙）的稳定和变形发展趋势起着重要作用。支护桩（墙）体结构应力监测能够较好地反映出施工过程中桩（墙）体的受力状态，对验证或修改设计参数具有指导作用。基坑内立柱的变形状态对反映支撑体系的稳定至关

重要，立柱一旦变形过大会导致支撑体系失稳。基坑水平支撑为支护桩（墙）提供平衡力，以使其在外侧土压力的作用下不至于出现过大变形，甚至倾覆。支撑轴力是反映基坑稳定性的重要指标。基坑采用锚杆进行侧壁的加固，其拉力变化也是反映基坑稳定性的重要指标。地表沉降是综合分析基坑的稳定以及地层位移对周边环境影响的重要依据。地下水是影响基坑安全的一个重要因素，地下工程的破坏大都与地下水的影响有关，地下水位为应测项目。当基坑工程受到承压水的影响时，还应进行承压水位的监测。基坑开挖是一个卸载的过程，随着坑内土体的开挖，坑底土体隆起也会越来越大，尤其是软弱土地区，过大的基底隆起会引起基坑失稳。因此，进行基坑底部隆起观测也有必要。对土钉拉力、支护桩（墙）外侧土压力、孔隙水压力、土体分层竖向位移和深层水平位移进行监测，可了解和掌握桩（墙）体实际受力情况和支护结构的安全状态，对设计和施工具有较好的指导意义。

6.2.2 监测点布设与监测方法

6.2.2.1 支护桩（墙、边坡）顶水平位移

1. 基准点及监测点布设

平面基准点选设于建设工程开挖影响范围外的稳定地段，并根据监测对象位置、场地布置围挡条件合理分布，一般每个单位工程不少于 4 个，能够满足组成合理观测网形引测至场地的条件。

支护桩（墙、边坡）顶水平位移监测点的位置和数量应满足控制关键位置和工程信息化施工数据监测分析的要求，设置原则为：①监测点沿基坑周边桩（墙、边坡）顶布设，基坑中部、阳角处、深度变化部位、邻近建（构）筑物及地下管线等重要环境部位、地质条件复杂部位等应布设监测点；②监测点沿基坑周边桩（墙、边坡）顶布设间距宜为 20～40m；③水平位移和竖向位移监测点宜为共用点，监测点宜设置在围护结构冠梁顶上。

基准点可埋设在地面下或建造高于地面的墩台标志。

埋设于地下的基准点标志：保护井壁宜采用钢质材料，井壁厚度宜为 10mm，井底垫圈宽度宜为 50mm，井深宜为 200～300mm；井盖宜采用钢质材料，井盖直径宜为 200mm，井口标高宜与地面标高相同；平面基准点标志采用加工成“L”形的钢筋置入混凝土基石中，钢筋直径宜为 25mm，顶部可刻画成“十”字或镶嵌直径 1mm 的铜芯；混凝土基石上部直径宜为 100mm，下部直径宜为 300mm，基准点顶部距离井盖顶宜为 50mm；平面基准点可采用人工开挖或钻机钻孔的方式埋设，基准点底部埋设深度应至相对稳定的土层。平面基准点埋设标石形式如图 6.2-1 所示。

高于地面的墩台基准点标志：观测墩台根据基坑周边环境情况浇筑便于人员操作仪器的观测墩台，墩台高度、与基坑边水平距离以及底座高度根据围栏高度及视线情况确定，数量应根据基坑长度确定，在满足规范监测精度要求的前提下，观测墩台间距不宜大于 100m，强制对中观测盘固定于墩台底座上部，观测台表面喷涂警示颜色，颜色与场地围栏颜色一致。后视墩台在基坑影响区范围外开挖深坑至冻土线以下，将直径 30cm 的 PVC 管件埋入坑内，保证地面硬化后外露部分满足 160cm。硬化路面的同时向 PVC 管件内灌注混凝土，过程中保证管件的垂直稳定。混凝土灌注完成之后，将对中盘支架置入 PVC

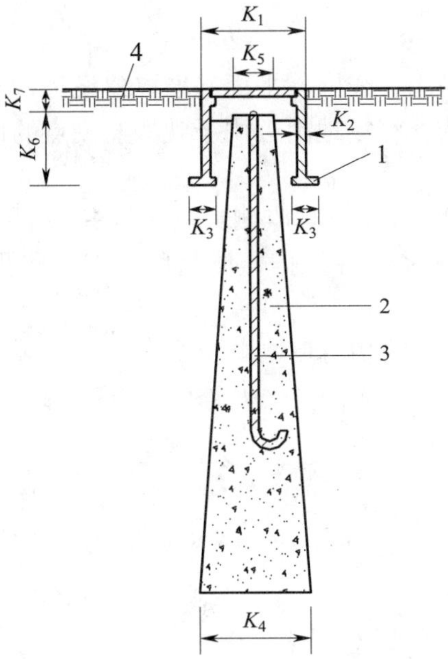

1—保护井；2—混凝土底座；3—钢标志点；4—地面；K_1—井盖直径；K_2—井壁厚度；
K_3—井底垫圈宽度；K_4—混凝土基石底直径；K_5—混凝土基石顶直径；
K_6—井底垫圈面距监测点顶部高度；K_7—基准点顶部距井盖顶高度。

图 6.2–1　平面基准点标石

管内混凝土中，对中盘表盘置于外表面，并进行整平处理。后视点必须设置保护栏。强度及稳定性达到要求后进行观测使用。

桩（墙）顶水平位移测点采用固定杆件安置观测棱镜方式（如图 6.2–2 所示）。在冠梁顶开孔，打入顶部磨圆且长度为 18cm、直径不小于 ϕ 16 的不锈钢预埋件，长度嵌入冠梁 9cm，孔与测点四周空隙用水泥砂浆或锚固剂填实。测点设置兼用作桩（墙）顶竖向位移测点。

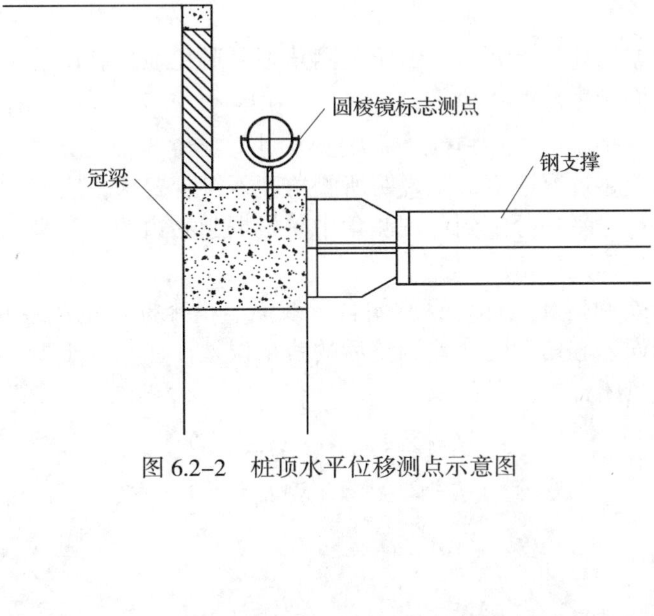

图 6.2–2　桩顶水平位移测点示意图

2. 监测作业方法

水平位移监测基准网一般采用导线网，平面基准以建设工程施工平面坐标系统为基准建立，采用附合或闭合导线形式，将场地附近用于观测监测点的设站点纳入其中，测点监测一般采用极坐标法。

导线网形设计时要进行精度估计，对监测点的中误差进行计算，合理分配基准点、设站点与监测点的位置与距离关系，并根据监测精度要求、监测仪器的性能等确定观测回数。

可按下列公式估算导线相邻点的相对点位中误差：

$$M_{IJ}=\pm\sqrt{M_T^2+M_U^2} \tag{6.2-1}$$

$$M_T=\pm\frac{1}{T}\cdot S \tag{6.2-2}$$

$$M_U=\pm\frac{m_\beta}{\rho''}\cdot S \tag{6.2-3}$$

式中：$\frac{1}{T}$——测距相对中误差（mm）；

S——导线平均边长；

m_β——测角中误差（″）。

支护桩（墙、边坡）顶水平位移监测点观测可视监测点的分布情况，采用导线测量法、极坐标法、自由设站法、小角法、方向线偏移法、视准线法、交会测量法等方法。

导线测量法。将测区内相邻控制点连成直线而构成的折线称为导线。这些控制点称为导线点。导线测量通过依次测定各导线边的长度和各转折角值，根据起算数据，推算各边的坐标方位角，从而求出各导线点的坐标。起讫于同一已知点的导线称为闭合导线。布设在两已知点间的导线称为附合导线。

导线测量计算各点坐标公式如下：

$$x_i=x_{i-1}+D_i\cos\alpha_i \tag{6.2-4}$$

$$y_i=y_{i-1}+D_i\sin\alpha_i \tag{6.2-5}$$

闭合差计算及分配：

（1）角度闭合差的计算与调整。由于观测角不可避免地含有误差，致使实测的内角之和不等于理论值，而产生角度闭合差：

$$f_\beta=\alpha_{始}+\sum\beta_{左}-n\cdot 180°-\alpha_{终} \tag{6.2-6}$$

导线角度闭合差超过容许值，则说明所测角度不符合要求，应重新检测角度。若不超过，可将闭合差反符号平均分配到各观测角中。根据起始边的已知坐标方位角及改正角推算其他各导线边的坐标方位角。

（2）坐标闭合差调整及坐标计算。闭合导线纵、横坐标增量代数和的理论值应为零，实际上由于量边的误差和角度闭合差调整后的残余误差往往不等于零，而产生纵坐标增量闭合差与横坐标增量闭合差，即：

$$f_x=\sum\Delta x_{测}-(x_{始}-x_{终}) \tag{6.2-7}$$

$$f_y=\sum\Delta y_{测}-(y_{始}-y_{终}) \tag{6.2-8}$$

导线全长闭合差为：

$$f_{\mathrm{D}}=\sqrt{f_{\mathrm{x}}^{2}+f_{\mathrm{y}}^{2}} \tag{6.2-9}$$

导线全长相对误差为：

$$K=\frac{f_{\mathrm{D}}}{\sum D}=\frac{1}{\sum D/f_{\mathrm{D}}} \tag{6.2-10}$$

坐标增量改正数计算：

$$V_{\mathrm{xi}}=-\frac{f_{\mathrm{x}}}{\sum D}-D_{\mathrm{i}} \tag{6.2-11}$$

$$V_{\mathrm{yi}}=-\frac{f_{\mathrm{y}}}{\sum D}-D_{\mathrm{i}} \tag{6.2-12}$$

各点坐标推算：

$$x_{前}=x_{后}+\Delta x_{改} \tag{6.2-13}$$

$$y_{前}=y_{后}+\Delta y_{改} \tag{6.2-14}$$

极坐标测量法。极坐标测量是通过使用全站仪在已知点或测定的点设站，观测设站点至监测点的角度、距离，计算测定监测点坐标的方法。

极坐标计算公式计算每周期各变形点的坐标如下：

$$X_{\mathrm{P}}=D_{\mathrm{P}}\cdot\cos H_{\mathrm{ZP}}+X^{0} \tag{6.2-15}$$

$$Y_{\mathrm{P}}=D_{\mathrm{P}}\cdot\sin H_{\mathrm{ZP}}+Y^{0} \tag{6.2-16}$$

$$Z_{\mathrm{P}}=\Delta h_{\mathrm{P}}+Z^{0} \tag{6.2-17}$$

式中：X^0、Y^0、Z^0——监测站的坐标值。

若以变形点第一周期的坐标值（X_{P}^{1}，Y_{P}^{1}，Z_{P}^{1}）作为初始值，则各变形点相对于第一周期的变形量为：

$$\Delta X_{\mathrm{P}}=X_{\mathrm{P}}-X_{\mathrm{P}}^{1} \tag{6.2-18}$$

$$\Delta Y_{\mathrm{P}}=Y_{\mathrm{P}}-Y_{\mathrm{P}}^{1} \tag{6.2-19}$$

$$\Delta Z_{\mathrm{P}}=Z_{\mathrm{P}}-Z_{\mathrm{P}}^{1} \tag{6.2-20}$$

式中：ΔX、ΔY、ΔZ——监测点的坐标变化值。

水平位移监测仪器可使用带马达驱动目标自动识别的智能全站仪，仪器配备观测软件进行观测。一般情况下水平位移监测点相对基准点的精度要求达到 ±1 ~ ±2mm 时可满足大多数的监测精度要求。因此，控制网及监测点观测一般可按《工程测量标准》GB 50026—2020 二等水平位移监测网技术要求观测。主要技术要求见表 6.2-2。

表 6.2-2　观测主要技术指标及要求

序号	项目	指标或限差
1	水平角观测回数	6
2	测角中误差	1.0s
3	测边相对中误差	≤1/100 000
4	每边测回数	往返各 4 测回

表 6.2–2（续）

序号	项目	指标或限差
5	距离一测回读数较差	1mm
6	距离单程各测回较差	1.5mm
7	气象数据测定的最小读数	温度 0.2℃，气压 50Pa

平面观测完成计算坐标时先以一点坐标、该点定向边方位起算，沿观测路线概算各点坐标值，通过推算至已知点、已知边的坐标和方位与已知值进行比较，进行坐标闭合差与方位闭合差计算，根据测站数（或线路长），计算相应作业等级的闭合差允许值，合格后对闭合差进行分配平差，并对观测精度进行评定。

目前，平面测量已实现电子仪器采集作业，对全站仪观测的原始采集成果传输至云平台或计算机处理，检查合格后使用平差软件进行严密平差，得出各监测点坐标值。平差计算要求如下：①成果平差宜采用专用平差计算软件进行，应检核输入的角度、距离、点名、测点拓扑关系等数据，确认观测数据准确可靠，检核合格后选择严密平差的计算方法；②使用稳定的基准点与基准方位为起算点进行概算，并检核计算坐标闭合差与方位闭合差满足精度要求条件，之后进行平差处理；③对平差成果各监测点点位坐标中误差进行核查，检查是否满足监测精度要求。

监测点坐标计算完成后，根据其坐标成果计算本期观测与初始观测、上次观测的矢量位移，再根据坐标系统与监测对象夹角关系，将矢量位移投影至垂直于需分辨监测对象位移方向。

6.2.2.2 支护桩（墙）体水平位移

1. 监测点布设

桩（墙）体水平位移监测点布设原则如下：①监测孔应沿基坑周边桩（墙）体布设，孔间距宜为 20 ~ 40m，在基坑周边的中部、阳角处、地质条件复杂及邻近重要环境对象部位等应布设监测孔；②监测孔的布设位置宜与支护桩（墙）顶水平位移和竖向位移监测点处于同一竖向断面上；③设置在支护结构内的测斜管深度不应小于支护结构的深度。

测斜管通过直接绑扎或设置抱箍将其固定在支护结构的钢筋笼上，钢筋笼入孔后，浇筑混凝土。测斜管与钢筋笼的固定必须十分稳定，以防浇筑混凝土时测斜管与钢筋笼脱落。同时必须注意测斜管的纵向扭转，很小的扭转角度就可能使测斜仪探头被导槽卡住，埋设就位的测斜管必须保证有一对凹槽与基坑边缘垂直。现场安装方式如图 6.2–3、图 6.2–4 所示。

支护结构测斜管埋设与安装应遵守下列原则：

（1）围护结构桩（墙）体深层水平位移利用预埋在围护结构钢筋笼内的测斜管进行监测，在基坑关键部位应埋设备用测斜管。

（2）材质及规格要求：①测斜管选取 ABS 塑料或 PVC 材质；②测斜管外径 $\phi 70$，内径 $\phi 60$。

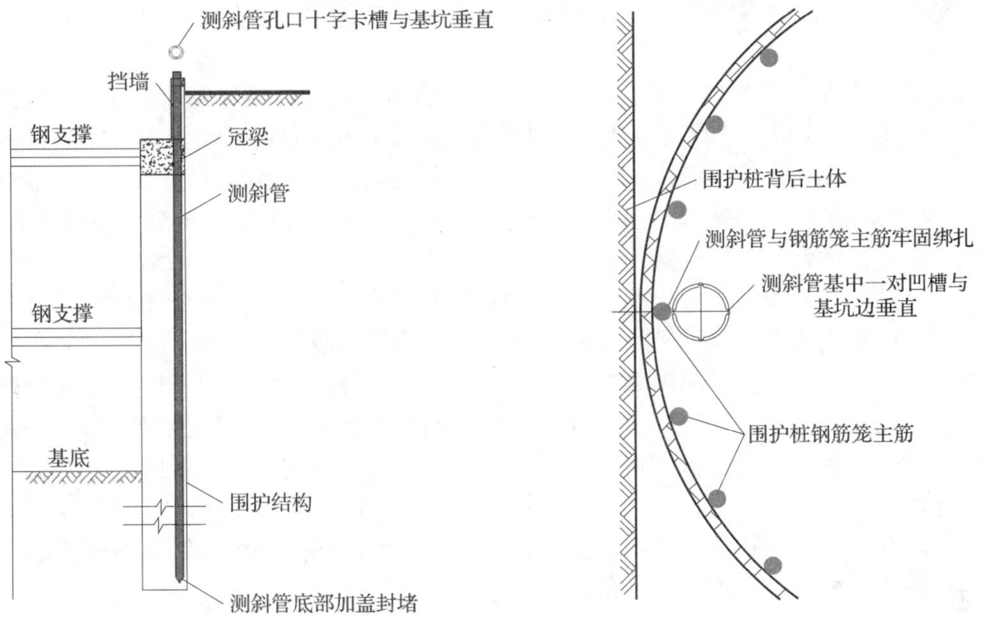

图 6.2–3　测斜管安设大样图

图 6.2–4　测斜管埋设现场实景图

（3）测斜管埋设技术要求：①测斜管绑扎固定在成型钢筋笼内侧通长的主筋上，在围护结构吊装下放前绑扎完成。②测斜管长度应根据围护结构深度确定，相邻节应对接良好、紧密无缝隙，内壁导向凹槽顺畅；相邻管接头三重防护（螺丝紧固，密封胶密封，胶带保护），螺丝长度不得穿透测斜管内壁；底部应采用尖端橡胶材质堵头封堵并包裹密封。③测斜管通长应确保垂直，避免纵向扭转。④测斜管绑扎时应调正方向，安装时将其中 1 对凹槽对准需要监测的位移方向，即埋设就位的测斜管必须保证内壁 2 对凹槽分别与基坑围护结构呈垂直、平行方向。⑤测斜管与钢筋笼牢固绑扎，绑扎间距不宜大于 1.5m；管底宜与钢筋笼底部持平或略短于钢筋笼（管底不超出钢筋笼）。⑥测斜管顶部外套钢管保护（避免剔凿桩头浮浆造成管口损坏，且管口外露部分以便于醒目标记为宜），保护范围应至少覆盖冠梁底标高以下 20cm 至冠梁顶面，并将钢管与钢筋笼焊接。⑦测斜管放置于围护结构迎土侧。⑧阳角等基坑关键部位宜设置 2 根测斜管（1 根备用）来保证监测连续性。

（4）测斜管外露部分技术要求：①由于围护结构冠梁顶面低于基坑迎土侧硬化地面，冠梁顶部设置有一定高度挡墙，应保证冠梁以上测斜管的竖向铅直和稳固。②测斜管固定在挡墙内时，外露部分应高于挡墙顶部约 20cm，外露部位中部以下管周宜用水泥砂浆砌筑保护。③测斜管固定在回填土内时，外露部分应高于硬化地面约 30cm，并于管周砌筑方形混凝土保护墩台，墩台装置顶面低于测斜管管口约 10cm。

（5）分段测斜管埋设技术要求：①当围护结构钢筋笼较长、需要分段制作且两次吊装时，测斜管应随之采取分段处理，且分段长度与钢筋笼各段长度一致，绑扎固定在两段钢筋笼对接的同一主筋上。②测斜管应在钢筋笼制作后且分段前完成通长连接，测斜管分段位置应与钢筋笼分段位置保持一致，并将测斜管相邻段接头置于分段位置。③分段钢筋笼对接的同时进行测斜管的连接，对接处测斜管内导向凹槽角度吻合，管体无缝搭接，以满足内槽连贯通顺。

（6）地下连续墙测斜管埋设：地下连续墙测斜管埋设同围护桩测斜管埋设技术要求一致。测斜管应放置在迎土侧，绑扎位置以不影响地下连续墙导管浇筑、压浆施工及预留锚杆为宜。

2. 监测作业方法

采用在支护结构内埋设测斜管，使用测斜仪观测的方法，测斜仪的精度不应低于 4mm/15m。当基坑底部土层软弱，支护结构嵌固深度范围不稳定时，采用同时观测对应孔口的坐标的方法加以修正。

观测过程如下：①用模拟测头检查测斜管导槽。②使测斜仪测读器处于工作状态，将测头导轮插入测斜管导槽内，缓慢地下放至管底，然后由管底自下而上沿导槽全长每隔 0.5m 读一次数据，记录测点深度和读数。③测读完毕后，将测头旋转 180° 插入同一对导槽内，按①②步骤再测一次，深点深度同第一次相同。④每一深度的正反两读数的绝对值宜相同，当读数有异常时应及时补测。

观测注意事项如下：①初始值测定。测斜管应在测试前 5d 装设完毕，在 3～5d 内用测斜仪对同一测斜管做 3 次重复测量，判明处于稳定状态后，以 3 次测量的算术平均值作为侧向位移计算的基准值。②测斜探头放入测斜管底应等候 5min，以便探头适应管内水温，观测时应注意仪器探头和电缆线的密封性，以防探头数据传输部分进水。测斜观测时每 0.5m 标记一定要卡在相同位置，每次读数一定要等候电压值稳定，确保读数准确。

通常使用的活动式测斜仪采用带导轮的测斜探头，探头两对导轮间距 500mm，以两对导轮之间的间距为一个测段。每一测段上、下导轮间相对水平偏差量 δ 可通过式（6.2–21）计算得到。

$$\delta = l \times \sin\theta \qquad (6.2\text{–}21)$$

式中：l——上、下导轮间距（mm）；

θ——探头敏感轴与重力轴夹角（°）。

测段 n 相对于起始点的水平偏差量 Δ_n，由从起始点起连续测试得到的 δ_i 累计而成，即：

$$\Delta_{\mathrm{n}} = \sum_{i=0}^{n} \delta_{\mathrm{i}} = \sum_{i=0}^{n} l \times \sin\theta_{\mathrm{i}} \tag{6.2-22}$$

测斜管形状曲线。测斜仪单次测试得到的是测斜仪上、下导轮间相对水平偏差量，按式（6.2–22）计算得到的是测段 n 相对于起始点的水平偏差量，如果将起始点设在测斜管的一端（孔底或孔口），以上、下导轮间距（0.5m）为测段长度，则将每个测段 Δ_{n} 沿深度连成线就构成了测斜管形状曲线。

测斜管水平位移曲线（侧向位移曲线）。若将测段 n 第 j 次与第 j–1 次的水平偏差量之差表示为 ΔX_{nj}（$\Delta X_{\mathrm{nj}}=\Delta_{\mathrm{n}}^{j}-\Delta_{\mathrm{n}}^{j-1}$），则 ΔX_{nj} 即为测段 n 本次水平位移量，ΔX_{nj} 沿深度的连线就构成了测斜管本次水平位移曲线。

若将测段 n 第 j 次与初次的水平偏移量之差表示为 ΔX_{n}（$\Delta X_{\mathrm{n}}=\Delta_{\mathrm{n}}^{j}-\Delta_{\mathrm{n}}^{0}$），则 ΔX_{n} 即为测段 n 累计水平位移量，ΔX_{n} 沿深度的连线就构成了测斜管累计水平位移曲线。用公式可表示为：

$$\Delta X_{\mathrm{n}} = \Delta_{\mathrm{n}}^{j} - \Delta_{\mathrm{n}}^{0} = l \sum_{i=0}^{n} (\sin\theta_{\mathrm{i}} - \sin\theta_{0}) \tag{6.2-23}$$

式（6.2–23）即为以测斜管底部测斜仪下导轮为固定起算点（假设不动）深层侧向变形计算公式。如果以测斜管顶部为固定起算点，因为测斜仪测出的是以测斜管顶部上导轮为起算点，因此，深层侧向变形计算还要叠加上导轮（管口）水平位移量 X_0。计算公式为：

$$\Delta X_{\mathrm{n}} = X_0 + l \sum_{i=0}^{n} (\sin\theta_{\mathrm{i}} - \sin\theta_{0}) \tag{6.2-24}$$

在实际计算时，因读数仪显示的数值一般已经是经计算转化而成的水平量，因此只需按仪器使用说明书中告知的计算式计算即可，不同生产厂家生产的测斜仪其计算公式各不相同。要注意的是，读数仪显示的数值一般取 l=500mm 作为计算长度。

6.2.2.3　立柱竖向位移

1. 基准点及监测点布设

采用水准测量监测手段时，为保证监测水准网有足够起算数据检核条件，纳入基准网或观测网中的基准点与工作基点数量应各不少于 3 个，布设的基准点设置于工程影响区外的稳定地段，其分布区域能够控制监测范围，便于进行监测网形设计与观测。

立柱竖向位移监测点的布设原则为：①监测点宜布设在基坑中部、多根支撑交汇处或地质条件复杂等部位的立柱上；②监测点的数量应不少于立柱总根数的 5%，且不应少于 3 根；当基底受承压水影响较大或采用逆作法施工时，应适当增加监测点的数量。

水准基准点埋设深埋金属标，并设置保护井保护，具体埋设方式：①保护井壁宜采用砖砌，井壁厚度宜为 240mm，井底垫圈宽度宜为 370mm，井深宜为 1 000mm，井底垫圈面距基准点顶部高度宜为 700mm，井盖宜采用钢质材料，井盖直径宜为 800mm，井口标高宜与地面标高相同；②基准点分为内管和外管，外管直径宜为 75mm，内管直径宜为 30mm，基准点顶部距离井盖顶宜为 300mm，井底垫圈面距基准点顶部高度宜为 700mm；③基准点宜采用钻机钻孔的方式埋设，基准点底部埋设深度应至相对稳定的土层，钻孔底封堵厚度宜为 360mm，基点底靴厚度宜为 1 000mm。深埋金属标埋设形式如图 6.2–5 所示。

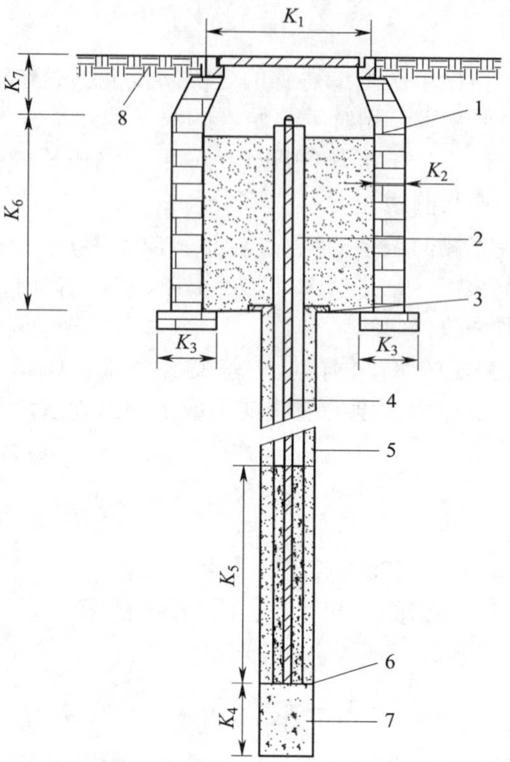

1—保护井；2—外管；3—外管悬空卡子；4—内管；5—钻孔（内填）；6—基点底靴；7—钻孔底；8—地面；K_1—井盖直径；K_2—井壁厚度；K_3—井底垫圈宽度；K_4—钻孔底封堵厚度；K_5—基点底靴厚度；K_6—井底垫圈面距基准点顶部高度；K_7—基准点顶部距井盖顶高度。

图 6.2–5 深埋钢管水准基准点标石

为便于观测，工作基点可在场地相对稳定的地段埋设，可采用地表基准点或建筑物上基准点形式。沉降监测点标志根据立柱观测要求在对应立柱的顶部或侧面设置。

2. 监测作业方法

可采用几何水准测量方法，使用水准仪观测。也可根据现场条件情况，采用三角高程测量法，使用全站仪进行观测。

水准测量方法以基准点及工作基点为起算点，将监测点纳入其中，组成水准观测网，通过观测求取各期监测点高程值可计算竖向变形量。水准路线形式可采用闭合水准路线、附合水准路线形式，将竖向变形监测点纳入其中进行观测。为保证有足够的起算数据检核，纳入基准网或观测网中的基准点与工作基点数量应各不少于 3 个。

考虑监测对象竖向变形监测控制指标及监测作业的经济性，监测精度一般要求达到控制指标的 1/10 ~ 1/20，因此，竖向变形监测点相对基准点的精度达到 ± 1mm 时一般可满足大多数的监测要求。对基准网与监测网的组网，可综合考虑使用的仪器精度与基准点、监测点的分布来进行网形设计，以满足监测精度要求。

一般情况下，水准网观测的基准网按《工程测量标准》GB 50026—2020 二等垂直位移监测网技术要求观测，监测网按《工程测量标准》GB 50026—2020 三等垂直位移监测网技术要求观测，有特殊要求时可提高观测等级。二等、三等垂直位移网主要技术要求见表 6.2–3 和表 6.2–4。

表 6.2–3　垂直位移基准网观测主要技术指标及要求

序号	项目	限差
1	相邻基准点高差中误差	0.5mm
2	每站高差中误差	0.15mm
3	往返较差及环线闭合差	$\pm 0.3\sqrt{n}$ mm（n 为测站数）
4	检测已测高差较差	$\pm 0.4\sqrt{n}$ mm（n 为测站数）
5	视线长度	30m
6	前后视的距离较差	0.5m
7	任一测站前后视距差累计	1.5m
8	视线离地面最低高度	0.5m

表 6.2–4　监测点观测主要技术指标及要求

序号	项目	限差
1	监测点与相邻基准点高差中误差	1.0mm
2	每站高差中误差	0.30mm
3	往返较差及环线闭合差	$\pm 0.6\sqrt{n}$ mm（n 为测站数）
4	检测已测高差较差	$\pm 0.8\sqrt{n}$ mm（n 为测站数）
5	视线长度	50m
6	前后视的距离较差	2.0m
7	任一测站前后视距差累计	3m
8	视线离地面最低高度	0.3m

水准网观测成果高程计算时先以一点起算，沿观测路线计算各点概略高程值，通过推算至基准点的高程推算值与已知值进行比较，进行闭合差计算，根据测站数（或线路长）计算相应作业等级的闭合差允许值，并对观测精度进行评定。

高差闭合差限差 $f_{h容}$ 用来衡量成果的精度。若 $f_h \leqslant f_{h容}$，则成果符合精度要求，可进行高差闭合差的调整与高程计算，否则检查原因，返工重测。

闭合差的调整方法是按与距离或测站数成正比反符号分配：

$$v_i=-\left(f_h/\sum L\right)L_i \tag{6.2-25}$$

或：

$$v_i=-(f_h/\sum n)n_i \tag{6.2-26}$$

校核：

$$\sum v_i=-f_h \tag{6.2-27}$$

高差平差值：

$$(h_i)=h_i+v_i \tag{6.2-28}$$

检核：

$$\sum h_i=\sum h_{理} \tag{6.2-29}$$

目前，水准测量已实现电子仪器采集作业，对水准仪观测的原始采集成果传输至计算机，检查合格后使用平差软件进行严密平差，得出各监测点高程值。平差计算要求如下：①成果平差采用专用平差计算软件进行，应检核输入的观测数据，确认观测数据准确可靠，检核合格后选择严密平差的计算方法；②使用稳定的基准点为起算点进行概算，并检核独立闭合差及与3个以上的基准点高程相互附合差满足精度要求条件，之后进行平差处理；③对平差成果各监测点点位高程中误差进行核查，检查是否满足监测精度要求。

6.2.2.4 支撑内力及锚杆（索）拉力

1. 监测点布设

支撑内力及锚杆（索）拉力监测点布设原则：①监测点宜选择基坑各边中间部位、阳角处、深度变化部位及支护结构受力、地质条件和周边条件复杂等部位的支撑或锚杆（索）；②监测点应沿竖向布设监测断面，每层支撑或锚杆（索）均应布设监测点，每层监测点的数量不应少于3根；③监测断面的布设位置宜与支护桩（墙）体水平位移监测共同组成监测断面或相临近；④支撑内力采用轴力计监测时，监测点应布设在支撑的端部，采用钢筋计或应变计监测时，可布设在支撑中部或两支点间1/3部位，当支撑长度较大时也可布设在1/4点处，并应避开节点位置；⑤锚杆（索）拉力的监测点宜设置在锚头附近或受力有代表性的位置。

支撑内力测点的安装方法：①采用专用的轴力计安装架固定轴力计，安装架圆形钢筒上没有开槽一端面与支撑牛腿（活络头）上的钢板电焊焊接牢固，电焊时钢支撑中心轴线必须与安装中心点对齐；②待焊接冷却后，将轴力计推入安装架圆形钢筒内，并用螺丝（M10）把轴力计固定在安装架上；③钢支撑吊装到位后，即安装架的另一端（空缺的那一端）与围护墙体上的钢板对接，中间加一块250mm×250mm×25mm的加强钢垫板，以扩大轴力计受力面积，防止轴力计受力后陷入钢板影响测试结果（如图6.2–6所示）；④将读数电缆接到基坑顶上的观测站，电缆统一编号，用白色胶布绑在电缆线上做出标识，电缆每隔2m进行固定，外露部分做好保护措施。

支撑内力测点的埋设技术要求：①安装前测量轴力计的初频，与出厂时的初频对比（≤±20Hz），如果不符合应重新标定或者另选用符合要求的轴力计；②安装过程必须注意轴力计和钢支撑轴线在一条直线上，各接触面平整，确保钢支撑受力状态通过轴力计正常传递到支护结构上。钢支撑在吊装前，把轴力计的电缆妥善地绑扎在安装架的两翅膀内侧，防止在吊装过程中损伤电缆。

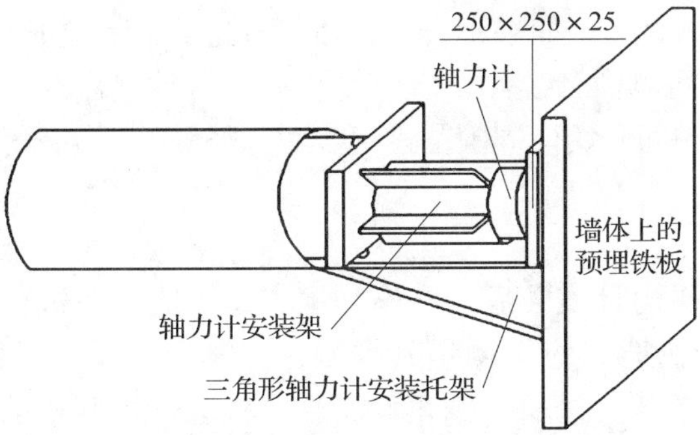

图 6.2–6　支撑轴力计安设大样图（单位：mm）

锚杆（索）拉力测点的安装方法：①施工锚索钻孔并注浆，等待水泥浆凝固；②在墙体受力面之间增设钢垫板，保证测力计与墙体受力面之间有足够的刚度，使锚索（杆）受力后，受力面位置不致下陷；③将测力计套在锚杆外，放在钢垫板和工程锚具之间（如图 6.2–7、图 6.2–8 所示）；④将读数电缆接到基坑顶上的观测站，电缆统一编号，用白色胶布绑在电缆线上做出标识，电缆每隔 2m 进行固定，外露部分做好保护措施。

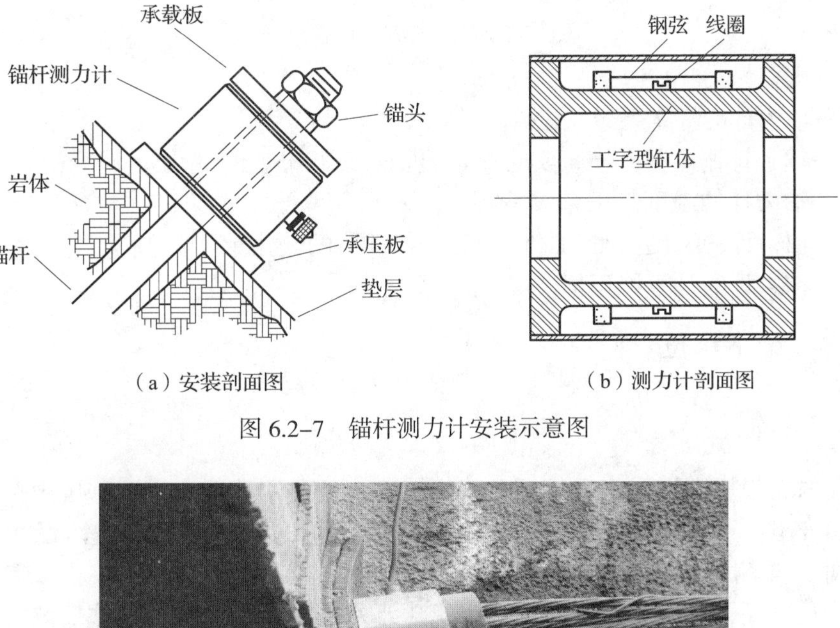

（a）安装剖面图　（b）测力计剖面图

图 6.2–7　锚杆测力计安装示意图

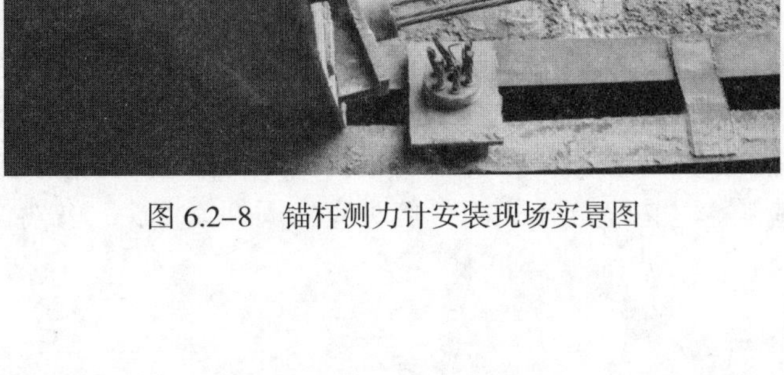

图 6.2–8　锚杆测力计安装现场实景图

锚杆（索）拉力测点的埋设技术要求：①安装前测量锚杆测力计的初频，是否与出厂时的初频相符合（≤±20Hz），如果不符合应重新标定或者另选用符合要求的锚杆测力计；②安装过程中，随时进行测力计监测，观测是否有异常情况出现，如有应立即采取措施处理。锚索安装时必须从中间开始向周围锚索逐步对称加载，以免锚索测力计偏心受力。

2. 监测作业方法

支撑内力测量：①轴力计安装后，在施加钢支撑预应力前进行轴力计的初始频率的测量，在施加钢支撑预应力时，应该测量其频率，计算出其受力，同时要根据千斤顶的读数对轴力计的结果进行校核，进一步修正计算公式；②基坑开挖前应测试 2～3 次稳定值，取平均值作为计算应力变化的初始值；③支撑轴力量测时，同一批支撑尽量在相同的时间或温度下量测，每次读数均应记录温度测量结果。

锚杆（索）拉力测量：在锚杆拉力计安装好并锚杆施工完成后，进行锚杆预应力张拉，这时要记录锚杆拉力计上的初始荷载，同时要根据张拉千斤顶的读数对拉力计的结果进行校核。量测时，同一批锚杆尽量在相同的时间或温度下量测，每次读数均应记录温度测量结果。

数据处理：测力计的工作原理是：当轴力计受轴向力时，引起弹性钢弦的张力变化，改变了钢弦的振动频率，通过频率仪测得钢弦的频率变化，即可测出所受作用力的大小。计算公式如下：

$$P=K\Delta F+b\Delta T+B \tag{6.2-30}$$

式中：P——支撑轴力（kN）；

K——轴力计的标定系数（kN/F）；

ΔF——轴力计输出频率模数实时测量值相对于基准值的变化量（F）；

b——轴力计的温度修正系数（kN/℃）；

ΔT——轴力计的温度实时测量值相对于基准值的变化量（℃）；

B——轴力计的计算修正值（kN）。

6.2.2.5 地下水位

1. 监测孔布设

监测孔的布设原则：①当采用深井降水时，水位监测孔宜布设在基坑中央和两相邻降水井的中间部位，当采用轻型井点、喷射井点降水时，水位监测孔宜布设在基坑中央和周边拐角处，监测孔数量视具体情况确定；②水位监测管的埋置深度（管底标高）应在最低设计水位之下 3～5m，对于需要降低承压水水位的基坑工程，水位监测管的埋设深度应满足降水设计要求；③回灌井点地下水位监测孔应设置在回灌井点与被保护对象之间；④在降水深度内存在 2 个以上（含 2 个）含水层时，宜分层布设地下水位监测孔；⑤降水区靠近地表水体时，应在地表水体附近增设地下水位监测孔。

监测点埋设方法：①水位观测管宜采用镀锌钢管或硬塑料管，内径不宜小于 50mm，管口应高于地面，并加保护装置，防止雨水、地表水进入和人为破坏；②水位观测管透水段的外部应包扎足以防止周围土颗粒进入的无纺土工织物，水位观测管与孔壁之间用滤料填满；③水位观测管的导管段应顺直，内壁光滑无阻，接头应采用外箍接头；④观测孔孔底宜设置一定长度的沉淀管；⑤观测孔完成后应进行清洗，保证观测孔内水位与地层水位一致，连通良好。

2. 监测作业方法

钢尺水位计的工作原理是在已埋设好的水管中缓慢向下放入水位计测头，当测头接触到水面时，启动讯响器，此时读取测量钢尺在管顶位置的读数，每次读取管顶读数对应的管顶位置应一致。然后用水准测量的方法测出水位管的管口高程，通过计算得出水位管内水面的高程。

水位管内的地下水位应以绝对高程表示，计算公式如下：

$$D=H-h \tag{6.2-31}$$

式中：D——水位管内水面绝对高程（m）；

H——水位管管口绝对高程（m）；

h——水位管内水面距管口的距离（m）。

每次观测计算出本次水位与初始水位变化值及本次水位与上次水位变化值。

6.2.2.6　地表沉降

1. 监测点布设

基坑周边地表沉降监测点的布设原则：①沿平行基坑周边边线布设的地表沉降监测点应不少于 2 排，排距宜为 3 ~ 8m，第一排监测点距基坑边缘不宜大于 2m，每排监测点间距宜为 10 ~ 20m；②应根据基坑规模和周边环境条件，选择有代表性的部位布设垂直于基坑边线的横向监测断面，每个横向监测断面监测点的数量和布设位置应满足对基坑工程主要影响区和次要影响区的控制，每侧监测点数量不宜少于 5 个；③监测点及监测断面的布设位置应与围护结构监测点和周边环境监测点布设位置相结合。

2. 监测作业方法

基坑周边地表沉降监测的方法有多种，常用几何水准测量方法、液体静力水准测量法、三角高程测量法、交会法等。有关技术要求与本章其他监测项目竖向位移一致。

6.2.3　监测频率与周期

6.2.3.1　监测频率

明挖法监测频率的确定需要考虑基坑设计深度、基坑开挖深度、监测数据变化等情况，结合监测对象和监测项目的特点、地质条件等综合确定，要求监测频率满足监测信息能够及时、准确、系统地反映监测对象变化规律以及各监测项目或对象之间的内在联系，根据施工开挖状况与基坑设计深度等关系，采取定时监测，并根据监测数据的变化情况进行调整。对于设计深度较深的基坑，其支护体系设计刚度较大，在基坑开挖较浅时监测频率可比基坑设计深度较浅的频率低。

《建设工程第三方监测技术规程》DB11/T 1626—2019 对明（盖）挖法基坑工程中施工支护结构、周围岩土体和周边环境监测频率的一般要求见表 6.2–5。

表 6.2–5 基坑工程监测频率

施工工况		基坑设计深度 /m			
		≤5	5 ~ 10	10 ~ 15	>15
基坑开挖深度 /m	≤5	1 次 /2d	1 次 /3d	1 次 /3d	1 次 /3d
	5 ~ 10	—	1 次 /2d	1 次 /3d	1 次 /3d
	>10	—	—	1 次 /2d	1 次 /2d
基坑开挖完成后至结构底板完成前		1 次 /2d			
结构底板完成后至回填土完成前		1 次 /15d			

注：1. 围护结构施工、降水施工等阶段的监测频率应视情况确定。
2. 支撑开始拆除到拆除完成后 3d 内监测频率应适当增加。

基坑开挖前施作支护结构和施工降水过程中，也会对岩土体及环境产生影响，因此该阶段也应进行监测工作，监测频率应根据预测和实际的沉降变形情况确定。

基坑开挖过程中监测频率总体要求是基坑设计深度越大、开挖越深、地质条件和周边环境条件越复杂，监测频率越高。支护结构、周围岩土体和周边环境在正常条件下可以采用相同的监测频率，当监测对象的监测数据变化较快，也应提高监测频率。

基坑主体结构施作过程中当拆除内支撑时，支护结构受力将发生变化，会给支护结构的稳定带来风险，可根据基坑实际深度和监测对象的变形情况适当提高监测频率。

基坑底板结构浇筑后基底相对稳定后，可根据监测情况适当降低监测频率，支护结构的支撑拆除期间增大监测频率。

当监测数据累计值或数据变化速率超出控制值，或未按设计要求及时支撑、土方超挖等严重影响结构变形，或异常暴雨、长时间降雨会引发基坑安全，以及周边其他工程施工引起基坑变形受力变化等情况，应适当提高现场监测或巡查频率。

6.2.3.2 监测周期

明挖基坑工程施工监测周期应覆盖整个工程施工期及工后一定时期。明挖基坑工程降水、围护结构施工等对周边环境会带来影响，引起周边环境的沉降、位移，尤其在软土地区较为明显，因此，明挖基坑监测工作应从降水前或围护结构施工前开始取得初始值，支护结构监测项目在结构施工完成，无监测条件后停止，环境对象监测项目在稳定后停止监测，对既有铁路、地铁、城市道路、水利设施等监测周期，政府或产权单位有明确规定要求的，应按要求监测。

6.2.4 现场巡查

6.2.4.1 巡查内容

1. 施工工况

施工工况现场巡查的内容主要包括：土体开挖后暴露的土层与岩土勘察报告有无差

异；基坑开挖分段长度、分层厚度及坡度是否与设计要求一致；场地地表水、地下水排放情况，基坑降水、回灌设施运转是否正常；基坑周围地面堆载情况等。

2. 支护结构

支护结构现场巡查的内容主要包括：支护结构成型质量；冠梁、支撑、围檩有无裂缝；支撑、立柱有无较大变形；止水帷幕有无开裂、渗漏；桩（墙）后土体有无沉陷、裂缝及滑移；基坑有无涌水、流砂、管涌；锚杆、锚索施作与张拉及时性，有无松弛；钢支撑架设及时性，防坠落措施等。

3. 监测设施

监测设施现场巡查的内容主要包括：监测点的埋设数量、位置与方案的一致情况；监测点保护、破坏、阻挡情况等。

6.2.4.2 巡查方法

现场巡查要明确的内容包括：现场巡查的目的，现场巡查的内容、频率及需加密巡查频率的情况，现场巡查的方法和手段，巡查预警标准，相关的工程设计图纸、施工筹划等。

现场巡查专业人员按照监测方案的巡查要求，对施工现场进行全面范围的目测观察及简单工具量测，并进行分析记录。巡查需配备的器具设备包括：游标卡尺、裂缝读数显微镜、钢卷尺、锤、钎、放大镜、手电筒、照相机等。

施工过程中要根据工程进度和巡查计划及时进行现场巡查，现场要记录影像资料，填写巡查记录，如发现异常或危险情况，应及时通知各相关单位。

6.3 暗挖工程结构及岩土体监测

6.3.1 监测对象和项目

暗挖工程根据施工方法分为矿山法、盾构法和顶管法工程。

《建设工程第三方监测技术规程》DB11/T 1626—2019对暗挖工程结构及岩土体的第三方监测项目共11项，见表6.3–1。

表6.3–1 暗挖工程支护结构及岩土体仪器监测项目

序号	监测项目		监测等级		
			一级	二级	三级
1	盾构法	管片结构竖向位移	宜测	可测	可测
2		管片结构水平位移	宜测	可测	可测
3		管片结构净空收敛	宜测	可测	可测
4		地表沉降	应测	应测	应测

表 6.3–1（续）

序号	监测项目		监测等级		
			一级	二级	三级
5	矿山法	初期支护结构拱顶沉降	宜测	可测	可测
6		初期支护结构净空收敛	宜测	可测	可测
7		地下水位	应测	宜测	可测
8		地表沉降	应测	应测	应测
9	顶管法	管节竖向位移	可测	可测	可测
10		地下水位	可测	可测	可测
11		地表沉降	应测	应测	宜测

盾构施工掘进过程中，地表沉降观测可以反映出盾构施工对岩土体及周边环境影响程度、同步注浆和二次注浆效果，以及盾构机自身的施工状态，对掌握工程安全尤为重要。盾构管片结构既是隧道的支护结构也是隧道的主体结构，盾构管片结构竖向位移和净空收敛监测对判断工程的质量安全较为重要，能够及时了解和掌握隧道结构纵向坡度变化、差异沉降、管片错台、断面变化及结构受力情况，以及隧道结构变形与限界变化，对盾构施工具有指导意义。盾构管片结构水平位移监测具有一定的难度，但管片背后注浆不及时，或浆液质量不好、地质条件复杂或存在地层偏压时，往往会发生管片的水平位移。

矿山法暗挖工程初期支护结构顶部拱顶是受力的敏感点，其沉降大小反映了初期支护结构的稳定和上覆地层的变形情况，是控制初期支护结构安全及地层变形的关键指标。初期支护结构净空收敛是指隧道拱顶、拱脚及侧壁之间的相对位移，其监测数据直接反映了围岩压力作用下初期支护结构的变形特征及稳定状态，是检验开挖施工和支护设计是否合理的重要指标。地下水的存在对暗挖施工影响很大，一方面给施工增加难度，另一方面也会给安全施工带来威胁。地下水位观测是监控地下水位变化最直接的手段，根据监测到的地下水位变化可及时采取应对措施，预防事故的发生。地表沉降一方面能够反映工程施工质量的控制效果，另一方面又能反映工程施工对周围岩土体及周边环境影响程度。

顶管法隧道工程施工分为机械顶管和人工顶管方法，顶管法施工过程中，地表沉降观测可以反映出顶管施工对岩土体及周边环境影响程度、注浆效果，以及自身的施工状态，对掌握工程安全状况有重要作用。顶管法管节结构竖向位移监测和地下水位监测对判断工程的质量安全较为重要。

6.3.2 监测点布设与监测方法

6.3.2.1 盾构法地表沉降

1. 监测点布设

为保障盾构施工质量、减少对环境的影响，盾构隧道地表监测点的布设必须科学合理。在盾构始发、接收、穿越建（构）筑物地段，以及联络通道和存在不良地质条件的部位等是盾构施工的风险区段，除适当加密纵向监测点的布设外，还应布设横向断面。因此，盾构周边地表沉降监测点的布设应根据影响因素和变形特点来综合考虑，一方面应沿盾构轴线方向布设沉降监测点，另一方面在隧道中心轴线两侧的沉降槽范围内设置横向断面，以监测影响范围及影响程度。

盾构法地表沉降的监测点布设原则：①监测点应沿盾构隧道轴线上方地表布设，在始发和接收段、地质和环境条件复杂段点间距宜为5～10m，其他位置的监测点间距宜为10～30m；②在始发和接收段、联络通道等部位及环境条件复杂、地质条件不良等部位应布设垂直于隧道轴线的横向监测断面；③横向监测断面的监测点布设范围和间距应根据影响区划分确定，主要影响区监测点间距宜为3～5m，次要影响区点间距宜为5～10m，监测点数量宜为7～11个。

2. 监测作业方法

监测方法与技术要求与明挖基坑地表沉降监测类似，注意盾构施工掘进速度较快，对盾构地表点的监测要有足够的提前量，保证不漏测，同时尽量多布置工作基点，避免长水准路线测量，提高工作效率。

6.3.2.2 盾构法管片结构竖向位移

1. 监测点布设

盾构法管片结构竖向位移监测点布设原则：①在盾构始发与接收段50～100m范围内、联络通道附近、左右线交叠或邻近段、小半径曲线段等区段宜布设监测断面；②存在地层偏压、围岩软硬不均、地下水位较高等地质条件复杂区段宜布设监测断面；③下穿或邻近重要建（构）筑物、地下管线、河流湖泊等周边环境条件复杂区段宜布设监测断面；④监测断面沿隧道轴线纵向设置，间距宜为10～30m；⑤每个监测断面宜在拱顶、拱底、两侧拱腰处布设管片结构监测点。

监测点根据监测手段布置对应形式的标志，当采用水准测量时，宜在需要观测的拱顶或仰拱部位设置水准点标志，当采用三角高程测量时，可布设连接棱镜的杆件标志，或反射片标志。

2. 监测作业方法

管片衬砌变形中拱顶沉降监测常用方法是在拱顶测点上吊钢尺或倒挂铟钢尺采用精密水准仪按等级几何水准测量方法施测。观测技术要求与其他竖向位移监测项目类似。

6.3.2.3 盾构法管片结构水平位移

1. 监测点布设

盾构法管片结构水平位移监测点布置原则：①在盾构始发与接收段50～100m范围内、联络通道附近、左右线交叠或邻近段、小半径曲线段等区段宜布设监测断面；②存在地层偏压、围岩软硬不均、地下水位较高等地质条件复杂区段宜布设监测断面；③下穿或邻近重要建（构）筑物、地下管线、河流湖泊等周边环境条件复杂区段宜布设监测断面；④监测断面沿隧道轴线纵向设置，间距宜为 10 ~ 30m；⑤每个监测断面宜在拱顶、拱底、两侧拱腰处布设管片结构监测点。

2. 监测作业方法

管片结构水平位移监测方法一般采用全站仪利用导线测量法或极坐标法进行，有关技术要求与前述水平位移监测技术要求一致。需要注意由于隧道净空较小，水平位移观测要避免旁折光的影响，在引测时注意支导线精度，尽量利用附近稳定的测量控制点。

6.3.2.4 盾构法管片结构净空收敛

1. 监测点布设

盾构法管片结构净空收敛布点原则：①在盾构始发与接收段 50 ~ 100m 范围内、联络通道附近、左右线交叠或邻近段、小半径曲线段等区段宜布设监测断面；②存在地层偏压、围岩软硬不均、地下水位较高等地质条件复杂区段宜布设监测断面；③下穿或邻近重要建（构）筑物、地下管线、河流湖泊等周边环境条件复杂区段宜布设监测断面；④监测断面沿隧道轴线纵向设置，间距宜为 10 ~ 30m；⑤每个监测断面宜在拱顶、拱底、两侧拱腰处布设管片结构监测点。

监测点根据作业方法，采用红外测距仪时，在两侧隧道侧壁布设定位标志，采用收敛计时，在两侧隧道侧壁布设挂钩标志，组成测线。也可采用全站仪，采用固定测线法设置反射片形成测线，或采用全断面法，放样定位断面里程，用断面扫描方法，按等分角度设置监测位置。

2. 监测作业方法

隧道净空收敛监测可采用接触和非接触两种方法，其中接触监测主要采用收敛计进行，非接触监测则主要采用红外激光测距仪、全站仪或三维激光扫描仪进行。

收敛计主要通过调节螺旋和压力弹簧（或重锤）拉紧钢尺（或钢丝），并在每次拉力恒定状态下测读两监测点之间的距离变化来反映隧道的净空收敛变化。根据连接材料和连接方式的不同，收敛计有带式、丝式和杆式三类，其基本组成相同，主要由钢卷尺（不锈钢带、铟钢丝或铟钢带）、拉力控制系统（保持钢卷尺或钢丝在测量时恒力）、位移量测系统及固定的测点等部件组成。目前常用的是百分表读数收敛计和数显式收敛计两种。

使用收敛计进行净空收敛监测多采用钢尺收敛计，观测方法：①将钢尺端部的挂钩与一个测座相连；②根据两监测点间的距离选择合适长度钢尺，将仪器的后挂钩与另一个测座相连；③在钢尺上选择合适的小孔并固定在夹尺器上；④采用螺旋张紧机构，对钢尺施加恒力，并在读数窗口读数；⑤重复以上过程观测 3 次。

现场监测工作开始前应检查收敛监测点安装是否牢固，防止因监测点松动而造成监测数据不准确。收敛计读数应准确无误，读数时视线垂直于测表，以避免视差。每次监测反复读数三次，读完第一次后，拧松调节螺母并进行调节，拉紧钢尺（或钢丝）至恒定拉力后重复读数，三次读数差不应超过精度范围，取其平均值作为本次监测值。

净空相对位移计算公式：

$$U_n=R_n-R_0 \tag{6.3-1}$$

式中：U_n——第 n 次量测时净空相对位移值（mm）；

R_n——第 n 次量测时的观测值（mm）；

R_0——初始观测值（mm）。

当净空相对位移值比较大，需换测试钢尺孔位时，相对位移总值计算公式：

$$U_k=U_n+R_k-R_{n0} \tag{6.3-2}$$

式中：U_k——第 k 次量测时净空相对位移值（mm）；

R_k——第 k 次量测时的观测值（mm）；

R_{n0}——第 k 次量测时换孔后读数（mm）。

若变形速率快，量测间隔期间变形量超出仪表量程时，相对位移计算公式：

$$U_k=R_k-R_0+A_0-A_k \tag{6.3-3}$$

式中：A_0——钢尺初始孔位（mm）；

A_k——第 k 次量测时钢尺孔位（mm）。

当洞室净空大（测线长），温度有变化时，应进行温度修正，其计算公式为：

$$U_n=R_n-R_0-\alpha L(t_n-t_0) \tag{6.3-4}$$

式中：α——钢尺线膨胀系数，一般 $\alpha=12\times10^{-6}/℃$；

L——量测基线长（mm）；

t_n——第 n 次量测时温度（℃）；

t_0——初始量测时温度（℃）。

采用红外激光测距仪监测净空收敛。首先红外激光测距仪的标称精度应优于 ±2mm，并且在收敛测线两端设置对中与瞄准标志，隧道侧壁粗糙时瞄准标志宜采用反射片；对中与瞄准标志设置后应进行实测值符合精度检查；观测时应独立进行 2 次观测，较差小于标称精度的 2 倍时取中数。通过两期读数的差值计算出收敛变化量。

采用全站仪进行固定测线收敛监测。首先设置固定仪器设站位置，在收敛测线两端固定小棱镜或设置反射片，设站点与测线两端点水平投影应呈一直线；在施测过程中应盘左、盘右两个盘位观测至少一测回，计算测线两端点的水平距离。通过计算两期水平距离的差值得出收敛变化量。

6.3.2.5 矿山法地表沉降

1. 监测点布设

矿山法隧道施工通常采用人工开挖，每个开挖面的每日进尺受地质条件复杂程度及开挖断面大小等因素的影响，一般人工开挖进尺每日 1 ~ 3m，为保证开挖面附近有地面监测点的控制，监测点的布设间距应根据周边环境条件、每日开挖进尺等综合确定。

在联络通道、隧道变断面或施工容易引起较大的地表沉降的特殊部位应布设监测点或监测断面。另外，由于附属结构施工断面较大、覆土厚度较小、下穿管线较多，施工条件差，风险因素多，容易出现开挖面坍塌，因此，应加强附属结构监测点的布设。

矿山法隧道工程地表沉降监测点的布设原则：①应根据周边环境和地质条件等布设垂直于隧道轴线的横向监测断面，监测断面间距宜为 10 ~ 50m；②在车站与区间、车站与附属结构、明暗挖等的分界部位，洞口、隧道断面变化、联络通道、施工通道等部位及地质条件不良易产生开挖面坍塌和地表过大变形的部位，应布设横向监测断面；③横向监测断面的监测点布设范围和间距应根据影响区划分确定，主要影响区监测点间距宜为 3 ~ 5m，次要影响区监测点间距宜为 5 ~ 10m，监测点数量宜为 7 ~ 11 个；④其他部位监测点应沿每个隧道或分部开挖导洞的轴线上方地表布设，监测点间距宜为 5 ~ 15m；⑤地表沉降监测点宜与隧道结构监测点布设在同一断面上。

地表沉降监测点的埋设方式与明挖、盾构等工法一致，注意要穿透地表硬壳层，布置在能够代表地层变化的土层位置。

2. 监测作业方法

监测作业方法及技术要求与明挖基坑等地表沉降监测类似。

6.3.2.6 矿山法初期支护结构拱顶沉降

1. 监测点布设

矿山法初期支护结构拱顶沉降监测点布设原则：①应沿隧道轴线布设横向监测断面，断面间距宜为 10 ~ 15m；②分部开挖施工的隧道，每个导洞均应布设横向监测断面；③每个监测断面宜在拱顶、拱顶两侧布设监测点；④地质条件复杂地段要适当加密监测断面；⑤在联络通道、隧道变断面、受力转换、浅覆土等地段要布设断面。

拱顶沉降监测点一般采用焊接在拱架上的测量标志，选用 ϕ22 螺纹钢，做成弯钩状埋设或焊接在拱顶，外露长度 5cm，外露部分应打磨光滑，并用红油漆标记统一编号。布设方法如图 6.3–1 所示。

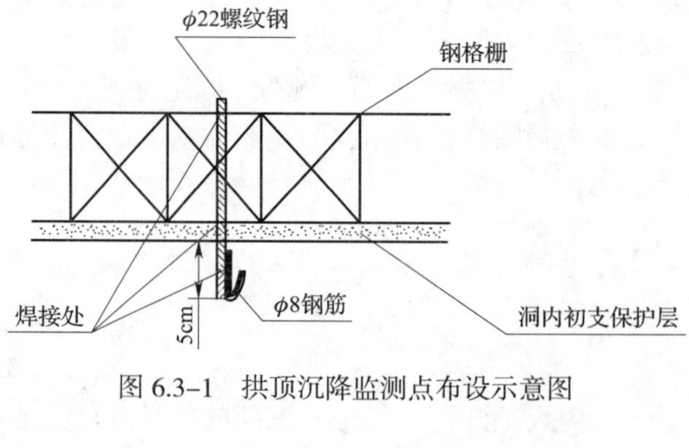

图 6.3–1 拱顶沉降监测点布设示意图

2. 监测作业方法

拱顶沉降观测采用挂钢尺、倒立铟钢尺水准仪测量方法，或粘贴反射片采用三角高程测量方法。水准测量方法及技术要求与地表沉降观测一致。观测时将水准仪安放在标准高程点和拱顶测点之间，铟钢尺底端抵在标准高程点上，并将铟钢尺调整到水平位置，然后通过水准仪后视铟钢尺记下读数为 H_1，再前视钢卷尺记下读数为 H_2，若标准高程点的高程为 H_0，则本次观测拱顶测点的高程为 $H_0+H_1+H_2$，两次不同观测的拱顶高程差即为两次间隔时间内的拱顶沉降。拱顶沉降监测作业方法如图 6.3–2 所示。

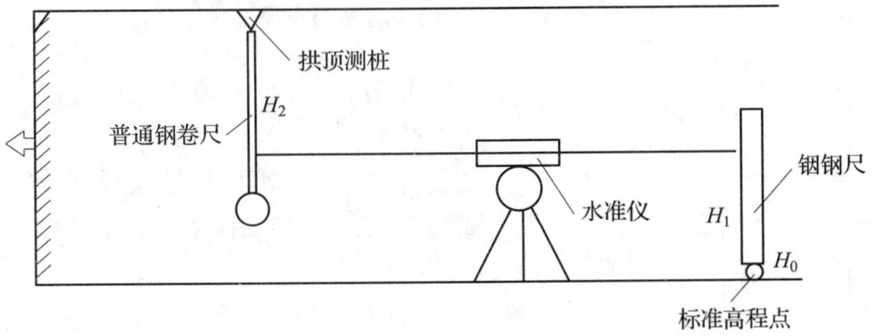

图 6.3–2　拱顶沉降监测方法示意图

6.3.2.7　矿山法初期支护结构净空收敛

1. 监测点布设

矿山法初期支护结构净空收敛监测布点原则：①净空收敛断面随区间暗挖延伸布设，沿隧道轴线布设横向监测断面，断面间距宜为 10 ~ 15m；②分部开挖施工的隧道，每个导洞均应布设横向监测断面；③每个监测断面宜在拱顶、两侧拱脚处（全断面开挖时）或拱腰处（半断面开挖时）布设监测点形成测线。收敛测点一般可与拱顶下沉测点共用。

由于观测断面形状、围岩条件、开挖方式的不同，测线位置、数量亦有所不同，可参见表 6.3–2 和图 6.3–3。

表 6.3–2　净空收敛监测测线数

开挖方法	普通区间	特殊区间			
		洞口附近	埋深小于 2*B*	有膨胀压力或偏压地段	选测项目量测位置
全断面开挖	一条水平测线	—	三条或五条	—	三条或五条、七条
短台阶法	二条水平测线	三条或六条	三条或六条	三条或六条	三条或五条、六条
多台阶法	每台阶一条水平测线	每台阶三条	每台阶三条	每台阶三条	每台阶三条

注：*B* 为隧道开挖宽度。

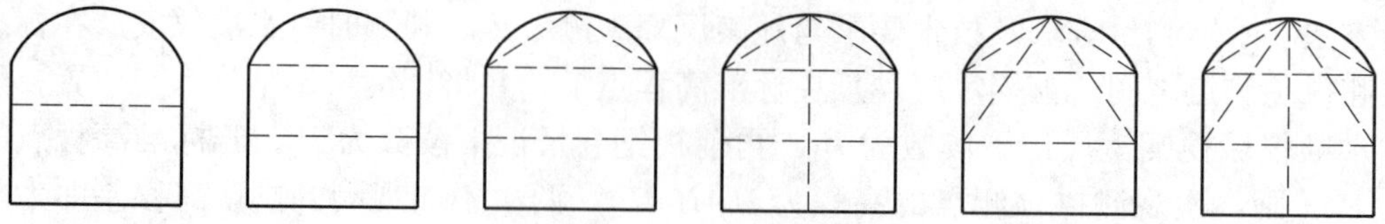

图 6.3–3　断面收敛监测测线的布设方式

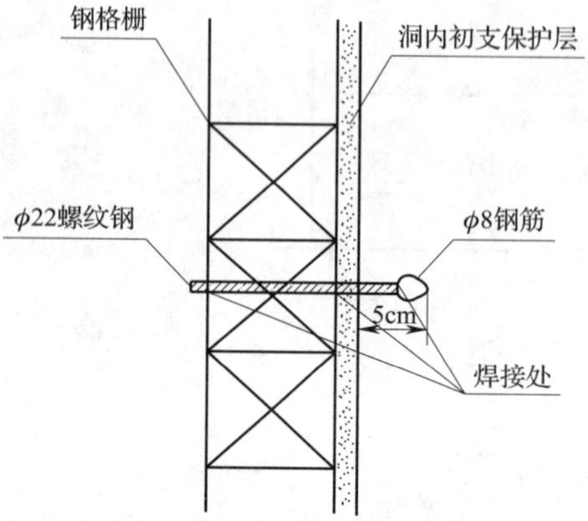

图 6.3–4　结构净空变形监测点布设示意图

采用收敛计监测净空收敛的监测点埋设如图 6.3–4 所示。测点材料选用 ϕ22 螺纹钢，埋设或焊接于导洞两侧，外露长度 5cm，在外露的螺纹钢头部焊接一椭圆形的铁环，并用红油漆标记统一编号。

采用红外激光测距仪监测净空收敛应在收敛测线两端设置对中与瞄准标志，隧道侧壁粗糙时瞄准标志宜采用反射片；采用全站仪进行固定测线收敛监测应设置固定仪器设站位置，在收敛测线两端固定小棱镜或设置反射片，设站点与测线两端点水平投影应呈一直线。

2. 监测作业方法

净空收敛监测方法与盾构隧道净空收敛的作业方法和技术要求一致。

6.3.2.8　矿山法地下水位

1. 监测孔布设

矿山法地下水位监测孔的布设原则：①地下水位监测孔应根据水文地质条件的复杂程度、降水深度、降水影响范围和周边环境保护要求，在降水区域及影响范围内布设，监测孔数量应满足掌握降水区域和影响范围内的地下水位动态变化的要求；②当降水深度内存在两层及以上含水层时，应分层布设地下水位监测孔；③降水区靠近地表水体时，应在地表水体附近增设地下水位监测孔。

2. 监测作业方法

矿山法地下水位观测方法与明挖基坑相同。

6.3.2.9　顶管法地表沉降

1. 监测点布设

顶管法地表沉降监测点布设原则：①监测点应沿顶管隧道轴线上方地表布设，在始发和接收段、地质和环境条件复杂段监测点间距宜为 5 ~ 10m，其他位置监测点间距宜为

10～50m；②在始发和接收段、地质条件复杂部位和邻近重要建（构）筑物、重要地下管线等地段应布设横向监测断面。

2. 监测作业方法

顶管法地表沉降监测方法与盾构法相同。

6.3.2.10　顶管法管节竖向位移

1. 监测点布设

顶管法工程管节竖向位移监测布点根据施工特点、结构形式、地质条件及周边环境条件等要求布设。由于顶管是一种顶进的动态结构，竖向位移的布点以分析结构的竖向差异变化为主，可在顶部、底部、侧墙等位置对应设置。

2. 监测作业方法

顶管法管节竖向位移监测方法与盾构法相同。

6.3.3　监测频率与周期

6.3.3.1　监测频率

1. 矿山法暗挖工程

矿山法工程初支结构及周边环境的变形与距开挖面距离、导洞宽度有密切关系，所以监测频率的制定主要依据监测点与开挖面的距离和导洞宽度。在拆除临时支撑、矿山法大断面隧道二衬扣拱等受力转换阶段或遇到地质条件较差时，初支结构容易发生较大变形，在这种情况下应适当提高监测频率。矿山法大断面隧道二衬扣拱完成后其后续工序类似盖挖工程，风险降低，可适当调整监测频率。

《建设工程第三方监测技术规程》DB11/T 1626—2019 对矿山法暗挖工程监测频率的要求如表 6.3–3 所示。

表 6.3–3　矿山法工程监测频率

监测部位	施工面至监测点或监测断面的距离	监测频率
开挖面前方	$2B<L\leqslant 5B$	1 次 /（2～4d）
	$L\leqslant 2B$	1 次 /（1～2d）
开挖面后方	$L\leqslant 2B$	1 次 /1d
	$2B<L\leqslant 5B$	1 次 /2d
	$L>5B$	1 次 /（3～7d）

注：1. B 为矿山法隧道或导洞开挖宽度（m），L 为开挖面至监测点或监测断面的水平距离（m）。
2. 拆除临时支撑、矿山法车站二衬扣拱等受力转换阶段应加密监测频率。
3. 监测数据趋于稳定后，监测频率宜为 1 次 /（15～30d）。

2. 盾构暗挖工程

盾构工程施工周围岩土体的变形规律主要包括前期隆起或沉降、盾构达到时沉降、盾构通过时沉降、盾尾空隙沉降和后期延续沉降，其监测应能反映整个变化过程。盾构施工开挖直径影响到扰动范围，开挖直径大影响范围大，同时盾构开挖速度也影响到每次监测区段的确定。总之，监测频率的确定综合考虑其变形规律、开挖直径和速度等因素，频率应能够掌握动态变化的开挖面影响规律。受周边岩土体应力重新分布、地质条件变化或联络通道施工等其他工序的影响，管片结构也会发生一定变形，影响支护体系安全和质量寿命，因此须在关键部位和工序对管片变形、受力进行监测。

《建设工程第三方监测技术规程》DB11/T 1626—2019 规定，盾构法工程隧道管片、岩土体及周边环境的监测频率应符合表 6.3–4 的要求。

表 6.3–4　盾构法工程监测频率

监测部位	开挖面至监测点或监测断面的距离	监测频率
开挖面前方	$3D<L\leqslant 8D$	1 次 /（3 ~ 7d）
	$L\leqslant 3D$	1 次 /1d
开挖面后方	$L\leqslant 5D$	1 次 /1d
	$5D<L\leqslant 8D$	1 次 /2d
	$L>8D$	1 次 /7d

注：1. D 为盾构法工程开挖直径（m），L 为开挖面至监测点或监测断面的水平距离（m）。
2. 根据盾构掘进速度可适当调整监测范围和频率。
3. 监测数据趋于稳定后，监测频率宜为 1 次 /（15 ~ 30d）。

3. 顶管法暗挖工程

顶管法施工与盾构法有相似之处，但一般顶管法工程管径较小、施工速度较慢，其监测范围较盾构法小，监测频率也较低，机械顶管施工速度较快，监测频率可参照盾构法工程。

《建设工程第三方监测技术规程》DB11/T 1626—2019 规定，顶管法工程管节、岩土体及周边环境的监测频率应符合表 6.3–5 的要求。

表 6.3–5　顶管法工程监测频率

监测部位	开挖面至监测点或监测断面的距离	监测频率
开挖面前方	$5D<L\leqslant 10D$	1 次 /7d
	$L\leqslant 5D$	1 次 /（2 ~ 3d）
开挖面后方	$L\leqslant 5D$	1 次 /（1 ~ 2d）
	$5D<L\leqslant 10D$	1 次 /（3 ~ 7d）
	$L>10D$	1 次 /（7 ~ 15d）

注：1. D 为顶管法工程开挖直径（m），L 为开挖面至监测点或监测断面的水平距离（m）。
2. 机械顶管施工可参照盾构法工程监测频率。
3. 监测数据趋于稳定后，监测频率宜为 1 次 /（15 ~ 30d）。

6.3.3.2　监测周期

监测周期应能系统地反映隧道结构自身及周边环境在工程建设期的变形过程。矿山法暗挖工程监测的周期一般是从工程开挖前或降水施工前开始，至工程二次结构施工完成，周边环境稳定为止，涉及产权单位的环境对象监测周期应符合相关单位的要求。盾构法工程监测从盾构设备掘进前取得初始值开始，洞内监测项目在结构施工完成后停止，环境对象监测项目在稳定后停止监测，对业主有特殊要求或管理部门有规定的应按要求周期监测。顶管法暗挖工程参照盾构法暗挖工程监测周期。

6.3.4　现场巡查

6.3.4.1　巡查内容

1. 盾构法工程巡查内容

盾构法工程现场巡查内容包括施工工况、掘进施工、管片结构及岩土体。施工工况现场巡查内容包括：盾构始发端、接收端土体加固情况，盾构掘进位置（环号），盾构出土量，盾构停机、开仓等的时间和位置等。盾构机掘进施工现场巡查内容包括：盾尾漏浆情况、同步注浆量、土压力、盾构姿态等。盾构管片结构及岩土体现场巡查内容包括：地面沉陷或隆起、开裂、冒浆情况，管片破损、开裂、错台、渗漏水情况，联络通道开洞前对既有管片的保护措施，管片破除情况、加固效果、地层情况、渗漏水情况等。

2. 矿山法暗挖工程巡查内容

矿山法工程现场巡查内容包括施工工况、开挖面、支护结构及岩土体。施工工况现场巡查内容包括：施工进度，开挖步序、步长、核心土尺寸等情况，各导洞施工间距是否满足设计要求，马头门是否按设计要求施工等。开挖面现场巡查内容包括：开挖面岩土体的类型、特征、自稳性，地下水渗漏及发展情况，开挖面岩土体有无坍塌及坍塌的位置、规模，降水或止水等地下水控制效果及降水设施运转情况。支护结构及岩土体现场巡查内容包括：地面沉陷或隆起、开裂、冒浆情况，超前支护施作情况、钢拱架架设、挂网及喷射混凝土的及时性，格栅间距、连接情况，初期支护结构渗漏水情况，初期支护结构开裂、剥离、掉块情况，临时支撑结构有无明显变形、变位，二衬结构施作时临时支撑结构分段拆除情况等。

3. 顶管法暗挖工程巡查内容

顶管法工程现场巡查内容包括施工工况、支护结构及周边岩土体。施工工况现场巡查内容包括：始发端、接收端土体加固情况，顶管顶进位置，顶管施工暴露的土质情况、与岩土勘察报告的一致性，降水或止水等地下水控制效果及降水设施运转情况等。支护结构及周边岩土体现场巡查内容包括：地面沉陷或隆起、开裂、冒浆情况，支护结构破损、开裂、错台、渗漏水情况等。

6.3.4.2 巡查方法

暗挖法施工巡视检查作为仪器监测方法的有效补充，主要以目测为主。根据巡查计划，结合施工进度，及时进行巡查，并详细做好巡查记录。现场巡查和仪器监测数据成果之间大多存在着内在的联系，可以把被监测对象从定性和定量两方面有机结合起来，更加全面地分析工程围（支）护体系及周边环境的变形规律及安全状态，更好地指导施工或及时采取相应的安全措施，保证工程施工顺利进行。现场巡查到的任何异常情况必须引起足够重视，并结合出现异常区域的监测数据和施工工况进行综合分析判断，及时发现可能出现的事故隐患或征兆，以便施工方及相关单位及时启动应急预案，采取应对措施，避免事故的发生。

6.4 建筑边坡工程结构及岩土体监测

6.4.1 监测对象和项目

建筑边坡工程监测对象和项目主要根据安全等级、地质环境、边坡类型、支护结构型式以及相关监测要求等确定。《建设工程第三方监测技术规程》DB11/T 1626—2019 规定，建筑边坡工程支护结构及岩土体监测对象和项目应符合表 6.4-1 的要求。

表 6.4-1 建筑边坡工程支护结构及岩土体仪器监测项目

序号	监测项目	监测等级		
		一级	二级	三级
1	坡顶水平位移	应测	应测	应测
2	坡顶竖向位移	应测	应测	应测
3	支护结构变形	应测	宜测	可测
4	锚杆（索）拉力	应测	宜测	可测
5	地表沉降	应测	应测	宜测
6	地表裂缝	应测	应测	应测
7	地下水、渗水与降雨关系	应测	宜测	可测

6.4.2 监测点布设与监测方法

6.4.2.1 地表沉降

1. 监测点布设

建筑边坡工程地表沉降监测点的布设原则：①坡顶地表沉降监测点应沿平行坡顶边线

布设，且不宜少于两排，排距宜为 3 ~ 8m，第一排监测点距边坡边缘不宜大于 2m，每排地表监测点与对应的坡顶竖向位移监测点应构成垂直于边坡边线的监测断面；②应根据边坡的地质条件、环境条件及支护型式选择有代表性的部位布设垂直于边坡边线的地表沉降监测断面，每个监测断面监测点的数量和布设位置应满足对边坡工程主要影响区和次要影响区的控制，监测点数量不宜少于 5 个；③监测点的布设要考虑根据设计要求、边坡稳定性、施工进程等因素进行动态调整。

2. 监测作业方法

参见其他工法的地表沉降监测方法。

6.4.2.2　地表裂缝

1. 监测点布设

边坡地表裂缝监测选择典型部位的新增裂缝和原有裂缝进行监测，每一条裂缝宜在裂缝的最宽处及裂缝末端各布设 1 组监测点。

2. 监测作业方法

裂缝宽度监测宜采用裂缝观测仪进行测读，也可在裂缝两侧贴、埋标志，采用千分尺或游标卡尺等直接量测，或采用裂缝计、粘贴安装千分表及摄影量测等方法监测裂缝宽度变化。裂缝长度监测宜采用直接量测法。裂缝深度监测宜采用超声波法、凿出法等。

6.4.2.3　坡顶水平位移

1. 监测点布设

建筑边坡坡顶水平位移监测点的布设原则：①建筑边坡的监测点的布设应尽可能地反映边坡体的实际受力、变形状态；②坡顶水平位移监测点应沿支护结构顶部布设，在每一典型坡段均不应少于两个监测点，在坡顶长边中部、阳角及高度变化处、地质条件复杂及邻近建（构）筑物等部位应布设监测点；③坡顶水平位移和竖向位移监测点宜为共用点。桩板式挡墙和锚杆挡墙监测点宜设置在对应的桩顶或立柱顶部，重力式挡墙和扶壁式挡墙监测点宜设置在伸缩缝或沉降缝两侧。

2. 监测作业方法

参见基坑工程围护结构桩（墙、边坡）顶水平位移监测作业方法。

6.4.2.4　坡顶竖向位移

1. 监测点布设

建筑边坡工程坡顶竖向位移监测点的布设原则：①坡顶竖向位移监测点应沿支护结构顶部布设，在每一典型坡段均不应少于两个监测点，在坡顶长边中部、阳角及高度变化处、地质条件复杂及邻近建（构）筑物等部位应布设监测点；②坡顶水平位移和竖向位移监测点宜为共用点，桩板式挡墙和锚杆挡墙监测点宜设置在对应的桩顶或立柱顶部，重力式挡墙和扶壁式挡墙监测点宜设置在伸缩缝或沉降缝两侧。

2. 监测作业方法

参见基坑工程围护结构桩（墙、边坡）顶竖向位移监测作业方法。

6.4.2.5 支护结构变形

1. 监测点布设

建筑边坡工程支护结构变形监测点的布设选择坡顶长边中部、阳角及高度变化处、地质条件复杂及邻近建（构）筑物等部位的支护结构布设监测点。

2. 监测作业方法

支护结构变形可使用全站仪采用极坐标法观测，摄影测量法观测或三维激光扫描法观测，对于危险边坡可使用地面干涉雷达（InSar）技术进行动态监测。

6.4.2.6 锚杆（索）拉力

1. 监测点布设

建筑边坡工程锚杆（索）拉力监测点应根据建筑边坡支护体系受力特点，选择有代表性部位的锚杆（索）进行监测。非预应力锚杆的监测数量不宜少于总数的 3%，预应力锚索的监测数量不宜少于总数的 5%，且均不应少于 3 根。

2. 监测作业方法

锚杆（索）拉力宜布设锚索测力计、钢筋应力计或应变计进行监测，当使用钢筋束作为锚索时宜监测每根钢筋的受力。

6.4.2.7 地下水、渗水与降雨关系

1. 监测点布设

建筑边坡工程地下水、渗水与降雨关系的监测点应选取典型出水点位置处的边坡体内布设。监测点埋设渗压计传感器。

安装埋设方法及要求：①渗压计在埋设前必须进行室内检验率定，合格后方可使用。按设计要求接长电缆（或仪器出厂前按设计要求长度定制电缆），做好电缆接头的密封处理，并作绝缘度检验，电缆接长后须用测读仪进行测量，并作记录；②安装前需将渗压计在水中浸泡 24h 以上，使其达到饱和状态，再将测头放进装有干净的饱和细砂袋，防止水泥浆或黏土细颗粒进入渗压计内部，堵塞进水；③在边坡深孔内埋设渗压计时，钻孔直径一般为 110mm 左右，钻孔完成后先将粒径约为 10mm 的砾石导入孔内，厚约 40cm，然后

将装有仪器的砂包吊入孔底，如孔太深可用钢丝吊住砂包，并把电缆绑在钢丝上吊装，以防止仪器电缆自重太大而受到损坏，再在上面填入 40cm 厚细砂，然后填 20cm 厚粒径为 10～20mm 的砾石，再在余孔段灌入水泥膨润土浆或预缩砂浆，如果一孔内埋设多个渗压计，则需分段密封；④渗压计埋设完成后，按设计要求走向敷设电缆。为防止沿电缆走向渗水，电缆应尽可能分散敷设，必要时设立止水环。在过接缝时，宜套管（钢或塑料）保护。在变形较大地段，宜弯曲敷设，使电缆留有变形余地，以防止变形过大而拉断。

2. 监测作业方法

地下水、渗水与降雨关系可通过上述埋设在边坡内的渗压计的渗透水压力变化进行监测。渗压计根据传感器不同，可分为钢弦式、差阻式和压阻式等，目前国内常用的为钢弦式渗压计和差阻式渗压计。以钢弦式为例说明，渗压计由透水石、承压膜、压力传感器、线圈、壳体和传输电缆等部分组成见图 6.4–1。当水压力经透水石传递至仪器内腔作用到承压膜，承压膜连带传感元件一同变形，即可把液体压力转化为等同的电信号测量出来。通过预先率定仪器参数即可计算出渗透压力。

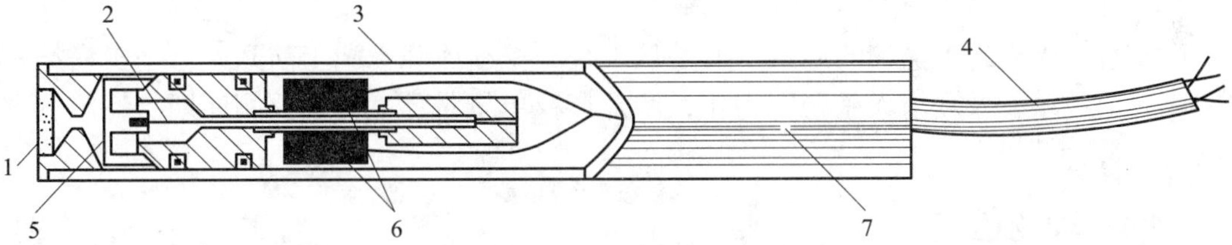

1—透水石；2—钢弦；3—不锈钢体；4—引出电缆；5—膜片；6—激励及接收线圈；7—内密封。

图 6.4–1　钢弦式渗压计结构示意图

观测时采用频率读数仪读取并进行计算。钢弦式渗压计水压力 P 计算公式：

$$P=K\times(R_0-R_t)+C\times(T_t-T_0) \tag{6.4–1}$$

式中：P——t 时刻测量的渗水压力（MPa）；

K——仪器系数（MPa/Hz）；

R_0——初始仪器读数（Hz）；

R_t——t 时刻仪器读数（Hz）；

C——温度系数（MPa/℃）；

T_t——t 时刻温度读数（℃）；

T_0——初始温度读数（℃）。

6.4.3　监测频率与周期

6.4.3.1　监测频率

无论土质边坡还是岩质边坡，边坡高度是影响工程安全的主要因素，主要影响期在其土方开挖和边坡加固阶段，确定监测频率应充分考虑到边坡高度及其施工阶段。雨季易导致边坡失稳、垮塌，因此在工后阶段雨季应适当提高监测频率。另外，应根据地质环境复杂程度、周边环境对象对边坡变形的敏感程度、气候条件和监测数据调整监测频率，当出现险情时应加强监测。《建设工程第三方监测技术规程》DB11/T 1626—2019 对建筑边坡工程各项目监测频率规定如表 6.4–2 所示。

表 6.4–2 建筑边坡工程监测频率

施工工况	边坡高度 /m		
	<10	10 ~ 15	>15
土方开挖阶段	1 次 /3d	1 次 /2d	1 次 /d
边坡加固阶段	1 次 /（3 ~ 7d）		
工后阶段	2 次 / 月，雨季 3 次 / 月，数据稳定后可适当调整频率		

注：应根据地质条件复杂程度、周边环境对象对边坡变形的敏感程度、气候条件和监测数据变化适当调整监测频率。

6.4.3.2 监测周期

建设边坡工程施工监测的周期一般是从工程开挖前或降水施工前开始，至工程结构施工完成，边坡结构及环境设施稳定为止，涉及产权单位对环境对象监测周期有特殊管理规定的还应符合其要求。

6.4.4 现场巡查

6.4.4.1 巡查内容

1. 施工工况

建筑边坡工程施工工况巡查内容包括：边坡开挖后暴露的土质情况、与岩土勘察报告有无差异，边坡开挖步序、坡率是否与设计要求一致，边坡顶部地面堆载情况，支护结构成型质量，地表水、地下水排放状况等。

2. 支护结构及周边岩土体

建筑边坡工程支护结构及周边岩土体巡查内容包括：边坡地表有无隆起、下陷、裂缝、坍塌情况，原有裂缝有无扩大、延伸；排水沟、排水孔、截水沟是否畅通，排水量是否正常；有无新的地下水露头，原有的渗水量和水质有无变化；支护结构、喷层表面是否开裂、裂缝、掉块；安全设施有无损坏等。

6.4.4.2 巡查方法

建筑边坡施工巡查方法与其他工法施工巡查方法基本一致，需要进行现场踏勘、工程资料研究、交底、设备状态观察记录、周边环境观察描述记录及对巡查的总结反馈等。

6.5 桥梁工程结构监测

6.5.1 监测对象和项目

桥梁从结构形式上来分，主要有梁桥、拱桥、斜拉桥、悬索桥等，从施工方法上有主梁臂浇筑、悬臂拼装、纵向顶推、横向顶移、平面转体、在支架上架设安装、在支架上就地浇筑等，建桥材料包括圬工、钢筋混凝土、钢材等。目前重要的桥梁工程一般都开展桥梁施工监控工作，包括施工过程仿真计算（设计符合性计算、事前仿真计算和实时仿真计算等）、参数监测、监测数据分析、反馈控制等，并延续到后续的桥梁健康监测。建设过程中选择其中较为关键的监测参数开展第三方监测，为施工过程安全风险管理提供支持，主要考虑针对基础、下部结构、上部结构及临时支撑体系等监测对象的安全风险监控项目的设置。

1. 梁桥工程

梁桥工程中，下部结构基础是承载桥梁结构的受力结构，其在荷载和其他影响作用下的竖向位移传递到上部结构，对梁体受力及线形产生影响，尤其是在有横桥向或纵桥向的不均匀沉降时影响较大，因此对墩台及墩柱的竖向位移进行监测。当桥梁墩柱高度大于 15m 时，其垂直度参数对于桥梁结构安全评价意义较大，《建筑与桥梁结构监测技术规范》GB 50982—2014 中规定对于高度大于 15m 高度的墩柱进行垂直度监测。临时支架对于梁桥是承载现浇梁的重要临时结构，国内外采用临时支架施工桥梁时出现过不少事故，为评价临时支架的稳定性和安全状态，对其竖向、水平位移进行监测。针对桥梁主梁，主要考虑从施工监控项目中选择关键的并易于观测的项目，主梁线形（标高）监测项目是最直接的评价梁体是否符合设计线形、进行施工监控分析、分析梁体结构的安全性的重要项目，设置为应测项目；对于采用悬臂现浇、节段拼装施工的桥梁，锚索索力、结构应力和温度等测项可分析实际施工的结构是否满足桥梁设计力学指标，与设计是否有偏差，评价后期徐变影响等。桥梁工程结构仪器监测项目见表 6.5–1。

表 6.5–1 梁桥工程结构仪器监测项目

序号	监测项目		监测类别
1	墩台	竖向位移	应测
2	墩柱	竖向位移	应测
3		垂直度	宜测
4	临时支架	竖向位移	应测
5		水平位移	应测
6	主梁	线形（标高）	应测
7		索力	应测
8		应力	宜测
9		温度	宜测

注：垂直度仅对高度大于 15m 的墩柱实施监测。

2. 拱桥工程

拱桥从建筑材料分：有圬工拱桥、钢筋混凝土拱桥、钢拱桥；从结构体系分：有简单体系拱桥（三铰拱，两铰拱，无铰拱）、组合体系拱桥（无推力拱桥，有推力拱桥）；从主拱圈截面形式分：有板拱桥、肋拱桥、双曲拱桥，箱形拱桥；从拱轴线形式分：有圆弧拱桥、抛物线拱桥、悬链线桥；从桥面位置分：有上承式拱桥、中承式拱桥、下承式拱桥。拱桥施工按其主拱圈成型的方法可以分为以下三类：就地浇筑法（有支架施工法、悬臂浇筑法）；预制安装法（缆索吊装设备安装、伸臂式起重机安装）；转体施工法（竖向转体施工法、平面转体施工法、有平衡重法和无平衡重法）等。

拱桥工程中，对墩台、墩柱、拱座有的桥梁设计为承受水平推力荷载，主拱是压弯构件，过大的轴力和弯矩会使其失稳，拱内产生轴向压力，故对水平位移进行监测；索塔承受竖向、水平荷载，对应力进行监测；吊杆、锚索是桥梁荷载传递构件，对索力进行监测。其余监测项目的选取与梁桥工程类似，拱桥工程结构仪器监测项目见表 6.5–2。

表 6.5–2 拱桥工程结构仪器监测项目

序号	监测项目		监测类别
1	墩台、墩柱、拱座	竖向位移	应测
2		水平位移	应测
3	索塔	竖向位移	应测
4		轴线	应测
5		应力	宜测
6	临时支架、拱架	竖向位移	应测
7		水平位移	应测
8	主拱圈（片）、纵梁、横梁、立柱	线形（标高）	应测
9		应力	宜测
10		温度	宜测
11	吊杆、锚索	索力	应测

3. 斜拉桥工程

斜拉桥是由梁、索、塔三类构件组成的一种桥面体系，以加劲梁受压（密索）或受弯（稀索）为主，支承体系以斜拉索受拉及桥塔受压为主的桥梁。斜拉桥的种类有：矮塔斜拉桥、多塔斜拉桥、混凝土梁斜拉桥、钢梁斜拉桥、组合梁斜拉桥及混合梁斜拉桥等。矮塔斜拉桥，又称部分斜拉桥。塔高较低，梁体刚度较大，斜拉索对承载力的贡献相对较小。多塔斜拉桥，具有两个以上索塔的斜拉桥。混凝土梁斜拉桥，主梁为钢筋混凝土或预应力混凝土结构的斜拉桥。钢梁斜拉桥，主梁与桥面板均为钢结构的斜拉桥。组合梁斜拉桥，主梁为钢结构，桥面板为混凝土结构，主梁与桥面板组合共同承载的斜拉桥。混合梁斜拉桥，边跨的一部分或全部采用混凝土梁，主跨的大部分或全部采用钢梁或组合梁的斜拉桥。

斜拉桥的基本受力特点是受拉的斜索将主梁多点吊起，并将主梁的恒载和车辆等其他荷载传至塔柱，再通过塔柱基础传至地基。塔柱基本上以受压为主。跨度较大的主梁就像一条多点弹性支承（吊起）的连续梁一样工作，从而使主梁内的弯矩大大减小。由于同时受到斜拉索水平分力的作用，主梁截面的基本受力特征是偏心受压构件。斜拉桥属高次超静定结构，主梁所受弯矩大小与斜拉索的初张力密切相关，存在着一定的最优索力分布，使主梁在各种状态下的弯矩（或应力）最小。在竖向荷载作用下，主梁以受压为主，塔以受压为主，斜索承受拉力。梁体被斜索多点吊起，结构行为和多点弹性支承连续梁类似。

对斜拉桥监测主要考虑索塔、主梁、斜拉索及影响桥梁的环境及效应参数。索塔竖向位移是反映索塔是否安全承担竖向荷载重要指标，与基础的稳定性有关，索塔轴线与施工质量、自身稳定性及与所受的水平拉力有关，索塔应力从力学角度评价竖向及水平荷载与设计的相符性，设计主梁施工的线形（标高）是关键参数，斜拉索承受拉力，需要判断其荷载的安全性，斜拉桥跨度较大，水平风荷载相对影响较大，对这些参数应进行监测项目的设置。斜拉桥工程结构仪器监测项目见表 6.5–3。

表 6.5–3　斜拉桥工程结构仪器监测项目

序号	监测项目		监测类别
1	索塔	竖向位移	应测
2		轴线	应测
3		应力	宜测
4	主梁	线形（标高）	应测
5		应力	宜测
6		温度	宜测
7	斜拉索	索力	应测
8	环境及效应	风力	宜测

4. 悬索桥工程

悬索桥是由主缆、加劲梁、主塔、鞍座、锚碇、吊索等构件构成的柔性悬吊体系。主缆是结构体系中的主要柔性承重构件，通过塔顶索鞍悬挂在主塔上并锚固于两端锚固体中。主塔是悬索桥抵抗竖向荷载，支承主缆的主要承重构件。加劲梁是悬索桥承受风荷载和其他横向水平力的主要构件，提供桥面和防止桥面发生过大的挠曲变形和扭曲变形，主要承受弯曲内力。吊索是将加劲梁自重、外荷载传递到主缆的传力构件，是连系加劲梁和主缆的纽带。锚碇是锚固主缆的结构，它将主缆中的拉力传递给地基。

锚碇的设计施工原则是不发生沉降、滑移和转动。在主缆水平分力下不会滑移，竖向压应力不应超过地基土的容许压应力，即不会沉降和转动。因此对锚碇竖向位移、滑移及转动进行监测。

主缆线形与施工工艺有密切关系，从桥塔开始吊装时，桥塔两侧的索夹首先夹紧，此时主缆线形与最终几何线形差别最大，因此主缆中的次应力较大，当从跨中开始吊装，架设桥塔附近的加劲梁段时，主缆线形已接近最终的状态，此时桥塔附近索夹夹紧，主缆的永久性角变位最小。当加劲梁的重力逐渐转移到主缆上，主缆将产生较大沉降，改变原来悬链线的形状。因此，将主缆线形设置为监测项目。主缆是主要受力构件，线形变化、温度变化引起伸缩，都对其受力产生影响，因此将温度设置为监测项目。

现代吊索索力计算时考虑加劲梁的荷载分配效应，设计拉力的荷载组合为：恒载 + 活载 + 温度效应 + 制造误差 + 架设误差 + 弯曲二次应力，安全系数取值在 3.1 ~ 4.5 之间，对索力设置为监测项目。

刚性索夹与柔而松的主缆索体间的连接为不稳定连接，依靠摩擦力来保证主缆在受拉产生收缩变形时也不致滑动，对索夹位置进行监测。制造误差、架设误差以及基础的不均匀沉降对加劲梁应力有一定的影响，加劲梁承受挠曲和扭曲支承体系、主缆与加劲梁通过悬索联结，需要对加劲梁的承受挠曲和扭曲情况进行评价，对标高、应力设置监测项目。

悬索桥的抗风措施主要包括主缆在跨中与主梁固接、抗风索等，由于需要评价受风荷载的影响，对风力进行监测。悬索桥工程结构仪器监测项目见表 6.5–4。

表 6.5–4　悬索桥工程结构仪器监测项目

序号	监测项目		监测类别
1	锚碇	竖向位移	应测
2		滑移	应测
3		转动	应测
4	索塔	竖向位移	应测
5		轴线	应测
6		应力	宜测
7	主缆	线形	应测
8		温度	宜测
9	索股、吊索（杆）	索力	应测
10	索鞍	偏位	宜测
11	索夹	位置	宜测
12	主梁	标高	应测
13		应力	宜测
14	环境及效应	风力	应测

6.5.2　监测点布设及监测方法

桥梁工程监测点布设结合设计结构形式及施工特点，选择特征部位布设，以掌握桥梁设计及施工过程中的重要参数，为工程安全管理提供基础数据。

桥梁墩柱、索塔轴线监测点的设置应能反映柱、塔的实际倾斜情况。主梁应力监测截面布设，一般为主梁施工过程中的控制性截面，主要选择墩顶附近截面、跨中截面和主梁截面变化处截面，其测点布设主要根据截面形式及宽度确定。主梁温度监测目的在于监测主梁内外温差、日照温差及季节性温差，以便分析主梁线形及应力受各种温差的影响。桥梁转体、顶推、顶升等受力转换过程施工风险较大，为监控施工过程桥梁的安全状态，在体系受力转换及控制桥梁就位等关键部位布设位移、应力等测点。

1. 轴线、位置、偏位、水平位移、滑移、转动等监测点的布设

监测点的布设原则为：①桥梁墩柱、索塔轴线倾斜监测应在分段施工的自然顶面设置监测断面，并沿断面纵、横向轴线端部各设置 1 个监测点；②临时支架、拱架的水平位移监测应在每跨跨中、1/4 梁长位置布设监测断面，其他断面间距不宜大于 5m，每个断面应在左、右侧各设置 1 个监测点；③锚碇滑移、转动监测在其纵、横向轴线端部各布设 1 个监测点；④拱脚水平位移监测宜在拱脚的上下游两侧各布设 1 个监测点；⑤索夹位置监测在索夹处设置 1 个监测点。

2. 竖向位移、线形、标高等监测点的布设

监测点的布设原则为：①每个桥梁墩柱、索塔、锚碇竖向位移监测点布设数量不应少于 1 个，当截面积较大时，应沿截面纵、横向分别布设监测点；②临时支架、拱架竖向位移监测断面宜与水平位移监测断面一致，每个断面在两侧及中部应各布设 1 个监测点；③悬臂现浇和节段拼装施工主梁标高监测点应布设在各梁段上表面的前端，每个截面在两侧及中部应各布设 1 个监测点，立模标高监测点应设置在各梁板模板的前端，每个截面在上表面两侧及中部应各布设 1 个监测点，下表面两侧各布设 1 个监测点；④支架现浇施工的主梁标高监测断面宜布设在墩顶、跨中及 1/4 跨处，每个截面在两侧及中部应各布设 1 个监测点；⑤桥面线形监测断面应沿桥梁纵向在每孔跨中、1/4 跨处、支点处等选择不少于 5 个位置布设，每个断面在两侧及中部应各布设 1 个监测点；⑥悬索桥主揽线形监测点应布设在主揽最大垂度截面的基准索股上。

3. 应力、索力、温度等监测点的布设

监测点的布设原则为：①墩柱、索塔应力监测断面宜选择在应力较大的截面，每个监测断面不少于 4 个监测点；②梁桥主梁应力监测断面应布设在主梁根部、跨中、1/4 跨以及其他控制截面处，监测点应布设在截面的上下缘位置，每个断面监测点数量不应少于 4 个；③拱桥主梁和主拱圈应力监测断面应布设在拱脚、跨中、1/4 跨处，监测点应布设在截面的上下缘位置，每个监测断面测点数量不应少于 4 个；④斜拉桥和悬索桥主梁应力监测断面应选择在施工过程结构分析确定的控制截面处，主跨应力监测断面不应少于 3 个，每个断面监测点数量不应少于 4 个；⑤吊杆、扣索、锚索索力监测宜选择每种规格

型号中受力最大、应力幅最大及折减系数最小等典型构件，监测点布设位置宜兼顾构件上游、下游、边跨及中跨等；⑥悬索桥主缆温度监测断面应布设在主跨跨中、主揽 1/2 垂度和每个索塔附近，主跨较大时宜适当增加监测断面数量；⑦钢箱梁应力、温度监测断面应布设在标准梁段位置，监测点应均匀布设在钢箱梁内表面的上下左右位置，每个断面的监测点数量不应少于 4 个；⑧混凝土箱梁应力、温度监测断面应布设在墩柱上方、跨中及 1/4 跨处，每个监测断面在上下左右位置均应布设，每个位置应沿混凝土箱壁厚度方向的外、中、内布设 3 个监测点。

4. 风力监测点的布设

风力监测点应布设在主跨桥面和索塔顶部，各个方向应无遮挡。

桥梁转体、顶推、顶升等施工过程应根据施工需要，在体系转换受力复杂及桥梁结构受力控制性截面等关键部位宜布设监测点。

6.5.3 监测频率与周期

6.5.3.1 监测频率

桥梁监测频率应覆盖重要的节点施工、重要的设施安装、受力体系转换、临时或永久荷载的施加、后期材料徐变过程等情况，这是施工安全风险关注的重点。桥梁监测的频率见表 6.5–5。

表 6.5–5 桥梁工程监测频率

监测对象	监测频率
临时支架	1. 预压前后宜各监测 1 次； 2. 浇筑混凝土前后应各监测 1 次； 3. 连段混凝土终凝后宜监测 1 次； 4. 张拉预应力前后应各监测 1 次； 5. 上部荷载增加前后应各监测 1 次； 6. 拆除前后应各监测 1 次
下部结构	1. 墩、塔节段施工前后宜各监测 1 次； 2. 上部荷载增加前后应各监测 1 次
上部结构	1. 桥梁体系转换施工过程、节段施工新增节段过程中，应连续进行监测； 2. 浇筑梁段混凝土、梁间湿接缝前后应各监测 1 次； 3. 张拉预应力前后应各监测 1 次； 4. 整体浇筑或吊装的桥梁应在增加荷载的 50% 和 100% 时各监测一次； 5. 临时支架拆除前后应各监测 1 次； 6. 桥面铺装前后应各监测 1 次； 7. 上部设备安装完成后应监测 1 次

注：1. 由监测数据指导设计与施工的工程应根据结构应力或变形速率实时调整监测频率。
2. 停工和复工时应分别进行 1 次监测。
3. 工后阶段监测频率宜为 1 次 /（30 ~ 180d），监测数据稳定后可适当调整监测频率。

6.5.3.2　监测周期

桥梁监测周期应根据桥梁施工特点及实际监测数据情况合理确定。桥梁桩基、承台基坑施工存在着自身风险和环境风险，临时结构与自身结构施工期间需要分析其结构风险，而桥梁在结构完成后有一定的徐变周期，也是结构安全关注的重要阶段，因此，桥梁安全监测工作应涵盖桥梁施工全过程，并在运营维护阶段开展长期健康安全监测。

6.5.4　现场巡查

6.5.4.1　巡查内容

1. 施工工况

桥梁施工监测施工工况巡查内容主要包括：主梁臂浇筑、悬臂拼装、纵向顶推、横向顶移、平面转体、在支架上架设安装、在支架上就地浇筑等具体施工工艺；施工顺序及进度；施工临时荷载施加情况；非刚性连接悬臂浇筑墩顶梁段与桥墩固定情况；梁段预应力施加情况等。

2. 临时支模、支架及拱架

桥梁临时支模、支架及拱架施工巡查内容主要包括：支架、拱架下方地基基础沉陷，节点和卸架设备的压缩变形情况；支架横向、竖向连接情况；杆件接头变形情况；底模板、侧模板变形情况；支架、拱架不均匀沉降情况等。

3. 下部结构

桥梁下部结构施工巡查内容主要包括：桥台、墩柱、索塔、拱座等开裂、掉块、压溃、剥落情况；桥台、墩柱、索塔、拱座水平位移及墩柱、索塔的垂直度等。

4. 上部结构

桥梁上部结构施工巡查内容主要包括：混凝土结构有无裂缝及变化情况；主索、扣索、索鞍、锚碇等的变形和位移情况；刚架锚固系统稳定性；拱片变形情况；梁段接缝开裂情况等。

5. 附属工程

桥梁附属工程施工巡查内容主要包括：填土工程桥涵台背、锥坡、护坡及拱上等填土高度、稳定性；砌体工程石砌锥坡、护坡和河床铺砌层稳定性等。

6.5.4.2　巡查方法

桥梁工程施工巡查方法与其他工法施工巡查方法基本一致。桥梁巡查的专业性较强，巡查人员需要具有桥梁结构设计及施工等专业知识及工程经验。

第 7 章　周边环境监测

7.1　概述

7.1.1　周边环境设施的分类

《城市轨道交通土建工程设计安全风险评估规范》DB11/1067—2014 对周边环境定义为工程建设中与工程相互影响、位于地面或地下的既有或在建的建（构）筑物（含文物古建）、管线、桥梁、隧道、地下工程设施、轨道交通设施、铁路、高速公路、城市道路、地表水体及树木等的统称。

1. 建（构）筑物

建（构）筑物是分为两个层面，即建筑物和构筑物。建筑物通称建筑，一般指供人们进行生产、生活或其他活动的房屋或场所，例如，工业建筑、民用建筑、农业建筑和园林建筑等。构筑物一般指人们不直接在内进行生产和生活活动的场所。如水塔、烟囱、栈桥、堤坝、蓄水池等。

国家标准《民用建筑设计统一标准》GB 5035—2019 规定建筑物分类原则为：①按高度划分，住宅建筑按层数分类：一层至三层为低层住宅、四层至六层为多层住宅，七层至九层为中高层住宅，十层及十层以上为高层住宅；除住宅建筑之外的民用建筑高度不大于 24m 者为单层和多层建筑，大于 24m 者为高层建筑（不包括建筑高度大于 24m 的单层公共建筑）；建筑高度大于 100m 的民用建筑为超高层建筑。②按结构类型划分，常见的建筑房屋结构有砖混结构、钢筋混凝土结构、框架结构、框剪结构等，各种结构有其自身的特点。③按基础可分为条形基础、独立基础、满堂基础和桩基础。满堂基础又分为筏形基础和箱形基础。

建设工程施工扰动对地层产生的移动与变形会导致其影响范围内的建（构）筑物损害。

2. 桥梁

桥梁分类的方式很多，通常从受力特点、建桥材料、适用跨度、施工条件等方面来划分：①按受力特点分为梁式桥、拱式桥、刚架桥、悬索桥、组合体系桥；②按用途划分，有公路桥、铁路桥、公铁两用桥、农用桥、人行桥、运水桥（渡槽）及其他专用桥梁（如通过管路、电缆等）；③按桥梁全长和跨径的不同分为特大桥、大桥、中桥、小桥；④按主要承重结构所用的材料来分，有圬工桥、钢筋混凝土桥、预应力混凝土桥、钢桥、钢 - 混凝土结合梁桥和木桥等；⑤按跨越障碍的性质来分，有跨河桥、跨线桥（立体交叉桥）、高架桥和栈桥；⑥按上部结构的行车道位置分为上承式（桥面结构布置在主要承重结构之上）桥、下承式桥、中承式桥。

桥梁一般由上部结构、下部结构、基础和附属结构四部分组成：①上部结构是指桥梁结构中直接承受车辆和其他荷载，并跨越各种障碍物的结构部分。它直接承担使用荷载。

一般包括桥面构造、桥梁跨越部分的承载结构和桥梁支座。②下部结构桥梁的桥墩和桥台统称为下部结构。它是支承桥跨结构并将恒载和车辆活载等荷载传递至基础的建筑物。通常把设在桥梁两端的称为桥台，它除了上述作用外，还与路堤衔接，以抵御路堤土压力，防止路堤填土的滑坡和坍落。③基础设置在墩台下部、将全部荷载传递至地基的结构部分称为基础。基础是确保桥梁安全使用的关键。由于基础往往深埋于土层之中，并且很多情况下需要进行水下施工，故也是桥梁建筑中比较困难的一部分。④附属结构设在桥梁主体结构以外，保证桥梁正常、安全使用的建筑物称为附属结构，主要包括锥形护坡、护岸及导流工程等，如图 7.1–1 所示。

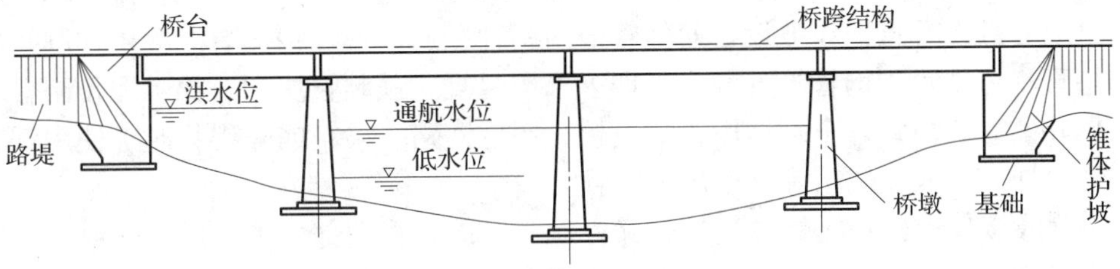

图 7.1–1　桥梁结构示意图

3. 地下管线

地下管线是敷设在地下用于输送液体、气体或松散固体的管道，是指埋设于地下或水下各种管（沟、巷）道和电缆的总称。地下管线是城市的生命线，是城市赖以生存与发展的“神经”和“血管”。城市地下管线一般分为地下管道、地下电缆两大类。

地下管线按工作压力可分为无压管线和压力管线。常见的无压管线包括雨水、污水管线等；常见的压力管线包括自来水、燃气、热力、输油管道等。燃气管道可按其所传输的燃气性质分为煤气、液化气和天然气；按燃气管道的压力 P 大小分为低压、中压和高压：低压 $P \leqslant 5\text{kPa}$；中压 $P > 5\text{kPa}$，$\leqslant 0.4\text{MPa}$；高压 $P > 0.4\text{MPa}$，$\leqslant 1.6\text{MPa}$。电力电缆按电压的高低可分为低压、高压和超高压：低压 $V \leqslant 1\text{kV}$；高压 $V > 1\text{kV}$，$\leqslant 110\text{kV}$；超高压 $V > 110\text{kV}$。地下管线分类见表 7.1–1。

表 7.1–1　地下管线分类

基本分类	压力情况	功能	名称
地下管道	重力管道	排水管道	污水管道、雨水管道、雨污合流管道、工业废水管道
	压力管道	给水管道	生活用水管道、消防用水管道、工业用水管道、农业灌溉管道
		燃气管道	煤气管道、天然气管道、液化石油气管道
		热力管道	热水管道、蒸汽管道
		工业管道	汽油管道、化工管道、排渣管道
地下电缆	高压电缆	电力电缆	动力电缆、照明电缆
	低压电缆	通信电缆	长话电缆、市话电缆、广播电缆、有线电视电缆、专用电缆

地下管线材质：①给水管道一般分为金属管道和非金属管道两类。金属管道分为镀锌钢管、碳钢直板卷管及承插式灰口铸铁管；非金属管分为硬聚氯乙烯管和承式预应力混凝土管两种。近年来，国家建设部正在要求推广使用400mm以下小口径给水管。②排水管道一般分为混凝土管、钢筋混凝土管及钢筋混凝土渠箱三种。混凝土管及钢筋混凝土管又有承插式、企口式和平口式。③煤气、天然气管道通常有无缝钢管、螺旋钢管、铸铁管及高密度聚氯乙烯塑料管。一般聚氯乙烯塑料管只用于小口径供气管，铸铁管只用于低压力供气管道上。城市道路下面多数为无缝钢管或螺旋钢管，管径小于或等于 *DN*150 时为无缝钢管，当管径大于或等于 *DN*200 时为螺旋钢管。④电力电缆除直埋外均敷设在电力专用管道内，目前常用的电缆管道有预制钢筋混凝土槽盒、电缆沟、塑料管和电缆隧道。⑤通信电缆的敷设有直埋和敷设在通信管道内两种，通信管道种类有混凝土预制管块、硬聚氯乙烯管、铸铁管、钢管等五种，早期多采用混凝土预制管块和石棉水泥预制管块，目前多采用硬聚氯乙烯管，个别地段（如过桥、穿越铁路、渠箱或障碍物时）使用铁管，引上管（如上杆、出入接线箱等）采用铸铁管。

地下管线接口形式：①螺纹连接：又称丝接，即在管端部分加工成外螺纹，在次外螺纹管端部分连接带有内螺纹的管线或带有内螺纹的法兰或阀门等，然后使带有外螺纹的另一管端部分与已连接上的上述管件或阀门的内螺纹连接。②法兰连接：是一种承压的可拆卸管线紧密型连接方法，即用两片法兰将管道、阀门、设备连接成一个严密的管线系统。③焊接：是钢管线连接的一种常用方法，常用于大口径钢管的连接。④承插连接：带有承口、插口的铸铁管、钢筋混凝土管、混凝土管、缸瓦管、陶瓷管、塑料管均采用承插连接方式。插口插入承口内，其间隙填充料进行封闭。⑤平口连接：混凝土管与钢筋混凝土管管口有平口状，常采用平口连接方式。

4. 城市轨道交通

城市轨道交通按线路所处空间位置分为地下、地面、高架三种形式。地下城市轨道交通包括土建工程和机电设备两部分，土建工程包括隧道结构（车站结构）、道床结构、轨道以及主变电所、集中冷站、控制中心及车辆基地的土建部分；机电设备包括建筑设备（又称常规设备）和轨道交通系统设备。地面城市轨道交通工程主要包括土建工程和机电设备两部分，土建工程包括路基、轨道以及主变电所、集中冷站、控制中心及车辆基地的土建部分等；机电设备包括建筑设备（又称常规设备）和轨道交通系统设备。高架城市轨道交通工程主要包括土建工程和机电设备两部分，土建工程包括桥梁、轨道以及主变电所、集中冷站、控制中心及车辆基地的土建部分等；机电设备包括建筑设备（又称常规设备）和轨道交通系统设备。

城市轨道交通车站由车站主体（站台、站厅、生产与生活用房）、出入口与通道（乘客进行地面和地下换乘的必经之路）、通风道和地面风亭（一般布置在车站的两头端部）等三大部分组成。

城市轨道交通区间是连接两个车站的建筑物，包括行车隧道、渡线、折返线、地下停车线、联络通道、集水泵房以及其他附属建筑物。轨道是指路基或结构面以上的线路部分，是由钢轨、轨枕、连接零件、道床、道岔和其他附属设备等组成的构筑物。路基是指按照线路位置和一定技术要求修筑的带状构筑物，一般位于地下隧道通往路面车辆段或停车场的线路上，包括路堤、路堑和附属结构。

5. 铁路

铁路按线路所处空间位置分为地面和高架两种形式，均包括土建工程和机电设备两部分，土建工程包括路基、道床结构、轨道；机电设备包括建筑设备（又称常规设备）和轨道交通系统设备。

6. 地表水体及水利设施

地表水体及水利设施包括地表河（含人工引水渠）、湖（含人工蓄水池）、水库等水体以及南水北调（含总干渠及配套工程）、东水西调等引调水工程和其管理设施。

7. 地下构筑物

地下构筑物包括地下暗涵、地下人防设施、地下过街通道、综合管廊等地下结构。

7.1.2　周边环境监测的要求

建设工程施工过程中，不可避免地对周边环境对象产生影响，如果周边环境受到破坏，对工程建设也将产生严重影响。因此，对周边环境的监测工作与工程结构和岩土体的监测同等重要，在工程施工过程中采取措施控制工程结构和岩土体过大变形，保护周边环境设施的安全，在动态设计、动态施工过程中，监测工作是重要的技术保障手段。

由于建设工程的大部分修建在地下并处于建筑物林立、地下管网密布及城市道路稠密的城市环境之中，因此，在建设工程施工期间，不仅存在工程自身的安全问题，而且对周边环境的安全和稳定也有一定的影响。在施工阶段不仅需要对工程结构的自身稳定和安全开展监测，掌握工程自身结构的变形和稳定情况，保证安全生产，还需要随着施工进展对工程影响范围内的建（构）筑物、市政桥梁、地下管线、高速公路及城市道路、城市轨道交通设施、铁路、地表水体及水利设施、地下构筑物等周边环境进行监测，为施工、设计单位采取必要的保护措施和控制措施提供参考依据。

周边环境对象监测点布设原则：①周边环境监测点的布设位置和数量应根据环境对象的基础形式、结构特点、使用状况、保护要求以及施工扰动程度、工程地质条件和监测方法等因素综合确定；②反映环境对象变化特征的关键部位，以及抗变形能力较弱的其他部位应重点考虑；③当周边环境对象为不间断运营的城市轨道交通、列车高速运行且运行频率较高的铁路、车流量大的城市主干道和市政桥梁，由于采用人工监测不能满足实际需要或存在现场监测作业人员的人身安全问题，宜采用远程自动实时监测手段；④监测工作开始前宜对周边环境监测对象进行初始状态调查，采用文字、图片或影像形式记录，并形成文字报告。

目前，随着监测技术的不断发展，对不同环境对象的监测项目，可以选择的监测方法逐渐增多，既包含常规的几何水准、几何平面等方法，又有液体静力水准测量、准直测量、应变测量、倾斜测量、GPS 方法、数字近景摄影测量方法、激光扫描方法、InSAR 方法、微波干涉方法等先进、特殊的监测手段。在实际监测工作中，如何选择监测方法，做到既保证足够的监测精度，又操作灵活、稳定可靠，还需要兼顾经济合理性，并且对监测人员的安全有保证，并尽可能地获取足够的信息，配合科研工作的开展，是摆在技术人员面前的一道难题。不同的监测技术在测点布设方式及要求、数据处理形式等方面有不同的要求，需要协调配合进行。本章将着重介绍在环境对象监测中常用的监测方法及相关要求。

7.2 建（构）筑物

7.2.1 监测项目

对施工影响区域内的建（构）筑物监测是一项重要的监测工作，特别是对年久失修、抗变形能力弱的建（构）筑物更应进行监测。建筑物的竖向位移是判定工程施工对建（构）筑物影响大小的重要变形参数，建（构）筑物裂缝监测是工程施工对建（构）筑物影响大小和建（构）筑物受破坏程度的直接表现，设置为应测项目。高层或超高层建筑物，由于工程施工影响会引起倾斜和水平位移，应进行倾斜和水平位移的监测。

《建设工程第三方监测技术规程》DB11/T 1626—2019 规定建（构）筑物仪器监测项目应根据表 7.2–1 进行确定。

表 7.2–1 建（构）筑物仪器监测项目

序号	监测项目	监测等级		
		一级	二级	三级
1	竖向位移	应测	应测	应测
2	水平位移	应测	宜测	可测
3	倾斜	应测	宜测	可测
4	裂缝	应测	应测	应测

7.2.2 监测点布设与监测方法

7.2.2.1 竖向位移

1. 监测点布设

为了能够反映建（构）筑物竖向位移的变化特征和便于监测结果的分析，监测点的布设应考虑其基础形式、结构类型、修建年代、重要程度及其与建设工程的空间位置关系等因素。建（构）筑物竖向位移监测点布设原则：①监测点宜布设在外墙或承重柱上，位于主要影响区监测点沿外墙间距宜为 10 ~ 15m，或每隔 2 根承重柱布设 1 个监测点；位于次要影响区监测点沿外墙间距宜为 15 ~ 30m，或每隔 2 ~ 3 根承重柱布设 1 个监测点；在外墙转角处应有监测点控制；②在高低悬殊或新旧建（构）筑物连接、变形缝、不同结构分界、不同基础形式和不同基础埋深等部位的两侧应布设监测点；③对烟囱、水塔、高压电塔等高耸构筑物，应在其基础轴线上对称布设监测点，每栋构筑物监测点布设数量不应少于 3 个；④风险等级较高的建（构）筑物应适当增加监测点数量。

建（构）筑物测点标志根据不同监测对象采用不同的埋点形式，框架、砖混结构对象采用钻孔埋入标志测点，钢结构对象采用焊接式测点，特殊装修较好的对象采用隐蔽式测点形式，如图 7.2–1 所示。

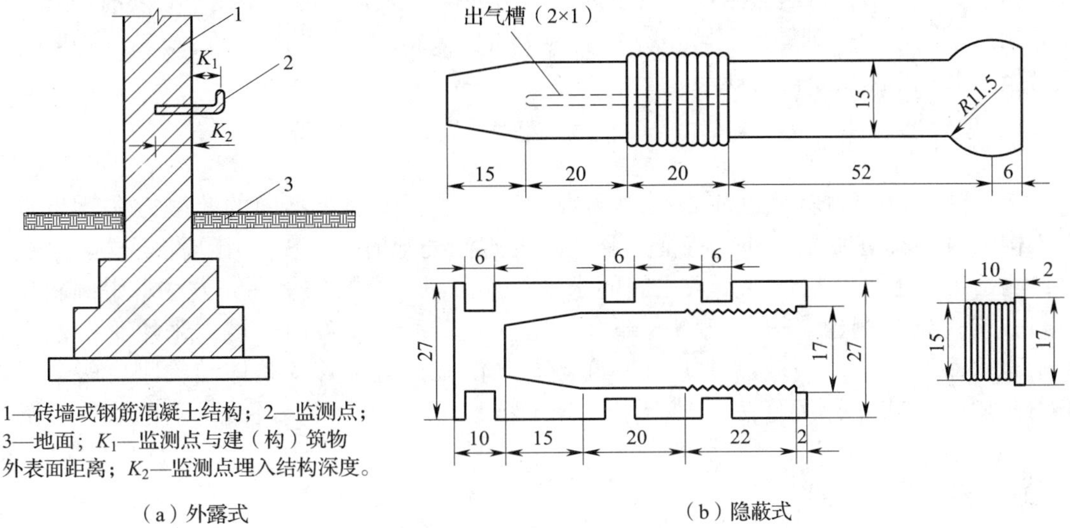

图 7.2–1　测点标志埋设形式

监测点埋设时应注意避开如雨水管、窗台线、电器开关等有碍设标与观测的障碍物，并视立尺需要离开墙（柱）面和地面一定距离，一般应高于地坪 0.2 ~ 0.5m。

2. 监测作业方法

建（构）筑物沉降常用有几何水准测量方法、液体静力水准测量法进行监测，特殊建筑物也可采用数字近景摄影测量、三维激光扫描等方法进行。

7.2.2.2　水平位移

1. 监测点布设

建（构）筑物水平位移监测点布设在邻近建设工程一侧的建（构）筑物外墙、承重柱、变形缝两侧及其他有代表性的部位，可与建筑物竖向位移监测点布设在同一位置。

2. 监测作业方法

建（构）筑物水平位移监测方法参见基坑工程围护结构桩（墙、边坡）顶水平位移监测作业方法。

7.2.2.3　倾斜

1. 监测点布设

高层及中高层建筑物、高耸构筑物、结构有特殊要求的建（构）筑物应布设倾斜监测点。建筑物倾斜监测点布设应根据建筑物与建设工程平面及竖向位置关系、建设工程所处场地工程地质水文情况、建设工程施工的工艺工法、建（构）筑物自身特点布设，面向建设工程方向布设。建（构）筑物倾斜监测点布设原则：①每栋建（构）筑物倾斜监测点的数量不宜少于 2 组，每组监测点应沿主体结构顶部、底部上下对应布设，必要时中部可增加监测点；②采用基础差异沉降推算建（构）筑物倾斜时，监测点的布设应符合建（构）筑物竖向位移监测点布设的规定。

2. 监测作业方法

建（构）筑物倾斜监测应根据现场观测条件和要求确定不同的监测方法。当被测建（构）筑物具有明显的外部特征点和宽敞的观测场地时，可以采用极坐标法、投点法等，测出每对上部和底部观测点之间的水平位移分量，再按矢量计算方法求得倾斜量和倾斜方向；当被测建（构）筑物内部有一定的竖向通视条件时，可以采用垂准法、激光铅直仪观测法等；当被测建（构）筑物层数较低具有足够的整体结构刚度时，可以采用倾斜仪法或差异沉降法。对于刚性建筑物整体倾斜，测量顶面或基础的相对沉降确定。

倾斜率计算公式如下：

$$i=\tan\alpha=\frac{Q}{h} \tag{7.2–1}$$

式中：i——倾斜角（倾斜率）（°）；

Q——建筑物上部与下部的相对位移（m）；

h——建筑物高度（m）。

7.2.2.4 裂缝

1. 监测点布设

建（构）筑物的裂缝监测，在开展之前应调查已有的裂缝，根据裂缝特点，选择有代表性的裂缝进行监测。当受工程施工影响出现新的裂缝时，应分析、判断新裂缝对建（构）筑结构安全的影响，选择影响性较大、发展变化较快的裂缝增设监测点。当存在“Y”或“卜”形等异形裂缝时，在裂缝交口处可以增加 1 组监测点，监测点连线一般垂直于主要裂缝。裂缝监测的布点原则：①裂缝监测应根据裂缝的分布、走向、长度、宽度、深度等特点，分析裂缝产生的原因及发展趋势，选取有代表性部位的裂缝进行监测；②监测点宜在裂缝的最宽处及裂缝首、末端按组布设，每组 2 个监测点，分别布设在裂缝两侧。

2. 监测作业方法

建（构）筑物裂缝变化主要监测长度和宽度变化两项内容，宽度监测宜采用裂缝观测仪进行测读；或在裂缝两侧贴、埋标志，用千分尺或游标卡尺等设备直接量测，如图 7.2–2 所示；或用裂缝计、粘贴安装千分表等方法监测裂缝宽度变化。裂缝长度监测一般采用直接量测法。

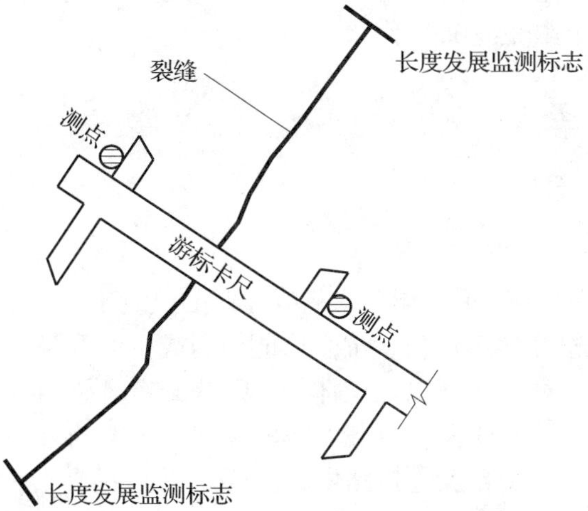

图 7.2–2　裂缝宽度变化测点埋设及现场监测示意图

观测方法：①观测前对测区的裂缝进行调查，并统一编号。②布设裂缝观测标志。每条裂缝至少应布设两组观测标志，一组在裂缝最宽处，另一组在裂缝末端。观测标志应具有可供量测的明晰端面或中心。观测期较长时，可采用镶嵌或埋入墙面的金属标志、金属标杆或楔形板标志；观测期短或要求不高时可采用油漆平行线标志或用建筑胶粘贴的金属片标志；要求较高、需要测出裂缝纵横向变化值时，可采用坐标方格网板标志。③现场观测。对于数量不多，易于量测的裂缝，可视标志形式不同，用小钢尺、游标卡尺等工具定期量出标志间距来求得裂缝变位值，或用方格网板定期读取“坐标差”计算裂缝变化值；对需连续监测裂缝变化时，采用测缝计自动测记方法观测。裂缝观测中，裂缝宽度数据应量取至 0.1mm，每次观测应绘出裂缝的位置、形态和尺寸，注明日期，附必要的照片资料。

7.2.3　现场巡查

1. 巡查内容

建（构）筑物巡查包括的主要内容：地下室结构开裂、剥落情况；地下室渗漏水情况；门、窗等变形情况；结构裂缝的分布、位置、走向、宽度等变化情况；变形缝的缝宽变化、错位情况，填充物脱落情况；散水结构的完好性；周边地表沉陷或隆起情况等。

2. 巡查方法

在施工前对所影响的建（构）筑物进行首次巡查，重点调查建（构）筑物现状，巡查该建（构）筑物有无裂缝、剥落状况，有地下室的建筑物需进入地下室查看有无渗水的情况。有裂缝的地方做好标识，记录裂缝的位置、形态，用游标卡尺或裂缝读数显微镜测量并记录裂缝的宽度；地下室出现渗水的地方也做好标识，记录渗水的位置、渗水量大小。对在施工影响前已经出现的裂缝、地下室渗水等异常情况，采用拍照的方式进行影像资料存档。

建设工程围护体系、周围岩土体及周边环境出现监测、巡查预警或暴雨等恶劣天气时，需加强对建（构）筑物的巡查工作。

7.3 市政桥梁

7.3.1 监测项目

对施工影响区域内的市政桥梁监测是一项重要的监测工作，特别是对地处重要地段、上方道路车流量大、桥梁修建年代久、抗变形能力弱或桥梁本身病害多的桥梁更应进行监测。桥台、墩柱的竖向位移和倾斜以及梁体的变形是判定桥梁结构安全的关键参数，梁体墩台的裂缝是桥梁破坏的直接表象，设置为监测项目。桥梁挡墙是设置在桥梁两端的挡土墙，作为翼墙或桥台，起着护台及连接路堤的重要作用，主要关注其沉降和倾斜。

桥梁及挡墙仪器监测项目可参考表 7.3–1 确定。

表 7.3–1　桥梁及挡墙仪器监测项目

序号	监测项目		监测等级		
			一级	二级	三级
1	桥台（含台帽）	竖向位移	应测	应测	应测
2		倾斜	应测	应测	应测
3	墩柱（含盖梁）	竖向位移	应测	应测	应测
4		倾斜	应测	应测	应测
5	梁体	梁体变形	应测	应测	应测
6		梁体应力	应测	宜测	可测
7	梁体、墩台	裂缝	应测	应测	应测
8	挡墙	挡墙沉降	应测	应测	宜测
9		挡墙倾斜	应测	宜测	可测

7.3.2 监测点布设与监测方法

1. 监测点布设

桥梁桩基、承台及墩柱是整个桥梁的支撑结构，施工对地层的扰动经桥梁桩基、承台及墩柱传递到上部结构，引起桥梁整体变形和应力变化。桥梁墩台的沉降或差异沉降可导致桥梁结构内部应力的变化，当结构出现应力集中而超过其应力限值时，会导致结构开裂甚至破坏。

桥梁及挡墙监测点的布设原则：①桥台（含台帽）竖向位移监测点应布设在桥台前墙或侧墙上，每个桥台应不少于 2 个监测点；②桥台（含台帽）倾斜位移监测点应布设在桥台前墙或侧墙上，每个桥台应布设 2 组监测点；③墩柱（含盖梁）竖向位移监测点每个墩柱应不少于 1 个监测点；④墩柱（含盖梁）倾斜位移监测点应布设在墩柱顺桥向和横桥向各布设 1 组；⑤梁体变形监测应在梁体支点、跨中、1/4 跨及特殊部位布设监测横断面，每个断面应不少于 2 个监测点；⑥梁体应力监测点应布设在应力最大的控制性部位，数量根据实际需求确定；⑦梁体、墩台、盖梁等裂缝监测宜选取有代表性部位的裂缝；⑧桥梁挡墙沉降监测点宜布设在挡墙变形缝两侧，其余部位测点间距宜为 10～15m；⑨桥梁挡墙倾斜监测点宜在每幅挡墙的上下各布设 1 个监测点。

桥梁及挡墙沉降监测点根据其结构形式，当采用水准测量及极坐标测量方式时，采用埋入或焊接式沉降测点标志、条码粘贴式标志等。桥梁墩柱倾斜测点可采用安装小棱镜测点、粘贴反射片标志等方式，在需要观测的倾斜方向，每组测点于墩柱顶部及底部上下各布设一个监测点，并保证两点在一条竖直线上。采用自动化监测时，根据自动化监测系统监测方法要求，安装静力水准仪器、倾角传感器、位移传感器、应力应变计或棱镜测量标志等，如图 7.3–1 所示。

（a）条形码式沉降测点

（b）反光片测点

图 7.3–1 测点实景图

2. 监测作业方法

桥梁墩柱、桥台（含台帽）等竖向位移监测常用的有几何水准测量方法、液体静力水准测量法、三角高程测量法、极坐标测量法等。对于重要的桥梁，根据安全风险监控的需要可采用自动化实时监测的方法。

以某施工影响桥梁需要进行顶升作业的监测方法为例（如图 7.3–2 所示）。主梁位移变形监测采用 LVDT 位移传感器自动化监测系统，将位移计通过表座支架将传感器侧杆顶针直接顶在主梁下方，每个支顶墩柱上方四个方向各布设一个位移传感器。利用 150mm × 150mm × 10mm 的钢板将磁性表座固定在墩柱上方，平整为主，将表座锁住，传感器通过表座支架将传感器侧杆顶针直接顶在异形板下方。用现场智能终端，获取初始读数调零即可。现场采集终端和传感器通过 485 总线连接传感器，传感器安装固定好后进行初始值调零。现场顶升过程中实时显示变化量。数据通过 GPRS 同步传输至计算机。并生成自动报表。采集设备最大连线距离 400m。

图 7.3–2　桥梁顶升作业自动化监测测点布设

7.3.3　现场巡查

1. 巡查内容

桥梁现场巡查主要内容包括：支座老化、破损、锈蚀、积水、污秽、变形、悬空、错位等情况；梁体、墩台及盖梁的开裂、剥落，原有裂缝变化、碰撞痕迹、锈蚀、雨水冲刷等情况；桥面开裂、剥落、原有裂缝变化等情况；挡墙及锥坡破损、开裂、塌陷等情况，及锥体护面脱落、漏水等情况。

2. 巡查方法

参见建（构）筑物的巡查方法。

7.4　地下管线

7.4.1　监测项目

对施工影响区域内的管线监测是一项重要的监测工作，特别是对管材差、抗变形能力弱或有压管线更应进行监测。地下管线的不均匀沉降是建设工程对地下管线影响大小和地下管线受破坏程度的直接表现，故对地下管线沉降和差异沉降应进行监测。当支护结构发生较大变形或土体出现坍塌、地面出现裂缝时，管线易发生侧向水平变形，在此情况下也应对管线进行水平位移监测。

地下管线仪器监测项目建议根据表 7.4–1 进行确定。

表 7.4–1　地下管线仪器监测项目

序号	监测项目	监测等级		
		一级	二级	三级
1	管线竖向位移	应测	应测	应测
2	管线差异沉降	应测	应测	应测
3	管线水平位移	宜测	可测	可测

7.4.2　监测点布设与监测方法

1. 监测点布设

地下管线监测点布设原则：①监测点的埋设形式和布设位置应根据地下管线的类型、材质、管径、接口形式、埋设方式、使用状况，以及与工程的空间位置关系等综合确定；②监测点宜布设在地下管线的节点、转角点、位移变化敏感或预测变形较大等关键部位；③隧道下穿污水、供水、燃气、热力等地下管线且风险较高时，宜布设管线结构直接监测点及管侧土体监测点；④地下管线密集、种类繁多时，应对重要的、抗变形能力差的、容易渗漏或破坏的管线进行重点监测；⑤地下管线位于主要影响区时，竖向位移监测点间距宜为 5 ~ 15m；位于次要影响区时，布设间距宜为 15 ~ 30m；⑥地下管线水平位移监测点应布设在工程影响较大、地下管线薄弱等典型部位。

管线监测点的埋设位置包括埋设于管线上方地层内、管线上或管线侧方土体内。管侧土体沉降监测点采用钻孔方式埋设，采用测杆形式埋设于管线外侧土体中，测杆底端宜与管线底标高一致，并采用混凝土与管线周边土体固定，测杆外加保护管，保护管外侧回填密实。地表间接监测点埋设时应注意准确调查核实管线位置，确保测点能够准确反映管线变形，钻孔埋设前应探明有无其他管线，确保埋设安全。埋设形式如图 7.4–1 所示。

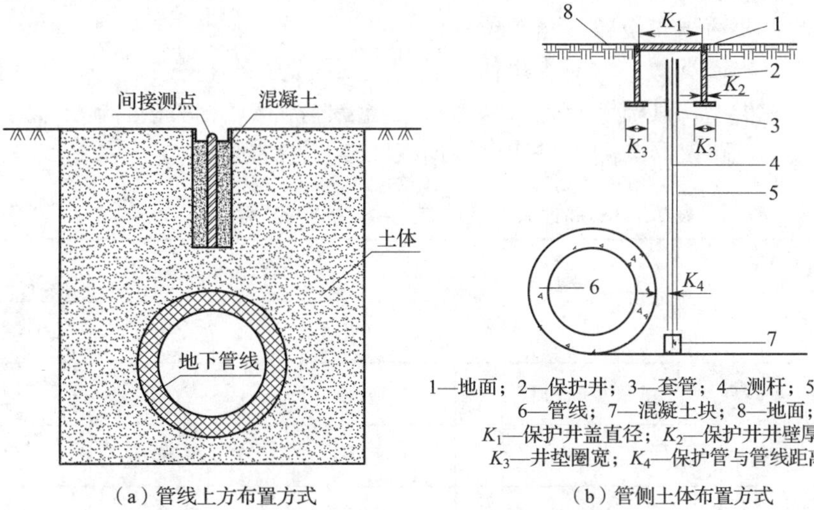

1—地面；2—保护井；3—套管；4—测杆；5—保护管；6—管线；7—混凝土块；8—地面；K_1—保护井盖直径；K_2—保护井井壁厚度；K_3—井垫圈宽；K_4—保护管与管线距离 。

（a）管线上方布置方式　　（b）管侧土体布置方式

图 7.4–1　管线测点标志埋设形式

2. 监测作业方法

监测方法参见建（构）筑物沉降等内容。

7.4.3　现场巡查

1. 巡查内容

地下管线巡查内容主要包括：管体或接口破损、渗漏情况；燃气管线周围异常气味情况；管线上方地表沉陷、裂缝等情况；检查井等附属设施的开裂、积水及周围地表变化等情况。

2. 巡查方法

同建（构）筑物巡查方法。

7.5 高速公路及城市道路

7.5.1 监测项目

高速公路及城市道路是重要的交通设施，特别是对现状差、抗变形能力弱或车流量大的城市主干道及高速公路更应进行监测。城市道路下方多存在地下通道、地下管线等，路面和路基竖向位移监测点的布设时，应考虑与地下构筑物、地下管线等环境监测点的布设相互协调，适当优化、整合。

高速公路及城市道路的路面与路基刚度差异较大，路面与路基变形不能协调同步，有案例表明路面与路基出现脱空的情况时有发生，只进行路面竖向位移监测难以反映路基的竖向位移情况，特别是隧道下穿的情况，容易造成路面与路基的脱离，为道路交通带来重大安全隐患。因此，要适当布设路基竖向位移监测点。

道路挡墙与桥梁挡墙类似，主要有砌体、悬臂式、扶臂式、桩板式、锚杆、锚碇板和加筋土挡土墙等几种类型，其监测布点可参考桥梁挡墙监测布点相关内容确定。

高速公路及城市道路仪器监测项目建议根据表 7.5–1 进行确定。

表 7.5–1　高速公路及城市道路仪器监测项目

序号	监测项目		监测等级		
			一级	二级	三级
1	路基及路面	路基竖向位移	应测	应测	应测
2		裂缝	宜测	可测	可测
3	挡墙	挡墙沉降	应测	应测	宜测
4		挡墙倾斜	应测	应测	宜测

7.5.2 监测点布设与监测方法

1. 监测点布设

高速公路及城市道路路基竖向位移监测点布设原则：①应与路面下方的地下构筑物和地下管线的监测点相结合，做到监测点布设合理、统筹兼顾、相互协调；②根据施工工法，按地表沉降监测点的布设要求，并结合路面实际情况布设监测点和监测断面，对高速公路和城市重要道路宜适当增加监测点和监测断面数量；③隧道下穿高速公路、城市重要道路时，宜适当增加路基竖向位移监测点；④道路挡墙监测点的布设与桥梁挡墙类似。

采用几何水准测量方法监测路面、路基竖向位移，监测点的埋设方法为：①高速公路、城市道路的路面竖向位移监测点宜打设钢帽钉作为标志，帽钉标志长度宜为 100mm，钉杆直径宜为 10mm，顶帽直径宜为 30mm，顶帽高宜为 3mm，钉杆钉入路面，顶帽露出路面。②高速公路、城市道路的路基竖向位移监测点宜采用钻孔方式埋设，螺纹钢标志点直径宜为 18 ~ 22mm，钻孔直径不宜小于 80mm，螺纹钢标志及钻孔深度宜根据工程需要确定，底部将螺纹钢标志点用混凝土与周边土体固定，上部孔洞用细沙回填。③路基竖向位移监测点的保护井宜采用钢质井壁，井壁厚度宜为 10mm，井壁垫底宽度宜为 50mm，井深宜为 200 ~ 300mm，采用钢质井盖，井盖直径宜为 150mm，井口标高宜与道路地表标高相同，如图 7.5–1 所示。

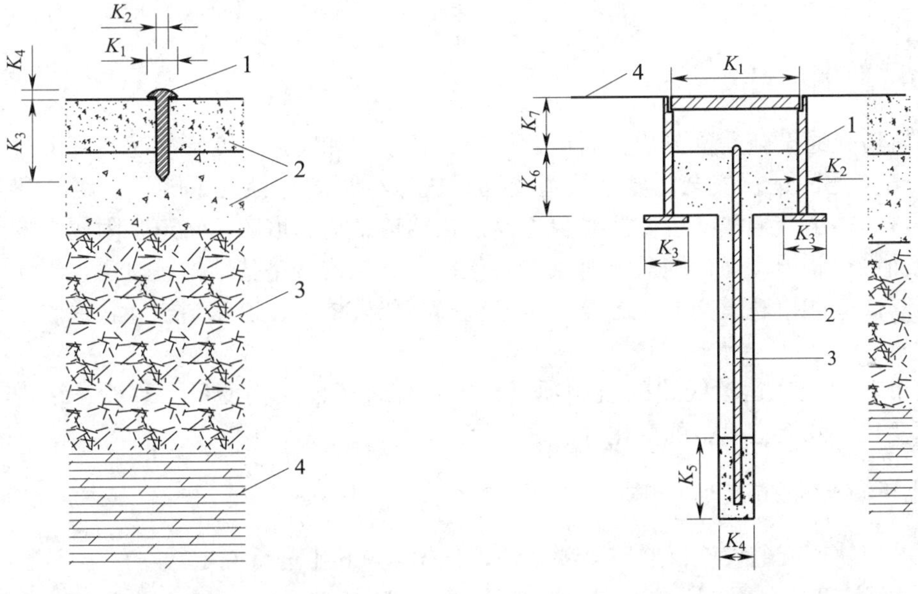

1—钢帽钉；2—路面结构；3—路基垫层；4—原状土；K_1—钉帽直径；K_2—顶杆直径；K_3—顶杆长度；K_4—钉帽高度。

（a）路面竖向位移监测点

1—保护井；2—钻孔回填细沙；3—螺纹钢标志；4—路面；K_1—保护井盖直径；K_2—保护井井壁厚度；K_3—井垫圈宽；K_4—钻孔孔径；K_5—底端混凝土固结长度；K_6—井圈面距测点顶部高度；K_7—测点顶部距井盖顶高度。

（b）路基竖向位移监测点

图 7.5–1　竖向位移监测点

2. 监测作业方法

对高速公路与城市道路的竖向位移监测可采用常规的水准测量方法、三角高程测量法、交会测量方法、三维激光扫描方法等。常规水准测量方式在高速公路作业对作业人员危险较大，在运营的高速公路及城市道路监测作业尽量采用非接触监测技术。

对挡墙的倾斜监测，往往采用倾斜仪或全站仪进行，与建（构）筑物倾斜监测方法类似。

7.5.3 现场巡查

1. 巡查内容

高速公路及城市道路巡查内容主要包括：路面开裂、沉陷及隆起、冒浆等情况；挡墙破损、开裂、剥落、渗漏水及变形等情况。

2. 巡查方法

由于高速公路、城市道路车速较快，上路巡查较为危险，可配备远程光学观察设备、车载检测设备等手段进行路面的观察，目前无人机载成像系统较为成熟，在有条件的地区可作为辅助手段。

7.6 城市轨道交通设施

7.6.1 监测项目

城市轨道交通设施是重要的交通运营设施，其结构和轨道对变形敏感，变形过大会影响城市轨道交通的运行安全。城市轨道交通设施结构形式包括地下隧道、路基和高架结构。地下城市轨道交通按隧道监测对象主要包括隧道结构、道床、轨道、附属结构及其他设施。地面城市轨道交通设施监测对象主要包括车站结构、路基结构、轨道、附属结构及其他设施。高架城市轨道交通设施监测对象包括高架桥结构、道床结构、轨道、附属结构及其他设施。

对城市轨道交通运营线路的监测项目设定，综合考虑结构变形、裂缝、结构净空变化、道床变化以及轨道设备的变化等。

1. 地下城市轨道交通设施

地下城市轨道交通设施仪器监测项目建议根据表 7.6–1 进行确定。

表 7.6–1　地下城市轨道交通设施仪器监测项目

序号	监测项目		监测等级		
			一级	二级	三级
1	隧道结构	结构竖向位移	应测	应测	应测
2		结构变形缝差异沉降	应测	应测	应测
3		结构水平位移	宜测	可测	可测
4		区间隧道净空收敛	宜测	可测	可测
5		结构裂缝	应测	应测	宜测
6		结构变形缝开合度	应测	应测	宜测

表 7.6–1（续）

序号	监测项目		监测等级		
			一级	二级	三级
7	道床	道床竖向位移	应测	应测	应测
8		道床裂缝	应测	应测	应测
9	轨道	轨道静态几何形位（轨距、轨向、高低、水平）	应测	应测	应测
10		无缝线路钢轨位移	应测	应测	应测
11	附属结构	结构竖向位移	应测	应测	宜测
12		结构变形缝差异沉降	应测	应测	宜测
13	其他设施	接触网导高及拉出值	应测	应测	应测
14		感应板几何尺寸	应测	应测	宜测
15		自动扶梯差异沉降	应测	应测	宜测
16		人防门差异沉降	应测	应测	宜测

2. 地面城市轨道交通设施

地面城市轨道交通设施仪器监测项目建议根据表 7.6–2 进行确定。

表 7.6–2　地面城市轨道交通设施仪器监测项目

序号	监测项目		监测等级		
			一级	二级	三级
1	车站结构	结构竖向位移	应测	应测	应测
2		结构变形缝差异沉降	应测	应测	应测
3		结构水平位移	宜测	可测	可测
4		结构裂缝	应测	应测	宜测
5		结构变形缝开合度	应测	应测	宜测
6	路基结构	路基竖向位移	应测	应测	应测
7		路基水平位移	宜测	可测	可测
8	整体道床	道床竖向位移	应测	应测	应测
9		道床裂缝	应测	应测	应测

表 7.6–2（续）

序号	监测项目		监测等级		
			一级	二级	三级
10	轨道	轨道静态几何形位（轨距、轨向、高低、水平）	应测	应测	应测
11		无缝线路钢轨位移	应测	应测	应测
12	附属结构	结构竖向位移	应测	应测	宜测
13		结构变形缝差异沉降	应测	应测	宜测
14	其他设施	感应板几何尺寸	应测	应测	宜测
15		人防门差异沉降	应测	应测	宜测

3. 高架城市轨道交通设施

高架城市轨道交通设施仪器监测项目建议根据表 7.6–3 进行确定。

表 7.6–3　高架城市轨道交通设施仪器监测项目

序号	监测项目		监测等级		
			一级	二级	三级
1	高架桥桥墩、梁体结构	桥墩结构竖向变形	应测	应测	应测
2		桥墩结构横向变形	应测	宜测	可测
3		梁体结构竖向变形	宜测	可测	可测
4		梁体结构横向变形	宜测	可测	可测
5	道床	道床竖向位移	应测	应测	应测
6		道床裂缝	应测	应测	应测
7	轨道	轨道静态几何形位（轨距、轨向、高低、水平）	应测	应测	应测
8		无缝线路钢轨位移	应测	应测	应测
9	附属结构	结构竖向位移	应测	应测	宜测
10		结构变形缝差异沉降	应测	应测	宜测
11	其他设施	感应板几何尺寸	应测	应测	宜测
12		自动扶梯差异沉降	应测	应测	宜测
13		人防门差异沉降	应测	应测	宜测

7.6.2 监测点布设与监测方法

1. 监测点布设要求

城市轨道交通隧道内和高架桥的轨道结构一般采用短枕式整体道床，地面正线的轨道结构一般采用混凝土枕碎石道床。轨道结构竖向位移监测主要是指监测整体道床或轨枕的竖向位移。轨道结构竖向位移监测按断面形式布设，并与隧道结构或路基竖向位移监测断面对应布设，便于分析隧道结构、路基与轨道结构竖向位移之间的关系以及差异变形情况，为分析线路结构变形及维护提供依据。

城市轨道交通的轨道静态几何形位主要包括轨距、轨向、轨道的左右水平和前后高低，轨道静态几何形位监测涉及轨道的行车安全，国家、行业、地方的相关养护标准及工务维修规则对轨道静态几何形位监测均有具体的规定，监测点的布设应按这些相关的规定执行。

（1）地下城市轨道交通设施。监测点布设原则：①隧道结构竖向位移、水平位移、净空收敛监测当既有隧道结构位于主要影响区时，监测断面间距宜为 2 ~ 10m；位于次要影响区时，监测断面间距宜为 10 ~ 30m，每个监测断面在隧道结构顶部或底部、结构柱、两边侧墙均应布设监测点；②隧道结构变形缝差异沉降监测点布设于结构变形缝两侧；③隧道结构裂缝监测点根据裂缝的分布、走向、长度、宽度、深度等特点，分析裂缝产生的原因及发展趋势，选取代表性部位的裂缝监测，在裂缝的最宽处及裂缝首、末端按组布设；④隧道结构变形缝开合度监测点应布设于结构变形缝两侧；⑤整体道床的竖向位移监测断面与隧道结构的竖向位移监测断面宜处于同一里程，每个监测断面宜在每条轨道下部道床布设 1 个监测点；⑥轨道静态几何形位监测点的布设按相应的城市轨道交通工务维修、养护要求等确定；⑦无缝线路钢轨位移监测，当线路长度小于 150m 时，在监测范围两端每条钢轨各布设 1 个监测点；大于 150m 时，在监测范围内每隔 150m 每条钢轨各布设 1 个监测点；⑧其他附属结构监测点的布设根据具体结构形式确定。

（2）地面城市轨道交通设施。监测点布设原则：①地面线路基竖向位移、水平位移监测应按监测断面布设，位于主要影响区时断面间距宜为 2 ~ 10m；位于次要影响区时断面间距宜为 10 ~ 30m，每个监测断面上各条轨道下方的路基均应布设监测点；②其他监测项目监测点布设参考地下城市轨道交通设施相关要求确定。

（3）高架城市轨道交通设施。监测点布设原则：①高架桥桥墩、桥梁结构监测点的布设可按桥梁结构布点的要求确定；②其他监测项目监测点布设参考地下城市轨道交通设施相关要求确定。

2. 监测作业方法

对既有轨道交通的常规监测方法，与前面叙述的要求基本相同。在此主要介绍远程自动化监测、轨道几何形位检查和无缝线路钢轨位移监测。

（1）液体静力水准测量。静力水准测量为静力水准仪组成的监测系统，具有精度高、稳定性好、无需通视要求等特点，组建自动化监测系统，应用于要求亚毫米精度、对监测频率要求高的监测项目，配套采集系统、传输系统、数据处理分析与发布系统等，实现无人值守远程自动化监测。

1）测点布置（液位式静力水准系统）。①基点、测点及采集箱布设。隧道（轨道）结构沉降监测基准点与测点均为静力水准仪，布设于既有轨道交通隧道（轨道）结构上，组成一条测线，基准点需布设于变形影响范围之外。采集箱一般布设于不影响行车限界的隧道结构上（实景照片如图 7.6–1 所示）。②埋设技术要求。在埋设前，要求对每一条测线支架进行抄平，支架应安装在同一水平面上，高度互差不得超过 3mm，如不能埋设在同一水平面上应加设转点；管路连接要密封好，管路应无压折，管内无气泡；管路、通信线、电缆连接不影响设施安全以及人员安全。监测仪器及数据采集箱要求不侵入行车界限。

（a）监测点实景照片

（b）采集传输单元布置实景

图 7.6–1　静力水准仪及数据采集箱实景照片

2）数据处理及分析。数据采集软件包括人工采集和自动化采集两部分。采集软件将静力水准传感器读出的电容比数据，与标定数据比较计算，解算出位移量，并自动存储入库、实时显示、生成数据报表。联通管式静力水准系统原理是利用连通容器中液体通过管路流动和交换，静止液面在重力作用下保持水平这一特征来测量各监测点间的高差，同一段内静力水准测量的沉降值可按下式计算：

$$\Delta H_{kg}^{ij} = (h_k^i - h_g^i) - (h_k^j - h_g^j) \tag{7.6–1}$$

式中：ΔH_{kg}^{ij}——k 测点第 i 次相对于 g 测点第 j 次测量的沉降值（mm）；

h_k^i——k 测点第 i 次相对于液面安装高度的距离（mm）；

h_g^i——g 测点第 i 次相对于液面安装高度的距离（mm）；

h_k^j——k 测点第 j 次相对于液面安装高度的距离（mm）；

h_g^j——g 测点第 j 次相对于液面安装高度的距离（mm）。

目前应用的连通式静力水准主流仪器量程一般为 10 ~ 200mm（对应浮子活动范围为 ± 5 ~ ± 100mm），安装时要求同一组段的仪器安装于大致同一标高位置，一般安装段高差超过一半量程时要增加转点。静力水准的误差来源主要有仪器标定误差、传感器内部误差、外界气压温度振动等引起的误差。其中较为显著的是仪器安置、温度、振动等引起的误差，因此在实施时要主要保证安置仪器的安装质量，管路不宜跨温差较大地段。

由于静力水准测量现场基准点很难布设到完全稳定区域，因此需要定期对基准点变化情况进行水准测量联测复核，发生变化时应加入基点变化引起的数值改正值。

（2）测量机器人三维变形监测。

1）测点布置。①控制点、测点布设。隧道（轨道）结构沉降监测布设于既有轨道交通隧道（轨道）结构上，采用锚栓锚固棱镜的方式。控制点布设于影响范围之外，实景照片如图 7.6–2 所示。②埋设技术要求。监测仪器及测点应安装牢固，不得侵入行车界限，不得影响交通信号传输等，通信线、电缆连接不影响设施安全及人员安全。

（a）地下线路监测实景　　（b）地面线路监测实景

图 7.6–2　测量机器人系统监测实景

2）数据处理及分析。数据传输可采用无线传输和数据线传输的方式，与用户接口由配套软件实现。通过软件计算各监测点坐标，与初始坐标比较计算，解算出位移量，并自动存储入库、实时显示、生成数据报表。

（3）轨道几何形位检查。轨道静态几何形位是线路工务维修重要的检测项目，用于评价轨道设施是否能够满足列车安全运营条件，也是目前监测的重要参数，按地铁工务维修规则要求方法及标准进行检查。轨距和水平使用轨距尺量取，轨距尺主要是为了满足城市轨道交通、铁路线路的检测、维修而设计的，可以测量轨道设备的轨距、水平（超高）等参数。

轨距为两钢轨头部内侧间与轨道中线相垂直的距离，在钢轨头部内侧侧面下 16mm 用轨距尺进行测量。左右两股钢轨轨面的水平状态称为水平。

1）轨距测量原理：通过拉动扳手带动导杆做长度方向的移动，使得连接在导杆前端的活动测头及其联接的位移指示标志与固定在尺身上标尺产生相对运动，给出轨距读数值。

2）水平（超高）测量原理：水平（超高）测量采用高分辨率管水准泡，测量倾角。利用正弦函数计算，原理如图 7.6–3 所示，实操如图 7.6–4 所示。

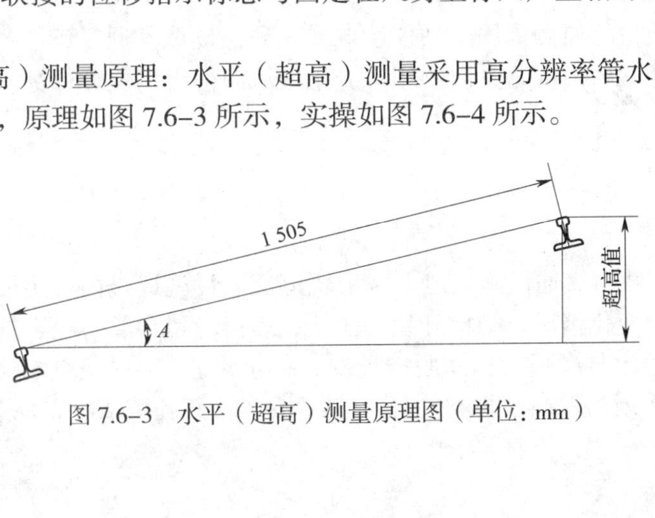

图 7.6–3　水平（超高）测量原理图（单位：mm）

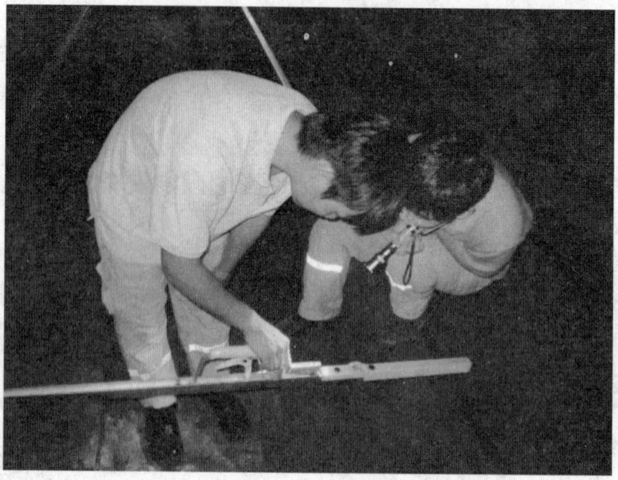

图 7.6–4 轨道几何形位监测实景图

两股钢轨间的超高实际上就是两股钢轨顶面形成的平面与水平面夹角 *A* 所对应的直角边的高度，即超高值：

$$h=1\ 505\sin\theta \qquad (7.6\text{–}2)$$

式中：h——超高（水平）（mm）；

θ——倾斜角（°）。

（4）无缝线路钢轨位移。在每条轨上布设无缝线路临时位移观测标尺，布点如图 7.6–5 所示。

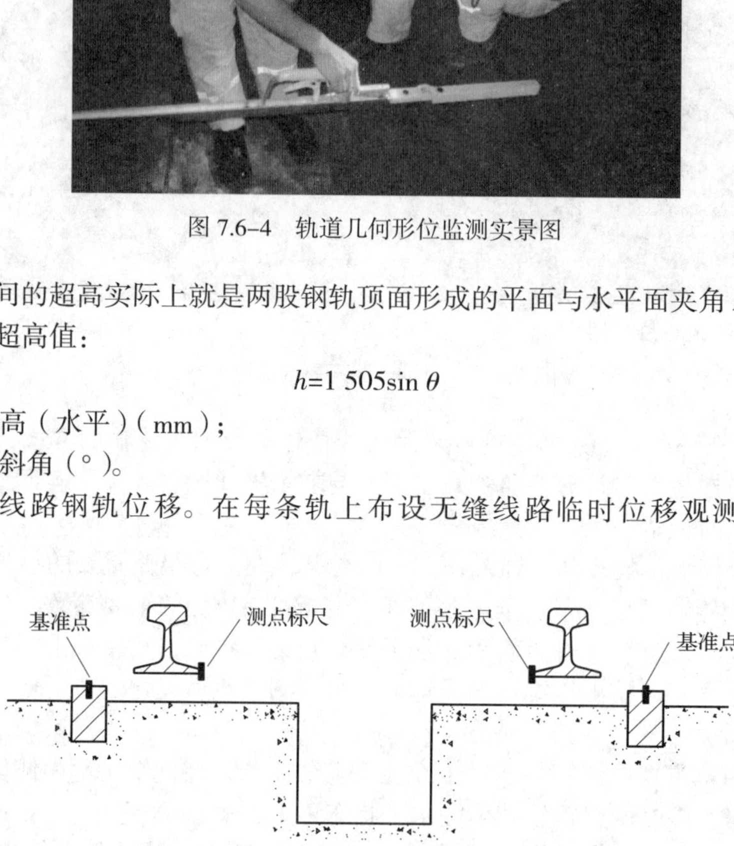

图 7.6–5 无缝线路钢轨位移测点标志埋设形式

无缝线路钢轨位移监测采用全站仪读取或弦测法读取。通过读取各观测期观测标尺读数变化，计算每条钢轨沿线路方向的相对变化量从而得出钢轨爬行量。

7.6.3 现场巡查

1. 巡查内容

（1）地下城市轨道交通设施。地下城市轨道交通设施巡查内容主要包括：隧道限界变化情况；锚固支架变化情况；结构开裂、压溃、剥落、错台、酥松、蜂窝麻面、露筋、渗漏等情况；整体道床与底板结构间脱空情况；排水设施开裂、漏水、淤积、堵塞、沉沙、滞水等情况，水管锈蚀情况；盾构隧道管片螺栓孔、注浆孔填塞物完好性、螺栓松紧度等。

（2）地面城市轨道交通设施。地面城市轨道交通设施巡查内容主要包括：路基基床是否出现渗水、渗流、下沉外挤、翻浆涌泥等情况；边坡是否坍滑、风化剥落、溜塌、陷穴、裂缝等情况；路肩有无缺损、塌陷、挤出、隆起、积水等情况；地下排水设施的沟口和泄水孔有无淤塞物；地面排水设施有无开裂、漏水、淤积、堵塞、滞水等情况；防护加固设施有无过大变形、损坏等。

（3）高架城市轨道交通设施。高架城市轨道交通设施的巡查内容包括对桥梁的巡查和对上部轨道及其他设施的巡查，参见其他形式的的相关内容。

2. 巡查方法

轨道交通巡查方法与建筑物巡查等类似。轨行区在地铁运营时间段内无法进入进行安全巡查，巡查人员在夜间列车停运、接触轨停电之后的规定时间内进入车站及隧道内进行安全巡查，安全巡查过程中必须穿绝缘鞋、注意避让轨道车，保证安全作业。

7.7　铁路

7.7.1　监测项目

铁路与城市轨道交通类似，均为运营的交通设施，路基形式铁路仪器监测项目可参考表 7.7–1 进行确定，高架形式铁路仪器监测项目可参考表 7.7–2 进行确定。

表 7.7–1　路基形式铁路仪器监测项目

序号	监测项目		监测等级		
			一级	二级	三级
1	路基	竖向位移	应测	应测	宜测
2		水平位移	应测	应测	宜测
3	道床	竖向位移	应测	应测	宜测
4		水平位移	应测	应测	宜测
5		裂缝	应测	应测	宜测
6	轨道	静态几何形位（轨距、轨向、高低、水平）	应测	应测	宜测
7	附属设施	竖向位移	应测	应测	宜测
8		水平位移	应测	应测	宜测
9		倾斜	应测	应测	宜测

表 7.7–2 高架形式铁路仪器监测项目

序号	监测项目		监测等级		
			一级	二级	三级
1	高架桥桥墩、梁体结构	桥墩结构竖向变形	应测	应测	应测
2		桥墩结构横向变形	应测	宜测	可测
3		梁体结构竖向变形	宜测	可测	可测
4		梁体结构横向变形	宜测	可测	可测
5	道床	道床竖向位移	应测	应测	应测
6		道床裂缝	应测	应测	应测
7	轨道	轨道静态几何形位（轨距、轨向、高低、水平）	应测	应测	应测
8		无缝线路钢轨位移	应测	应测	应测
9	附属设施	结构竖向位移	应测	应测	宜测
10		水平位移	应测	应测	宜测
11		倾斜	应测	应测	宜测

7.7.2 监测点布设与监测方法

铁路监测点布设与监测方法参考既有城市轨道交通相关内容。

7.7.3 现场巡查

铁路结构设施的巡查相关要求参考既有城市轨道交通相关内容。

7.8 地表水体及水利设施

7.8.1 监测项目

水利设施对自然界的水资源进行控制、调节、开发、利用和保护，以减轻和免除水旱灾害，并利用水资源，适应人类社会和自然环境需要的特殊设施，水利设施主要包括：进水口、制水百井、储藏室、沉砂池度、水文观测站、明渠、倒虹吸管、隧道、渡知槽、溢流工、给水门、排水门、矮山支线、圆堀等，常见水利设施有堤防、闸坝、河渠、渡回槽、水库等，具有防洪、灌溉等功能。

水利设施结构及设备类的竖向位移、水平位移、倾斜、裂缝是评价设施受工程影响的重要响应参数，对分析设施的安全性有重要意义，应根据具体的对象特点确定监测内容。

地表水体及水利设施仪器监测项目建议根据表 7.8–1 进行确定。

表 7.8–1 地表水体及水利设施仪器监测项目

序号	监测项目		监测等级		
			一级	二级	三级
1	地表水体周边堤坝	竖向位移	应测	应测	宜测
2		水平位移	宜测	可测	可测
3		裂缝	应测	宜测	可测
4	水利设施	竖向位移	应测	应测	宜测
5		水平位移	宜测	可测	可测
6		倾斜	宜测	可测	可测
7		裂缝	应测	宜测	可测

7.8.2 监测点布设与监测方法

1. 监测点布设

监测点布设原则：①地表水体及周边堤坝竖向位移监测点沿堤坝结构布设，位于主要影响区时监测点间距宜为 10 ~ 15m；位于次要影响区时监测点间距宜为 15 ~ 30m；在堤坝转弯处和环境条件复杂部位等应布设监测点；在堤坝高低悬殊或新旧堤坝连接、变形缝、不同结构形式分界处等部位两侧应布设监测点；风险等级较高的堤坝应适当增加监测点数量。②堤坝水平位移监测点应布设在邻近建设工程一侧的堤坝结构、变形缝两侧，以及其他有代表性的部位，宜与堤坝竖向位移监测点布设在同一位置。③堤坝、水利设施裂缝监测点布设与建（构）筑物等类似。

2. 监测作业方法

与建（构）筑物等监测作业方法要求相同。

7.8.3 现场巡查

1. 巡查内容

巡查内容主要包括：河湖、水库等水体非自然降雨或管理调度等原因引起的水位突变（暴涨暴落）、变浑、冒泡等情况；河湖、水库等岸坡岩土体及坡面护砌塌陷或隆起、开裂、剥落、滑动等异常变形以及阴湿、渗漏水等情况；堤岸挡墙、挡水坝（闸）、溢洪道、输水洞（或塔）等水利设施变形、开裂、倾斜、渗漏水情况；引调水工程所在区域地面塌陷或隆起、开裂、潮湿变软、积水及水压、水位等管理调度数据异常等情况。

2. 巡查方法

巡视检查以现场目测方法为主，可辅以锤、钎、量尺、放大镜等工器具以及摄像、摄影等设备进行。

7.9 地下构筑物

7.9.1 监测项目

地下构筑物主要指暗涵、地下人防设施、地下过街通道、综合管廊等地下结构，有的构筑物承担着重要的设施运行功能，地下结构在施工扰动地层传递至结构产生附加变形，如果变形过大会影响地下构筑物的结构安全，或对其使用功能带来影响。对结构类的监测项目应选择重要的结构响应参数竖向位移、水平位移及裂缝等进行监测。仪器监测项目建议参考表 7.9–1 进行确定。

表 7.9–1 地下构筑物仪器监测项目

序号	监测项目	监测等级		
		一级	二级	三级
1	竖向位移	应测	应测	应测
2	水平位移	宜测	可测	可测
3	裂缝	应测	应测	宜测

7.9.2 监测点布设与监测方法

1. 监测点布设

地下构筑物监测点的布设原则：①应结合建设工程施工工法、水文地质条件、与建设工程的空间位置关系、地下构筑物自身特点等布设；②竖向位移、水平位移监测应按监测断面布设，结构位于主要影响区时，监测断面间距宜为 10 ~ 15m；位于次要影响区时，监测断面间距宜为 15 ~ 30m，每个监测断面宜在结构底部、两边侧墙、结构柱布设监测点；③结构沉降缝两侧、人防门位置等应布设竖向位移监测点；④地下构筑物裂缝监测点的布设原则参见建（构）筑物裂缝监测相关内容。

2. 监测作业方法

监测作业方法参见建（构）筑物监测作业方法。

7.9.3 现场巡查

1. 巡查内容

地下构筑物的巡查要考虑其结构和内部设施特点针对性开展巡查，主要内容包括：结构净空变化情况；结构开裂、压溃、剥落、错台、酥松、蜂窝麻面、露筋、渗漏等情况；

变形缝宽度变化、错位、渗漏等情况；内部设施、人防门等完好性。

2. 巡查方法

巡视检查以现场目测方法为主，可辅以锤、钎、量尺、放大镜等工器具以及摄像、摄影等设备进行。

第 8 章　工程监测案例分析

8.1　基坑工程

8.1.1　工程概况

1. 周边环境

某地铁车站结构全长 187.0m，标准段结构宽度为 23.0m，共设 2 个出入口，2 个风道，3 个紧急疏散口，如图 8.1–1 所示。

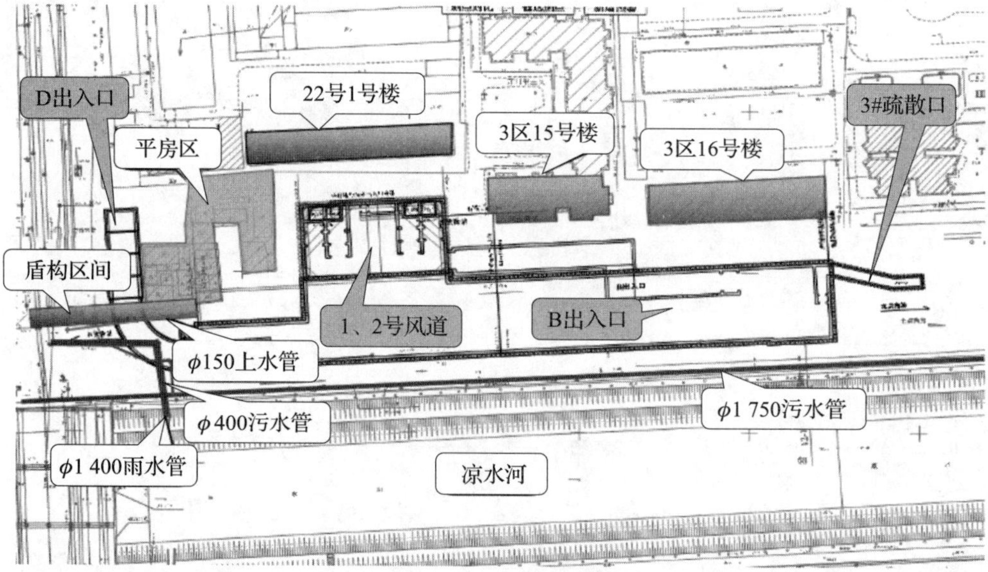

图 8.1–1　车站平面位置图

车站主体基坑周边风险源较多，车站主体基坑距离三区 16# 楼 14.3m，距离 15# 楼 17.1m；南侧平行于基坑主体有一根 ϕ1 750 的污水管，距基坑边缘水平距离为 6.2 ~ 8.0m。D 出入口周边一级风险源 3 个、二级风险源 1 个、三级风险源 5 个；自身风险有 3 个。一级风险源：ϕ1 400 雨水管线（与 D 出入口通道斜交，与结构竖向距离约 0.683m）；平房区（D 出入口通道东侧，水平距离约 1m）；盾构隧道（下穿 D 出入口暗挖通道，与结构竖向距离约 6.423m）。二级风险源：市政道路（侧穿车站 D 出入口，与结构水平距离最近约 2.77m）。三级风险源：ϕ150 上水管线（与车站 D 出入口通道斜交，与结构竖向距离约 2.503m）；ϕ400 污水管线（与车站 D 出入口通道斜交，与结构竖向距离约 2.363m）。

2. 工程地质及水文地质

主体基坑开挖范围内土层自上而下依次为：粉土填土①$_1$层、素填土①层、粉土②层、粉砂－细砂②$_3$层、圆砾－卵石②$_5$层、中砂－粗砂⑤$_1$层、圆砾－卵石⑤层、粉土⑥$_2$层、细砂－中砂⑥$_3$层、卵石⑦层。底板位于卵石⑦层。

1#、2# 风道、1#、2# 疏散口明挖基坑开挖范围内土层自上而下依次为：粉土填土①$_1$层、素填土①层、粉土②层、粉砂－细砂②$_3$层、圆砾－卵石②$_5$层、中砂－粗砂⑤$_1$层、圆砾－卵石⑤层、粉土⑥$_2$层、细砂－中砂⑥$_3$层、卵石⑦层。底板位于卵石⑦层。

3# 疏散口基坑开挖范围内土层自上而下依次为：杂填土①$_1$层、粉土填土①$_3$层、粉土②层、粉砂－细砂②$_3$层、中砂－粗砂②$_4$层、圆砾－卵石②$_5$层。底板位于圆砾－卵石②$_5$层。

D 出入口涉及土层主要有杂填土①$_1$层、粉土②层、粉砂－细砂②$_3$层、圆砾－卵石②$_5$层、卵石－圆砾⑤层、粉质黏土⑥层、⑦卵石层。暗挖通道开挖范围内涉及的土层主要有杂填土①$_1$层、粉土②层、粉砂－细砂②$_3$层、圆砾－卵石②$_5$层，底板主要位于圆砾－卵石②$_5$层。

场区地表水位于场地南侧约 11～13m，水深约 0.60～1.00m。本工程场区属北京市工程水文地质分区中的Ⅲ b 亚区。场地地面下 46.00m 深度范围内的松散沉积层中主要分布 1 层地下水，地下水类型为潜水。潜水主要赋存于标高 23.19～26.76m 以下的砂、卵石层（相应于工程地质剖面图中的⑦、⑦$_1$层）中。本次钻探期间量测的该层地下水（潜水）水位标高为 19.39～20.07m，水位埋深为 21.20～22.30m。地质纵剖面如图 8.1-2 所示。

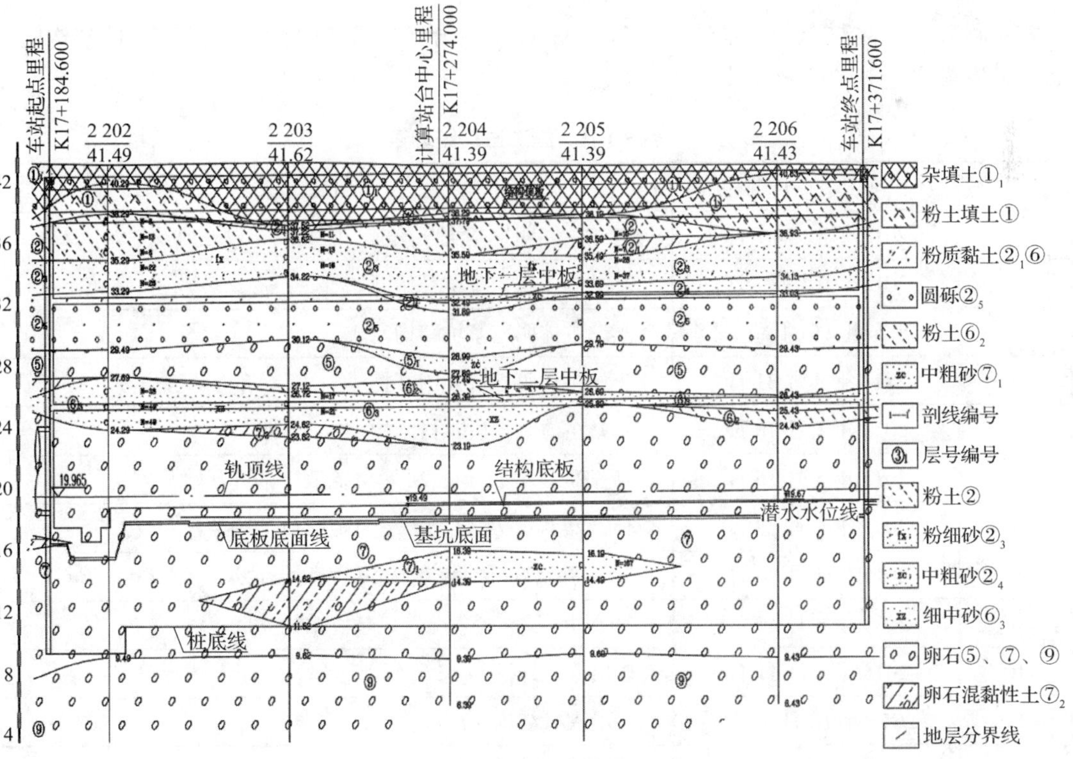

图 8.1-2　车站地质纵剖面图

3. 结构形式与施工方法

车站主体结构采用明挖法和暗挖法施工，围护结构采用钻孔灌注桩加内支撑体系，坑外降水。明挖基坑长为 187.2m，宽为 23.2m，基坑深约 23m（盾构井段深约 24.2m）。车站西段设盾构接收井。车站主体暗挖段采用交叉中隔墙法（CRD）施工。

明挖主体结构施作完毕后从大里程端向小里程端开挖车站主体暗挖段。先打设双排超前小导管，破桩后密排三榀暗挖初期支护格栅，施作一个循环深孔注浆，然后错距开挖各导洞。

2# 风道和 1#、2# 紧急疏散口结构采用明挖法同时施工。风道结构长 43.20m，宽为 22.43m，风道底板埋深约为 22.40m，顶板覆土厚度约为 3.04m。1#、2# 风道和 1#、2# 紧急疏散口基坑结构采用钢筋混凝土框架结构，为地下二层五柱六跨结构，层高从上到下分别为 4.85m、6.10m。横向跨度为 6.5m、6.9m、7.4m、7.4m、6.9m、6.5m，纵向跨度为 5.6m、7.4m、7.9m。

3# 紧急疏散口采用明挖法施工。疏散口结构采用钢筋混凝土框架结构，疏散口底板埋深约为 8.71m，顶板覆土厚度约为 4.16m。

D 出入口采用倒挂井壁法和平顶直墙法施工相结合的方法。北侧和东侧两端均为倒挂井壁法施工竖井，中间段为平顶直墙暗挖法施工。D 出入口通道分为三段施工，出入口楼梯上升段部分采用倒挂井壁法施作 4 个竖井分段施作结构；出入口靠近车站主体部分采用倒挂井壁法施作 3 个竖井施作结构；从敞口段竖井和靠近主体段竖井分别开马头门开挖暗挖通道。

4. 工程进度

监测工作于主体基坑开挖前 2013 年 12 月 7 日开始，于 2015 年 10 月 21 日结构完成。施工进度见表 8.1–1。

表 8.1–1 施工进度统计表

序号	施工节点日期	施工进度
1	2013 年 12 月 7 日	车站主体明挖基坑开挖前，监测点布设完成及初始值采集
2	2013 年 12 月 7 日	车站主体明挖基坑开始开挖
3	2014 年 10 月 10 日	车站主体明挖基坑结构完成
4	2014 年 8 月 31 日	车站主体暗挖段开始开挖
5	2015 年 1 月 10 日	车站主体暗挖段二衬结构完成
6	2015 年 3 月 16 日	1#、2# 风井及 1#、2# 紧急疏散口基坑开始开挖
7	2015 年 7 月 28 日	1#、2# 风井及 1#、2# 紧急疏散口基坑结构完成
8	2015 年 4 月 24 日	3# 风井及 3# 紧急疏散口基坑开始开挖
9	2015 年 6 月 19 日	3# 风井及 3# 紧急疏散口基坑结构完成
10	2015 年 4 月 11 日	D 出入口开挖
11	2015 年 10 月 21 日	D 出入口结构完成
12	2015 年 12 月 7 日	停止监测

8.1.2 监测项目及精度

针对本基坑工程，主要仪器监测项目有支护结构桩顶水平位移、支护结构桩体变形、支撑轴力、地下管线沉降、周边地表沉降等，同时采用现场巡查的手段，对基坑开挖自身结构及周边环境的安全状态进行观察。现场监测内容及要求见表 8.1–2，现场巡查内容及要求见表 8.1–3。

表 8.1–2 监测内容及要求

<table>
<tr><th>序号</th><th>类别</th><th>监测对象</th><th>监测项目</th><th>监测仪器</th><th>监测精度</th><th>控制值（累计变形及速率）</th><th>监测频次</th><th>监测周期</th></tr>
<tr><td>1</td><td rowspan="5">周边环境</td><td>建筑物沉降</td><td>建筑物沉降</td><td rowspan="5">Trimble–DINI03 电子水准仪</td><td>1.0mm</td><td>20mm，2mm/d</td><td rowspan="8">基坑开挖期间 $H \leqslant 5$m，1 次 /7d；5m<$H \leqslant 10$m，1 次 /3d；H>10m，1 次 /2d；基坑开挖完成以后 1～7d，1 次 /2d；7～15d，1 次 /3d；15～30d，1 次 /7d；经数据分析确认达到基本稳定后，1 次 / 月；
暗挖隧道开挖期间，当开挖面到监测断面前后的距离 $L \leqslant 2B$ 时，1 次 /d；当开挖面到监测断面前后的距离 $2B<L \leqslant 5B$ 时，1 次 /2d；当开挖面到监测断面前后的距离 $L>5B$ 时，1 次 / 周；初支破除过程中，2 次 / 周；经数据分析确认达到基本稳定后，1 次 / 月</td><td rowspan="8">工程土方开挖开始，工程施工完成，变形稳定后结束</td></tr>
<tr><td>2</td><td>河堤</td><td>河堤沉降</td><td>1.0mm</td><td>20mm，2mm/d</td></tr>
<tr><td rowspan="2">3</td><td rowspan="2">管线</td><td>地下管线沉降</td><td rowspan="2">1.0mm</td><td rowspan="2">无压：20mm，2mm/d
有压：10mm，2mm/d</td></tr>
<tr><td>管侧土体沉降</td></tr>
<tr><td>4</td><td>道路、地表</td><td>道路、地表沉降</td><td>1.0mm</td><td>基坑周边地表 30mm，2mm/d</td></tr>
<tr><td>5</td><td rowspan="3">工程自身</td><td rowspan="3">围护结构体系</td><td>桩顶水平位移</td><td>Leica–TCA1800</td><td>1.0mm</td><td>桩顶水平位移 20mm，2mm/d</td></tr>
<tr><td>6</td><td>桩体水平位移</td><td>CX–3E</td><td>0.02mm/0.5m</td><td>桩体水平位移 20mm，2mm/d</td></tr>
<tr><td>7</td><td>支撑轴力</td><td>轴力计</td><td><1.0% F · S</td><td>设计轴力</td></tr>
</table>

表 8.1-3　巡查内容及要求

序号	类别	巡查对象	巡查内容	巡查频率
1	周边环境	建筑物	建筑物裂缝、剥落；基础与地表开裂	1. 风险等级为特级、一级的自身和环境风险工程，工程施工过程中第三方监测单位应每天进行 1 次巡视； 2. 风险等级为二级的自身风险工程和二级、三级的环境风险工程，工程施工过程中第三方监测单位宜 3d 进行 1 次巡视； 3. 风险等级为三级的自身风险工程，第三方监测单位对开挖面地质状况、支护结构可 7d 巡视 1 次
2		管线	管线沿线地面开裂、渗水及塌陷等情况；检查井等附属设施的开裂及积水变化情况；井盖附近有无明显沉陷等	
3		河湖	河堤岸沉陷、开裂，水面气泡、涡旋产生、发展变化	
4		道路地表	道路、地表：地面裂缝；地面沉陷、隆起等	
5	结构自身	明挖基坑	围护结构体系有无裂缝、倾斜、渗水、坍塌；支护体系施作的及时性；基坑周边堆载情况；地层情况；地下水控制情况；地表积水情况等	
6		倒挂井壁竖井		
7		暗挖隧道	施工情况：开挖步序、步长、核心土尺寸情况；开挖面岩土体的类型、特征、自稳性，地下水渗漏及发展情况；开挖面岩土体有无坍塌及坍塌位置、规模； 支护结构：超前支护施做情况及效果、钢拱架架设、挂网及喷射混凝土的及时性、连接板的连接及锁脚锚管的打设情况；初期支护结构渗漏水情况；初期支护结构开裂、剥离、掉块情况；临时支撑结构有无明显变位；二衬结构施做时临时支撑结构分段拆除情况；初期支护结构背后回填注浆的及时性	

8.1.3　监测技术方法及测点布设

1. 桩顶水平位移监测

（1）监测方法。桩顶水平位移监测使用 TCA1800 全站仪，布设附合导线至基坑周边，对监测点采用极坐标法观测。

（2）基准点及测点布设。监测点在明挖基坑长边，按照 20m 左右间距布设，在明挖基坑短边中部，布设一个监测点，重点部位（变断面阳角处、水源井范围）加密的原则，布设了 23 个监测点。监测点采用强制对中标识。

2. 桩体水平位移监测

（1）监测方法。埋设测斜孔，使用 CX-03E 测斜仪测读。

（2）测点布设。在明挖基坑长边，按照 40m 左右间距布设，在明挖基坑短边中部，布设一个监测孔，共布设了 17 个监测孔。

3. 支撑轴力监测

（1）监测方法。采用表面应变计和轴力计传感器，振弦式频率读数仪量测。

（2）测点布设。每层钢支撑布设监测点。沿着明挖基坑长边，按照 40m 左右间距布设，每个断面上每道支撑均布设，共布设了 28 个监测点。

4. 建（构）筑物沉降

（1）监测方法。采用水准测量方法，布设附合或闭合水准网，使用电子水准仪观测，基准网采用地表沉降监测基准网。

（2）测点布设。车站轴线两侧影响范围内两处建筑共布设了 41 个建筑物沉降测点。

5. 地下管线沉降

（1）监测方法。采用水准测量方法，按《工程测量标准》GB 50026—2020 二等垂直位移监测技术要求监测。

（2）监测点的埋设。地下管线沉降监测点结合地表监测点布设情况按 20m 左右间距布设，在结构变断面及风险较大处按 10m 左右间距布置，管线共布设 22 个监测点。

6. 地表沉降监测

（1）监测方法。采用水准测量方法，与地下管线沉降监测要求相同。

（2）监测点的埋设。主体基坑开挖影响范围内，沿基坑长边布置了两排地表沉降监测点，共计 16 个。

8.1.4　监测成果分析及建议

1. 监测成果分析

对周边环境和工程自身主要进行了建筑物沉降、地下管线沉降、道路地表沉降、桩顶水平位移、桩体水平位移、钢支撑轴力监测。各监测点中，有 2 个沉降测点超过黄色预警值，15 个沉降测点超过橙色报警值，其余监测点最终变形在正常范围之内，见表 8.1–4。

整个施工期间，共发布 44 次黄色巡视预警，3 次橙色巡视预警，其中咨询组发布 7 次，监理发布 24 次，施工方发布 4 次。至 2015 年 11 月 28 日，根据监测数据发布 15 个

表 8.1–4　测点监测预警统计表

预警测点部位	黄色预警数量	橙色报警数量
地表沉降测点	1	12
平房建筑物沉降测点	1	3
总计	2	15

橙色监测预警、2 个黄色监测预警，结构施工完成 100d 后，变形速率在 0 ~ 0.03mm/d 之间，根据规范要求可认为进入稳定阶段，具体见表 8.1–5。

表 8.1–5　各监测项目监测数据统计表

序号	监测项目	监测点号	累计变形量 /mm	控制值 /mm	监测结论
1	建（构）筑物沉降	QCJ–01–06	–15.3	20.0	正常
2		QCJ–03–04	–3.7	20.0	正常
3		QCJ–04–09	+115.47	20.0	超控制值
4		JCJ–05–06	–8.3	20.0	正常
5	地下管线沉降	GXC–02–13	–8.87	20.0	正常
6		GXC–03–03	–12.6	20.0	正常
7		GXC–04–07	–15.1	20.0	正常
8		GXC–05–01	–16.8	20.0	正常
9	道路地表沉降	DB–11–02	–15.9	30.0	正常
10		DB–16–02	+162.5	30.0	超控制值
11		DB–27–02	–18.0	30.0	正常
12		DB–30–01	–15.1	30.0	正常
13	桩顶水平位移	ZQS–18	+14.0	20	正常
14		ZQS–26	+14.0	20	正常
15		ZQS–33	+11.7	20	正常
16	桩体水平位移	ZQT–07（11.5m）	+16.56	20	正常
17		ZQT–21（2.5m）	+11.60	20	正常
18	支撑轴力	ZL–10–03	688.18kN	2 801.7kN	正常
19		ZL–13–01	1 013.25kN	1 579.0kN	正常

（1）建筑物沉降。

1）车站风道基坑北侧临近建筑物、东侧临近建筑物时程曲线如图 8.1–3、图 8.1–4 所示。

风道基坑北侧建筑物，距风道基坑边约 13.08m，为地上六层结构。风道基坑的东侧建筑物，距风道基坑边约 12.07m，为地上 6 层结构。风道基坑明挖法施工，基坑开挖过程中，基坑北侧及东侧临近的建筑物沉降测点累计沉降变形值均在可控范围之内。截至 2015 年 11 月 27 日，基坑周边建筑物竖向位移测点 JCJ–05–06 累计沉降变形最大为 –9.3mm。

2）主体暗挖段下穿及临近车站西北角平房，沉降时程曲线如图 8.1–5 所示。

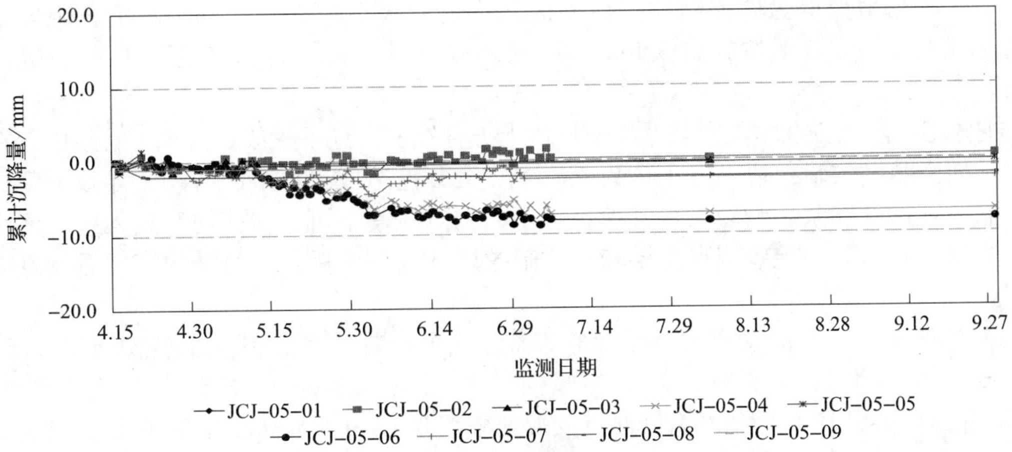

图 8.1–3 风道基坑临近建筑物沉降测点变形时程曲线图

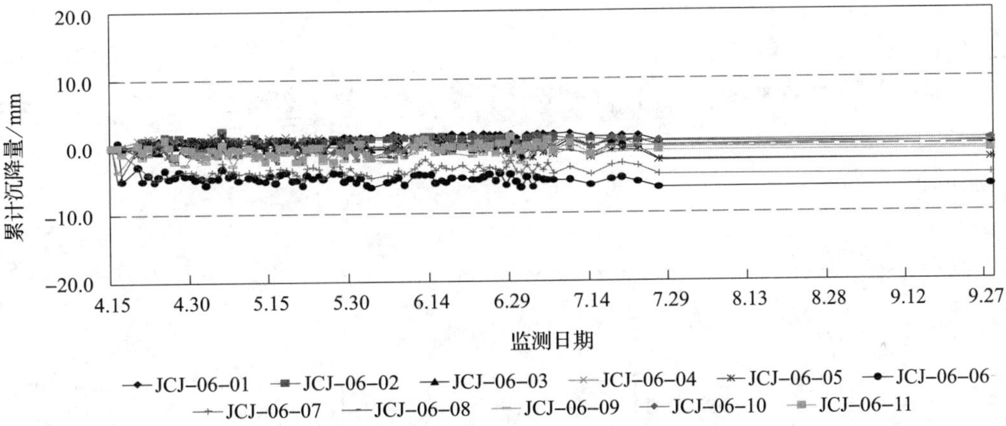

图 8.1–4 风道基坑临近建筑物沉降测点变形时程曲线图

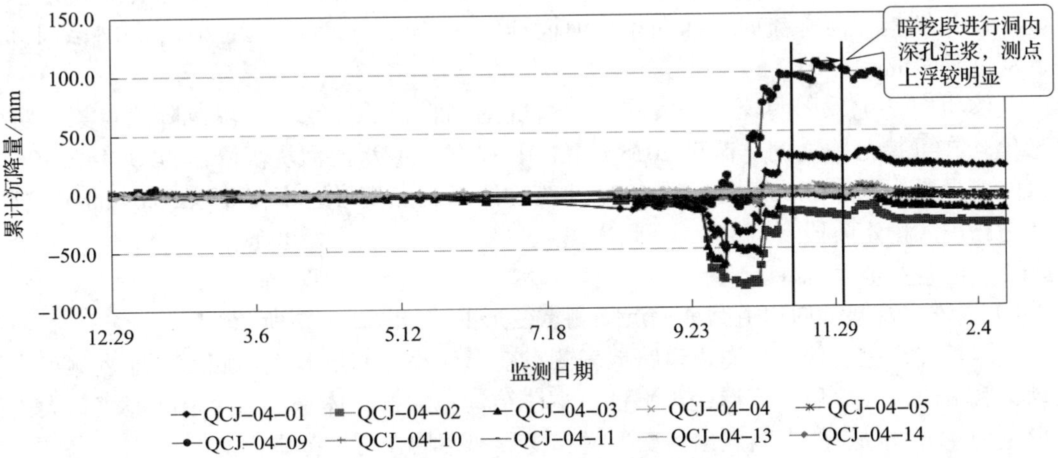

图 8.1–5 主体暗挖段下穿及临近车站西北角平房建筑物沉降测点变形时程曲线图

车站西北角平房为砖混结构，距风道基坑最近水平距离为 7.2m，平房区距风道基坑边约 7.36m，位于车站 D 出入口东侧，水平距离约 1m。主体暗挖段下穿平房区东南角。

主体暗挖段上方杂填土层较厚，暗挖段上方存在多条地下管线，且地下管线中存在渗漏，长期渗漏导致暗挖段上方土体疏松。多导洞开挖造成土体多次扰动，导致下穿的平房受洞内开挖及注浆影响较大。开挖过程中，测点缓慢下沉，深孔注浆过程中，注浆压力注浆量控制不好，导致测点上浮较大。暗挖段开挖完成后，二衬结构完成后测点变形稳定。

结构完成后，平房测点有 3 个超控制值，1 个超报警值，其余测点处于正常范围内。截至 2015 年 11 月 27 日，建筑物竖向位移测点 QCJ-04-09 累计沉降变形最大为 +115.47mm。工后 100d 建筑物沉降测点变形速率在 0 ~ ± 0.04mm/d 之间，可认为已进入稳定阶段。

3）明挖主体基坑南侧临近凉水河河堤沉降曲线如图 8.1-6 所示。

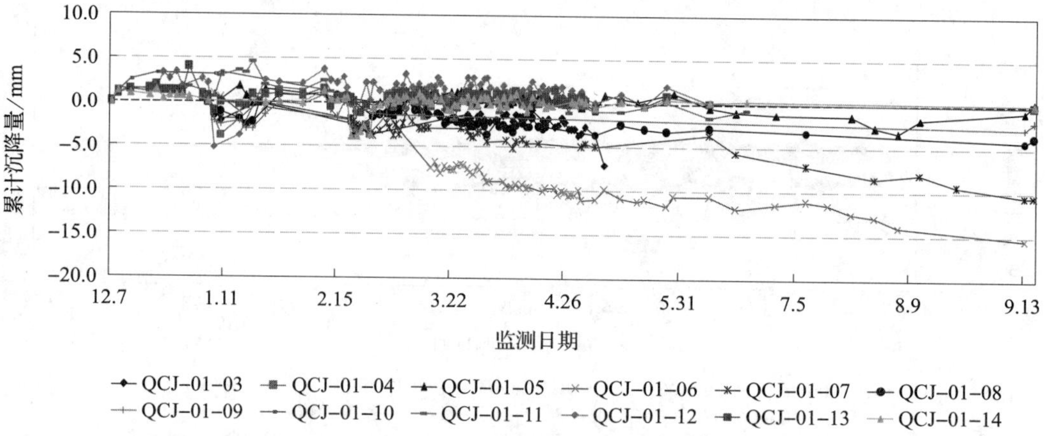

图 8.1-6 主体基坑临近凉水河河堤沉降测点变形时程曲线图

凉水河位于车站主体结构南侧约 13m，对车站基坑降水有补给，也存在汛期倒灌基坑风险。砌体结构，河水流向自西向东，河面顶宽 53.5m，水面宽度约 30m，水深约 1.0m，河底深度约 6.5m。

主体明挖基坑采用明挖法分段施工，基坑南侧临近的凉水河河堤沉降测点累计沉降变形值均在可控范围之内。截至 2015 年 11 月 27 日，凉水河河堤沉降测点 QCJ-01-06 累计沉降变形最大为 -15.3mm。工后 100d 建筑物沉降测点变形速率在 0 ~ ± 0.04mm/d 之间，可认为已进入稳定阶段。

（2）道路及地表沉降。

1）主体明挖基坑周边道路地表沉降测点变形曲线如图 8.1-7 所示。

主体基坑开挖过程中，周边道路地表测点变形较小，基坑开挖至底后，地表测点小幅波动，底板浇筑完成后，变形趋于平稳。主体结构完成，主体基坑周边道路地表最大累计变形量为 -16.1mm，所有测点累计变形量和变形速率均在可控范围内。

2）附属明挖基坑周边道路地表沉降测点变形曲线如图 8.1-8 所示。

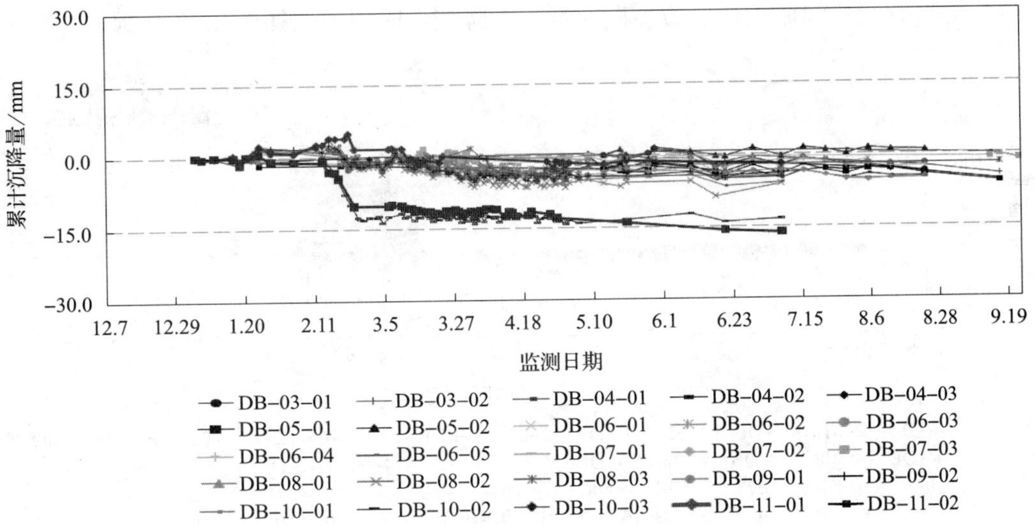

图 8.1−7　主体基坑周边道路地表沉降时程曲线图

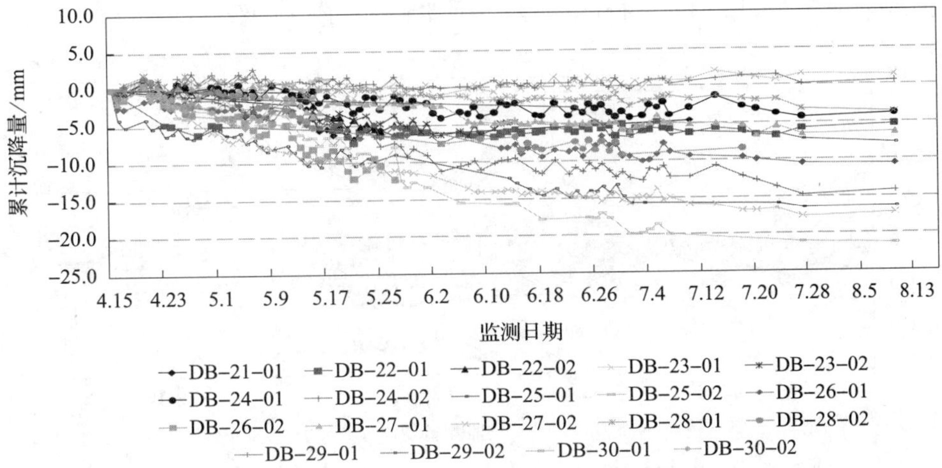

图 8.1−8　附属结构明挖基坑周边道路地表沉降时程曲线图

附属明挖基坑开挖过程中，周边道路地表测点变形较小，基坑开挖至底后，地表测点小幅波动，底板浇筑完成后，变形趋于平稳。至附属结构完成，附属基坑周边道路地表最大累计变形量为 −21.3mm，所有测点累计变形量和变形速率均在可控范围内。

3）主体暗挖段上方道路、地表沉降测点时程曲线如图 8.1−9 所示。

主体暗挖段上方杂填土层较厚，存在多条地下管线，且地下管线中存在渗漏管线，长期渗漏导致暗挖段上方土体疏松。多导洞开挖造成多次土体扰动，导致暗挖上方道路、地表受洞内开挖及注浆影响较大。开挖过程中，测点缓慢下沉，深孔注浆过程中，注浆压力注浆量控制不好，导致测点上浮较大。暗挖段开挖完成后，二衬结构完成后测点变形稳定。

结构完成后，暗挖段上方道路地表测点有 12 个超控制值，其余测点处于正常范围内。

截至 2015 年 11 月 27 日，道路地表沉降测点 DB-04-09 累计沉降变形最大为 +162.5mm。

4）附属 D 出入口暗挖段上方道路、地表沉降测点时程曲线如图 8.1-10 所示。

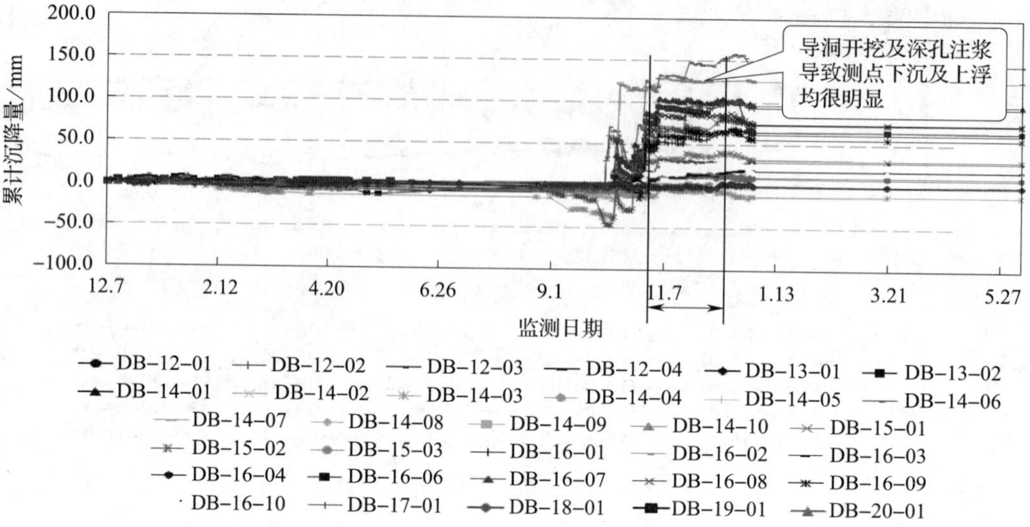

图 8.1-9　主体暗挖段上方道路地表沉降时程曲线图

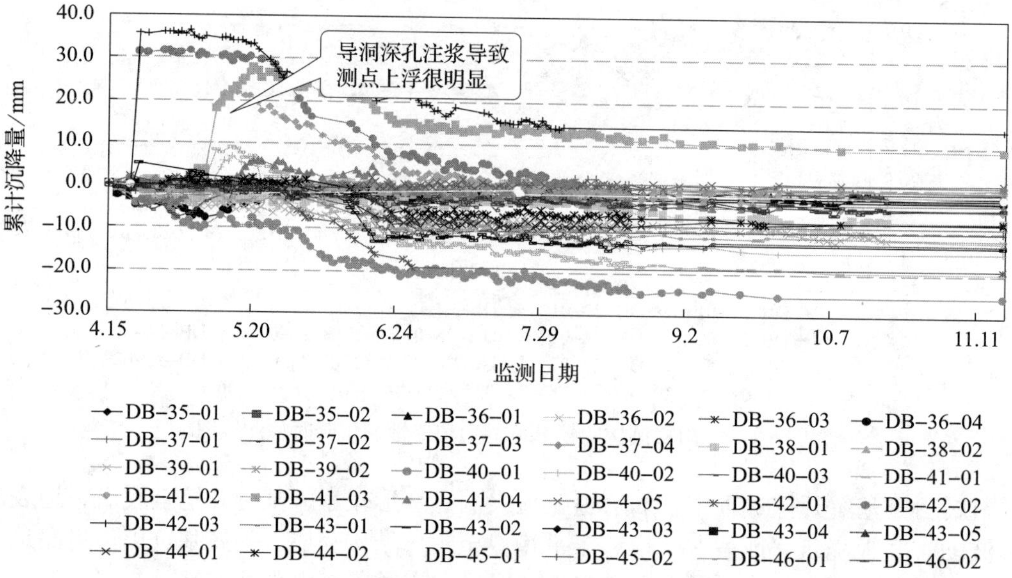

图 8.1-10　附属暗挖段上方道路地表沉降时程曲线图

D 出入口暗挖段上方杂填土层较厚，D 出入口暗挖段多导洞开挖造成土体扰动较大，对上方道路地表的叠加影响较明显。开挖过程中，测点缓慢下沉，深孔注浆过程中，注浆压力注浆量控制不好，导致测点上浮较大。D 出入口暗挖段开挖完成后，二衬结构完成后测点变形稳定。

结构完成后，D 出入口暗挖段上方道路地表测点有 1 个超报警值，其余测点处于正常范围内。

（3）地下管线沉降。

1）主体明挖基坑周边临近 *DN*1 750 污水管线沉降测点变形曲线如图 8.1-11 所示。

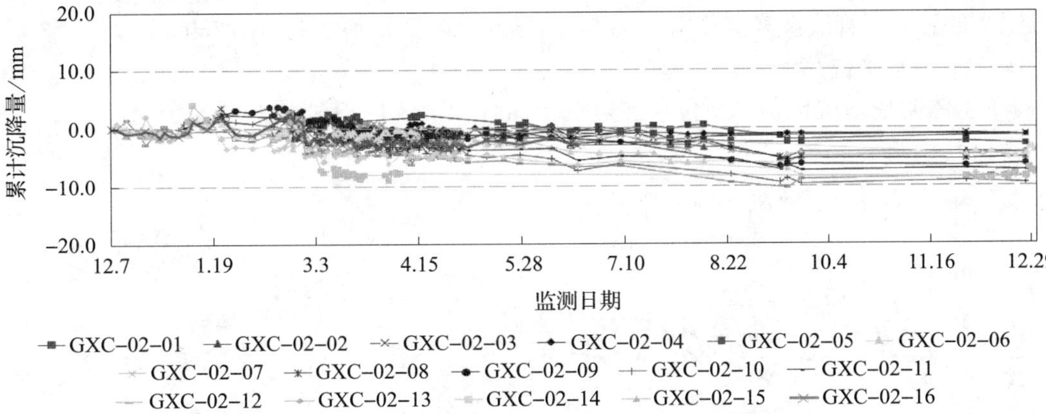

图 8.1-11　主体基坑临近 1 750 污水管管线沉降时程曲线图

*DN*1 750 污水管线在车站南侧，平行距离车站 8.8m，车站顶覆土厚度约为 3m，污水管埋深约 6.8m。为保护 *DN*1 750 污水管，在主体基坑围护桩与污水管线之间打设一排隔离桩。主体基坑开挖过程中污水管沉降测点变形较小，基坑开挖至底后，管线沉降测点小幅波动，底板浇筑完成后，变形趋于平稳。至主体结构完成，污水管线最大累计变形量为 -9.4mm，所有管线沉降测点累计变形量和变形速率均在可控范围内。工后 100d 监测点变形速率在 0 ~ ± 0.03mm/d 之间，认为已进入稳定阶段。

2）D 出入口暗挖段下穿及临近多条地下管线沉降测点变形曲线如图 8.1-12 所示。

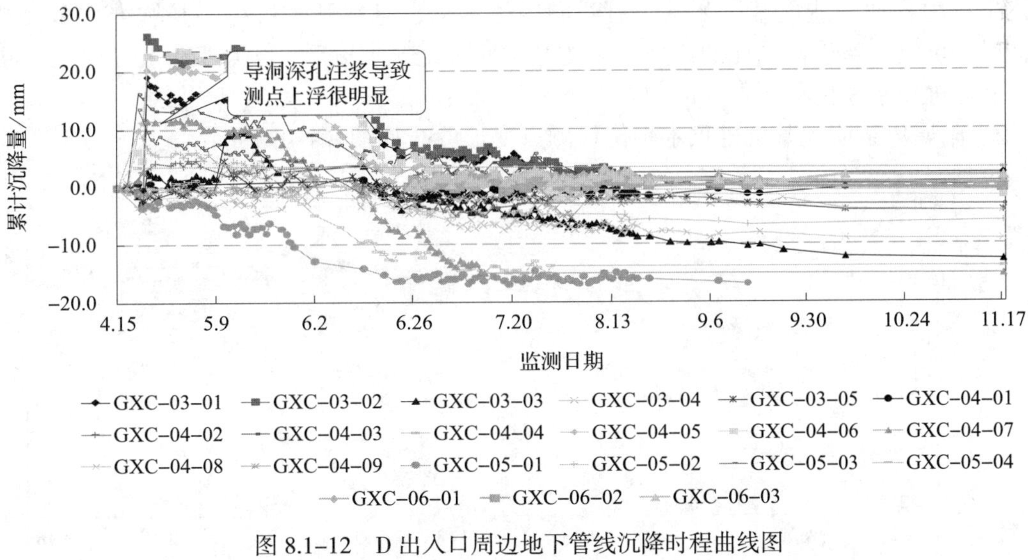

图 8.1-12　D 出入口周边地下管线沉降时程曲线图

D 出入口暗挖段上方杂填土层较厚，暗挖段拱顶上方存在多条地下管线。D 出入口暗挖段多导洞开挖造成土体扰动较大，对上方地下管线测点的叠加影响较明显。开挖过程中，测点缓慢下沉，深孔注浆过程中，注浆压力注浆量控制不好，导致测点上浮较大。D 出入口暗挖段开挖完成后，二衬结构完成后测点变形稳定。

结构完成后，D 出入口暗挖段上方地下管线测点均处于正常范围内。截至 2015 年 11 月 27 日，地下管线沉降测点 GXC-05-01 累计沉降变形最大为 -16.7mm。

（4）桩顶水平位移。

1）主体明挖基坑桩顶水平位移测点变形曲线如图 8.1-13 所示。

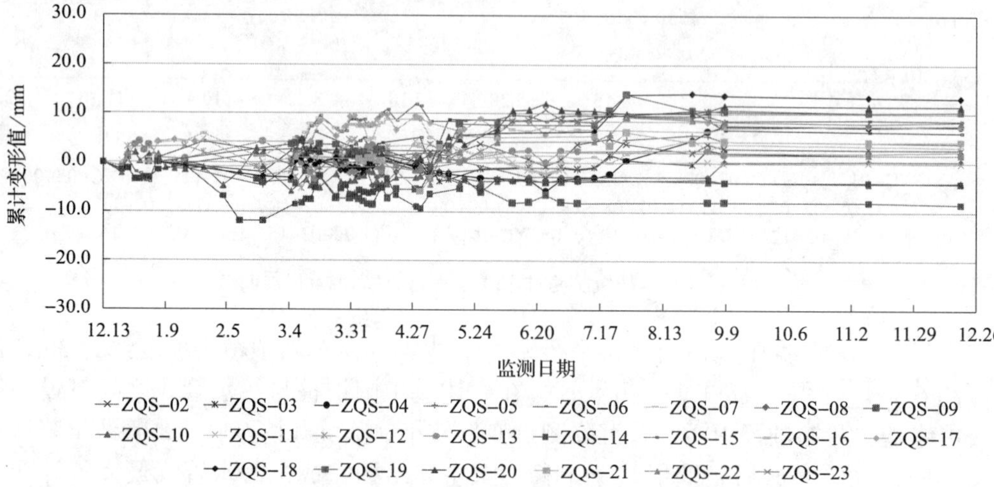

图 8.1-13 主体基坑桩顶水平位移时程曲线图

主体基坑土方开挖过程中，北侧桩顶水平位移测点变形较小，南侧最深部位桩顶水平位移测点累计最大变形量为 +14.0mm，位移方向为向基坑内侧。分析原因为基坑土方开挖，土压力释放，造成基坑侧壁、冠梁向内侧偏移，且在开挖过程中基坑堆载多停放于此，对基坑侧壁产生向内侧的压力。主体基坑底板浇筑完成后，测点变形趋于平稳。主体基坑所有桩顶水平位移测点变形均处于正常范围内。

2）附属风道明挖基坑桩顶水平位移测点变形曲线如图 8.1-14 所示。

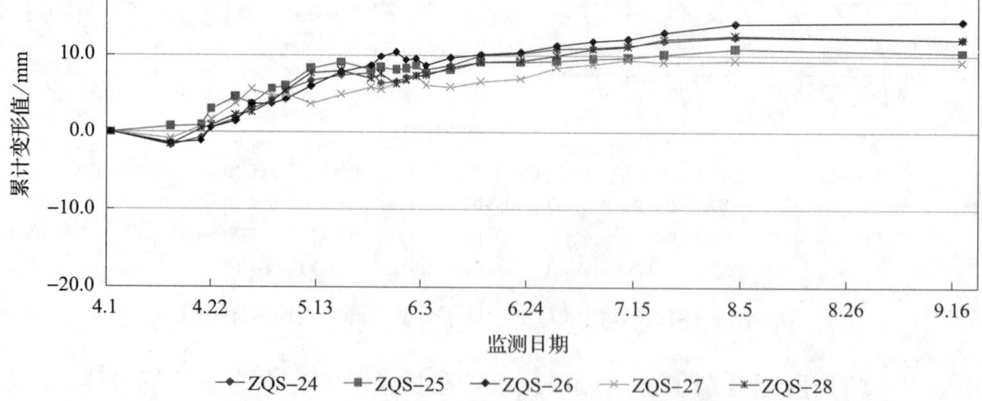

图 8.1-14 附属风道基坑桩顶水平位移时程曲线图

附属风道基坑土方开挖过程中，北侧桩顶水平位移测点累计最大变形量为 +14.0mm，位移方向为向基坑内侧。分析原因为基坑土方开挖，土压力释放，造成基坑侧壁、冠梁向内侧偏移。附属风道基坑底板浇筑完成后，测点变形趋于平稳。附属风道基坑所有桩顶水平位移测点变形均处于正常范围内。

3）附属 3# 疏散口明挖基坑桩顶水平位移测点变形曲线如图 8.1–15 所示。

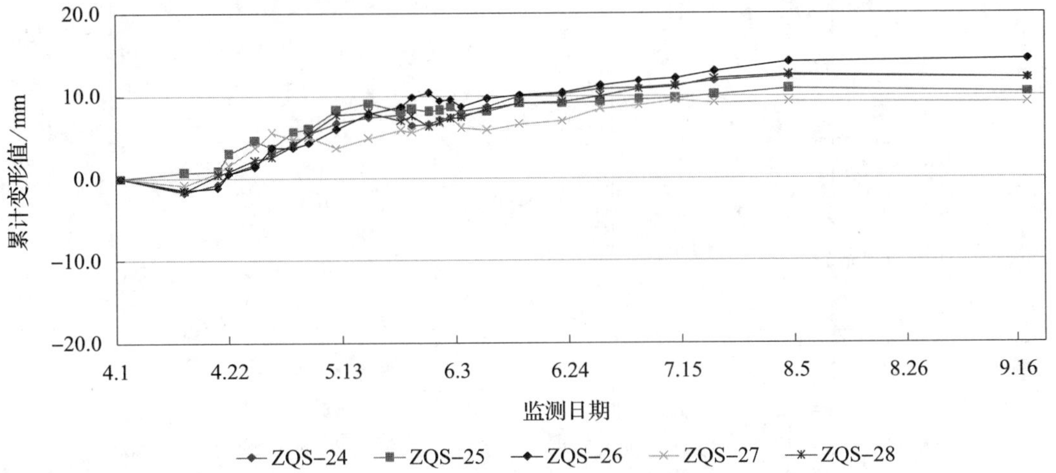

图 8.1–15　附属 3# 疏散口基坑桩顶水平位移时程曲线图

附属 3# 疏散口基坑土方开挖过程中，东侧短边桩顶水平位移测点累计最大变形量为 +11.7mm，位移方向为向基坑内侧。分析原因为基坑土方开挖，土压力释放，造成基坑侧壁、冠梁向内侧偏移。附属 3# 疏散口基坑底板浇筑完成后，测点变形趋于平稳。附属 3# 疏散口明挖基坑所有桩顶水平位移测点变形均处于正常范围内。

（5）桩体水平位移。

1）主体基坑桩体水平位移测点时程曲线如图 8.1–16 所示。

主体基坑桩体水平位移主要发生在土方开挖过程中，随土方挖除周边土体应力释放，产生倾向于基坑内侧的变形，随着钢支撑的架设，变形趋势得到有效抑制并逐步趋于平稳。截至 2014 年 6 月 17 日，桩体水平位移测点 ZQT–07（深 11.5m 处）累计变形最大为 +16.56mm，倾向于基坑内侧。主体基坑桩体水平位移测点累计变形值均在正常范围之内。

2）附属基坑桩体水平位移测点时程曲线如图 8.1–17 所示。

附属基坑桩体水平位移主要发生在附属明挖基坑土方开挖过程中，随土方挖除周边土体应力释放，产生倾向于基坑内侧的变形，随着钢支撑的架设，变形趋势得到有效抑制并逐步趋于平稳。截至 2015 年 7 月 21 日，附属明挖基坑桩体水平位移测点 ZQT–21（深 2.5m 处）累计变形最大为 +11.60mm，倾向于基坑内侧。主体基坑桩体水平位移测点累计变形值均在正常范围之内。

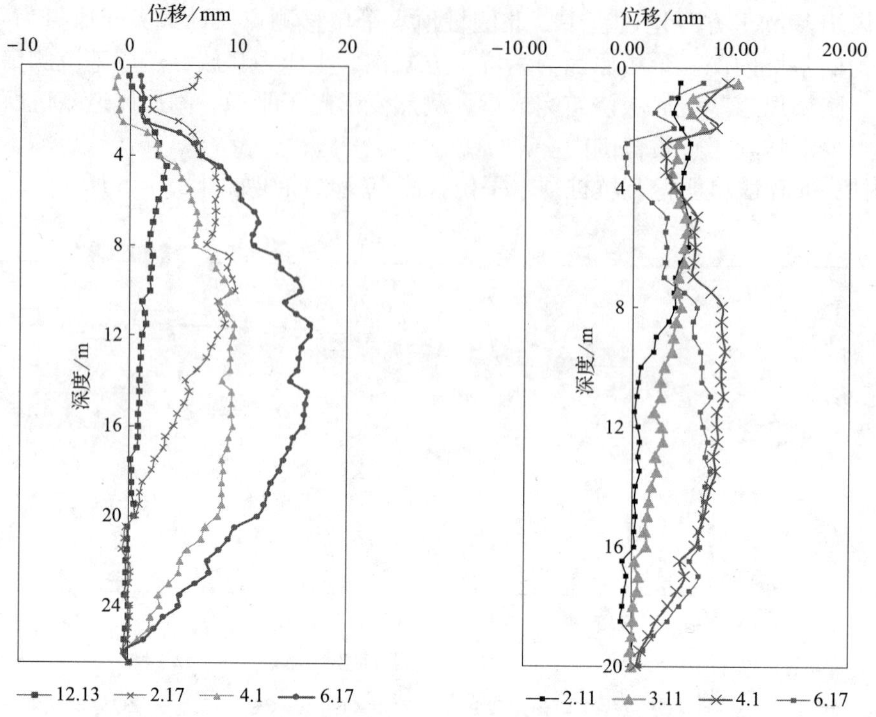

（a）ZQT−07桩体水平位移及深度分布

（b）ZQT−16桩体水平位移及深度分布

图 8.1−16　主体基坑桩体水平位移时程曲线图

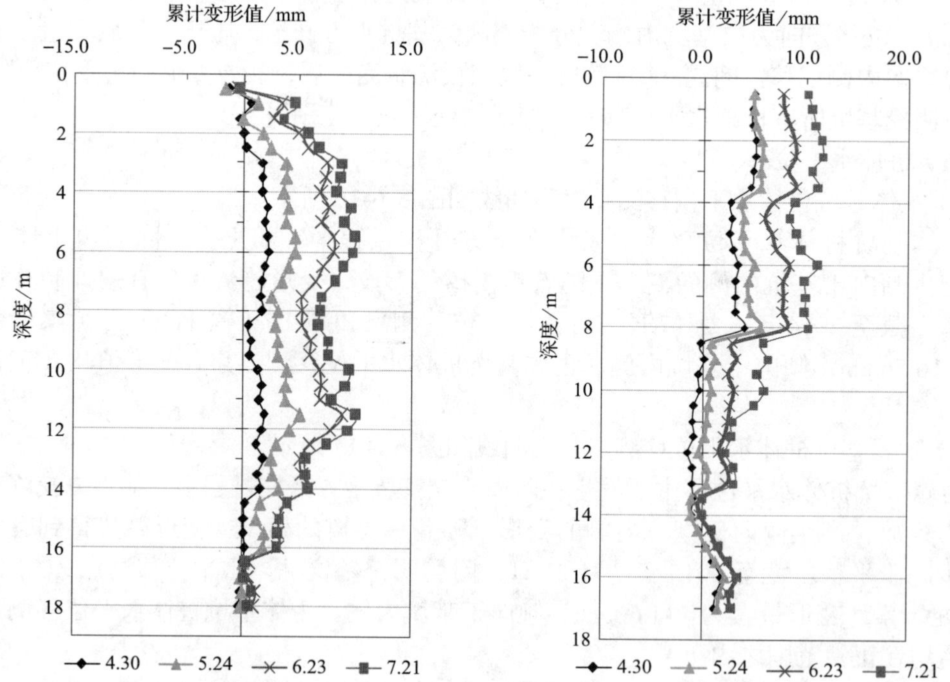

（a）ZQT−20桩体水平位移深度分布图

（b）ZQT−20桩体水平位移深度分布图

图 8.1−17　附属基坑桩体水平位移时程曲线图

（6）支撑轴力。主体基坑支撑轴力测点时程曲线如图 8.1-18 所示。

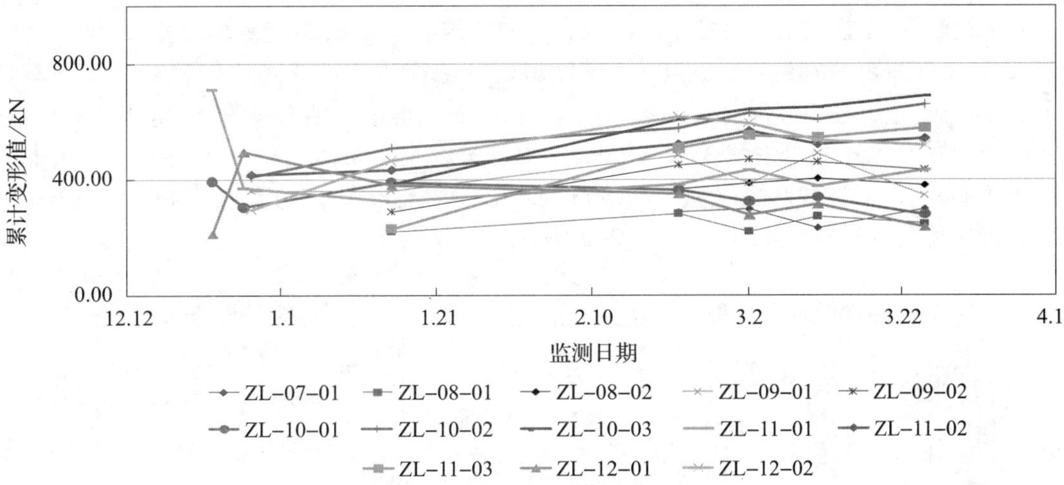

图 8.1-18 主体基坑支撑轴力时程曲线图

主体基坑最深部位设置四道钢支撑，土方开挖过程中，各层钢支撑架设均存在滞后现象。随着基坑的开挖，已架设的钢支撑集中受力，随着滞后支撑的架设，各层支撑轴力变形趋于稳定。施工期间，锚索拉力测点 ZL-10-03 轴力值最大为 688.18kN，各层支撑轴力测点轴力值均在正常范围之内。

2. 建议

本监测项目有力地保障了工程及周边环境的安全，针对施工过程中发现的问题及监测最终结果分析，主要结论及建议如下：

（1）施工工艺规范性是影响结构风险的主要因素，大的变形和过程中的巡视预警后，均采取了措施并得到了控制，因此应注重施工工艺规范化。

（2）降水对于确保基坑开挖稳定有着极其重要的作用，应保持合理的降深水位，避免水位大幅变化改变桩后土体的稳定性给结构自身及周边建筑带来安全风险。

（3）加强地下管线排查，对掌握风险原因及采取措施有重要作用，应查明现有管线有无渗漏，准确的位置关系等。

8.2 矿山法工程

8.2.1 工程概况

1. 周边环境

某地铁车站位于道路交叉口东侧，东西向布置，采用暗挖洞桩法施工，全长 216.5m，双侧段结构顶覆土约为 13.8m，三层段覆土约 6.6m，底板埋深约为 30m。车站两端为矿山法区间。车站设有 3 个独立出入口，2 个与 5 号线结合出入口，1 个安全疏散口和 1 个无障碍出入口结合设置。

车站北侧为 32 层的建筑物，南侧为 30 层的建筑，车站结构边距离北侧 32 层、南侧 30 层楼房最小间距分别约 23m、20m。车站拟建区域整体交通路网比较完善，车站南侧 1.4m × 1.8m 电力方沟，东西走向，距车站结构约 6m；车站北侧有一根 *DN*400 自来水管；车站西侧为既有 5 号线车站和 3.6m × 2.6m 热力管沟以及 U 形人行过街天桥等；车站上方平行于车站走向有 *DN*400 煤气管、*DN*300 雨水管，垂直车站方向有电信和电力等管线。车站平面图及剖面图如图 8.2–1 和图 8.2–2 所示。

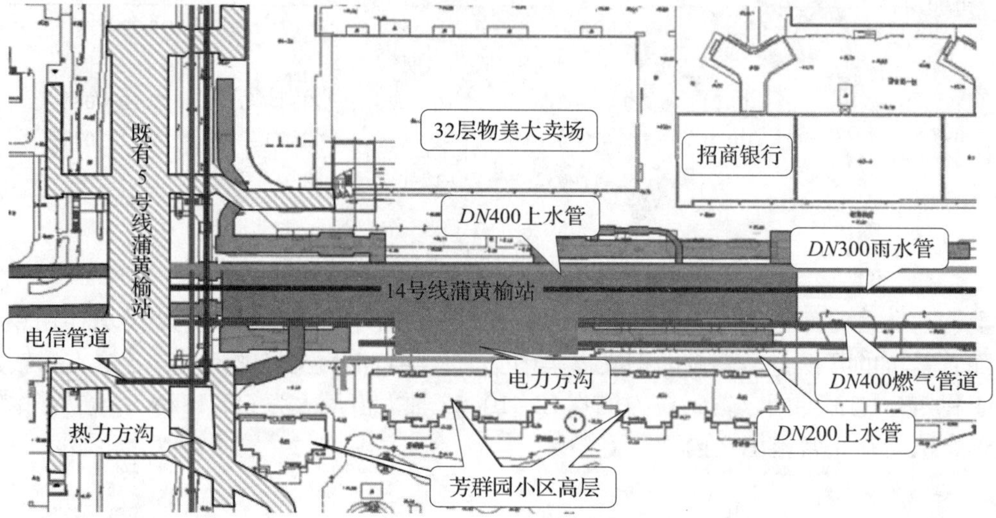

图 8.2–1　车站平面位置图

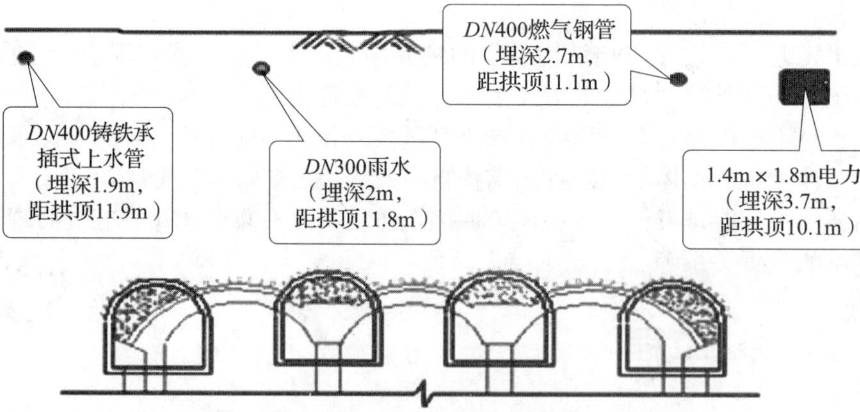

图 8.2–2　车站双层段与地下管线断面关系图

2. 工程地质及水文地质

拟建场地位于永定河冲洪积扇中下部，地貌类型为第四纪冲洪积平原，第四纪沉积韵律较为明显。地层由人工堆积层和第四纪沉积的黏性土、粉土、砂土及碎石土交互而成，基岩埋深大于 60m。根据勘察报告，地面以下 60m 深度范围内的地层按其沉积年代及工程性质可分为人工堆积层、第四纪沉积层。车站结构范围内顶板附近地层以中密～密实的细中砂为主；中部地层以可塑的黏性土、密实的粉土和中密～密实的砂卵石为主；底板附近地层以密实的砂卵石为主。车站结构范围内局部存在上层滞水（一），潜水（二）普遍存在，水位位于结构底板上方约 8m 位置，结构底板以下普遍存在微承压水（三），暗挖施工采取降水措施。地质纵剖面图如图 8.2–3 所示。

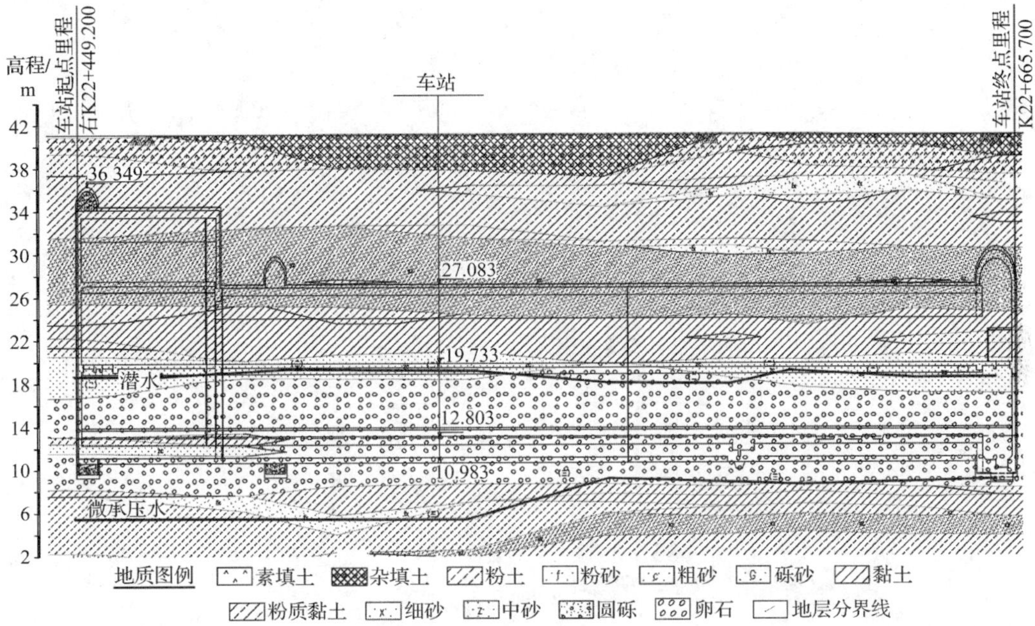

图 8.2–3 车站地质纵剖面图

3. 结构形式与施工方法

本车站与既有 5 号线车站采用通道方式换乘，因此在车站西端设置三层段。三层段采用 14m 岛式站台，双柱三层三跨暗挖框架结构型式，设计起点里程即车站起点里程，终点里程 K22+481.898，总长 32.7m，宽度 23.3m，结构顶覆土约为 6.6m，底板埋深约为 30m。车站过三层段后为标准段，采用 14m 岛式站台，双柱双层三跨暗挖框架结构形式，设计起点里程 K22+481.898，终点里程即车站终点里程，总长 183.8m，宽度 23.3m，结构顶覆土约为 13.8m，底板埋深约为 30m。

主体结构三跨断面采用洞桩法（PBA）施工，共分 8 个施工导洞，上、下层各 4 个导洞，下层导洞设置部分横导洞。在边导洞内施作围护桩，在中洞内施作钢管混凝土柱，小导管加大管棚超前注浆加固地层，开挖主体结构中部土体，再对称开挖两侧拱部，向下开挖至中板、底板，最后施工内部结构。主体结构断面图如图 8.2–4、图 8.2–5 所示。

1 号风井及风道位于车站北侧，风井断面呈矩形，采用倒挂井壁法施工，初支内净空为 6.2m × 9.7m；风道采用暗挖 CRD 工法施工，共 A、B、C、D 四种断面，尺寸分别为 4.9m（宽）× 13.3m（高）、8.7m（宽）× 13.3m（高）、9.1m（宽）× 19.15m（高）、9.1m（宽）× 20.75m（高）。风道拱顶覆土约 15.691m，底板埋深约 28.991m。

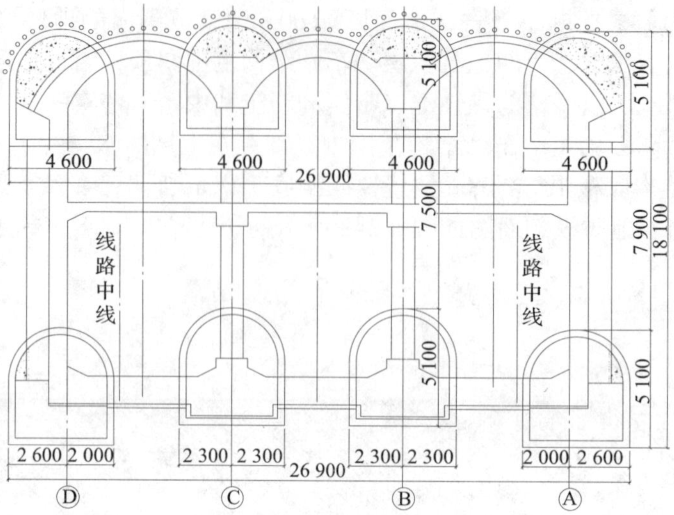

图 8.2–4　主体结构双层段横断面图

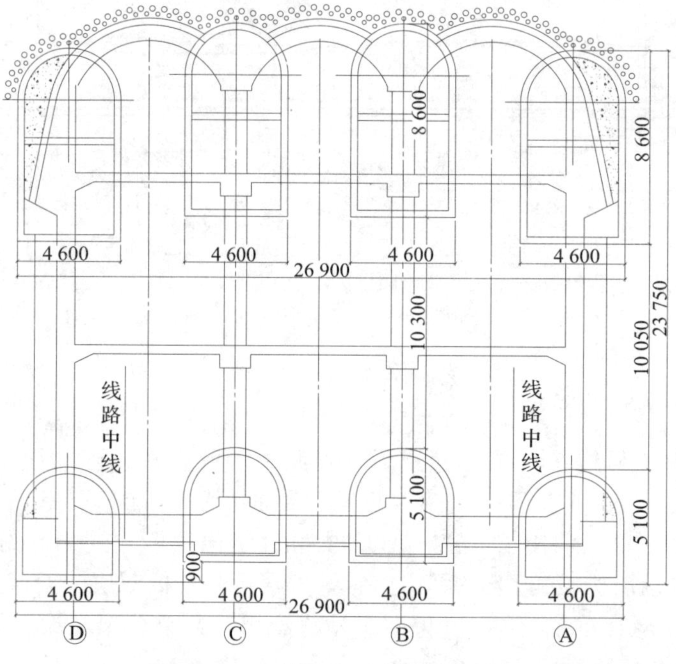

图 8.2–5　主体结构三层段横断面图

2 号风井及风道位于车站南侧，风井采用倒挂井壁法施工，初支内净空为 6.2m×10.7m；风道采用暗挖 CRD 工法施工，共 A、B 两种断面，尺寸分别为 8.7m（宽）×13.3m（高）和 9.1m（宽）×17.2m（高）。风道拱顶覆土约 15m，底板埋深约 28.3m。

C 出入口与车站接口处里程为 K22+477.5，通道全长 40.489m，与既有地铁线 C 出入口连接，并共用出入口地面厅，出入口通道设置人防段一处。采用单拱直墙无仰拱的断面结构，结构标准断面宽 × 高为 6.6m×5.67m，最大断面（人防）宽 × 高为 9.0m×6.37m，拱顶覆土 8.807m，底板埋深 14.677m，采用交叉中隔墙法（CRD）开挖。

E 出入口通道全长 142.4m，其中包含明挖段 22.1m，暗挖段 120.3m，并设置人防段一处。明挖段采用矩形框架结构形式，结构最大断面宽 × 高为 6.0m × 8.0m，采用倒挂井壁法施工，底板最大埋深 12.71m，顶板最大覆土厚度 3.69m。暗挖段采用单拱直墙带仰拱断面结构，结构最大断面宽 × 高为 7.6m × 10.72m，拱顶最大覆土厚度 16.37m，仰拱最大埋深 24.34m，采用交叉中隔墙法（CRD）开挖。E 出入口通道与 5 号线车站东北出入口平面十字交叉。

F 出入口及安全疏散口位于车站东北侧，出入口与车站接口处里程为 K22+570.599 7，通道全长 93.2m，其中包含明挖段 25.35m，暗挖断 67.85m，并设置人防段一处。明挖段采用矩形框架结构型式，结构最大断面宽 × 高为 7.7m × 9.82m，采用倒挂井壁法施工，底板埋深 13.35m 顶板覆土 4.34m。暗挖段采用单拱直墙带仰拱断面结构，结构最大断面宽 × 高为 7.6m × 10.57m，拱顶覆土 14.03m，仰拱埋深 24.6m，采用交叉中隔墙法（CRD）开挖。安全疏散口采用倒挂井壁法施工，竖井深 24.21m，竖井断面尺寸为 10.6m × 4.3m。安全疏散通道与车站接口处里程为 K22+623.099 7，通道全长 32.558m，并设置人防段一处，采用单拱直墙断面结构，结构最大断面宽 × 高为 3.8m × 4.62m，拱顶覆土 17.74m，仰拱埋深 22.36m，采用台阶法开挖。

G 出入口及位于车站东南侧，出入口与车站接口处里程为 K22+570.599 7，通道全长 93.2m，其中包含明挖段 25.35m，暗挖断 60.85m，并设置人防段一处。明挖段采用矩形框架结构形式，结构最大断面宽 × 高为 7.7m × 9.82m，采用倒挂井壁法施工，底板埋深 13.35m 顶板覆土 4.34m。暗挖断采用单拱直墙带仰拱断面结构，结构最大断面宽 × 高为 7.6m × 10.57m，拱顶覆土 14.03m，仰拱埋深 24.6m，采用交叉中隔墙法（CRD）开挖。

1、2 号换乘通道全长 20.353m，全部为暗挖段，各设人防段一处。采用单拱直墙无仰拱的断面结构，结构标准断面宽 × 高为 7.4m × 5.97m，最大断面（人防）宽 × 高为 8.4m × 6.17m，拱顶覆土 8.301m，底板埋深 14.471m，采用交叉中隔墙法（CRD）开挖。

4. 工程进度

竖井开挖：本工程于 2011 年 1 月开始施工 2 号风井，2011 年 4 月 26 日 1 号竖井开挖，2011 年 8 月 15 日开始施工 2 号竖井。

导洞初支：2011 年 6 月 15 日开挖由 2 号风井横通道向东开挖双层段上导洞，2011 年 9 月 20 日由 1 号竖井横通道向西开挖双层段上导洞，2011 年 12 月 8 日双层段上层导洞全部贯通。2012 年 1 月 1 日由 2 号风井横通道向东施工下导洞，2012 年 3 月 1 日开始由 1 号竖井横通道向西开挖下导洞，至 2012 年 5 月 14 日，双层段下导洞全贯通。2012 年 5 月 1 日开始由 2 号风井横通道向西开挖下导洞，2012 年 7 月 10 日，三层段下导洞全贯通；2012 年 8 月 17 日三层段上导洞开挖，至 2013 年 1 月 18 日，三层段上导洞全部贯通；

初支扣拱：2012 年 11 月 28 日由 1 号竖井横通道向西中跨初支扣拱，2012 年 12 月 15 日由 2 号风井横通道向东初支扣拱，2013 年 1 月 16 日，1 号竖井与 2 号风井间两层段初支扣拱全部贯通，2013 年 4 月 20 日由 2 号风井横通道向西开始初支扣拱，2013 年 5 月 20 日由 2 号竖井横通道向东开始初支扣拱，2013 年 6 月 19 日由 2 号风井与 2 号竖井间初支扣拱全部完成。

二衬扣拱：2013 年 1 月 28 日由 1 号竖井横通道向西中跨二衬扣拱，2013 年 3 月 15 日由 2 号风井横通道向东二衬扣拱，至 2013 年 7 月 3 日两层段二衬扣拱全部贯通；2013 年

7 月 7 日由 2 号风井横通道向西开始二衬扣拱，至 2013 年 10 月 1 日三层段二衬扣拱全部完成。2014 年 4 月结构完成。

附属结构：2013 年 11 月 15 日开始施工，至 2015 年 8 月 5 日全部完成。

8.2.2 监测项目及精度

监测内容主要为矿山法车站施工影响范围内的建筑物、管线、道路地表等对象的沉降监测及现场巡查（见表 8.2–1 和表 8.2–2）。根据对矿山法施工影响范围的分析，监测的范围取车站主体结构外部结构向两侧 1.5 倍车站埋深范围。

表 8.2–1 监测内容及要求

<table>
<tr><th>序号</th><th>监测对象</th><th>监测项目</th><th>监测仪器</th><th>监测精度</th><th>控制值</th><th>监测频率</th><th>监测周期</th></tr>
<tr><td>1</td><td rowspan="3">矿山法车站结构周边环境</td><td>建筑物沉降</td><td rowspan="3">Trimble DINI03 电子水准仪</td><td rowspan="3">1.0mm</td><td>15.0mm；1mm/d</td><td rowspan="3">当开挖面到监测断面前后的距离 $L\le2B$ 时，1 次 /d；当开挖面到监测断面前后的距离 $2B<L\le5B$ 时，1 次 /2d；当开挖面到监测断面前后的距离 $L>5B$ 时，1 次 / 周；经数据分析确认达到基本稳定后，1 次 / 月</td><td rowspan="3">工程土方开挖开始，工程施工完成，变形稳定后结束</td></tr>
<tr><td>2</td><td>管线沉降</td><td>有压：10.0mm 无压雨、污水：20.0mm；其他无压：30mm 2mm/d</td></tr>
<tr><td>3</td><td>道路地表沉降</td><td>30.0mm；3mm/d</td></tr>
</table>

表 8.2–2 巡查内容及频率

<table>
<tr><th>序号</th><th>巡查对象</th><th>巡查内容</th><th>巡查频率</th></tr>
<tr><td>1</td><td>矿山法车站周边建筑物、管线、道路地表、河流等</td><td>1. 建筑物：是否有倾斜、裂缝、裂缝位置及变化情况；
2. 管线：管线四周有无渗漏、裂缝与孔洞；
3. 道路地表：路面沉陷或隆起；开裂；
4. 河流 / 湖泊：护岸结构的开裂与沉陷；
5. 周边有无邻近工程扰动等</td><td rowspan="2">同现场监测频率</td></tr>
<tr><td>2</td><td>矿山法车站结构</td><td>1. 支护结构：有无剥落、裂缝，支护体系施作的及时性；
2. 掌子面地层条件、渗水、流沙、坍塌情况；
3. 喷射混凝土是否密实，有无异物等；
4. 地下水控制情况</td></tr>
</table>

8.2.3 监测技术方法及测点布设

1. 道路地表沉降

（1）监测方法。采用水准测量方法，布设附合或闭合水准网，使用电子水准仪观测。基准网及观测网按《工程测量标准》GB 50026—2020 二等垂直位移监测技术要求观测。车站施工期间，每 3 个月校核一次工作基点，进行基准网联测。

（2）基准点及测点布设。选取地铁施工 3 个精密水准点作为水准基准点，根据需监测对象分布，布置了 3 个工作基点，布设成局部的独立网，同观测点一起布设成闭合环。地表沉降测项可观测导洞开挖对地层的扰动大小，间接验证矿山法施工参数，分析施工安全控制状态。测点沿车站方向在每个导洞拱顶上方、各跨拱顶上方分别布设地表沉降测点，测点间距一般按 10m 设置，在竖井横通道部位加密测点布置，横通道中心线上方布设 1 排点、横通道两侧壁上方各布设 1 排测点、横通道外按 5 ~ 10m 的间距布设测点。一般在地铁结构两侧 30m 范围内布设，每个横断面布置 7 ~ 11 个测点，依据近密远疏的原则布置布设。为保证测点设置准确，测点位置使用控制网精确放样。车站共布设了 253 个地表沉降测点。

2. 建（构）筑物沉降

（1）监测方法。采用水准测量方法，布设附合或闭合水准网，使用电子水准仪观测，基准网采用地表沉降监测基准网。

（2）测点布设。车站轴线两侧 60m 范围内两处建筑共布设了 62 个建筑物沉降测点。

3. 地下管线沉降

（1）监测方法。采用水准测量方法，布设附合或闭合水准网，使用电子水准仪观测，基准网采用地表沉降监测基准网。

（2）测点布设。车站轴线两侧 30m 范围内的 *DN*400 上水管线、*DN*300 雨水管线、*DN*400 燃气管线等布设了 134 个管线沉降测点。

车站监测布点图如图 8.2–6、图 8.2–7 所示。

8.2.4 监测成果分析及建议

1. 监测成果分析

（1）监测数据统计。车站主体完工后，建（构）筑物沉降最终累计值范围在 +3.1 ~ –32.4mm 之间，地下管线沉降最终累计值范围在 –20.3 ~ –128.6mm 之间，地表沉降最终累计值范围在 –23.4 ~ –128.4mm 之间。对典型的监测数据进行统计分析，如表 8.2–3、表 8.2–4。

本工程监测针对监测数据预警及巡视预警及时发布预警信息，共发送 1 次红色监测预警，56 次橙色、黄色监测预警，2 次巡视预警，经反馈施工单位采取措施取得了良好的效果。信息化监测及时、准确地预测预报了多个安全隐患，为保证工程的安全顺利施工做出了贡献。信息化监测典型预警及处置情况见表 8.2–5。

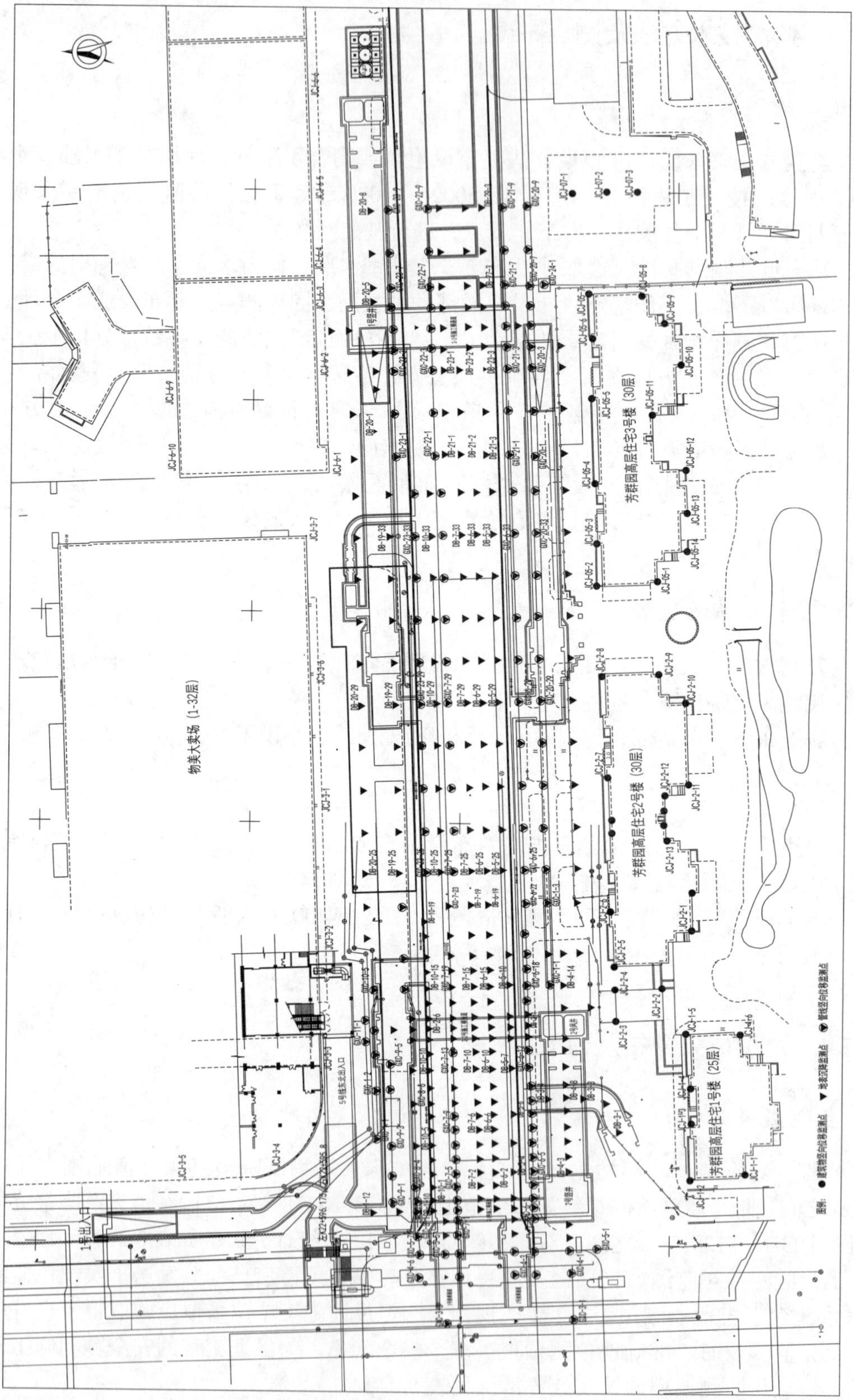

图 8.2-6　车站监测点布置平面图

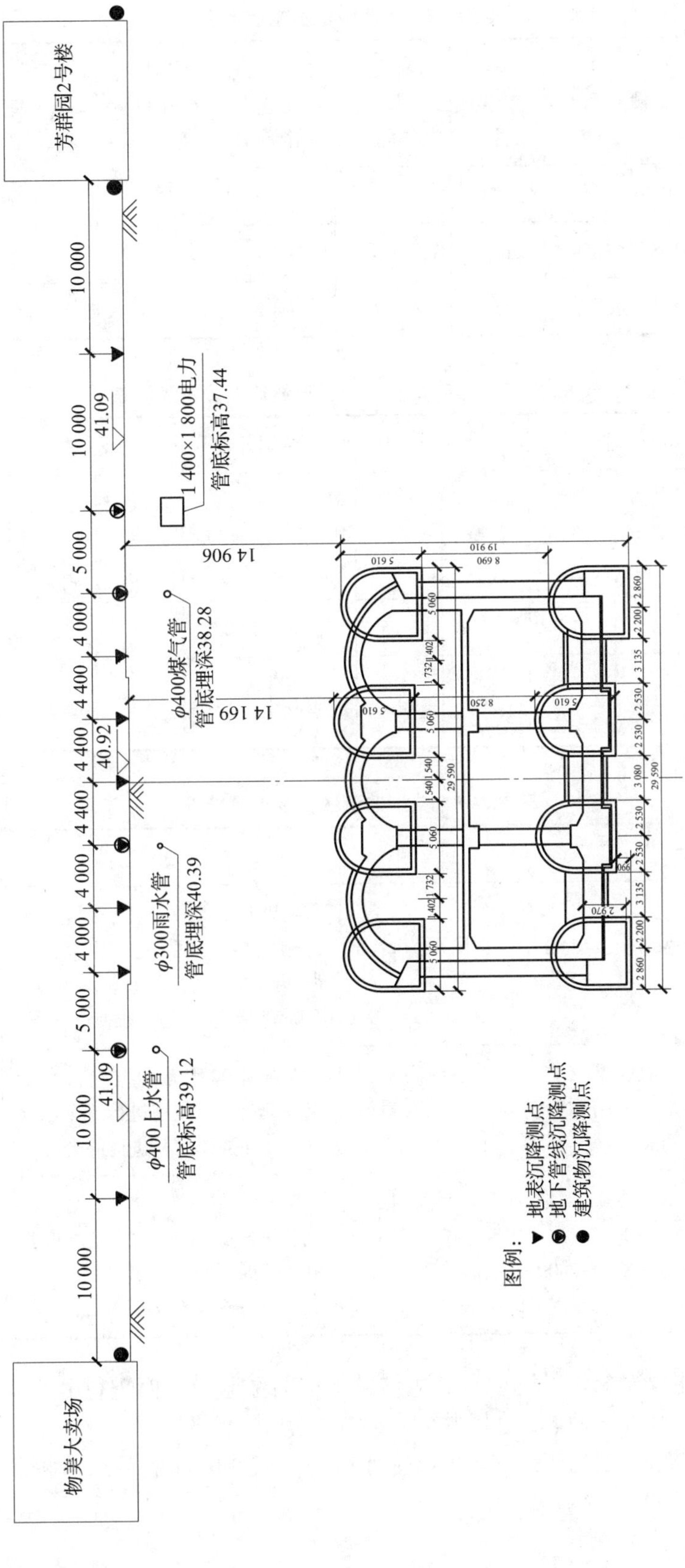

图 8.2-7　车站监测点布置断面图

表 8.2–3 监测特征数据统计表

监测对象	监测项目	监测点数量 / 个	过程变化最大值 / mm	过程变化最大速率 / (min/d)	最终累计变化最大值 /mm	工后 100d 变化速率 / (min/d)	预警点比例 /%
矿山法车站影响的建筑物、地下管线、道路地表	建筑物沉降	62	–1.6	–1.6	–32.4	–0.04	12.5
	地下管线沉降	134	–8.8	–4.4	–128.6	–0.04	72.3
	道路地表沉降	253	–4.2	–4.2	–128.4	–0.05	83.4

表 8.2–4 阶段变形量占总变形量比例分析统计表

监测位置	总变形量 / mm	横通道开挖		上导洞开挖		下导洞开挖		初支扣拱		二衬扣拱	
		阶段变形量 / mm	占总变形量比例 /%	阶段变形量 / mm	占总变形量比例 /%	阶段变形量 / mm	占总变形量比例 /%	阶段变形量 / mm	占总变形量比例 /%	阶段变形量 / mm	占总变形量比例 /%
横通道	–124.3	–51.8	41.7	–40.4	32.5	–16.4	13.2	–15.0	12.1	–0.7	0.5
标准断面	–125.4	—	—	–54.8	43.7	–47.6	38.0	–15.3	12.2	–7.7	6.1

表 8.2–5 典型监测预警及处置情况

时间	发现问题	手段措施	效果
2011.8.17	主体结构上导洞开挖，拱顶为粉细中砂层，累计变形较大	立即通知各方，监理组织预警响应会，加强超前注浆，加强锁脚锚管的打设、注浆质量，及时背后注浆，加强地面监测	快速下沉得到控制，补浆效果显著
2012.3.16	竖井横通道及上、下层小导洞施工影响，主体结构南侧高层建筑物累计沉降偏大	立即通知各方，组织召开专家咨询会，对楼房进行安全风险评估，加强监测并进行周会商	变形趋缓，差异沉降得到有效控制
2012.12.17	发现三层段 C 导洞上方测点 DB–07–03、DB–07–05、DB–07–07、GXC–07–08、GXC–07–09 等变形速率异常，最大日变化速率达 –4.40mm/d	立即通知各方，施工单位封闭掌子面，加强注浆	快速下沉得到控制

（2）典型变化规律分析。选取车站主体结构横向主监测断面进行分析。该断面位于主体结构导洞由 1 号竖井向西、2 号风井向东对向开挖贯通面处。

1）主体结构横向主监测断面。车站主体结构主监测断面监测点时程曲线及断面曲线如图 8.2–8、图 8.2–9 所示。

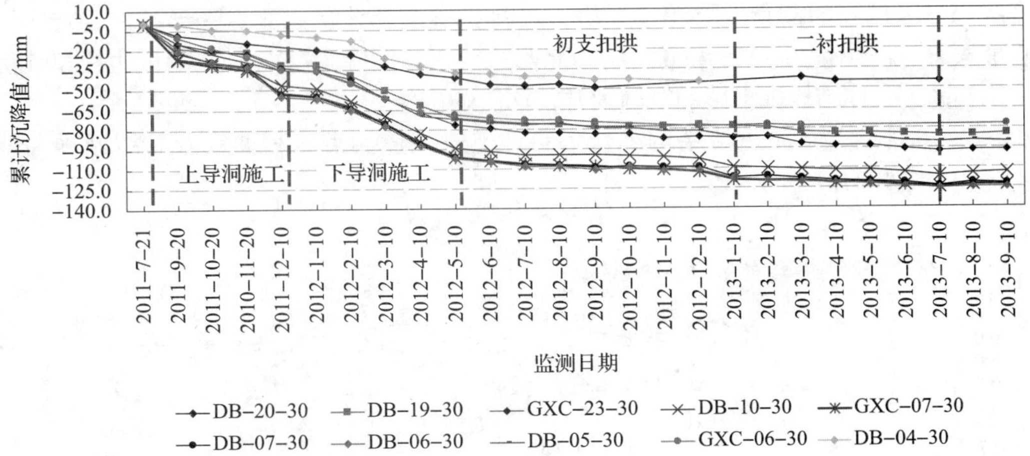

图 8.2–8 车站主体结构主监测断面沉降时程曲线图

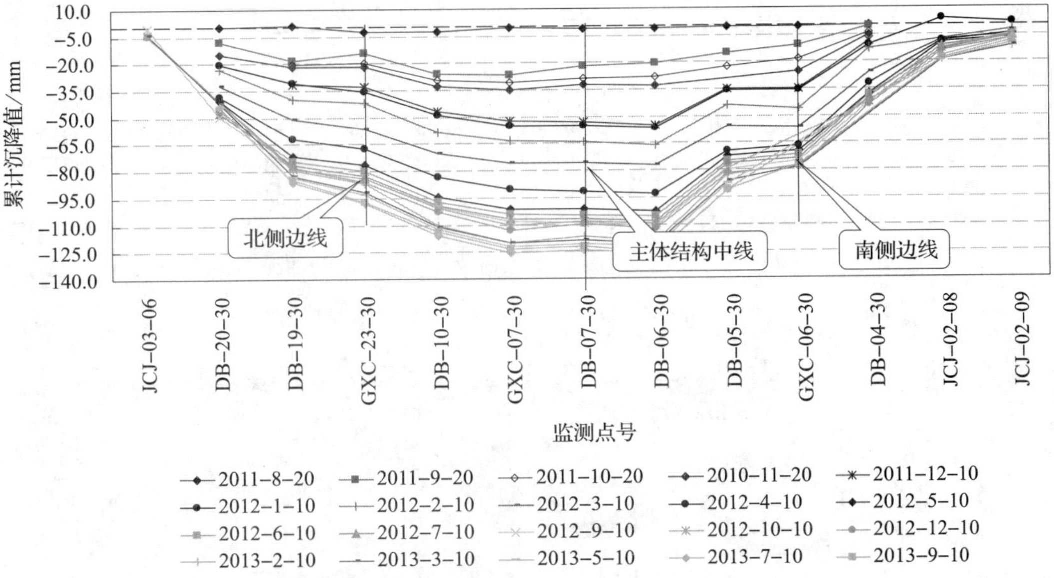

图 8.2–9 车站主体结构主监测断面沉降断面图

该主测断面位于主体结构小导洞由 1 号竖井向西、2 号风井向东对向开挖贯通面处。该处上方覆土厚度约 13.8m，上覆土层细中砂、粉质黏土及填土。

2011 年 9 月 1 日，上层 B 导洞由 2 号风井向东先开挖至该断面，至 2011 年 12 月 8 日，上层导洞实现全部贯通，主体结构上方沉降测点沉降明显，其中各导洞破除贯通面过程中，变形较明显，中心线上方地表测点 DB–06–30 阶段沉降量为 –54.8mm；2012 年 2 月 15 日，下层 A 导洞由 2 号风井向东开挖至该断面，至 2012 年 5 月 11 日，下层导洞全部贯通，结构上方地表测点再次出现沉降，沉降速率与上导洞开挖相比较小，至 2012 年 5 月 11 日，下层导洞全部贯通，测点 DB–06–30 阶段沉降量为 –47.6mm；2012 年 12 月 10 日，主体结构初支扣拱由 1 号竖井向西开挖至该断面，至 2013 年 1 月 10 日，中跨、两侧边跨初支扣拱全部通过该断面，测点 DB–06–30 阶段沉降量为 –5.6mm。初支扣拱完成以后，该断面测点变形趋于平缓，二衬扣拱期间该断面测点变形基本稳定，结构中心最大累计沉降量为 –125.4mm。结构北侧边线累计沉降为 –97.1m，南侧边线累计沉降为 –77.4mm，主体结构施工影响范围为开挖深度的 2 倍。

2）地下管线。车站主体结构平行下穿地下管线监测点时程曲线及管线断面曲线如图 8.2–10、图 8.2–11 所示。

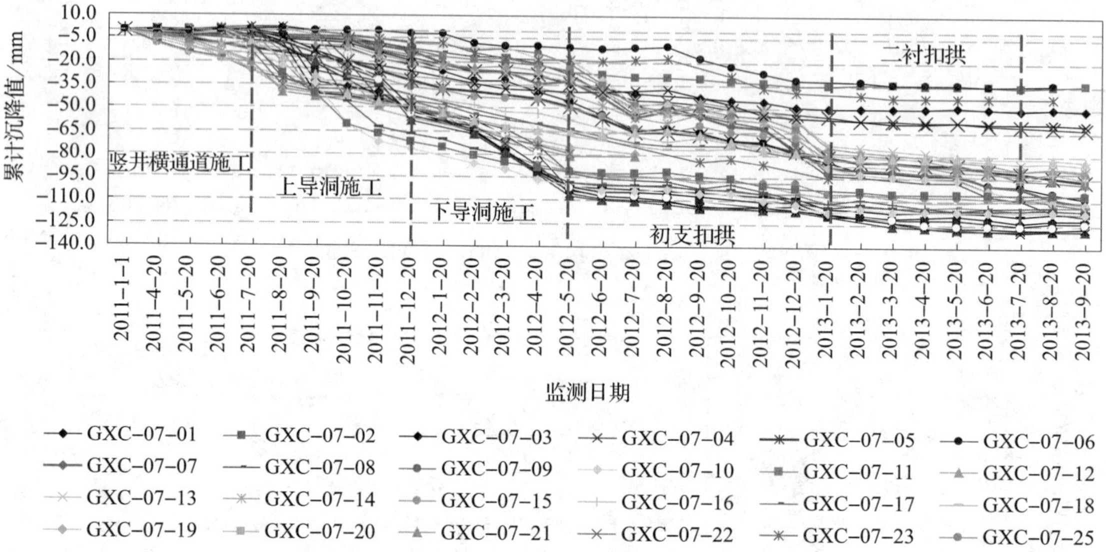

图 8.2–10　主体结构平行下穿地下管线沉降时程曲线图

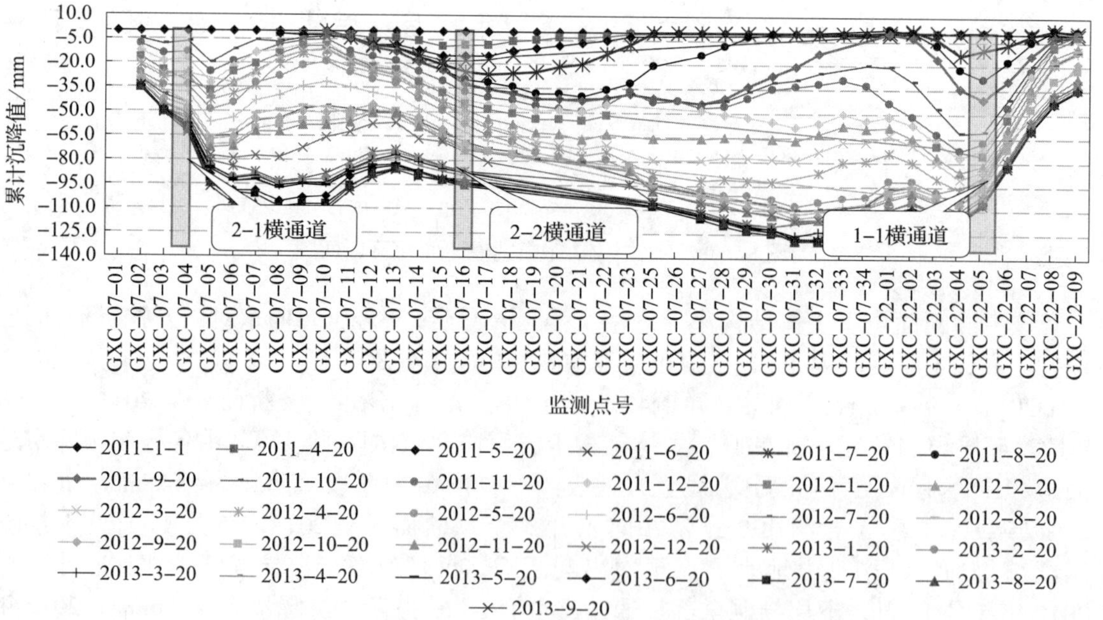

图 8.2–11　主体结构平行下穿地下管线沉降断面图

监测点 GXC-07-01 ~ GXC-07-34 和监测点 GXC-22-01 ~ GXC-22-09 为车站主体结构平行下穿的 *DN*300 雨水管线沉降测点。管线埋深约 2.5m，距主体结构两层段拱顶约 11m，距三层段拱顶约 4.6m，管线所在位置为素填土、粉土层，下部土层为粉土、粉质黏土层。

两层段（1-1 横通道与 2-2 横通道间）：2011 年 3 月 20 日，2-2 横通道开始下穿该管线，横通道附近管线测点出现少量沉降，2011 年 6 月 1 日，2-2 横通道第 4 层施工完，横通道中心位置测点沉降量为 -15.4mm；2011 年 6 月 15 日，由 2-2 横通道向东破除上层 B\C 导洞马头门，随上导洞向东掘进，该管线测点由西向东逐渐出现下沉趋势；2011 年 6 月 20 日，1-1 横通道开始下穿该管线，至 2011 年 10 月 1 日，1-1 横通道第 3 层初支完毕，横通道中心测点沉降为 -60.9mm；2011 年 9 月 20 日，由 1-1 横通道向西开挖上层导洞，管线测点随导洞向前掘进逐步开始出现下沉趋势，至 2011 年 12 月 8 日，上层导洞全部贯通，该管线在 1-1 横通道处沉降最大，累计沉降为 -76.9mm。上导洞拱顶位于细中砂层，开挖过程中测点变形速率较大；2011 年 12 月 10 日，由 2-2 横通道向东开挖下导洞，2012 年 3 月 5 日，由 1-1 横通道向西开挖下导洞，至 2012 年 5 月 11 日，1-1 通道与 2-2 通道间下层导洞贯通，该管线在贯通面处阶段变形最大，该处也是本管线的累计最大沉降点，测点 GXC-07-31 阶段沉降量为 -48.6mm，累计沉降量为 -107.3mm，差异沉降最大位置在 1-1 横通道东侧，为 5.22‰；2012 年 5 月至 2012 年 11 月，桩梁体系施工期间，管线阶段变形量在 2 ~ 11mm；2012 年 11 月至 2013 年 1 月初支扣拱施工，管线阶段变形量在 5 ~ 10mm；初支扣拱完毕管线变形基本趋于稳定，至二衬扣拱完成，管线阶段变形量在 1 ~ 4mm；最终管线最大变形量为 -128.6mm。

三层段（2-1 横通道与 2-2 横通道间）：2011 年 9 月至 2012 年 5 月，横通道施工造成管线沉降量在 20 ~ 50mm 之间；2012 年 5 月，开挖三层段下层导洞，至 2012 年 7 月三层段下导洞贯通，管线阶段变形量在 4 ~ 28mm 范围内；2012 年 8 月至 2013 年 1 月上导洞施工期间，管线阶段变形量在 5 ~ 30mm 范围内；2013 年 5 月至 2013 年 6 月三层段进行初支扣拱施工，管线阶段变形量在 2 ~ 9mm 范围内；2013 年 7 月初支扣拱完成至 2013 年 10 月二衬扣拱完毕，管线阶段变形量在 3 ~ 13mm 范围内。三层段二衬扣拱完成后，管线最终沉降量在 34.5 ~ 119.0mm，该管线差异沉降最大发生在 2-1 横通道东侧，倾斜为 6.66‰。

3）建筑物竖向位移。暗挖车站周边建筑物沉降监测点时程曲线如图 8.2-12 所示。

车站结构南北两侧均有高层建筑物，北侧为物美大卖场，南侧为芳群园一区。车站施工期间对周边建筑物产生不同程度影响，南侧芳群园小区 1、2、3 号住宅楼房受车站施工影响较大，建筑物沉降测点变形较大，楼房散水位置与地表出现开裂现象。芳群园高层住宅为箱形基础，3 层地下室，基础埋置深度 12.1m，基础下部设置 561 根水泥粉煤灰碎石桩，上部为框剪结构，车站主体导洞与高层建筑距离 18.5 ~ 19.3m，建筑物基础底板高于车站拱顶约 2m，建筑物基础底板与车站结构底板间距约 19.9m。自车站竖井横通道施工至车站二衬施工完成，芳群园 3 号楼累计变形量最大，沉降量在 -9.9 ~ -32.4mm，最大差异沉降为 15.3mm，倾斜为 0.73‰。车站上下层导洞初支完成后，3 号楼靠近地铁侧累计变形量超控制值。分析原因为降水施工对地层固结沉降产生一定影响；车站拱部位于细中砂层，上导洞开挖应力释放，引起地层损失大；车站上下层共设置 8 个小导洞，小导洞开挖

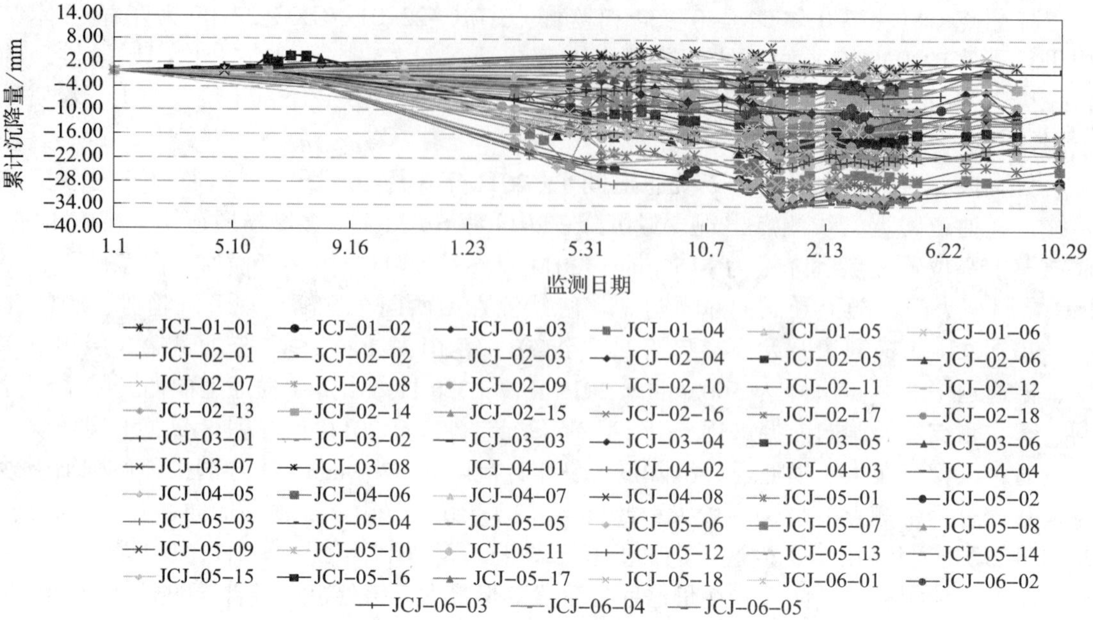

图 8.2-12 建筑物竖向位移时程曲线图

宽度 4.6m，各小导洞间距约为 2.8m，相邻导洞开挖地层扰动明显，群洞效益造成地面沉降较大。三中心多次组织五方会，并组织专家咨询会，分析 3 号楼变形原因，对楼房安全进行综合判断，并对该楼房进行了安全检测评估，评估结果为该楼房处于安全状态，楼房沉降控制值给定为 40mm，速率 1mm/d，施工措施：加快施做靠近楼房一侧的边桩。加强现场监测和巡查，及时向相关单位反馈监测信息。目前该楼房变形已趋于稳定。

4）现场巡查情况。重点对矿山法隧洞掌子面地层条件、稳定性、渗水、流沙、坍塌情况，初支及时性，初支结构有无变形，地下水控制情况进行了巡查，以及矿山法车站施工期间，周边建（构）筑物、管线、道路地表的开裂、沉陷变化进行了巡查。

1 号竖井开挖至 30m 深时，由于已开挖至潜水水位，地下水丰富，降水效果不佳，竖井侧壁渗水，底部积水严重。下层 B 导洞施工过程中发生过一次废弃管井破裂，洞内涌水事件，立即封闭作业面，采取封堵、排水等应急措施，加密现场监测，并召开专家会研究下一步施工方案，由于处理及时、措施得当，涌水未导洞初支结构造成不良影响；受竖井横通道及暗挖车站小导洞开挖影响，2 号竖井北侧 *DN*400mm 燃气管线出现漏气现象，下层 A 导洞由于降水不及时导致导洞内积水严重。事后对漏气管线段进行了换管处理，主体结构南北两侧建筑物前污水管线沿线地面出现明显凹槽，地面有裂痕，事后采取了更换管线施工；主体结构南侧高层楼房散水出现开裂现象，小区门卫房发生倾斜，门市台阶有开裂现象，换管过程中对门卫房和门市台阶进行重新修建。

针对这些情况及时进行了预警，并结合监测数据情况进行了分析反馈，指导施工及时采取了控制措施。

2. 结论及建议

（1）本案例针对矿山法车站施工过程中的周边环境进行了监测，考虑了竖井横通道开挖、导洞破除马头门、多导洞施工对下穿管线、周边重要建（构）筑物稳定性的要求，主要设置了沉降类监测项目，同时根据施工步序和地层条件在重要部位设置监测断面，重点对矿山法隧洞施工过程中洞内外情况进行了巡查。

（2）工程施工过程中，由于车站采用洞桩法（PBA）施工，多导洞开挖，群洞效应明显，主体结构上方累计沉降量较大，结构上方测点基本全部处于预警状态。主体结构施工期间加密监测，及时将监测信息反馈给相关单位，对施工单位采取控制措施及对结构安全状态判别提供了参考，保证了工程穿越环境对象的安全可控。

（3）本案例矿山法车站主体结构拱顶穿越的地层以细中砂为主，砂层自稳性差，覆土厚度约 13.8m，上导洞开挖过程中，地面变形速率较快，上导洞开挖引起的变形量占总沉降量的 45% ~ 50%；下导洞主要位于卵石层，下导洞开挖过程中，地面变形呈平缓下沉趋势，下导洞开挖引起的变形量占总沉降量的 40% ~ 45%；初支扣拱引起的变形量占总沉降量的 4% ~ 9%。初支扣拱完成后的后期变形量占总沉降量的 1% ~ 6%。最大沉降量发生在导洞对向开挖贯通面部位。

（4）矿山法车站导洞施工对地表的影响变化的规律为先施工的 B、D 导洞对周边土体已产生扰动，发生一部分沉降，后施工的 A、C 导洞开挖对周边土体再次产生扰动，松动范围增大，会造成监测点沉降量陡增。4 个导洞全部在 2 周左右后趋稳。

（5）综合分析，本案例工况条件下，车站主体结构施工对周边环境的影响主要为长期施工导致，累计沉降量偏大，地面沉降主要发生在上、下层导洞施工过程中，导洞开挖过程中变形速率一般保证在 3mm/d 内，当导洞上方地层遇疏松区域时，速率偶尔大于 4mm/d。当开挖面遇砂层时，掌子面可能出现小塌方，应保证超前注浆效果，及时进行背后回填注浆，减小地面沉降。

8.3 盾构法工程

8.3.1 工程概况

北京地铁某盾构区间全长 1 332m，为两条单洞单线圆形隧道，盾构隧道内径为 540cm，管片厚度为 30cm。区间结构顶板埋深约 9 ~ 11m。

本区间地铁隧道穿越围岩主要为新近沉积卵石、圆砾③层，新近沉积细中砂③2 层，卵石④层，黏质粉土、粉质黏土④1 层，细中砂④2 层，属Ⅵ级围岩。

本区间盾构进出洞时，洞口地基土预先采取地基加固等辅助措施确保进、出洞的安全。加固区范围为隧道上下各 3.0m，始发加固长度不小于 6.0m，接收加固长度不小于 8.0m。区间采用 2 台土压平衡式盾构机分别从南部车站北端头左、右线始发，到达北部车站南端头接收。

在区间隧道 K38+050 处设一处泵房兼联络通道，泵站位于联络通道中部，深度为 4.5m。在 K38+600 处设一处联络通道。联络通道采用直边墙复合式衬砌，初期支护为钢架、网喷混凝土，初期支护与二次衬砌之间铺设防水层。

盾构区间于复杂地层中施工，且上部道路、桥梁交通繁忙，河流水量大，周边建筑物内居民多，盾构施工过程中各种环境因素及盾构自身安全十分重要，盾构掘进参数的合理调整、动态监测手段的实施是十分必要的。

8.3.2 监测项目及精度

监测内容主要包括盾构管片衬砌变形，盾构施工影响范围内的道路、地表、管线、高速主辅路及挡墙，平房，小区4、5、11号住宅楼，河堤沉降和差异沉降。监测的范围以盾构中心向两侧1.5倍隧道埋深范围。

（1）平面控制测量以地铁工程施工平面系统为基础建立，布设平面控制导线。

（2）高程控制测量基准网以地铁工程高程系统为基础建立，起始并附合于地铁施工精密水准点上。根据区间监测点的具体位置分布及需监测对象分布情况，布置了J1、J2、J3三个工作基点，根据现场情况，选取3个精密水准点BM［10Ⅱ］28、BM［10Ⅱ］29、BM［10Ⅱ］30作为水准基准点。高程基准网由高程基准点和工作基准点组成，布设成局部的独立网，同观测点一起布设成闭合环。

盾构施工期间，每3个月校核1次工作基点，进行基准网联测，共进行10次基准网联测工作。

对于所有建构筑物、道路、地表、管线沉降测点的监测，当掘进面距监测断面前后的距离≤20m时，1次/d；掘进面距监测断面前后的距离≤50m时，1次/2d；掘进面距监测断面前后的距离>50m时，1次/周；经数据分析确认达到基本稳定后，1次/月。

建材城、家具城、马草河沉降控制值为20mm，最大速率2mm/d；京开高速挡墙、亿朋苑住宅沉降控制值为15mm，最大速率2mm/d；有压管线沉降控制值为10mm，最大速率2mm/d；雨污水管线沉降控制值为20mm，最大速率3mm/d；其他管线沉降控制值为30mm，最大速率3mm/d；地表控制值隆起10mm、沉降30mm、最大速率3mm/d；京开高速路面隆起控制值为10mm，沉降控制值为20mm，最大速率2mm/d。

8.3.3 监测技术方法及测点布设

地表沉降监测点沿盾构轴线方向以30m点间距布设，在盾构始发及接收段加密布设地表及道路沉降测点。根据施工设计文件，计算各测点的坐标，根据坐标将各测点利用已测定的导线点将各测点放样于实地，并采用人工钻孔下套筒，筒内埋钢筋的做法布设测点。整个区间共布设了218个地表及道路沉降测点。

盾构轴线两侧20m范围内的京开高速主辅路及挡墙，平房，亿朋苑小区4、5、11号住宅楼，玉泉营和东方家园建材市场，马草河东侧建筑，马草河河堤等建（构）筑物共布设了126个建筑物沉降测点。

盾构轴线两侧20m范围内的2 000mm×2 350mm电力管沟、*DN*1 000雨水管、*DN*400mm燃气管、*DN*500mm污水管、*DN*300mm污水管、*DN*600上水等管线共布设了70个管线沉降测点。

8.3.4 监测成果分析及建议

盾构区间完工后建（构）筑物沉降最终累计值范围为+2.0～–39.2mm，地下管线沉降最终累计值范围为–0.2～–61.2mm，道路及地表沉降最终累计值范围为+1.2～–50.4mm。

1. 监测成果分析

（1）建材市场东侧建筑物沉降。建筑物沉降监测点时程曲线及建筑物沉降监测点断面曲线如图 8.3–1 和图 8.3–2 所示。

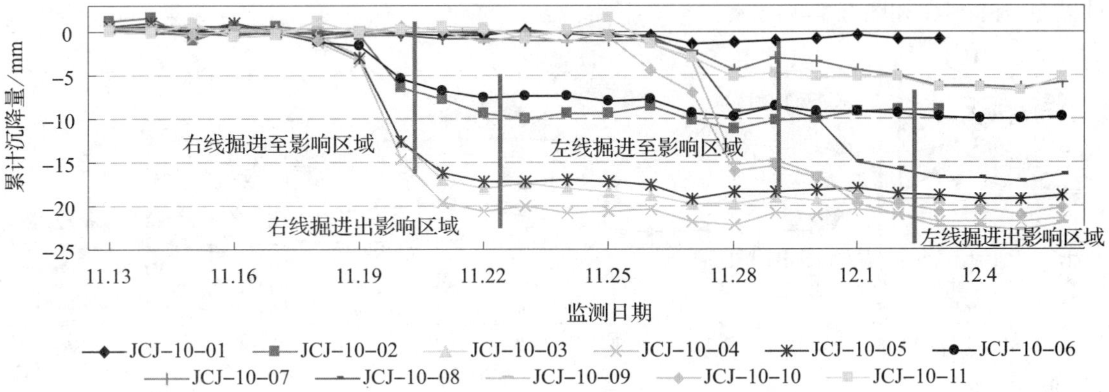

图 8.3–1 建筑物沉降测点时程曲线图

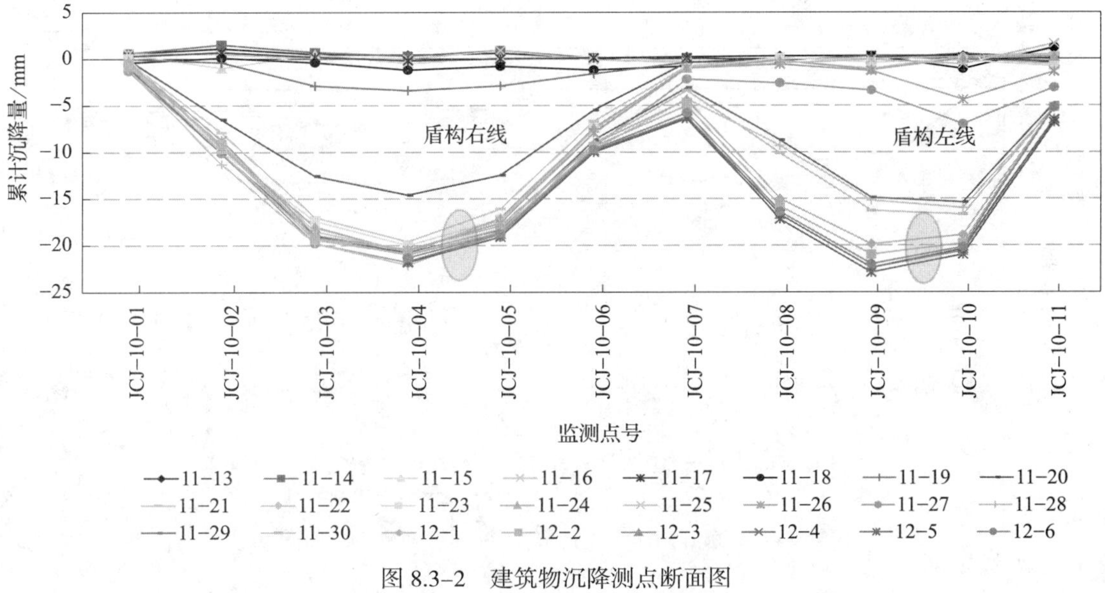

图 8.3–2 建筑物沉降测点断面图

（2）高速主辅路及挡墙沉降。2011 年 12 月 10 日开始对高速主辅路及挡墙测点进行监测，至 2011 年 12 月 12 日，盾构右线掘进至影响区域，在 2011 年 12 月 12 日 ~ 12 月 13 日盾构下穿时，区间上方高速东侧挡墙沉降测点 JCJ–14–04 发生沉降，沉降累计值从 –1.0mm 变化至 –2.7mm，此阶段沉降量为 –1.7mm，约占沉降总量的 24%，此测点在盾构区间右线上方，盾构机穿越时影响较小，2011 年 12 月 13 日后右线施工远离测点影响区域，测点沉降趋于平缓。至 2012 年 2 月 10 日，盾构左线掘进至高速挡墙测点影响区域，右线测点也受到一定影响。在 2012 年 2 月 13 日 ~ 2 月 15 日左线盾构下穿时，区间上方东侧挡墙沉降测点 JCJ–14–08 发生沉降，沉降累计值由从 –3.1mm 变化至 –5.4mm，此阶段沉降量为 –2.3mm，约占沉降总量的 48%。盾构左、右线下穿高速挡墙中间测点产生的影响大致相当，盾构右线上方靠右侧测点受右线施工影响较大，受左线施工的影响相对较小。从测点断面图显示，右线中线上方靠右侧测点下沉趋势比较明显，其两侧测点下沉趋势相对缓慢。高速公路东侧挡墙沉降测点时程曲线及东侧挡墙 14 断面沉降测点断面曲线如图 8.3–3 和图 8.3–4 所示。

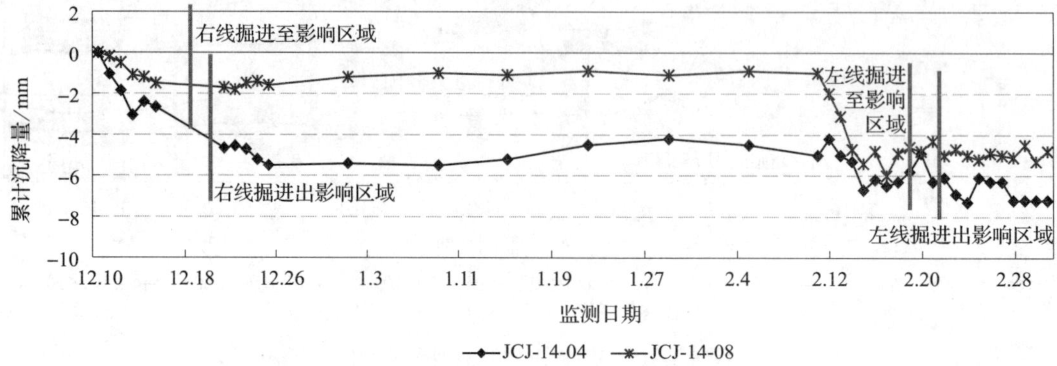

图 8.3–3 高速东侧挡墙沉降测点时程曲线图

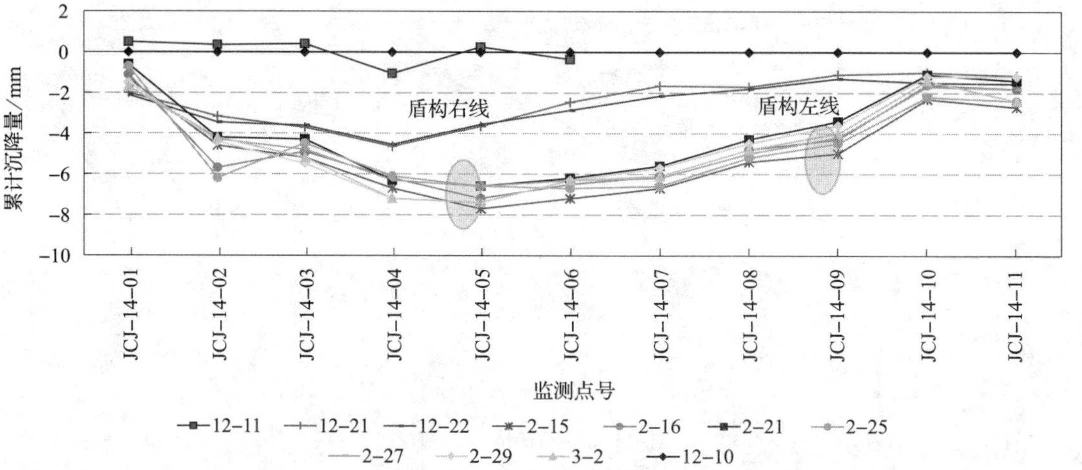

图 8.3–4 京开高速东侧挡墙 14 断面沉降测点断面图

（3）地下管线沉降。本盾构区间共布设管线沉降观测点 70 个，监测日期从 2011 年 6 月 16 日至 2012 年 4 月 23 日，管线沉降最终累计值范围为 –0.2 ~ –61.2mm，其中，累计沉降量最大的管线为 *DN*400 污水管线，监测点 GXC–18–05 的沉降量为 –61.2mm，测点位于镇国寺北街 K37+603.6 处。草纪区间盾构从纪家庙始发到草桥站接收，地下管线沉降共发布预警 4 次，其中有 *DN*100 上水、*DN*400 污水、电力管线共 6 个地下管线测点超控制值，达到橙色监测预警；1 个 *DN*600 雨水管线测点超报警值，达到黄色监测预警；1 个 *DN*600 雨水管线测点超预警值。*DN*100 上水管线 GXC–02–04 测点和 GXC–02–05 测点的沉降时程曲线如图 8.3–5 和图 8.3–6 所示。

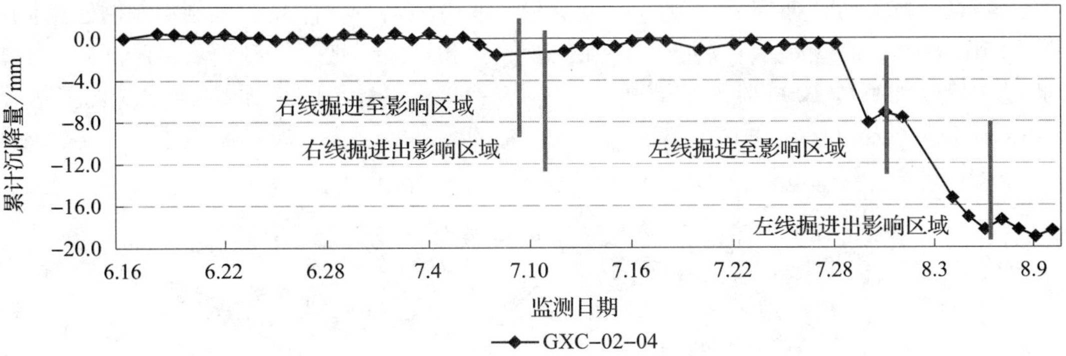

图 8.3-5　盾构区间上方 *DN*100 上水管线 GXC-02-04 测点沉降时程曲线图

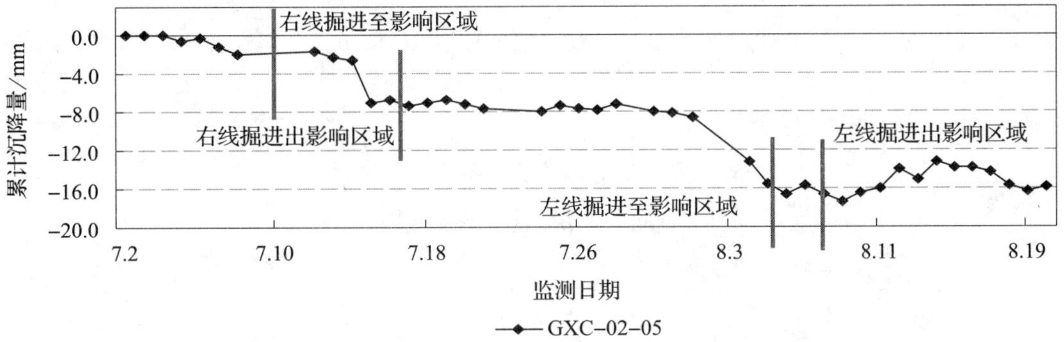

图 8.3-6　盾构区间上方 *DN*100 上水管线 GXC-02-05 测点沉降时程曲线图

2011 年 6 月 16 日开始对 *DN*100 上水管线测点进行监测，至 2011 年 7 月 7 日，盾构右线掘进至上水管线测点影响区域，测点 GXC-02-04 发生沉降，沉降量较小。从 2011 年 7 月 15 日至 2011 年 7 月 16 日盾构右线掘进出污水管线影响区域，左线上方测点 GXC-02-04 受右线盾构掘进影响沉降量相对较小。从 2011 年 8 月 2 日至 2011 年 8 月 6 日盾构左线下穿污水管线，左线上方左侧测点 GXC-02-04 发生连续沉降，沉降累计值从 -7.6mm 变化至 -18.3mm，此阶段沉降量为 -10.7mm，约占总沉降量的 58%。2011 年 8 月 6 日之后，左线施工均远离上水管线影响区域，测点沉降趋于平缓。

盾构左、右线下穿上水管线对左、右线中间测点产生的影响大致相当，盾构左线上方测点受左线施工影响较大，受右线施工的影响较小。从测点曲线图显示盾构中线上方测点下沉趋势比较明显，其两侧外侧测点下沉趋势相对缓慢。盾构机盾尾脱出时监测点下沉速率偏大，之后施工单位控制盾构土压并及时二次补浆，沉降速率降低在警戒值内，测点沉降处于平缓稳定状态。*DN*100 上水管线测点沉降断面曲线如图 8.3-7 所示。

2012 年 3 月 8 日开始对 *DN*400 污水管线测点进行监测，至 2012 年 3 月 10 日，盾构左线掘进至污水管线测点影响区域区间正上方，测点 GXC-18-05 发生较小沉降，此阶段沉降量为 -0.3mm。从 2012 年 3 月 10 日至 2012 年 3 月 13 日盾构左线掘进出污水管线影响区域，盾构区间正上方测点 GXC-18-05 发生沉降，沉降累计值在从 -0.3mm 变化至 -58.8mm，此阶段沉降量为 -58.5mm，约占总沉降量的 95.6%。由于施工单位盾构机盾尾刷的损坏，累计值超控制值，达到红色监测预警标准。施工单位组织了红色监测预警响应会，经参会各方讨论研究后，施工单位及时采取措施堵浆，修复盾尾刷，及时进行同步注浆和二次注浆，减少地层扰动，并加强现场监测和地面巡视，控制地表沉降变化。盾构机通过预警监测点后 100d 监测数据平均速率为 –0.01mm/d，监测数据基本处于稳定状态。盾构区间左线上方 *DN*400 污水管线测点沉降时程曲线如图 8.3–8 所示。

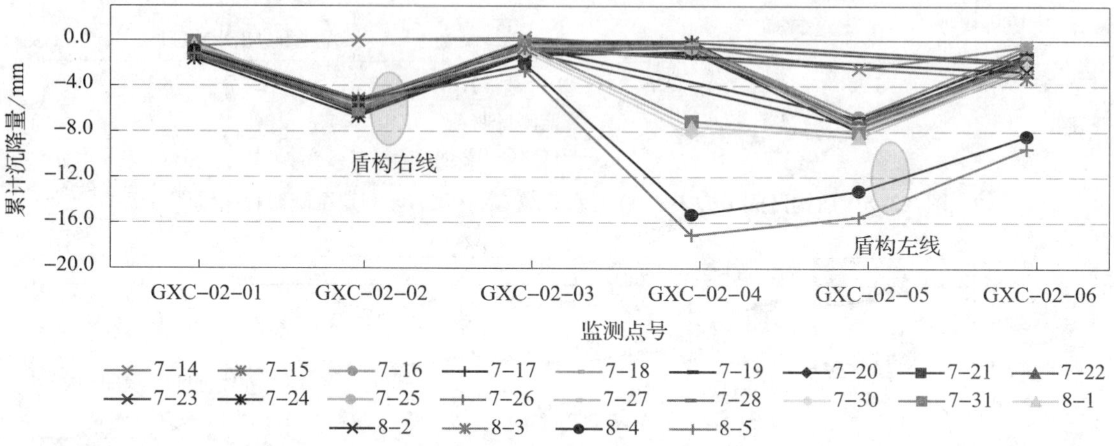

图 8.3–7　盾构区间上方 *DN*100 上水管线测点沉降断面图

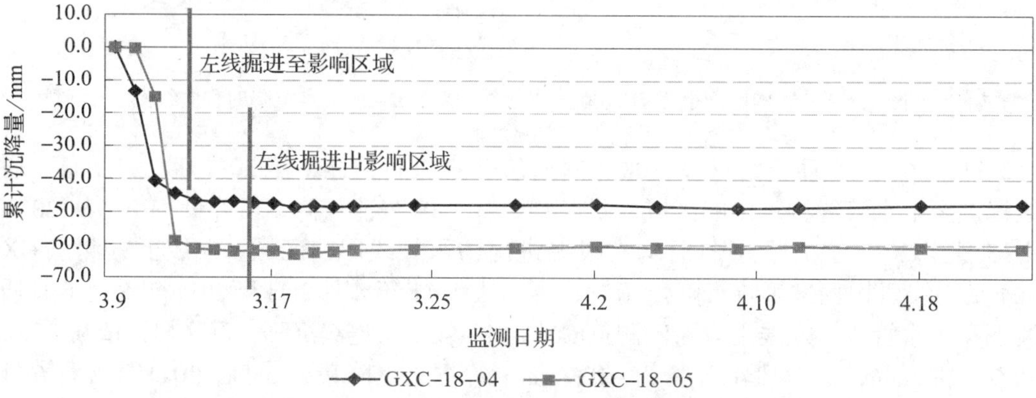

图 8.3–8　盾构区间左线上方 *DN*400 污水管线测点沉降时程曲线图

（4）道路及地表沉降。本盾构区间共布设沉降观测点 218 个，监测日期从 2011 年 6 月 16 日至 2012 年 4 月 23 日，地表沉降最终累计值范围 +1.2 ~ –50.4mm 之间，其中累计沉降量最大点为 DB–42–02，沉降量为 –50.4mm，测点位于镇国寺北街 K37+620 处。草纪区间盾构从纪家庙始发到草桥站接收，道路及地表沉降共发布监测预警 21 次，截至 2012 年 4 月 23 日共有 11 个地表测点累计变形值超预警值（21.0mm）；2 个地表测点累计变形值超报警值（25.5mm），达到黄色监测预警；1 个地表测点累计变形值超控制值（30.0mm），达到橙色监测预警。

2011 年 6 月 16 日开始对地表 DB–09–02、DB–09–03 沉降测点进行监测，至 2011 年 7 月 11 日，盾构右线掘进至该地表测点影响区域。从 2011 年 7 月 12 日至 2011 年 7 月 13 日，盾构右线掘进出该地表测点影响区域，盾构左线中线上方测点 DB–09–03 发生较小沉降，沉降匀速，此阶段沉降量为 –1.6mm，约占总沉降量的 0.1%。盾构右线中线上方测点 DB–09–02 发生较大沉降，此阶段沉降量为 –18.3mm，约占总沉降量的 73%。至 2011 年 8 月 30 日，盾构左线掘进至该地表测点影响区域。从 2011 年 8 月 31 日至 2011 年 9 月 4 日盾构左线掘进出地表测点影响区域，盾构左线中间上方测点 DB–09–03 连续发生沉降，沉降累计值在从 4.5mm 变化至 –16.6mm，此阶段沉降量为 –12.1mm，约占总沉降量的 62%。此测点在盾构区间左线上方，受左线盾构机穿越时影响较大，右线盾构机穿越时相对影响较小。2011 年 9 月 5 日之后，左线施工远离上方地表测点影响区域，测点沉降趋于平缓。

盾构左、右线下穿地表沉降测点断面，对左、右线中间测点产生的影响大致相当，盾构在施上方测点受盾构掘进施工影响较大，受左线施工的影响较小。从测点断面图显示，盾构机脱出时上方中间测点下沉趋势比较明显，其两侧测点下沉趋势相对缓慢。盾构区间地表沉降测点时程曲线及地表沉降 09 断面沉降曲线如图 8.3–9 ~ 图 8.3–12 所示。

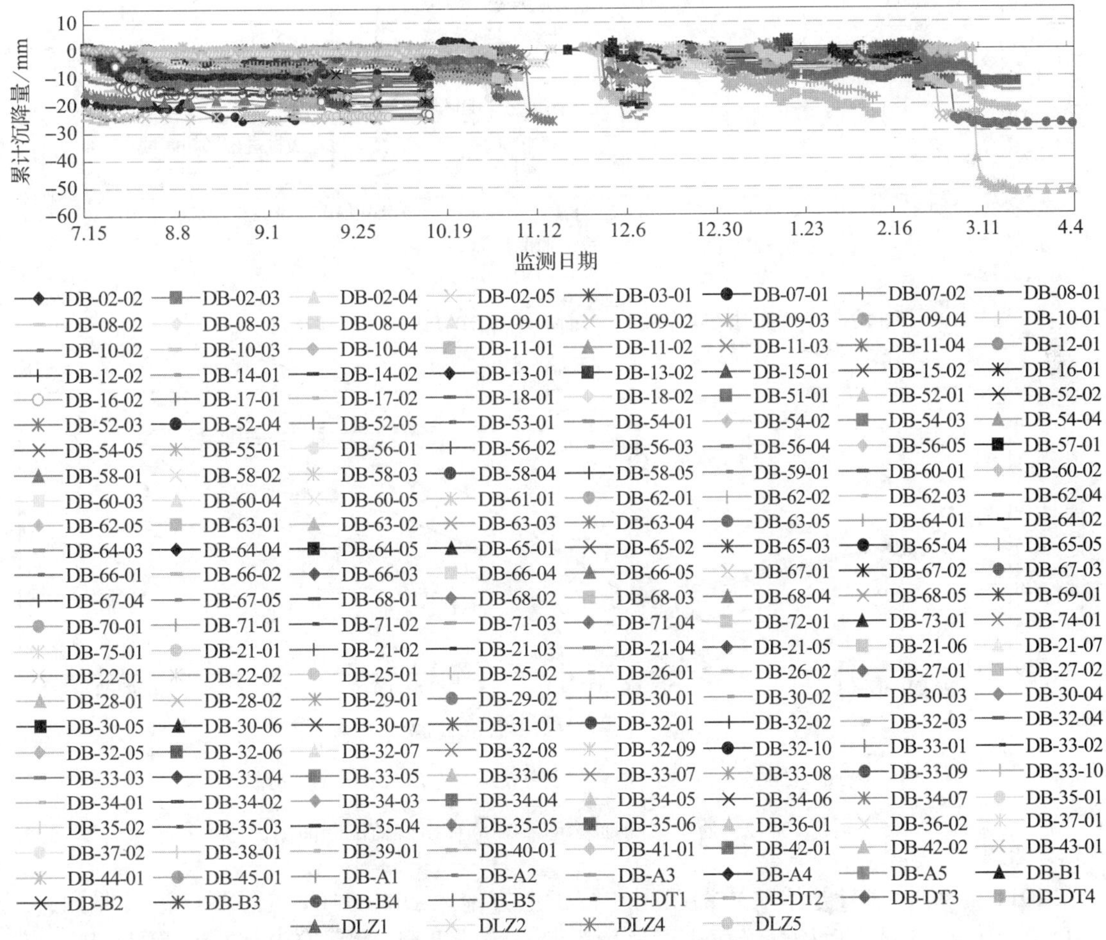

图 8.3–9 盾构区间地表沉降测点时程曲线图

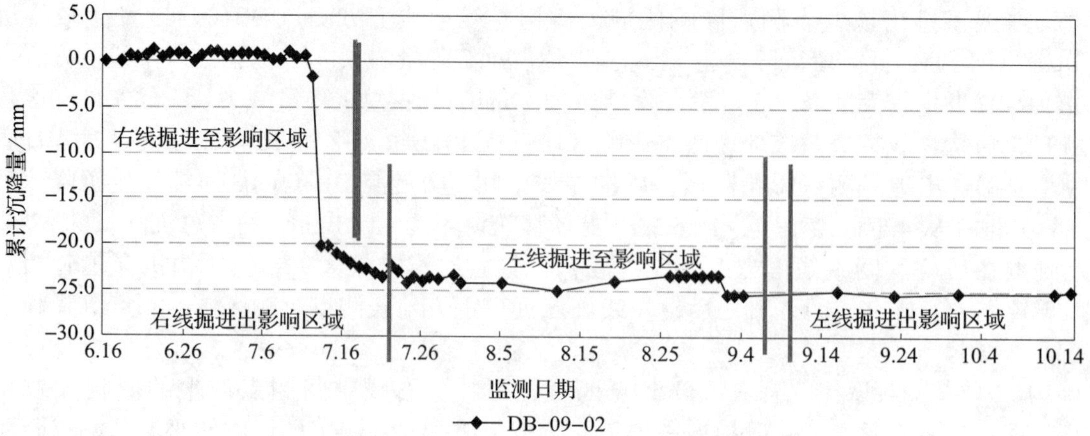

图 8.3-10 盾构区间左线地表沉降测点 DB-09-02 沉降时程曲线图

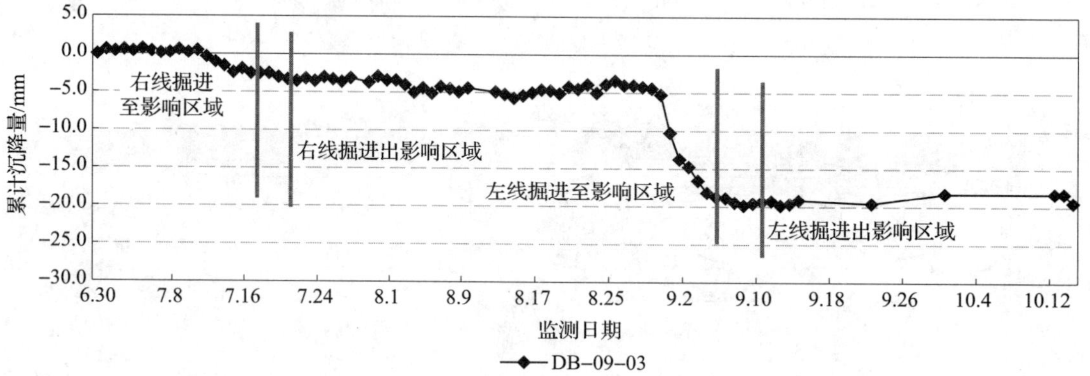

图 8.3-11 盾构区间左线地表沉降测点 DB-09-03 沉降时程曲线图

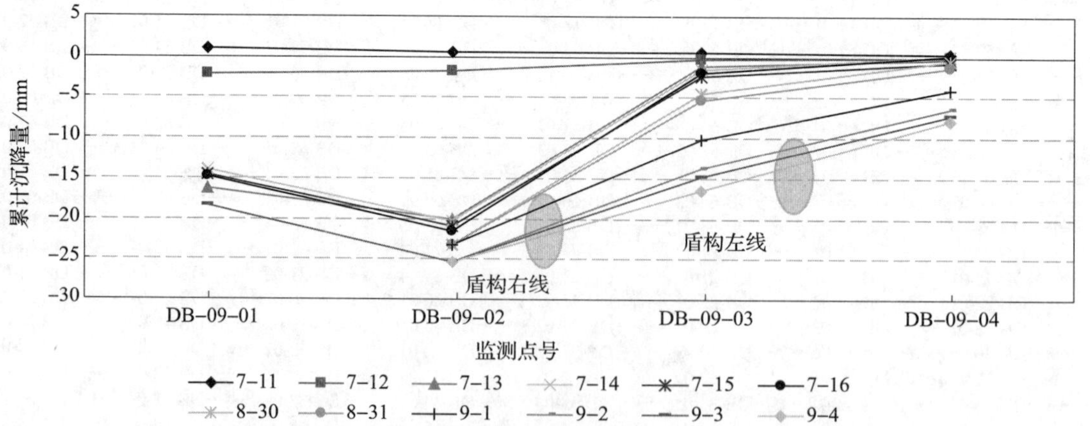

图 8.3-12 盾构区间地表沉降 09 断面沉降监测断面图

2011 年 9 月 23 日开始对盾构区间左线正上方地表 DB-67-04 沉降测点进行监测，至 2011 年 10 月 15 日，盾构左线掘进至该地表测点影响区域，测点 DB-67-04 发生沉降，沉降量较小。从 2011 年 10 月 15 日至 2011 年 10 月 18 日，盾构左线掘进出地表测点影响区域，盾构左线中线上方测点 DB–67–04 连续发生沉降，此阶段沉降量为 –5.9mm，约占总沉降量的 81%。2011 年 10 月 18 日以后，左线盾构掘进施工远离上方地表测点影响区域，测点沉降趋于平缓。盾构左线下穿地表沉降测点断面，对盾构左线在施上方测点，受盾构掘进施工影响较大，从测点断面图显示，盾构机盾尾脱出时中线上方测点下沉趋势比较明显，其两侧测点下沉趋势相对缓慢。盾构区间地表沉降测点 DB–67–04 时程曲线及地表沉降 67 断面沉降曲线如图 8.3–13、图 8.3–14 所示。

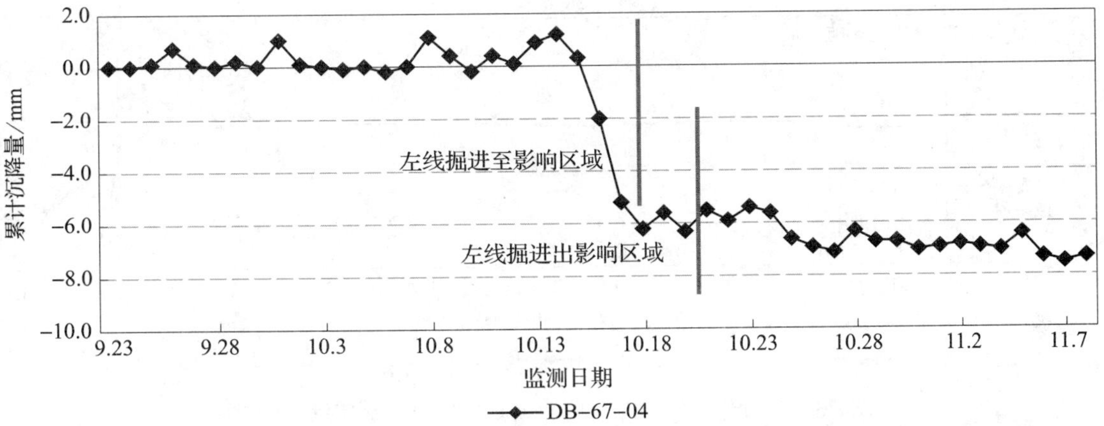

图 8.3–13　盾构区间地表沉降测点 DB–67–04 沉降时程曲线图

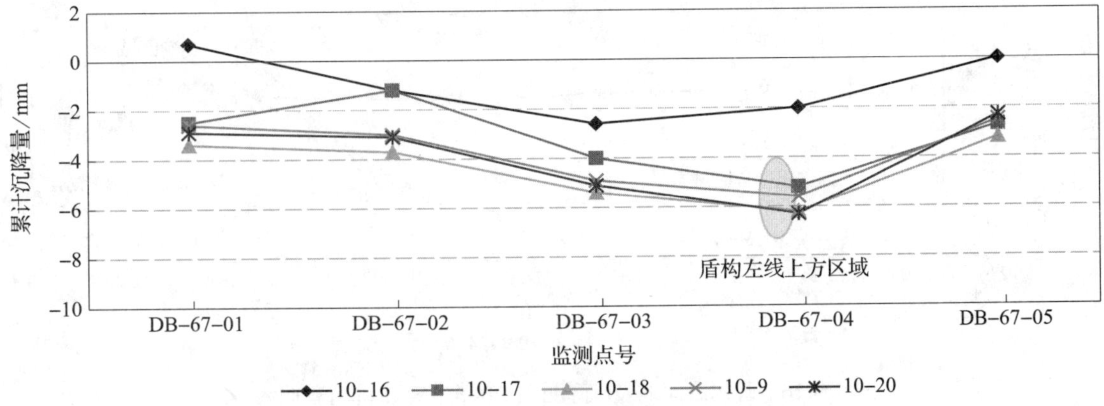

图 8.3–14　盾构区间地表沉降 67 断面沉降监测断面图

2011 年 12 月 12 日开始对河西侧地表断面沉降测点进行监测，至 2011 年 12 月 14 日，盾构区间右线掘进至地表测点影响区域，测点 DB–34–01、DB–34–04 发生沉降，沉降量较小（图 8.3–15、图 8.3–16）。从 2011 年 12 月 15 日至 2011 年 12 月 18 日，盾构右线掘进出地表测点影响区域，右线中间上方测点 DB–34–01 连续发生沉降，此阶段沉降量为 –5.6mm，约占总沉降量的 39%；左线中间上方测点 DB–34–04 发生沉降，沉降匀速，此阶段沉降量为 –2.3mm，约占总沉降量的 21%。2011 年 12 月 18 日以后，左线盾构掘进施工远离上方地表测点影响区域，测点沉降趋于平缓。至 2012 年 2 月 21 日，盾构区间左线掘进至地表测点影响区域，测点 DB–34–01、DB–34–04 发生沉降，沉降量较小。

从 2012 年 2 月 22 日至 2012 年 2 月 24 日，盾构左线掘进出地表测点影响区域，左线中间上方测点 DB-34-04 连续发生沉降，此阶段沉降量为 -6.6mm，约占总沉降量的 59%。盾构右线线间上方测点 DB-34-01 受左线盾构施工影响，继续发生沉降，此阶段沉降量为 -9.3mm，约占总沉降量的 65%。2012 年 2 月 24 日以后，左线盾构掘进远离地表测点影响区域，测点沉降趋于平缓。

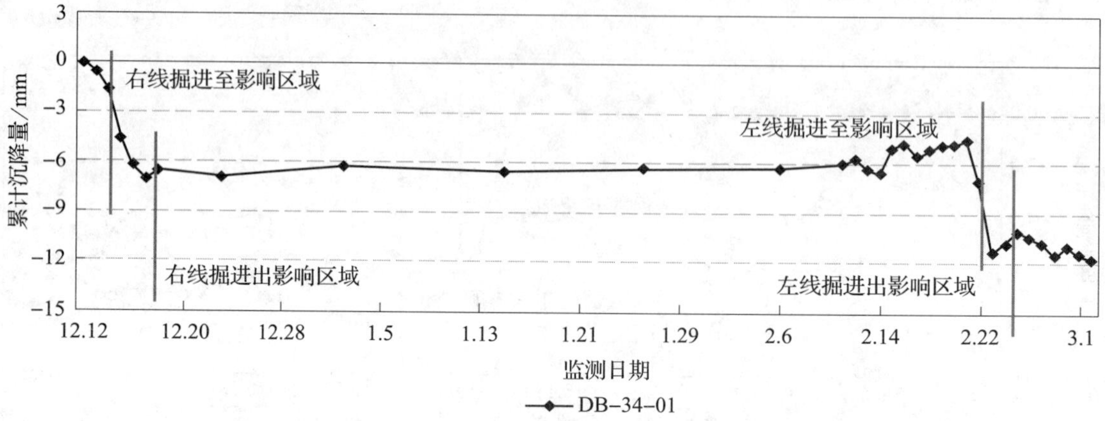

图 8.3-15 盾构区间地表沉降测点 DB-34-01 沉降时程曲线图

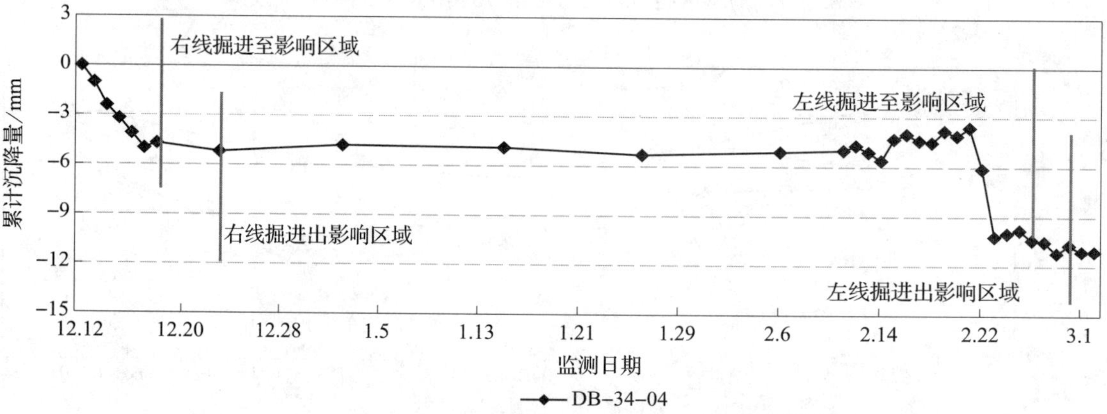

图 8.3-16 盾构区间地表沉降测点 DB-34-04 沉降时程曲线图

盾构左、右线下穿地表沉降测点产生的影响大致相当，盾构左线上方测点受施工的影响较大，受右线施工的影响较小。从监测测点断面图显示，盾构脱出时上方中间测点下沉趋势比较明显，其两侧测点下沉趋势相对缓慢。盾构区间上方地表沉降 34 断面曲线如图 8.3-17 所示。

2011 年 11 月 4 日开始对建材市场西侧道路地表沉降测点进行监测，至 2011 年 11 月 9 日，盾构区间左、右线掘进至地表测点影响区域，测点 DB-22-02 发生沉降，沉降量较小。从 2011 年 11 月 10 日至 2011 年 11 月 12 日，盾构左、右线掘进出地表测点影响区域，盾构上方测点 DB-22-02 连续发生沉降（图 8.3-18），此阶段沉降量为 -17.2mm，约占总沉降量的 66%，导致沉降累积变形值为 -25.9mm，超控制值 30mm。第三方监测发布预警通知，施工单位及时二次补浆采用水泥水玻璃浆液，减小因同步注浆不饱满产生的沉降，为控制上方地面沉降，施工中每环进行二次补浆，循环补浆方式进行补浆。2011 年 11 月 13 日以后，盾构左、右线施工远离上方地表测点影响区域，沉降速率降低在警戒值内，测点沉降趋于平缓，监测数据处于稳定状态。

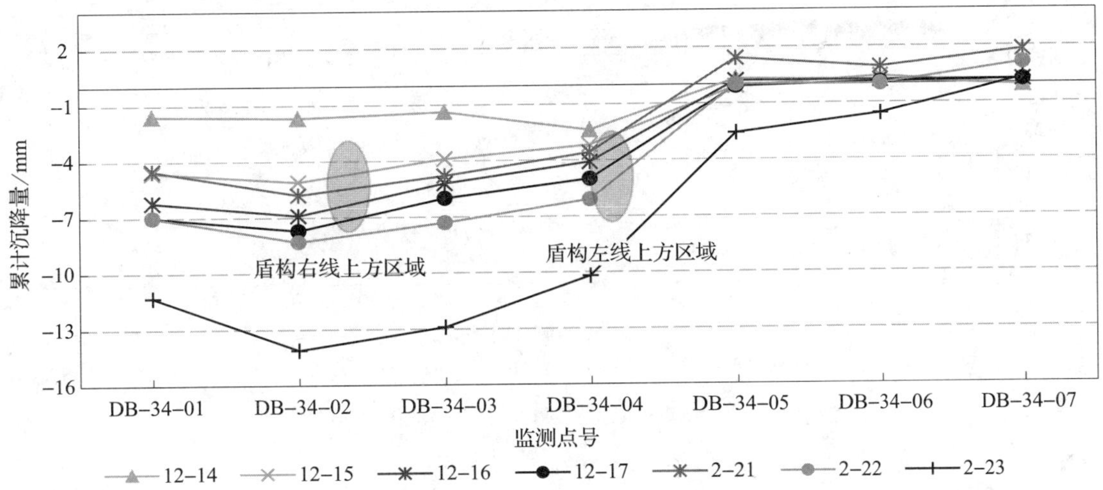

图 8.3-17　盾构区间上方地表沉降 34 断面沉降监测断面图

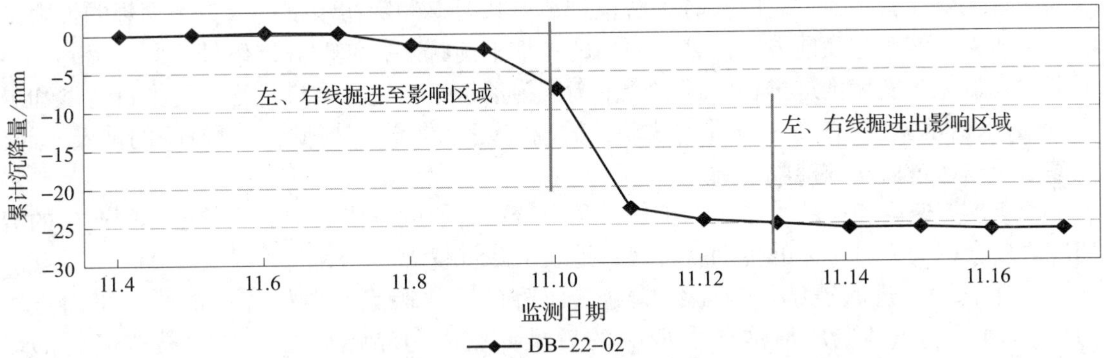

图 8.3-18　盾构区间地表沉降测点 DB-22-02 沉降时程曲线图

2012 年 2 月 26 日开始对左线某北街道路地表沉降测点进行监测，至 2012 年 3 月 7 日，盾构区间左线掘进至道路地表测点影响区域，测点 DB-42-02 发生沉降，沉降量较小。从 2012 年 3 月 8 日至 2012 年 3 月 12 日，盾构左线掘进出地表测点影响区域，盾构上方测点 DB-42-02 连续发生沉降（图 8.3-19），累计沉降值从 -0.1mm 变化至 -48.8mm，此阶段沉降量为 -48.7mm，约占总沉降量的 97%，沉降累积变形值和速率均超控制值，达到红色监测预警，导致最终沉降累积变形值为 -50.4mm，超控制值 30mm。出现红色预警的主要原因是施工方盾构机盾尾刷损坏，导致盾尾有漏浆现象注浆不足，使盾构机脱出时引起的上方道路地表测点沉降速率突然增大和累计值超控，预警时在盾构机机尾上方区域。第三方监测及时发布了红色监测预警通知，施工单位组织了红色监测预警响应会，经参会各方讨论研究后，施工单位及时采取措施堵浆，修复盾尾刷，及时进行同步注浆和二次注浆，减少地层扰动，并加强现场监测和地面巡视，掌握地表沉降变化情况，至 2012 年 3 月 13 日以后，沉降速率降低在警戒值内，监测数据基本处于稳定状态。

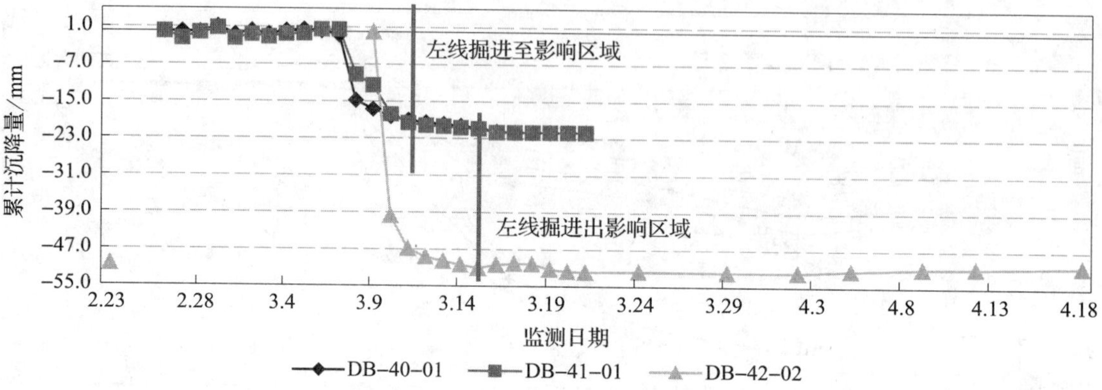

图 8.3-19　盾构区间地表沉降测点 DB-42-02 时程曲线图

2. 建议

（1）地层状况的调查和初始推力的确定。在施工过程中为了达到有效控制地表沉降的目的，首先要在盾构推进之前充分了解推进地层状况，确定初步推进参数，理想的推力是静止土压力，使开挖面前方土体处于原始的弹性平衡状态，使前方土体处于既不隆起也不下沉状态，但在实际推进过程中，这个平衡实为动态平衡，在推进过程中受推进速度和出土量牵制，推力往往在一定范围内波动，故确定合理的推力是预防地面沉降的关键一环。该参数可以通过设立试推段来确定。

（2）推进速度和连续性。盾构推进过程中若推进速度越快，则盾构与土体间产生的剪切应力就会越大，对土体的扰动就越大，地表沉降将越大。

确保盾构推进的连续性也是影响地表沉降的重要因素，盾构停推时，在正面土压力的作用下，势必造成盾构或多或少的后推，在盾构停顿后在复推时易造成局部塌方，盾构在中途检修或其他需要暂停时，建议做好防止后退措施，同时尽量减少暂停时间。

（3）出土量。盾构推进过程中应严格控制出土量，根据现场监测经验，出土量只要量化控制得好，地表沉降就能控制得好。

（4）隧道覆土厚度。盾构隧道覆土越厚，盾构施工产生的沉降槽宽度就会越宽，相同地层损失率情况下，地表产生的最大沉降将会越小。

（5）盾尾同步注浆。盾构施工推进时，以适当的注浆压力、注浆量对管片与土层间的建筑空隙进行同步或及时注浆是防止地表沉降的关键措施。

（6）监测工作质量。监测工作初期要做好现场测点的布设并及时获取初始值，监测过程中注意测点的保护工作，以便保证监测数据的真实性、有效性，为施工、设计提供技术依据参考。

8.4　边坡工程

8.4.1　工程概况

1. 周边环境

某地铁站地势东西高中间低。车站总长为 643m，为明挖岛式站台车站。一期车站标准段净宽 47m，最大放坡开挖深度为 39m，基坑开挖深度约 6.78 ~ 11.3m，采用地下三层五柱六跨钢筋混凝土框架结构。车站以南为小区住宅。车站属山区地貌，场区内有陡坎、鱼塘、山间果园等。根据相关规划要求，车站周边建（构）筑物将全部拆除，车站影响范围内暂未发现控制性管线。

2. 工程地质及水文地质

场址范围属剥蚀丘陵地貌，覆盖层为第四系土层，其下为第三系半成岩，泥岩、粉砂质泥岩、泥质粉砂岩、粉砂岩，现分别对各地层及其特征分述如表 8.4–1。

表 8.4–1　地层岩性特征一览表

时代成因	地层代号	地层岩性	颜色	地层描述
Q_4^{ml}	①$_2$	素填土	灰黄色	以粉土为主，含砖渣、砾石、植物根
Q_3^{el+dl}	⑥$_{1-1}$	残、坡积层黏土、粉质黏土	黄褐 ~ 褐红色	黏粒含量高，切面光滑，手可捏断，韧性中等，干强度中等
E	⑦$_{1-1}$	泥岩、粉砂质泥岩	灰 ~ 青灰色	未成岩，呈硬塑土状，含锰质结核，岩芯呈短 ~ 中柱状，泥质结构，层理不明显，切面光滑，有蜡状光泽；干强度较高，遇水易软化，晒干易开裂。属于极软岩
	⑦$_{1-2}$	泥岩、粉砂质泥岩	灰 ~ 青灰色	成岩程度较浅，成硬塑土状，含锰质结核，岩芯呈长柱状，泥质结构，层理不明显，切面光滑，有蜡状光泽；干强度较高，遇水易软化，晒干易开裂。属于极软岩
	⑦$_{1-3}$	泥岩、粉砂质泥岩	灰 ~ 青灰色	成岩程度较深，土状光泽，岩芯呈长柱状，泥质胶结，硬度较小，局部夹少量碳质泥岩，切面光滑，手捏具有滑腻感；干强度较高，遇水易软化，失水易开裂。属于极软岩
	⑦$_{2-1}$	粉砂岩、泥质粉砂岩	灰黄 ~ 青灰色	尚未成岩，呈中密砂土状，含少量铁锰质结核，含粉砂较多，用清水回转钻进，取上岩芯呈粉细砂状，少量呈碎块状；干钻时取出沿线呈碎块状，用手易掰开

表 8.4–1（续）

时代成因	地层代号	地层岩性	颜色	地层描述
E	$⑦_{2-2}$	粉砂岩、泥质粉砂岩	灰黄～青灰色	成岩程度较浅，呈密实砂土状，含少量铁锰质结核，含粉砂较多，用清水回转钻进，取上岩芯呈粉细砂状，少量呈碎块状；干钻时取出沿线呈碎块状，用手易掰开
	$⑦_{2-3}$	粉砂岩、泥质粉砂岩	灰黄～青灰色	含少量铁锰质结核，含粉砂较多；在地层中进行原位测试，用清水回转钻进或地下水位以下锤击钻进时，取上岩芯呈粉细砂状，少量岩芯呈碎块状，含泥量较多的地层，岩芯多呈块状，少量呈短柱状

拟建场地内地表水体为鱼塘，由于水塘分布在小型冲沟内，鱼塘水主要来自大气降水汇集，每年 4～10 月为雨季，降雨充沛，鱼塘水量会明显增多，水体深度约 0.6～1.2m，局部鱼塘底地层为粉砂岩、泥质粉砂岩，导致地表水与地下水有一定的水力联系，车站开挖时，将对鱼塘进行疏干、清淤处理。

拟建场地地下水主要为基岩裂隙孔隙水，具有承压性，地下水类型为承压水（三）。该层地下水主要赋存于下伏第三系半成岩状态的以粉砂岩为主的粉砂岩、泥质粉砂岩$⑦_{2-3}$层的裂隙及孔隙中，稳定水位埋深为 6.7～14.1m，标高为 81.59～96.85m。根据勘探情况，基岩裂隙水总体水量不大，但是该含水层容易被渗出的地下水带出形成“流砂”。

勘察过程中未发现上层滞水，但是由于上覆填土残积土与基岩渗透性差异，地表水和大气降水下渗，在界面上可能形成局部的上层滞水。

3. 结构形式与施工方法

车站总长为 643m，为明挖岛式站台车站。一期车站标准段净宽 47m，最大放坡开挖深度为 39m，基坑开挖深度约 6.78～11.3m，采用地下三层五柱六跨钢筋混凝土框架结构；1、7 号线标准段围护结构采用 ϕ1 000@1 300mm 钻孔桩围护结构，围护桩顶设 1 300mm × 1 000mm 冠梁。7 号线端头井区域采用 ϕ1 000@1 500mm 钻孔桩围护桩，竖向设置 2 道支撑，第一道为钢筋混凝土支撑，第 2 道为 ϕ609，t=16mm 钢管支撑，桩间挂网喷射混凝土封闭。基坑外为 ϕ800 高压旋喷桩，与车站围护桩共同形成止水帷幕。车站西端设 4 号线盾构接收井，车站东端为 1、7 号线盾构接收井。

二期车站标准段净宽 47m，最大放坡开挖深度为 31m，基坑开挖深度约 6.7～8.0m，采用地下三层五柱六跨钢筋混凝土框架结构；端头井竖向设置 1 道混凝土支撑。最下层是 1∶1 放坡，东端第三级边坡采用土钉墙支护，坡度为 1∶0.3，其余位置为 1∶1.25 放坡。1∶1 以及 1∶1.25 放坡均采用挂网喷射混凝土进行支护。

车站三期工程位于车站一期工程的西面，全长约 292m，宽约 23.1～36.0m。1、7 号线三期围护结构采用 ϕ1 000@1 500mm 钻孔桩，局部设置支撑的支护形式。基坑场坪标高以上部分采用放坡开挖的围护结构形式，边坡开挖时不进行降水，采用坑内明排法。围护桩顶设 1 200mm × 1 000mm 冠梁。

基坑场坪标高 86.1m 以上部分采用放坡开挖的围护结构形式，边坡开挖时不进行降水，采用坑内明排法。本车站无附属结构。

4. 工程进度

2011 年 8 月完成监测点的布设并采集完初始值，2012 年 11 月完成对一期基坑的监测工作。2012 年 6 月完成二期基坑监测方案的编制，2012 年 8 月完成监测点的布设并采集完初始值，2013 年 6 月完成对二期基坑的监测工作。2013 年 8 月完成三期基坑监测方案的编制，2013 年 10 月完成监测点的布设并采集完初始值，2014 年 8 月完成对三期基坑的监测工作。

2011 年 8 月 5 日一期基坑土方平整及边坡施工；2012 年 2 月 5 日，一期基坑围护桩已经施作完成，施工基坑内的抗拔桩；2012 年 6 月 24 日，一期基坑开挖完成；2012 年 11 月 25 日，二期基坑工程进行边坡支护以及围护桩施作；2013 年 4 月 14 日，二期基坑开挖完成；2013 年 10 月 3 日，三期工程的抗拔桩的施作及边坡支护工作；2014 年 4 月 27 日，三期基坑开挖完成。

8.4.2　监测项目及精度

本项目的主体结构与附属基坑监测内容、现场巡查内容、监测频率及控制指标见表 8.4–2、表 8.4–3。

表 8.4–2　现场监测内容及技术要求

序号	类别	监测对象	监测项目	监测仪器	监测精度	监测频次	监测周期
1	明挖段周边环境	周边边坡竖向位移、坡顶位移	坡顶竖向位移	Trimble DINI03 水准仪	1.0mm	基坑开挖期间 $H\leqslant 5m$，1 次 /3d；$5m<H\leqslant 10m$，1 次 /2d；$H>10m$，1 次 /1d；基坑开挖完成以后 1 ~ 7d，1 次 /1d；7 ~ 15d，1 次 /2d；15 ~ 30d，1 次 /3d，30d 以后，1 次 /7d；经数据分析确认达到基本稳定后，1 次 / 月	围护桩施工、岩土体加固、基坑降水开挖前到施工完毕或沉降变形稳定为止
2			坡顶水平位移	TCA1800 全站仪	1.0mm		
3		周边道路、地面	地表沉降	Trimble DiNi03 水准仪	1.0mm		
4	地下岩土体	基坑周边土体	地下水位	水位计	5.0mm		
5			土体水平位移	CX–06A 测斜仪	1.0mm		
6	工程自身	基坑围护结构	桩顶水平位移	TCA1800 全站仪	1.0mm		
7			桩体水平位移	CX–06A 测斜仪	1.0mm		
8			支撑轴力	频率读数仪	1.0%F · S		
9			立柱竖向位移	Trimble DiNi03 水准仪	1.0mm		

表 8.4–3　巡查内容及要求

序号	类别	巡查对象	巡查内容	巡查周期
1	周边环境对象	基坑周边道路、地表、边坡	道路、地面：地面开裂：包括裂缝宽度、深度、数量、走向、发生位置、发展趋势等；地面沉陷、隆起：包括沉陷深度、隆起高度、面积、位置、距结构的距离、发展趋势等 边坡：挂网喷锚施作及时性；边坡坡度是否符合设计要求；坡脚排水沟的排水是否畅通；边坡是否安全稳定	围护桩施工、岩土体加固、基坑降水开挖前到施工完毕或沉降变形稳定为止
2	工程结构自身对象	主体基坑	围护结构体系有无裂缝、倾斜、渗水、坍塌；支护体系施作的及时性；基坑周边堆载情况；现场开挖地层情况与勘察报告中是否一致；地下水控制情况；地表积水情况等	

8.4.3　监测技术方法及测点布设

1. 桩（坡）顶水平位移监测

（1）监测方法。桩顶水平位移监测使用 TCA1800 全站仪，布设附合导线至基坑周边，对监测点采用极坐标法观测。

（2）测点布设。在基坑围护结构附近的二级平台及二级以上平台上以 20m 左右间距在边坡坡顶布设测点，在拐角处以及东端 1∶0.3 坡度的高边坡坡顶进行了加密；一期共布设 27 个桩顶水平位移，23 个坡顶水平位移；二期共布设 20 个桩顶水平位移，37 个坡顶水平位移；三期共布设 21 个桩顶水平位移，38 个坡顶水平位移。

2. 桩（坡）体水平位移监测

（1）监测方法。埋设测斜孔，使用 CX–03E 测斜仪测读。

（2）测点布设。基坑南北两侧围护结构顶每 40m 左右布设 1 个测孔，西侧盾构井及阳角位置进行加密；坡体水平位移在每一级边坡的坡顶均布设监测孔，测孔布置在与桩体测斜同断面的位置以及转角等位置布设测点；一期共布设 25 个桩体水平位移，32 个坡体水平位移；二期共布设 17 个桩体水平位移，22 个坡体水平位移；三期共布设 17 个桩体水平位移，5 个坡体水平位移。

3. 坡顶竖向位移

（1）监测方法。采用水准测量方法，按《工程测量标准》GB 50026—2020 二等垂直位移监测技术要求监测。

（2）测点布设。在基坑南北两侧围护结构顶每 20m 左右布设 1 个测点，西侧盾构井及阳角位置进行加密；一期共布设 27 个测点，二期共布设 20 个测点。

4. 支撑轴力监测

（1）监测方法。采用表面应变计和轴力计传感器，振弦式频率读数仪量测。

（2）测点布设。平面布点间距按照20m左右间距布设，同一断面每层均布设测点，端头位置在最外道斜撑上布设测点；本工程只在三期混凝土支撑上布设6个监测点。

5. 地表沉降监测

（1）监测方法。采用水准测量方法，与地下管线沉降监测要求相同。

（2）监测点的埋设。在基坑围护结构附近的一级平台上按照边坡宽度分别布设一排和两排测点，排距5m，并布设了2个断面，断面以5m和10m的排距布设了三排测点；第二级平台上南北侧以5m的排距布设了两排测点，并布设了2个断面，基坑东西两侧以5m、10m、10m间距布设了4排测点；其他各级平台在转角、中点等位置各布设一个测点；本工程一期共布设65个地表沉降监测点，53个坡顶竖向位移监测点；二期共布设50个地表沉降监测点，38个坡顶竖向位移监测点；三期共布设31个地表沉降监测点，26个坡顶竖向位移监测点。

8.4.4 监测成果分析及建议

1. 监测数据综合统计分析

针对车站主体结构，对周边环境进行道路地表沉降监测、边坡裂缝监测，对工程自身进行了桩（坡）顶水平位移，桩（坡）体水平位移，支撑轴力监测。至2014年8月10日，一期坡顶竖向位移10个测点累计变化量达到橙色监测预警标准，1个测点累计变化量达到黄色监测预警标准；地表沉降15个测点累计变化量达到橙色监测预警标准；桩顶竖向位移1个测点累计变化量达到橙色监测预警标准；立柱结构竖向位移1个测点累计变化量达到橙色监测预警标准，1个测点累计变化量达到黄色监测预警标准；坡顶水平位移1个测点累计变化量达到黄色监测预警标准；桩顶水平位移11个测点累计变化量达到黄色监测预警标准，1个测点累计变化量达到黄色监测预警标准；坡体水平位移监测孔1个测孔累计值超过控制值达到橙色监测预警标准；桩体水平位移监测孔14个测孔累计值超过控制值达到橙色监测预警标准；二期、三期监测过程中，坡顶竖向位移、地表沉降、桩体水平位移、支撑轴力等各测项监测数据处在正常状态，二期坡顶水平位移1个测点达到橙色监测预警标准；坡体水平位移1个测孔累计变化量达到橙色监测预警标准；三期坡顶水平位移1个测点达到橙色监测预警标准。各测项特征监测数据见表8.4–4 ~ 表8.4–6。

表8.4–4　一期结构监测数据累计变化最大值统计表

监测对象	监测项目	监测位置	监测点编号	过程变化最大值	累计变化最大值	控制值	工后100d变化速率	监测结论
围护结构	桩顶竖向位移	基坑南侧	ZQC24	+30.3	+30.3	30.0	0.00	橙色
	桩顶水平位移	基坑北侧	ZQS5	+81.8	+81.8	30.0	+0.03	橙色
	桩体水平位移	基坑南侧	ZQT–23（0.5m深处）	+76.77	+76.77	30.0	+0.01	橙色

表 8.4–4（续）

监测对象	监测项目	监测位置	监测点编号	过程变化最大值	累计变化最大值	控制值	工后 100d 变化速率	监测结论
周边环境	坡顶竖向位移	基坑南侧	PDC32	+62.0	+62.0	30.0	0.00	橙色
	坡顶水平位移	基坑北侧	PDS14	+28.3	+26.1	30.0	–0.01	黄色
	坡体水平位移	基坑南侧	PTS20	+44.84	+44.76	30.0	–0.01	橙色
	地表沉降	基坑北侧	D16–2	+58.4	+58.4	30.0	0.00	橙色

注：竖向位移、水平变形监测变化单位为 mm，支撑轴力监测变化单位为 kN。

表 8.4–5　二期结构监测数据累计变化最大值统计表

监测对象	监测项目	监测位置	监测点编号	过程变化最大值	累计变化最大值	控制值	工后 100d 变化速率	监测结论
围护结构	桩顶竖向位移	基坑北侧	Ⅱ ZQC01	+16.9	+16.9	50.0	–0.01	正常
	桩顶水平位移	基坑南侧	Ⅱ ZQS16	+33.5	+31.0	50.0	–0.02	正常
	桩体水平位移	基坑南侧	Ⅱ ZQT–04（0.5m 深处）	+30.92	+29.20	50.0	–0.01	正常
周边环境	坡顶竖向位移	基坑南侧	Ⅱ PDC15	–165.0	–165.0	50.0	+0.02	橙色
	坡顶水平位移	基坑东侧	Ⅱ PDS15	+108.5	+102.7	50.0	+0.02	橙色
	坡体水平位移	基坑东侧	Ⅱ PTS16（0.5m 深度）	–197.94	–197.94	50.0	–0.01	橙色
	地表沉降	基坑北侧	Ⅱ D7–2	–36.6	–36.6	50.0	–0.02	正常
	地下水位	基坑北侧	Ⅱ SW4	–7001	–3437	1000	+0.03	橙色

注：竖向位移、水平变形监测变化单位为 mm。

表 8.4–6　三期结构监测数据累计变化最大值统计表

监测对象	监测项目	监测位置	监测点编号	过程变化最大值	累计变化最大值	控制值	工后 100d 变化速率	监测结论
围护结构	桩顶水平位移	基坑北侧	Ⅲ ZQS12	+18.1	–10.0	50.0	–0.04	正常
	桩体水平位移	基坑南侧	Ⅲ ZQT–15（0.5m 深处）	–39.05	–39.05	50.0	+0.03	正常
	立柱竖向位移	支撑立柱	Ⅲ LC4	+7.5	+6.3	50.0	0.00	正常
	支撑轴力	第一道混凝土支撑	Ⅲ ZL1–5	+3628.5	+3628.5	—	+0.04	正常

表 8.4–6（续）

监测对象	监测项目	监测位置	监测点编号	过程变化最大值	累计变化最大值	控制值	工后 100d 变化速率	监测结论
周边环境	坡顶竖向位移	基坑北侧	Ⅲ PDC14	–34.2	–33.7	50.0	0.00	正常
	坡顶水平位移	基坑北侧	Ⅲ PDS14	+60.6	+60.6	50.0	+0.02	橙色
	坡体水平位移	基坑北侧	Ⅲ PTS09（0.5m 深度）	–19.79	–19.79	50.0	–0.01	正常
	地表沉降	基坑南侧	Ⅲ D21–1	–27.8	–26.7	50.0	+0.01	正常

注：竖向位移、水平变形监测变化单位为 mm，支撑轴力监测变化单位为 kN。

2. 一期支护结构监测成果分析

（1）桩（坡）顶水平位移。自 2011 年 11 月 11 日至 2012 年 7 月 5 日监测期间，一期坡顶水平位移测点最终累计变化值介于 –2.8 ~ +26.1mm，其中累计最大值为测点 PDS14，位于基坑北侧，累计值为 +26.1mm，已经超过控制值 30mm 的 85%，达到黄色监测预警标准。坡顶水平位移变化随着边坡的施工逐渐增大，后期趋于稳定。坡顶水平位移曲线如图 8.4–1 所示。

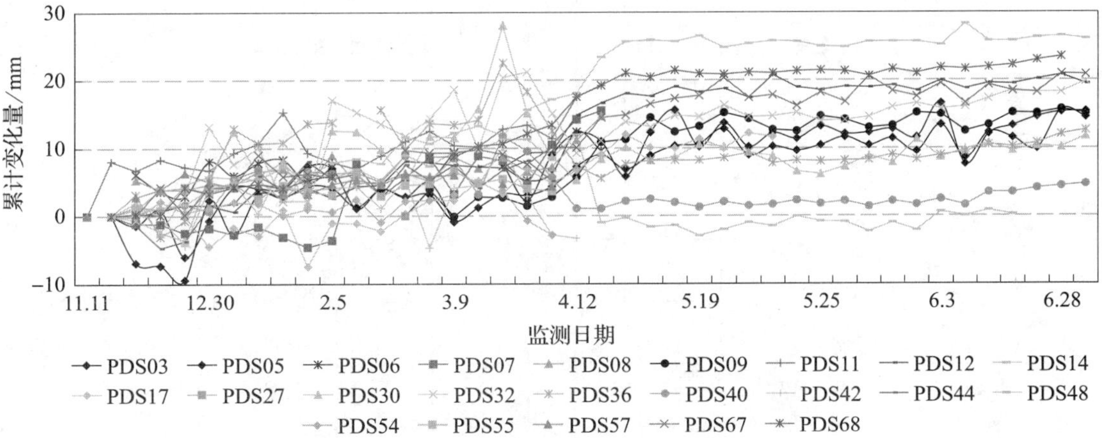

图 8.4–1　一期坡顶水平位移时程曲线图

自 2011 年 12 月 30 日至 2012 年 8 月 13 日监测期间，一期桩顶水平位移测点最终累计变化值介于 –12.2 ~ +81.8mm，其中 11 个测点累计变化量达到橙色监测预警标准，1 个测点累计变化量达到黄色监测预警标准。其中变化最大为基坑北侧的 ZQS05，最大累计变化量达到 +81.8mm，已远超过控制值 30mm。由于一期围护结构为悬臂桩结构，桩顶无支撑体系，随着基坑的开挖，顶部水平位移逐渐增大，在底板浇筑完成之后监测数据趋于稳定。桩顶水平位移曲线如图 8.4–2 所示。

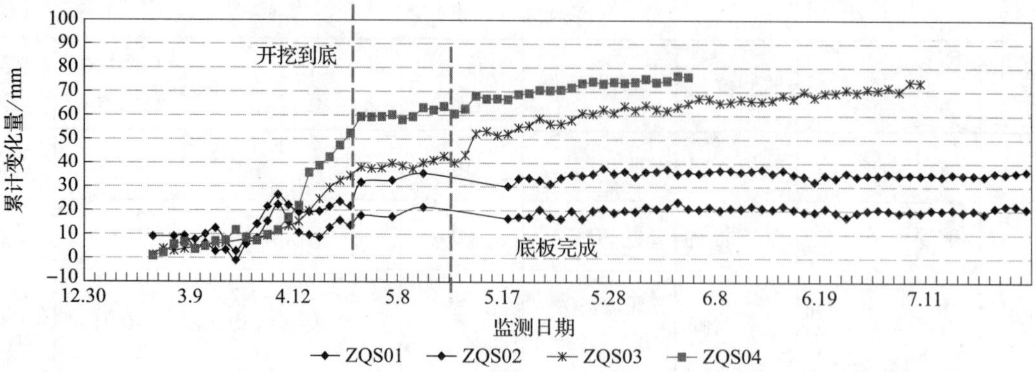

图 8.4-2 一期基坑桩顶水平位移典型时程曲线图

（2）桩（坡）体水平位移。一期坡体水平位移监测点最终累计变化量介于 -13.58 ~ +44.76mm，其中位于基坑南侧的 PTS20 累计变化量最大达到 +44.76mm，超过控制值（+30.0mm），达到橙色监测预警标准。本测孔所在位置边坡开挖深度为 6m，由曲线图看出在边坡开挖范围内，坡体水平位移累计变化量逐渐增大，受南侧高边坡的挤压影响，该部位的土体往基坑方向变形较大。坡体水平位移典型变化时程曲线如图 8.4-3 所示。

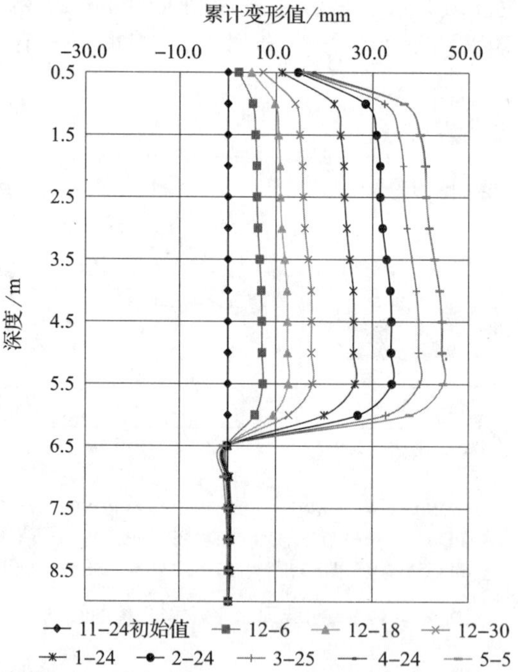

图 8.4-3 基坑坡体水平位移 PTS20 曲线图

一期桩体水平位移监测点最终累计变化量介于 -5.46 ~ +76.77mm，其中有 14 个测孔累计变化量已经超过控制值 30mm 达到橙色监测预警标准，位于基坑南侧的 ZQT23 累计变化量最大达到 +76.77mm。本测孔所在位置基坑开挖深度为 9m，由曲线图看出在基坑开挖范围内，桩体水平位移累计变化量逐渐增大，受北侧多级高边坡的挤压以及基坑开挖的双重影响，该部位的桩体往基坑方向变形较大。桩体水平位移典型变化时程曲线如图 8.4–4 所示。

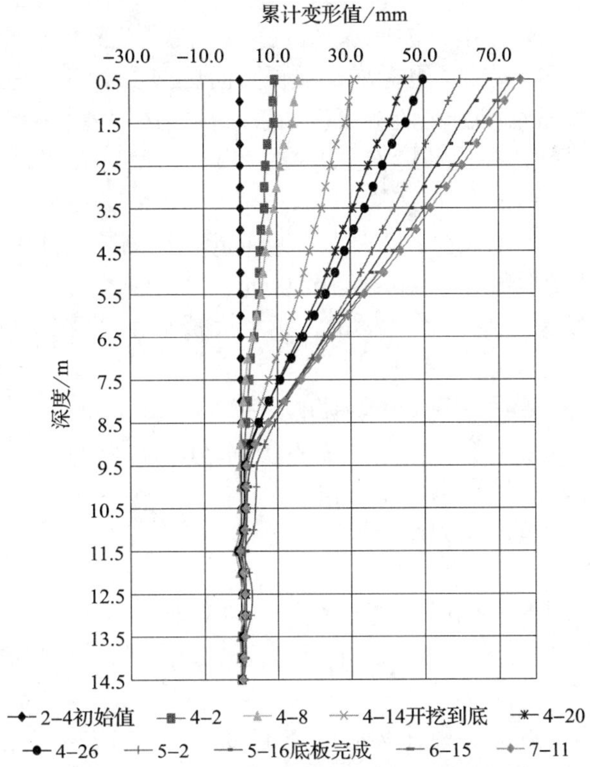

图 8.4–4　基坑桩体水平位移 ZQT05 曲线图

（3）桩顶竖向位移。自 2011 年 12 月 29 日至 2012 年 8 月 10 日监测期间，一期基坑桩顶竖向位移监测点最终累计变化量介于 +4.5 ~ +30.3mm，其中变化最大为 ZQC24，累计变化量为 +30.3mm，已经超过控制值 25mm，达到橙色监测预警标准。受两侧高边坡及基坑开挖的双重影响，桩顶竖向位移出现挤压上浮的情况。一期桩顶竖向位移变化时程曲线如图 8.4–5 所示。

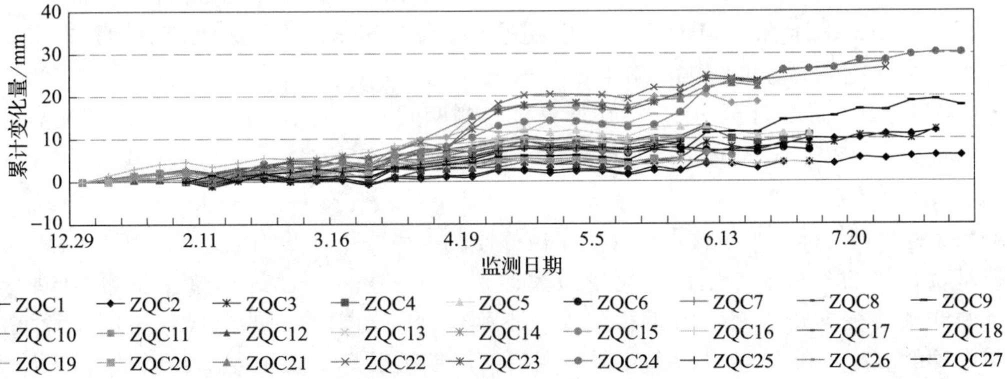

图 8.4–5　桩顶竖向位移变化曲线图

（4）基坑巡查情况。基坑的巡查与每次的监测同时进行，巡查过程中未发现有异常情况。

（5）小结。在整个监测过程中，受南侧与北侧高边坡及基坑开挖的双重影响，坡顶水平位移1个测点达到黄色监测预警标准；桩顶水平位移11个测点达到橙色监测预警标准，1个测点达到黄色监测预警标准；坡体水平位移1个测孔达到橙色监测预警标准，桩体水平位移14个测孔达到橙色监测预警标准；桩顶竖向位移1个测点达到橙色监测预警标准；立在巡查中未发现有异常情况。至监测工作结束时，周边环境及工程自身结构监测变形速率稳定，现场巡查无异常，周边环境安全可控。车站一期结构监测结论如下：

1）地表沉降累计变形值介于-0.4～+58.4mm，15个测点累计变化量达到橙色监测预警标准，工程完成后100d沉降速率最大为0.00mm/d，监测数据处于稳定状态。

2）坡顶沉降累计变形值介于-6.3～+62.0mm，11个测点累计变化量达到橙色监测预警标准，1个测点达到黄色监测预警标准，工程完成后100d沉降速率最大为0.00mm/d，监测数据处于稳定状态。

3）坡顶水平位移测点最终累计变形值介于-2.8～+26.1mm，1个测点达到黄色监测预警标准，工程完成后100d沉降速率最大为-0.01mm/d，监测数据处于稳定状态。

4）桩顶水平位移测点最终累计变形值介于-12.2～+81.8mm，11个测点达到橙色监测预警标准，1个测点达到黄色监测预警标准，工程完成后100d沉降速率最大为+0.03mm/d，监测数据处于稳定状态。

5）坡体水平位移测点最终累计变形值介于-13.58～+44.76mm，1个测孔累计变化量达到橙色监测预警标准，工程完成后100d沉降速率最大为-0.01mm/d，监测数据处于稳定状态。

6）桩体水平位移测点最终累计变形值介于-5.46～+76.77mm，14个测孔累计变化量达到橙色监测预警标准，工程完成后100d沉降速率最大为+0.01mm/d，监测数据处于稳定状态。

7）桩顶竖向位移测点最终累计变形值介于+4.5～+30.3mm，1个测点达到橙色监测预警标准，工程完成后100d沉降速率最大为0.00mm/d，监测数据处于稳定状态。

3. 二期支护结构监测成果分析

（1）桩（坡）顶水平位移。自2012年8月20日至2013年6月6日监测期间，二期结构坡顶水平位移测点最终累计变形值介于+0.2～+102.7mm，其中累计最大值为测点Ⅱ PDS15，位于基坑东侧，累计值为+102.7mm，已超过控制值50mm，达到橙色监测预警标准。二期坡顶水平位移变化时程曲线如图8.4-6所示。

自2013年1月2日至2013年6月6日监测期间，二期结构桩顶水平位移测点最终累计变形值介于-7.5～+33.0mm，处在正常范围之内。二期坡顶水平位移变化时程曲线如图8.4-7所示。

（2）桩（坡）体水平位移。坡体水平位移监测点最终累计变化量介于-197.94～+36.04mm，其中基坑东侧的Ⅱ PTS15累计变化量最大达到-197.94mm，已远超过控制值50mm，达到橙色监测预警标准。该部位由于边坡支护不到位，受暴雨冲刷严重导致该部位滑坡严重，前期支护的混凝土硬化层与土体分离，测斜孔后期被破坏。坡体水平位移典型变化时程曲线如图8.4-8所示。

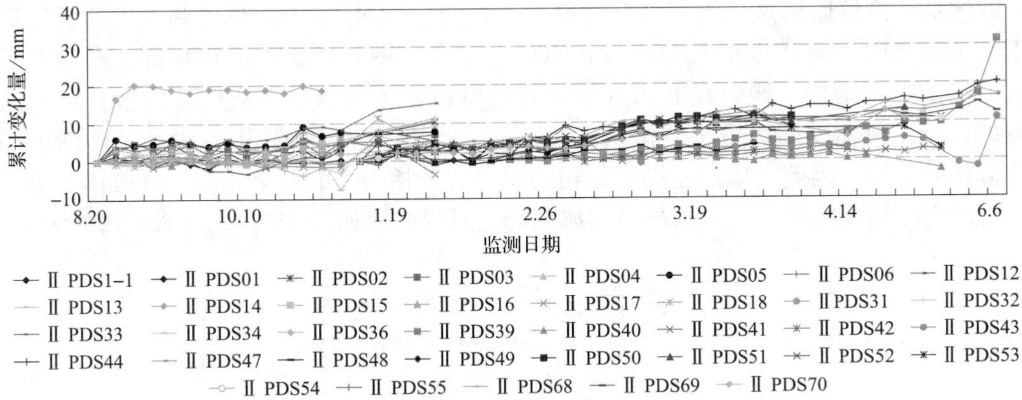

图 8.4-6　二期坡顶水平位移时程曲线图

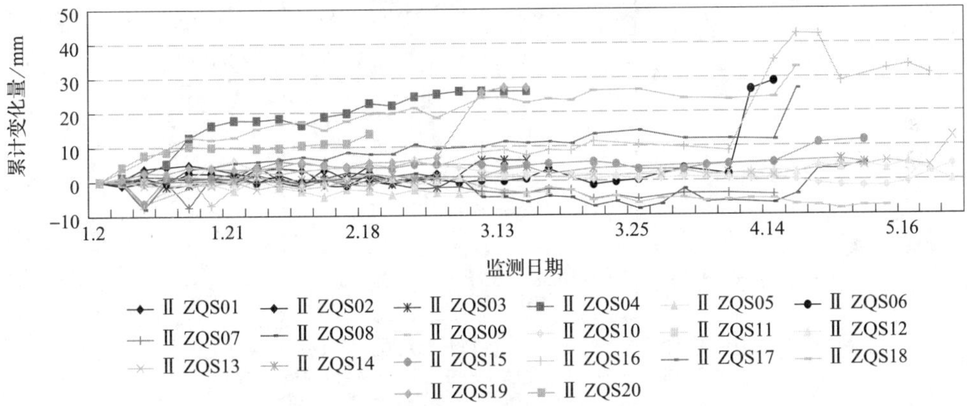

图 8.4-7　二期桩顶水平位移时程曲线图

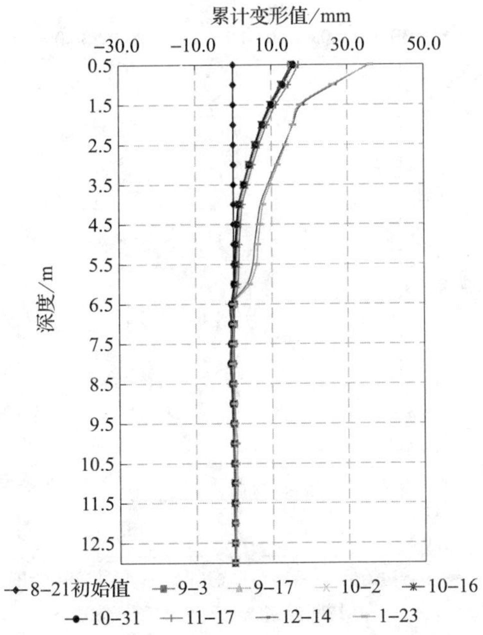

图 8.4-8　二期Ⅱ PTS14 曲线图

桩体水平位移监测点最终累计变化量介于 –9.04 ~ +29.20mm，各监测点累计变化量处在正常范围之内。测斜孔Ⅱ ZQT04 与Ⅱ ZQT10 相比，测斜孔Ⅱ ZQT04 顶部无混凝土支撑约束，属于悬臂结构，测斜孔Ⅱ ZQT10 正好处在混凝土支撑的约束中心位置，随着基坑开挖的进行，桩体受周边岩土体挤压形成一个鼓肚变形，而测斜孔 ZQT04 则出现顶部往基坑偏移的变形。因此支撑对于围护结构的变形有着相当大的约束作用，各桩体水平位移的变形与实际情况吻合。桩体水平位移典型变化时程曲线如图 8.4–9、图 8.4–10 所示。

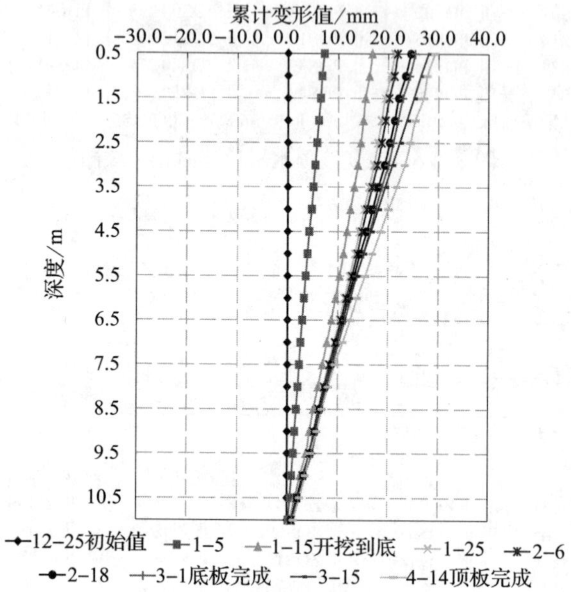

图 8.4–9　二期Ⅱ ZQT04 曲线图

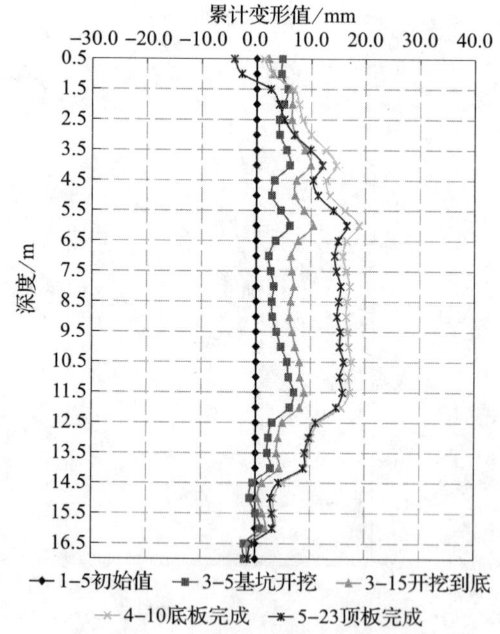

图 8.4–10　二期Ⅱ ZQT10 曲线图

（3）桩顶竖向位移。自 2012 年 12 月 25 日至 2013 年 6 月 6 日监测期间，二期基坑桩顶竖向位移监测点最终累计变化量介于 –0.7 ~ +16.9mm，监测数据均处在正常范围。二期桩顶竖向位移变化时程曲线如图 8.4–11 所示。

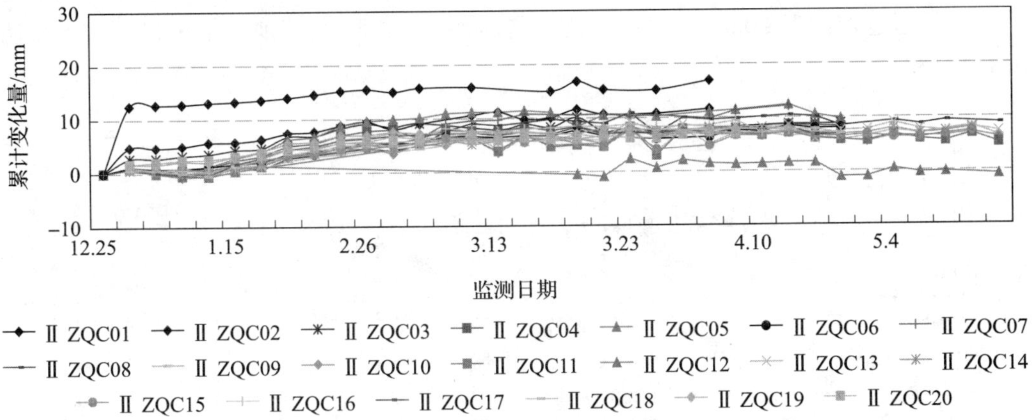

图 8.4–11　二期桩顶竖向位移变化曲线图

（4）基坑巡查情况。基坑的巡查与每次的监测同时进行，巡查过程中发现东侧边坡出现垮塌现象，该部位上部混凝土锚喷面与土体已分离，其他部位未见异常情况。

（5）小结。在二期结构整个监测过程中，由于二期东侧边坡受暴雨冲刷出现滑坡，坡体水平位移 1 个监测孔累计变化量达到橙色监测预警标准；坡顶水平位移 1 个测点累计变化量达到橙色监测预警标准；桩顶竖向位移、桩体水平位移监测数据正常。至监测工作结束时，周边环境及工程自身结构监测变形速率稳定，现场巡查无异常，周边环境安全可控。

车站二期结构监测结论如下：

1）地表沉降累计变形值介于 –36.6 ~ +9.7mm，监测数据处在正常范围内，工程完成后 100d 沉降速率最大为 –0.02mm/d，监测数据处于稳定状态。

2）坡顶沉降累计变形值介于 –165.0 ~ +18.4mm，1 个测点累计变化量达到橙色监测预警标准，工程完成后 100d 沉降速率最大为 +0.02mm/d，监测数据处于稳定状态。

3）坡顶水平位移测点最终累计变形值介于 +0.2 ~ +102.7mm，1 个测点达到橙色监测预警标准，工程完成后 100d 沉降速率最大为 +0.02mm/d，监测数据处于稳定状态。

4）桩顶水平位移测点最终累计变形值介于 –7.5 ~ +33.0mm，监测数据处于正常范围，工程完成后 100d 沉降速率最大为 –0.02mm/d，监测数据处于稳定状态。

5）坡体水平位移测点最终累计变形值介于 –197.94 ~ +36.04mm，1 个测孔累计变化量达到橙色监测预警标准，工程完成后 100d 沉降速率最大为 –0.01mm/d，监测数据处于稳定状态。

6）桩体水平位移测点最终累计变形值介于 –9.04 ~ +29.20mm，监测数据均处在正常范围内，工程完成后 100d 沉降速率最大为 –0.01mm/d，监测数据处于稳定状态。

7）桩顶竖向位移测点最终累计变形值介于 –0.7 ~ +16.9mm，监测数据均处在正常范围内，工程完成后 100d 沉降速率最大为 –0.01mm/d，监测数据处于稳定状态。

4. 三期支护结构监测成果分析

（1）桩（坡）顶水平位移。自 2013 年 9 月 12 日至 2014 年 3 月 16 日监测期间，三期坡顶水平位移测点最终累计变形值介于 –22.0 ~ +60.6mm，其中Ⅲ PTS14 累计变化量达到 +60.6mm 已超过控制值 50mm，达到橙色监测预警标准。三期坡顶水平位移变化时程曲线如图 8.4–12 所示。

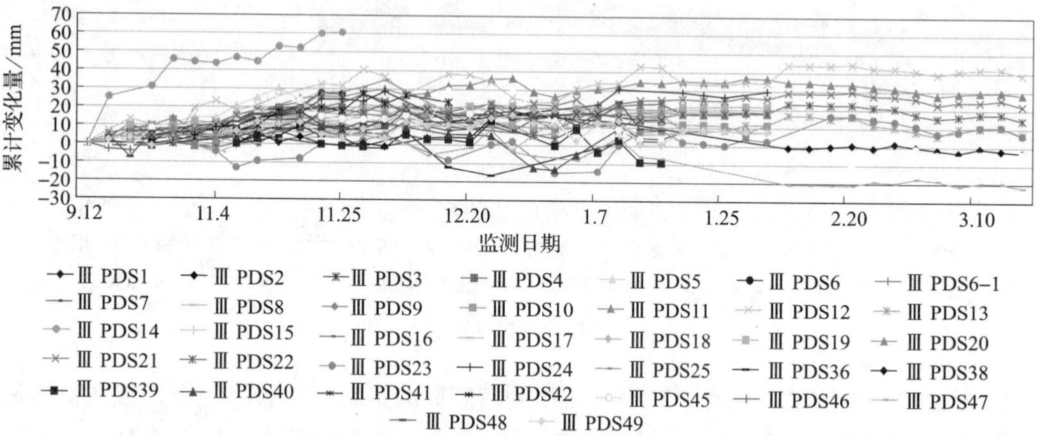

图 8.4–12　三期坡顶水平位移时程曲线图

自 2013 年 11 月 17 日至 2014 年 8 月 3 日监测期间，三期桩顶水平位移测点最终累计变形值介于 –10.0 ~ +7.3mm，监测数据处在正常范围内。三期桩顶水平位移变化时程曲线如图 8.4–13 所示。

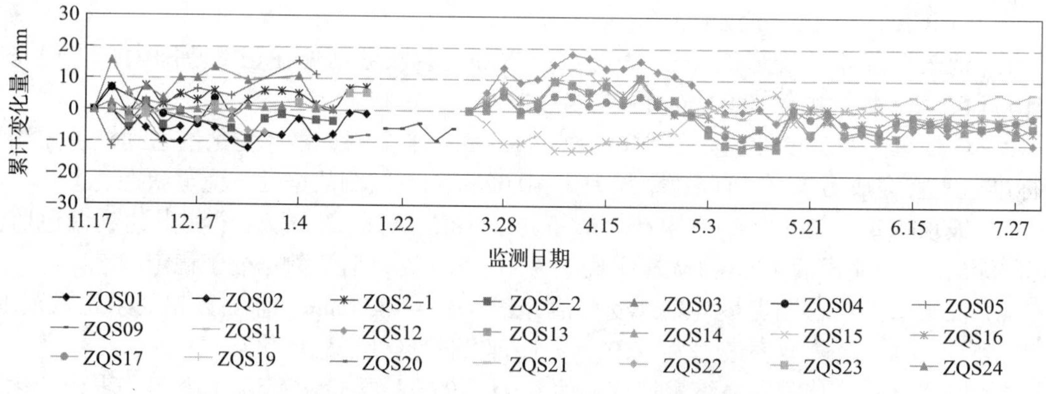

图 8.4–13　三期桩顶水平位移时程曲线图

（2）桩（坡）体水平位移。坡体水平位移监测点最终累计变化量介于 –3.97 ~ +3.54mm，累计变化量均较小，处在正常监测范围。坡体水平位移典型变化时程曲线如图 8.4–14 所示。

桩体水平位移监测点最终累计变化量介于 –39.05 ~ +29.95mm，累计变化量均处在正常监测范围。三期桩体水平位移变化曲线都呈现出鼓肚的形状，与混凝土支撑的约束作用有关，与实际变化吻合。桩体水平位移典型变化时程曲线如图 8.4–15 所示。

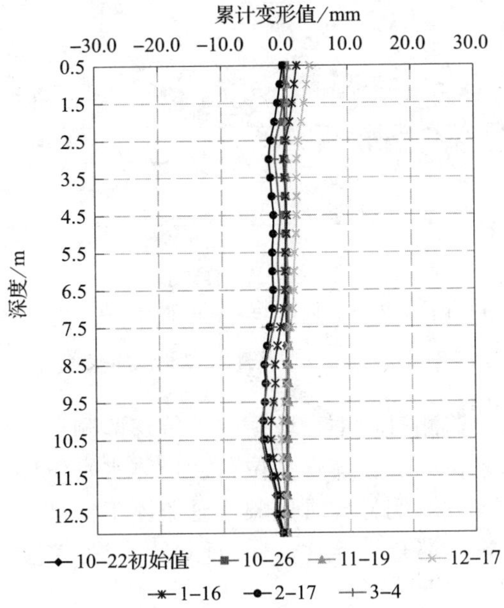

图 8.4-14　三期Ⅲ PTS15 曲线图

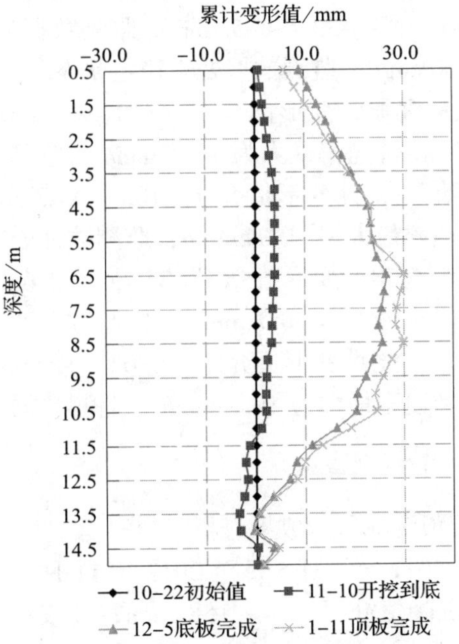

图 8.4-15　三期Ⅲ ZQT25 曲线图

（3）支撑轴力。自 2013 年 11 月 13 日至 2014 年 2 月 4 日监测期间，三期基坑支撑轴力测点轴力最大值为测点Ⅲ ZL1-5，位于第一道混凝土支撑，轴力值为 3 628.5kN，监测数据在正常范围内。三期支撑轴力变化时程如图 8.4-16 所示。

（4）基坑巡查情况。基坑的巡查与每次的监测同时进行，巡查过程中未发现有明显异常情况。

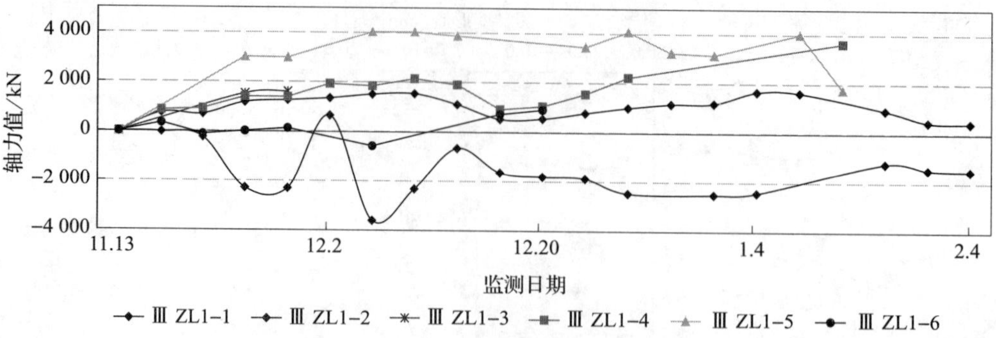

图 8.4-16 三期支撑轴力变化曲线图

（5）小结。在三期整个监测过程中，坡顶水平位移监测点 1 个测点累计变化量达到橙色监测预警标准；桩顶水平位移、坡体水平位移、桩体水平位移、支撑轴力等监测数据处在正常状态。巡查过程中未发现明显异常现象。至监测工作结束时，周边环境及工程自身结构监测变形速率稳定，现场巡查无异常，周边环境安全可控。

车站三期结构监测结论如下：

1）地表沉降累计变形值介于 −19.3 ~ +14.9mm，监测数据处在正常范围内，工程完成后 100d 沉降速率最大为 +0.01mm/d，监测数据处于稳定状态。

2）坡顶沉降累计变形值介于 −33.7 ~ +5.4mm，监测数据处在正常范围内，工程完成后 100d 沉降速率最大为 0.00mm/d，监测数据处于稳定状态。

3）坡顶水平位移测点最终累计变形值介于 −22.0 ~ +60.6mm，1 个测点达到橙色监测预警标准，工程完成后 100d 沉降速率最大为 +0.02mm/d，监测数据处于稳定状态。

4）桩顶水平位移测点最终累计变形值介于 −10.0 ~ +7.3mm，监测数据处在正常范围内，工程完成后 100d 沉降速率最大为 −0.04mm/d，监测数据处于稳定状态。

5）坡体水平位移测点最终累计变形值介于 −3.97 ~ +3.54mm，监测数据处在正常范围内，工程完成后 100d 沉降速率最大为 −0.01mm/d，监测数据处于稳定状态。

6）桩体水平位移测点最终累计变形值介于 −39.05 ~ +29.95mm，监测数据处在正常范围内，工程完成后 100d 沉降速率最大为 +0.03mm/d，监测数据处于稳定状态。

5. 周边地表、坡顶沉降监测成果

（1）一期周边地表、坡顶沉降监测成果分析。

1）周边地表沉降。自 2011 年 8 月 5 日至 2012 年 11 月 29 日监测期间，一期基坑周边地表沉降测点最终累计沉降值介于 −0.4 ~ +58.4mm，地表沉降 15 个测点累计变化量超过控制值 30mm，达到橙色监测预警标准。其中变化最大为 D16−2，位于基坑北侧，累计值为 +58.4mm。一期地表沉降变化普遍出现上浮的情况，分析与基坑开挖土体卸压以及南北两侧高边坡的侧压力挤压有关。一期地表沉降变化时程曲线如图 8.4−17 所示。

2）周边坡顶沉降。自 2011 年 8 月 5 日至 2012 年 11 月 29 日监测期间，一期基坑周边地表沉降测点最终累计沉降值介于 −6.3 ~ +62.0mm，坡顶沉降 11 个测点累计变化量超过控制值 30mm，达到橙色监测预警标准，1 个测点累计变化量达到黄色监测预警标准。其中变化最大为 PDC32，位于基坑南侧，累计值为 +62.0mm。一期坡顶沉降与地表沉降变化情况类似，均出现上浮的情况，分析与基坑开挖土体卸压以及南北两侧高边坡的侧压力挤压有关。一期坡顶沉降变化时程曲线如图 8.4–18 所示。

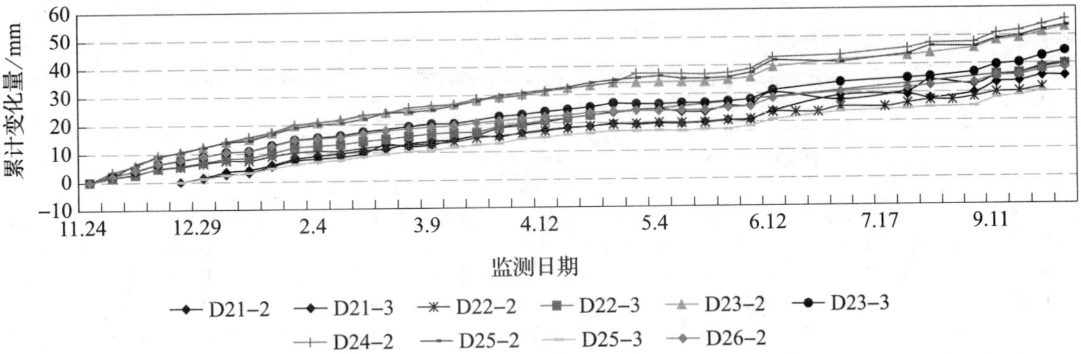

图 8.4–17　一期基坑地表沉降时程曲线图

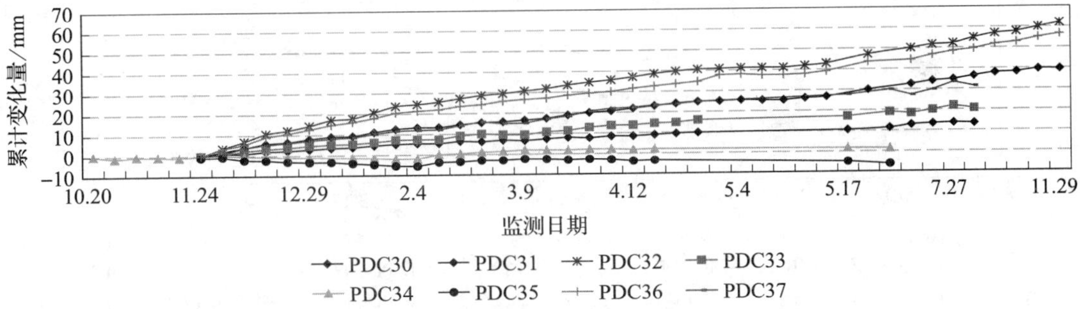

图 8.4–18　一期坡顶沉降时程曲线图

3）周边地表、坡顶巡查情况。一期基坑施工过程中，基坑周边地表及边坡日常巡查中未发现明显的异常。

4）小结。一期结构施工过程中，周边地表沉降 15 个测点累计变化量达到橙色监测预警标准；坡顶沉降 10 个测点累计变化量达到橙色监测预警标准，1 个测点累计变化量达到黄色监测预警标准。巡查过程中未发现明显异常情况。至监测工作结束时，周边地表沉降、坡顶沉降监测变形速率稳定，现场巡查无异常，周边环境安全可控。

（2）二期周边地表、坡顶沉降监测成果分析。

1）周边地表沉降。自 2012 年 8 月 24 日至 2013 年 6 月 6 日监测期间，二期基坑周边地表沉降测点最终累计沉降值介于 −36.6 ~ +9.7mm，监测数据均处在正常范围内。二期地表沉降变化时程曲线如图 8.4–19 所示。

2）周边坡顶沉降。自 2012 年 8 月 14 日至 2013 年 6 月 6 日监测期间，二期基坑周边地表沉降测点最终累计沉降值介于 −165.0 ~ +18.4mm，坡顶沉降 1 个测点累计变化量超过控制值 50mm，达到橙色监测预警标准。其中变化最大为Ⅱ PDC15，位于基坑东侧，累计值为 −165.0mm。该部位边坡支护不到位，受暴雨冲刷出现边坡垮塌情况，混凝土硬化的锚喷面与土层分离，因此沉降超过控制值。其他部位监测数据处在正常状态。二期坡顶沉降变化时程曲线如图 8.4–20 所示。

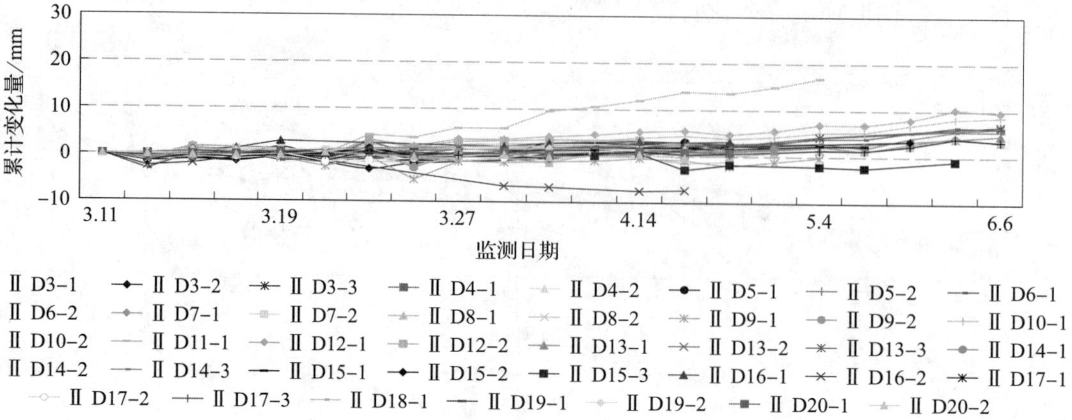

图 8.4-19　二期周边地表沉降时程曲线图

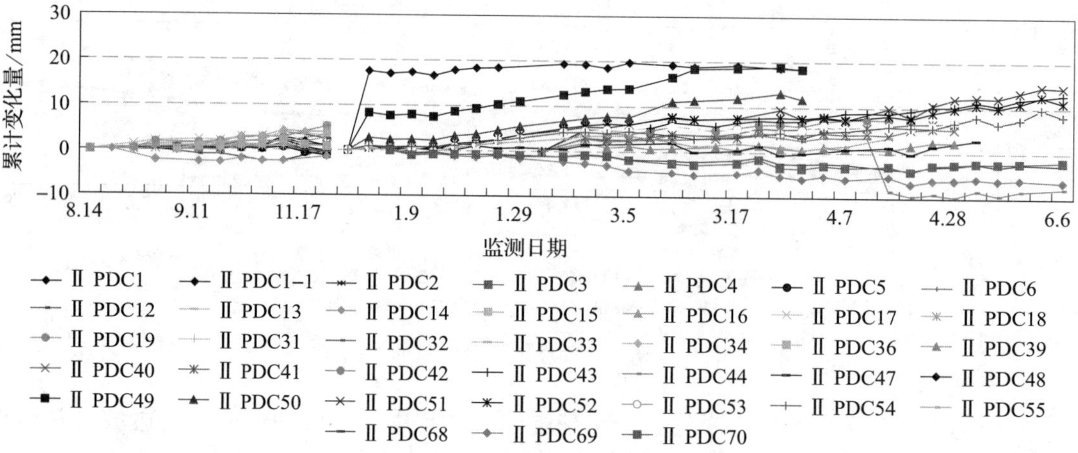

图 8.4-20　二期坡顶沉降时程曲线图

3）周边地表、坡顶巡查情况。二期施工过程中，发现基坑东侧边坡出现垮塌现象，混凝土硬化的锚喷面与土层分离，监测点受到破坏。

4）小结。二期结构施工过程中，坡顶沉降 1 个测点累计变化量达到橙色监测预警标准，地表沉降监测数据处在正常状态，巡查发现基坑东侧边坡出现垮塌现象，混凝土硬化的锚喷面与土层分离，监测点受到破坏。至监测工作结束时，周边地表沉降、坡顶沉降监测变形速率稳定，现场巡查无异常，周边环境安全可控。

（3）三期周边地表、坡顶沉降监测成果分析

1）周边地表沉降。自 2013 年 11 月 29 日至 2014 年 8 月 10 日监测期间，三期基坑周边地表沉降测点最终累计沉降值介于 −19.3 ~ +14.9mm，监测数据均处在正常范围内。三期地表沉降变化时程曲线如图 8.4-21 所示。

2）周边坡顶沉降。自 2013 年 9 月 12 日至 2014 年 3 月 4 日监测期间，三期基坑周边坡顶沉降测点最终累计沉降值介于 −33.7 ~ +5.4mm，监测数据均处在正常范围内。三期坡顶沉降变化时程曲线如图 8.4-22 所示。

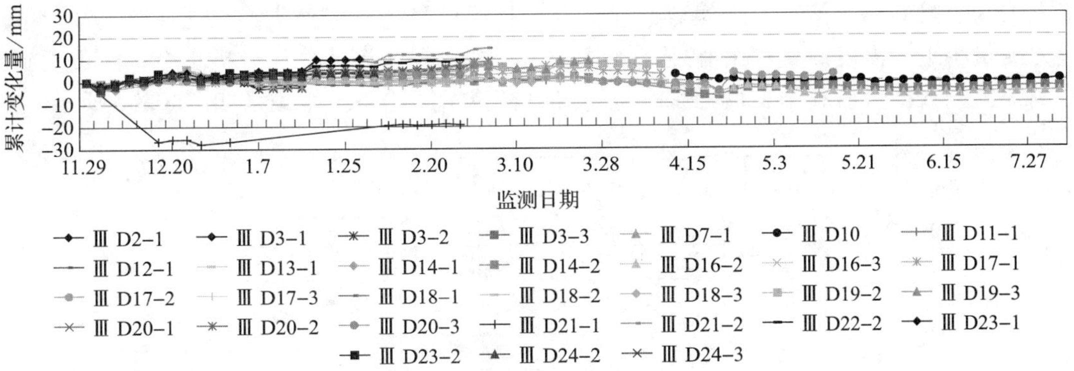

图 8.4−21　三期周边地表沉降时程曲线图

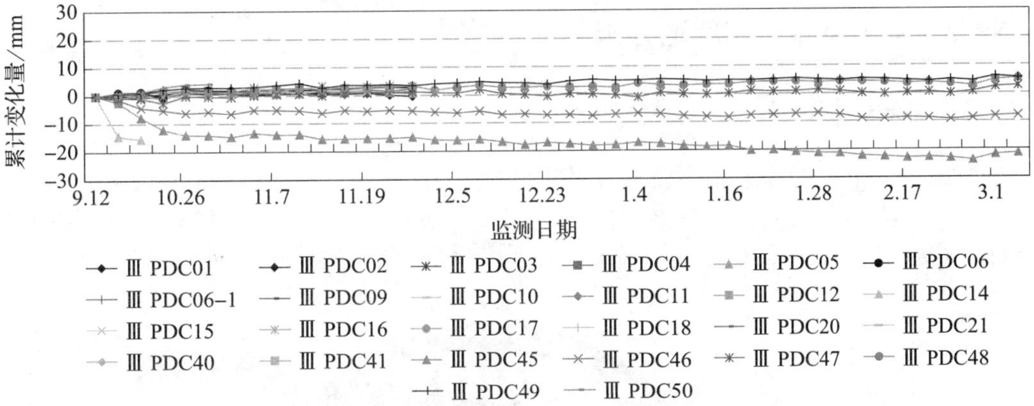

图 8.4−22　三期周边坡顶沉降时程曲线图

3）周边地表、坡顶巡查情况。基坑的巡查与每次的监测同时进行，巡查过程中未发现有明显异常情况。

4）小结。三期结构施工过程中，坡顶沉降和地表沉降监测数据正常。巡查未发现异常情况。至监测工作结束时，周边地表沉降、坡顶沉降监测变形速率稳定，现场巡查无异常，周边环境安全可控。

6. 建议

（1）在周边环境存在高边坡的基坑施工时一定要考虑到边坡挤压的侧方压力及基坑开挖施工的双重影响，防止基坑周边岩土体变形严重造成地面或管线破坏的事件。

（2）边坡支护一定要满足设计要求，防止暴雨冲刷造成边坡垮塌开裂等险情。

8.5 桥梁工程

8.5.1 监测监控工作概述

以某立交桥监测监控工程为例[33]，连续梁拱桥桥跨结构形式为（40+85+40）m，施工方法为先梁后拱支架法。连续梁监测监控实行现场分组直控模式，在项目监测小组下设应力测量小组、温度测量小组和变形测量小组，并成立监控计算与分析小组，以负责施工控制中监测数据分析和施工过程跟踪计算等具体技术问题。工作关系如图 8.5–1 所示。

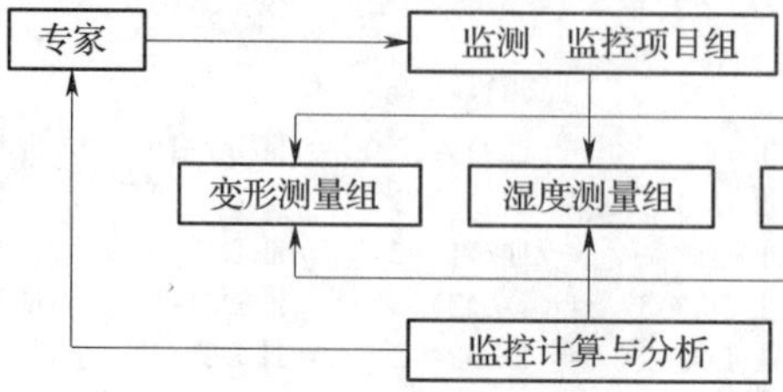

图 8.5–1　监测监控关系图

8.5.2　施工监测前期理论分析

1. 理论分析和计算

按照施工方给出的施工工序及设计基本参数，采用结构分析软件 Midas Civil 2012 进行施工过程空间有限元分析。主梁及拱肋均采用梁单元模拟，吊杆采用桁架单元模拟。全桥共 284 个梁单元，30 个桁架单元，242 个节点。桥梁结构有限元模型如图 8.5–2 所示。

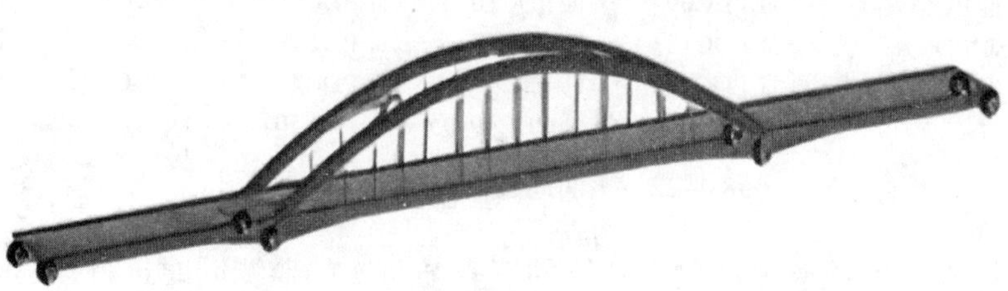

图 8.5–2　连续梁拱桥成桥阶段有限元模型

根据材料特性、截面性质、荷载及边界条件等对成桥阶段进行模拟计算，计算内容及成果如表 8.5–1 及图 8.5–3 ~ 图 8.5–8 所示。

表 8.5–1　吊杆张拉力

吊杆编号	拱肋端张拉力 /kN	设计张拉力 /kN
J1（J1′）	900.4	900
J2（J2′）	655.7	655
J3（J3′）	530.9	530
J4（J4′）	581.1	580
J5（J5′）	671.2	670
J6（J6′）	691.3	690
J7（J7′）	681.4	680
J8	676.4	675

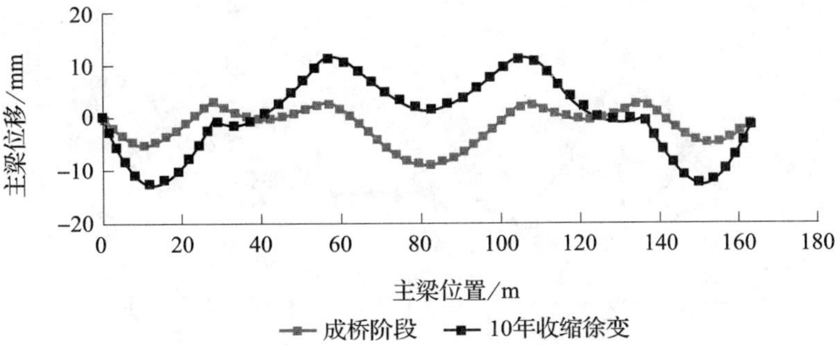

图 8.5-3　主梁竖向位移计算成果

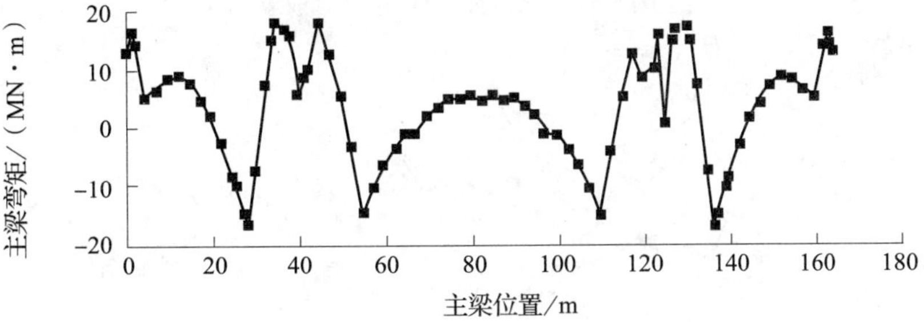

图 8.5-4　主梁内力计算成果

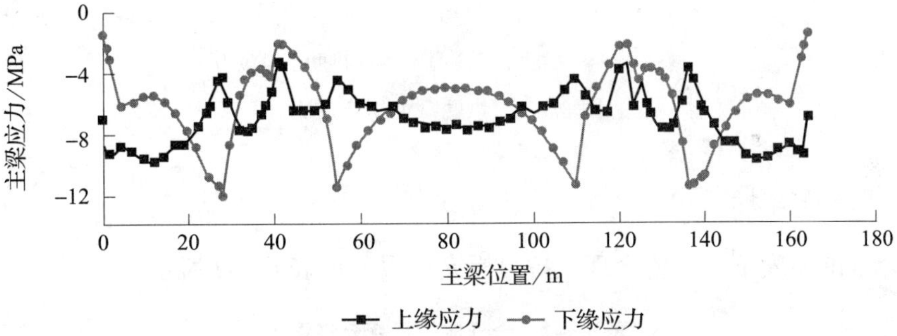

图 8.5-5　主梁应力计算成果

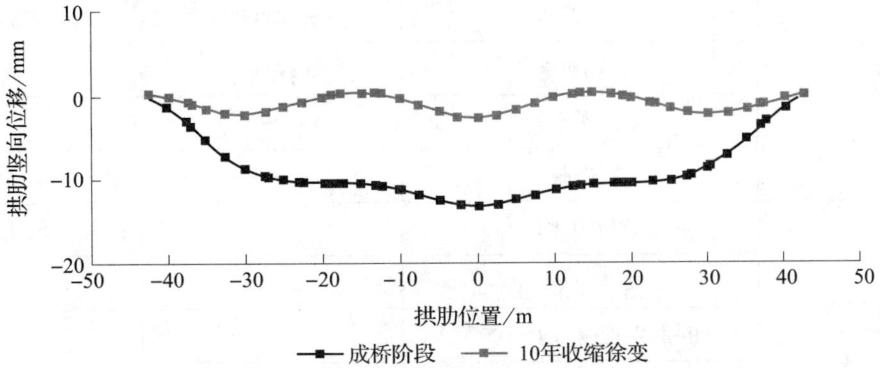

图 8.5-6　拱肋竖向位移计算成果

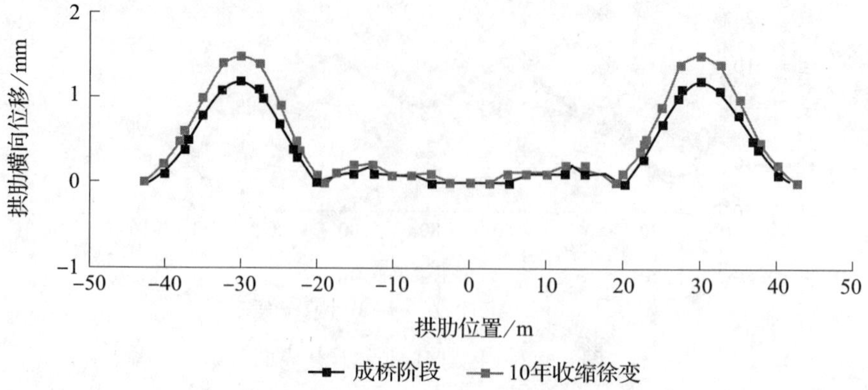

图 8.5−7 拱肋横向位移计算成果

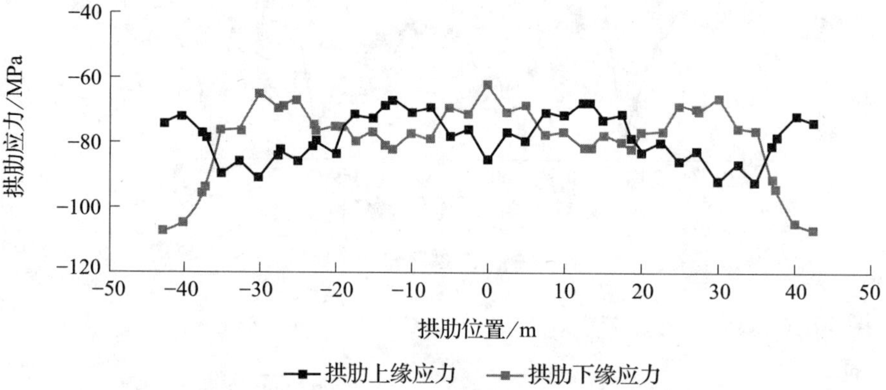

图 8.5−8 拱肋截面组合应力

2. 合理成桥目标

在设计基准温度下，主桥合理成桥目标允许误差如表 8.5−2 所示。

表 8.5−2 合理成桥目标允许误差

分类	项目	允许误差	允许值
线形 /mm	拱肋高程	± *L*/3 000	± 26.7
	拱肋轴线	± *L*/3 000	± 13.3
	主梁高程	—	± 20
	主梁轴线	—	± 10
应力 /MPa	主梁应力（<10）	—	± 1.5
	主梁应力（≥10）	± 15%	—
	拱肋钢管应力（<100）	—	± 10
	拱肋钢管应力（≥100）	± 5%	—

3. 施工监测预警值

（1）线形预警值。当主梁或拱肋线形实测值与理论值超出表 8.5–3 所列的控制值时，发布初步预警并分析原因。

表 8.5–3　施工监测线形控制指标 /mm

序号	监控项目	限差
1	拱肋标高误差	± 22
2	拱肋轴线偏位	± 10
3	主梁标高误差	± 16
4	主梁轴线偏位	± 10
5	立模标高允许误差	± 5

（2）混凝土应力预警值（C50 混凝土）。混凝土应力监测结果启动初步预警的预警值如表 8.5–4 所示。

表 8.5–4　混凝土应力预警值 / MPa

序号	监控项目	限差	限值
1	最大拉应力	—	1.2
2	理论应力 <10	± 1.2	—
3	理论应力≥10	± 12%	—
4	最大压应力	—	11

（3）钢管拱肋应力预警值。钢管拱肋应力监测结果启动初步预警的预警值如表 8.5–5 所示。

表 8.5–5　钢管拱肋应力预警值 / MPa

序号	监控项目	限差
1	理论应力 <100	± 8
2	理论应力≥100	± 4%

8.5.3　连续梁拱桥监测技术

1. 监测内容

连续刚构桥主梁施工监测项目主要包括：应变监测、线形监测、温度监测、吊杆索力监测。

（1）应变监测。

1）测试仪器。选用质量高的埋入式混凝土应变计、钢筋应变计和配套的综合频率接收仪作为应变观测仪器。该应变计的温度误差小、性能稳定、抗干扰能力强，特别适合于长期观测。

2）监测断面。对边跨、中跨的梁体进行应力监测。在主梁边跨跨中，中跨 $L/4$、$L/2$ 及中墩支点等关键截面布置应力观测点，共 9 个测试断面，如图 8.5-9 所示。

3）测点布置。主梁每个应力测试断面应根据情况布置不少于 8 个应变测点；拱肋每截面设 4 个测点，具体布置如图 8.5-9 和图 8.5-10 所示。

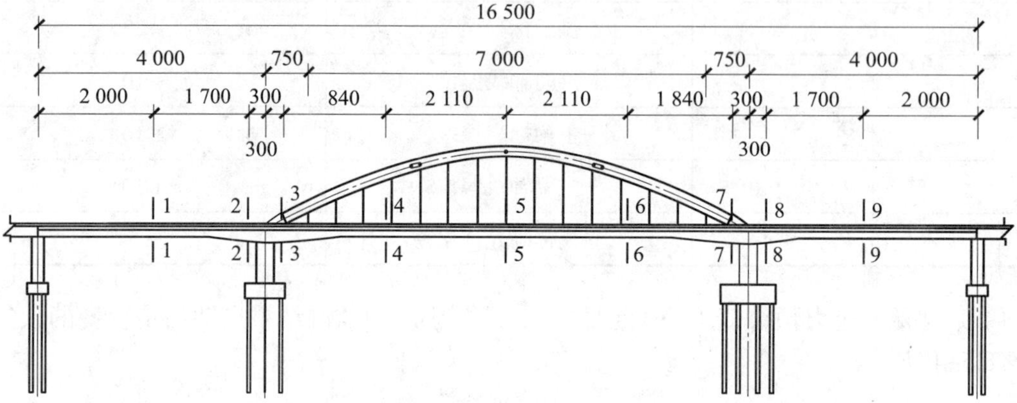

图 8.5-9　连续梁拱桥应力监测截面（单位：cm）

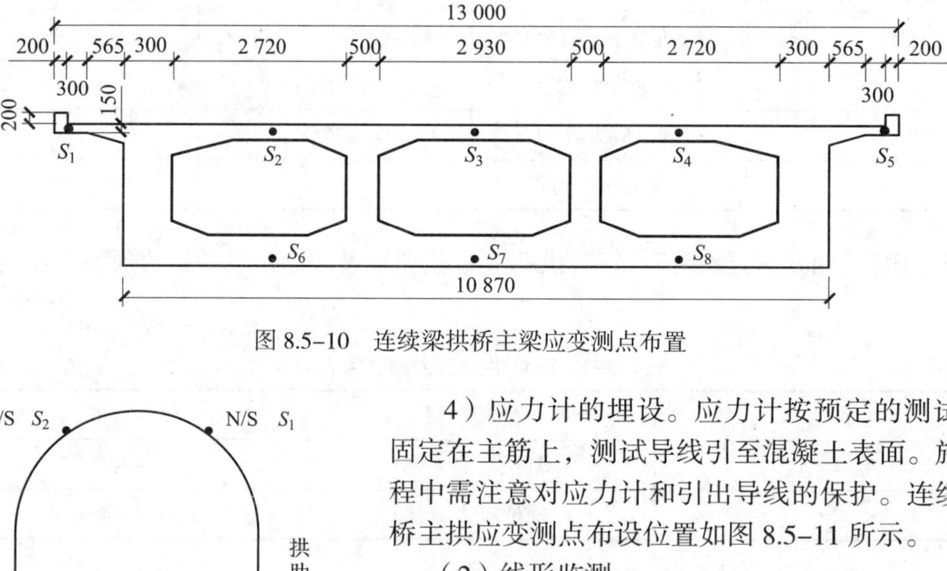

图 8.5-10　连续梁拱桥主梁应变测点布置

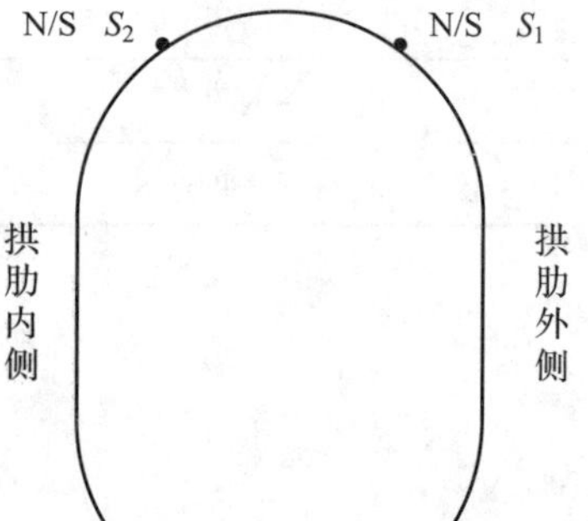

图 8.5-11　连续梁拱桥主拱应变测点布置

4）应力计的埋设。应力计按预定的测试方向固定在主筋上，测试导线引至混凝土表面。施工过程中需注意对应力计和引出导线的保护。连续梁拱桥主拱应变测点布设位置如图 8.5-11 所示。

（2）线形监测。

1）主梁线形监测。主梁线形控制的实质是保持主梁底板线形平顺且满足设计要求。本桥主梁测点布置于箱梁顶板上，每个箱梁横断面顶面横向布置 3 个测点，布置在桥梁中心线位置以及两侧翼板外承托的根部。顺桥向每节段设置一个测试截面，在每节段箱梁浇筑完成后还应测量顶底高差，以便计算箱梁底面高程。采用全站仪按工程变形三等水准测量。

2）拱肋线形监测。连续拱桥还需对拱肋进行线形监测。拱肋线形包括平面外的线形和平面内的线形，通过设置在拱肋上测点的水平位置与高程来反映。

拱轴线线形测试断面均设置于吊杆位置（具体布置在吊杆上锚垫板顶面中心），每个拱肋上有 15 个吊杆，共设 15 个线形测点。

采用全站仪测量各测试断面上测点的三维坐标，以确定拱肋各位置高程和水平向偏转，测点安装棱镜时须保证棱镜处于竖直状态且与拱肋连接牢固。

（3）温度监测。温度是影响主梁挠度的主要因素之一。温度变化包括季节性温变和日温变化两部分。日温变化比较复杂，尤其是日照作用，会引起主梁顶底板温度差，使主梁产生挠曲。选择早晨太阳出来前对挠度进行观测，可以有效地消除日照温差的影响。季节温差对主梁挠度的影响比较简单，其变化相对均匀。

在主梁混凝土灌注期间及梁体合龙前，选择良好的晴天，进行两个循环的温度观测。每个循环从第一天早上 7：00 时到第二天早上 7：00 时，每个小时观测 1 次，其中 9：00 到 19：00 每小时观测 1 次，每天 18 次。

在控制截面上埋置温度传感器进行温度监测，温度测试断面和测点布置同应力监测布置。

（4）吊杆索力监测。吊索安装完成后，每根吊索张拉时，测试两侧相邻 3 对索索力。全部吊杆第一次张拉完成后，选取温度稳定的夜间对温度、主缆线形、主梁线形、主塔变位、全部吊杆的吊杆力进行测试。同时进行控制反馈分析，达到对后续工序监控调整的作用。

索力测试采用索力动测仪，按弦振动法进行测试，并选取一根同长度、同类型吊杆进行标定。标定方法：在张拉千斤顶与工具锚间安装测力环（锚索计），在张拉过程中读数并与频率法结果进行比对修正。

2. 监测要求

1）测量误差要求。主梁高程、里程、轴线测量误差应小于 ±2mm。采用振弦式应变计进行应变测量，量程采用 ±1 000～1 500μm，要求综合精度高于 ±0.5%，年漂移量小于 ±0.5%，经温度补偿后温度漂移小于 ±1%/10℃。采用振弦式索力传感器的精度为 ±2%，结构温度场监测误差小于 ±1℃，环境温度监测误差小于 ±1℃。

2）其他要求。钢管拱肋合龙后，其线形和内力受温度影响较大，测试应在一天气温较为平稳的夜间时段进行，所有监测项目测试应基本同时进行；测量时严格控制施工临时荷载，材料堆放要求定点、定量；线形测量工作由施工方和监控方分别进行，同时监理方进行监督；所有测试的记录须注明施工阶段、日期、时间、天气、气温、特殊施工荷载和其他突变因素；每一施工工况完成后，由有关方进行测试，确认测量结果无误后方可进行下一工况的施工。

8.5.4　监测成果分析及建议

施工过程的监测监控管理主要管控三个节点工况，分别是：①主拱混凝土浇筑完成后（以下称：浇筑后）；②吊杆张拉完成、主梁支撑拆除后（以下称：拆架后）；③铺轨完成后的成桥阶段（以下称：成桥）。将监测数据和过程管理资料按上述施工阶段进行归类统计分析。

1. 监测数据统计

各项监测数据分别如图 8.5-12 ~ 图 8.5-17 所示。

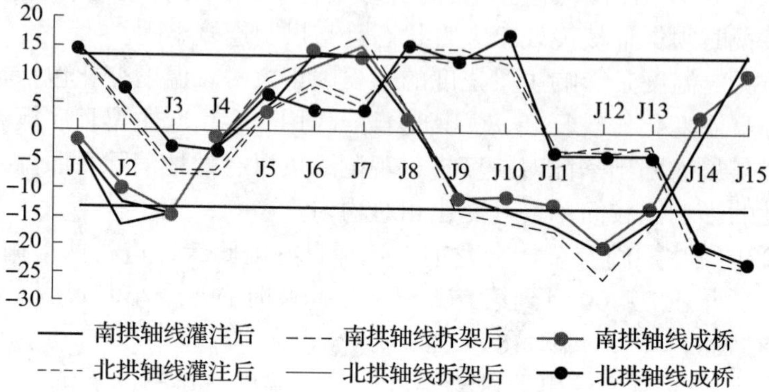

图 8.5-12　拱肋轴线偏差（单位：mm）

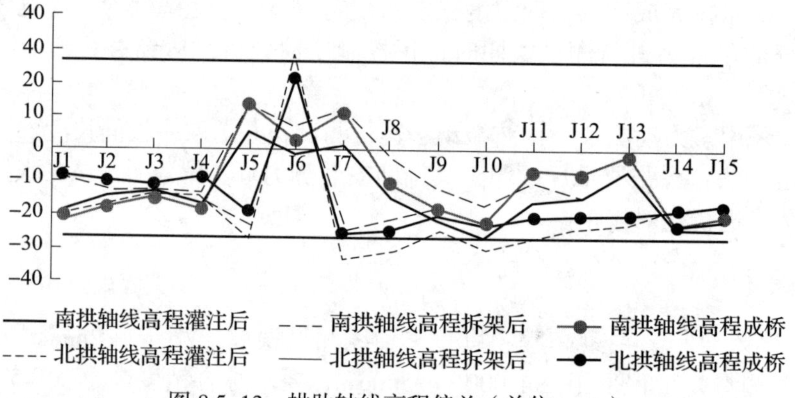

图 8.5-13　拱肋轴线高程偏差（单位：mm）

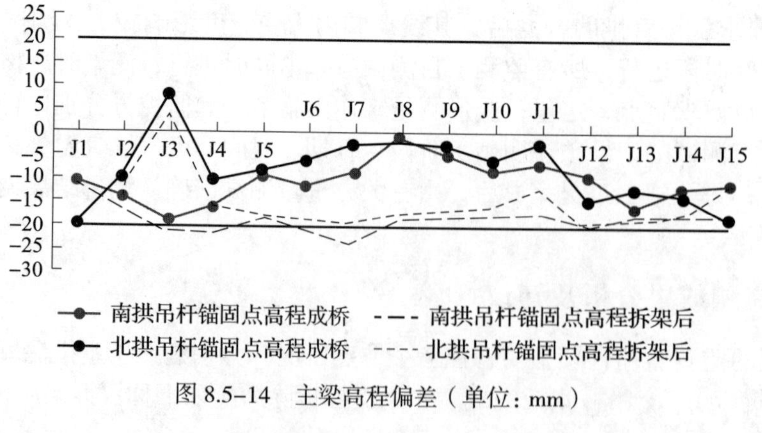

图 8.5-14　主梁高程偏差（单位：mm）

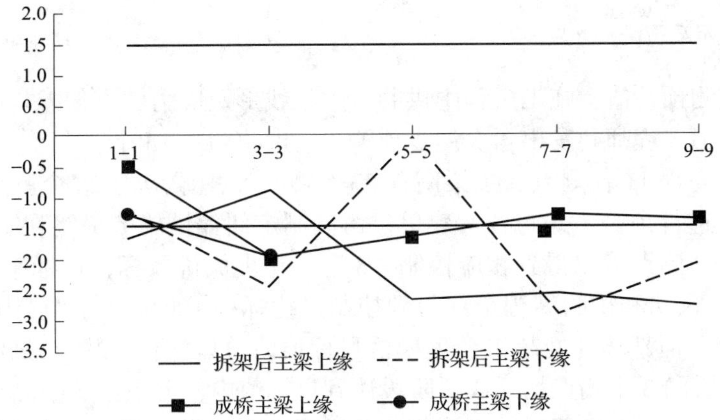

图 8.5−15　主梁应力偏差（单位：MPa）

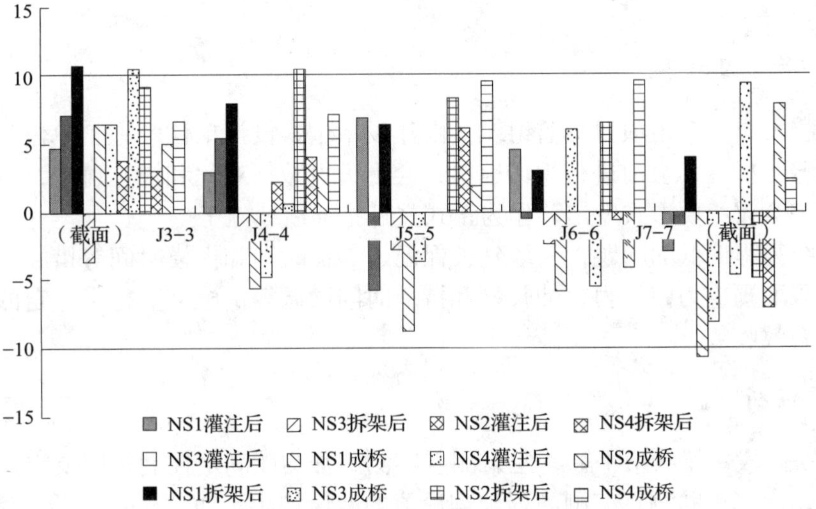

图 8.5−16　北拱拱肋钢管应力偏差（单位：MPa）

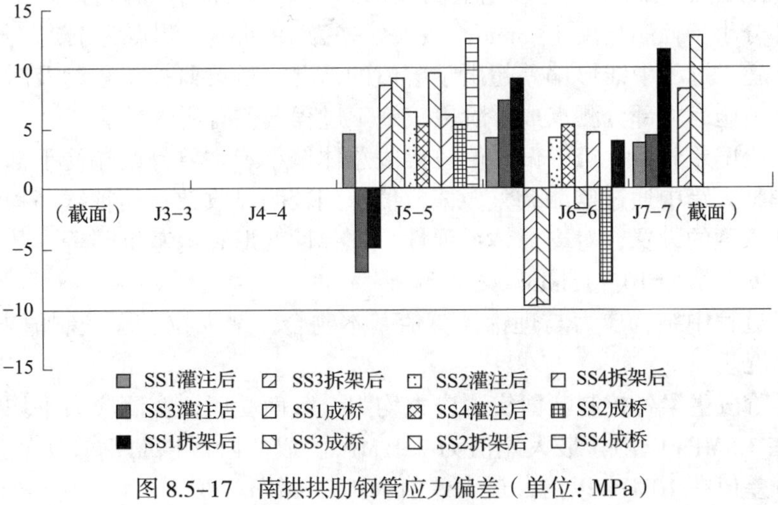

图 8.5−17　南拱拱肋钢管应力偏差（单位：MPa）

2. 数据分析及预警响应

对照施工监测预警值，施工过程中拱肋、主梁线形及应力状态偏差均有部分测点超出预警值，风险评估工程师共发出 4 次初步预警，对拱肋轴线 15 个。

测点、拱肋高程 11 各测点、主梁高程 23 个测点、主梁应力 28 个测点和拱肋钢管应力 3 个测点位置进行预警，并与各参建单位协同制定纠偏措施。最终在 18 成桥阶段，全部拱肋轴线有 8 个测点偏差得到相应控制，8 个仍超出成桥目标，达标率 73.3%，最大偏差值为 22.7mm；拱肋和拱肋高程全部得到控制，达标率 100%；主梁应力有 21 个测点位置偏差得到控制，但新增 8 处超出合理成桥目标值，总体达标率由 26.3% 提高至 60.5%；拱肋钢管应力预警的 3 个测点均在成桥阶段达到目标值内，但新增 5 个测点超出目标值。

经后期分析，各测点预警后，应力值调整过程中可能影响周边梁体或钢管的应力。因此，日后在其他桥梁的监测监控管理中，应注意考虑纠偏措施对其他部位的影响，建立全方位纠偏理念。

3. 预警响应及措施

初步预警发出后，由项目总监组织，由建设单位、设计单位、施工单位、监测单位参加，召开预警分析会，会前进行现场巡检，会上进行数据对比和措施讨论，最终制定调整措施，以预警会议纪要形式发出，作为正式文件指导后续施工。

针对轴线高程偏低的问题，采取延长保温、养护时间和拆模时间等措施；针对应力偏差的问题，采取预应力张拉力、伸长量和持荷时间微调等措施。取得了一定的效果，使多数偏差得到有效收敛。

4. 成桥评析

（1）成桥阶段主梁线形平顺，主梁测点实测高程均能满足控制精度要求。成桥阶段拱肋线形平顺，南侧拱肋测点实测高程与理论值的差值均小于 26.7mm，满足控制精度要求，测点轴线偏位大部分小于控制精度 13.3mm，最大偏差为 22.7mm，测点为 J15，位于拱脚位置；北侧拱肋测点实测高程与理论值的差值均小于 26.7mm，满足控制精度要求，测点轴线偏位大部分小于控制精度 13.3mm，最大偏差为 19.8mm，测点为 J12。

（2）对于施工过程中线形偏差超出预警值的情况，桥梁监控工程师及时发布预警通知并提出了调整措施，大部分测点成桥阶段较施工过程偏差有所收敛。

（3）从轴线偏差分析，跨中偏差值较梁段总体偏小。主要是梁端受下部结构偏差影响较大，较难调整，跨中通过监测调整，偏差值得到较明显收敛；而轴线高程偏差值全部为负值，说明预拱度的设置，对支撑体系弹性、非弹性变形和地基沉降等参数的影响分析略有偏差，预拱度可增加 10 ~ 15mm。

（4）施工过程中结构应力与理论计算值基本吻合，最大拉、压控制值未达到预警值，未出现异常情况。

（5）成桥阶段主梁各控制断面实测应力均为全截面受压，实测应力平均值与理论值相比，大部分在 1.5MPa 以内，最大差值为 2.91MPa。成桥阶段拱肋钢管实测应力与理论值相比，大部分差值在 10MPa 以内，最大差值为 12.58MPa。

（6）成桥阶段为冬季，主梁应力偏差值均为负值，储备一定温度应力，整体偏安全；拱肋钢管拉应力偏差值达标率 82%，基本可控。

综上所述，连续梁拱桥是连续梁拱组合体系桥梁，其设计与施工高度耦合，所采用的施工方法、材料性能、安装程序、拱肋安装高程以及吊杆张拉力等都直接影响成桥的线形与受力。即便在设计时已经考虑了施工中可能出现的情况，在施工过程中由于施工误差，会使实际结构与理论状态不符。应根据施工中对桥梁结构实时监测的结果，对施工过程中的控制参数进行相应调整。此外，桥梁结构监测措施的实施也有利于保证施工过程中结构安全。

第 9 章　监测新技术应用及发展展望

9.1　概述

建设工程监测发展经历了 3 个发展阶段，第一阶段是以专家的经验为基础的经验监测技术，以布置人工监测点和半自动测试仪器开展的以传统测量测手段，以人工处理监测数据并进行简单预警判定为主。第二阶段是形成监测技术标准体系，总结研究了变形机理，人工、自动化监测技术综合应用，预警信息和监测成果平台化管理。第三阶段是监测工作的综合智能化，综合现场智能自动化采集系统、无线或有线信息传输系统、基于智能算法模型的信息处理、结合大数据分析模型及动态评价预警预测模型等系统的集成化的智能监测系统体系。目前尚处于第二和第三阶段的过渡。

在建设工程安全监测数据采集技术方面，各监测设备和传感器研发厂家不断提高各类仪器和传感器的精度和可靠性，并与现代信息传输、分析技术集成。目前在解决需要高精度监测、高频率监测、大范围监测、远程监测等特定要求时，发展了静力水准远程自动变形监测、测量机器人自动变形监测、光纤光栅自动变形监测、合成孔径雷达差分干涉变形监测、数字近景摄影变形监测、三维激光扫描变形监测，组成综合集成自动智能监测系统，已经在建设工程中开展应用发挥作用并取得了良好效果。

9.2　几种监测新手段介绍

9.2.1　静力水准远程自动变形监测

静力水准系统是测量两点间或多点间相对高程变化的精密仪器，可对重要结构设施进行高精度、高频率的竖向位移监测，在对重要的运营结构保护，施工影响重要设施的信息化施工等方面应用较广，如在建设工程影响运营地铁隧道项目中大量应用。静力水准系统一般安装在被测物体结构的等高线上，通常采用一体化模块化自动测量单元采集数据，通过有线或无线通信与计算机连接，从而实现自动化观测。

静力水准系统分为液位式和压差式，压差式静力水准系统由于其小型化的特点，适应性较强。压差式静力水准仪由储液器、高精度硅晶芯体和特殊定制电路模块、保护罩等部件组成。沉降系统由多只同型号传感器组成，储液罐间由通气管和通液管相连通，基准点置于稳定位置，当测点相对于基准点发生升降时，将引起各点压力的变化，通过测量传感器压力的变化，计算各测点相对水平基点的升降变化值。压差式静力水准系统原理如图 9.2–1 所示。

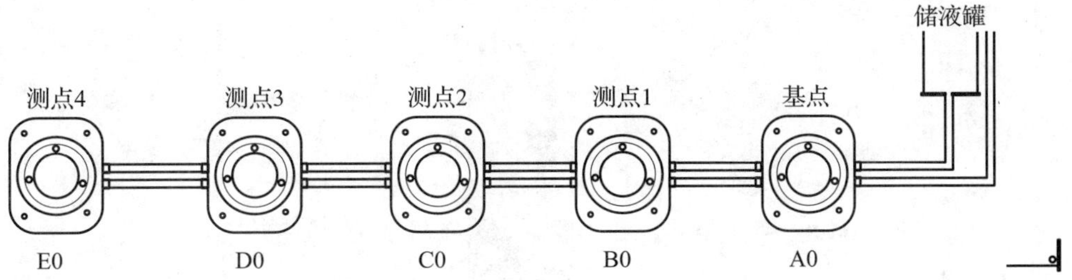

（a）初始状态

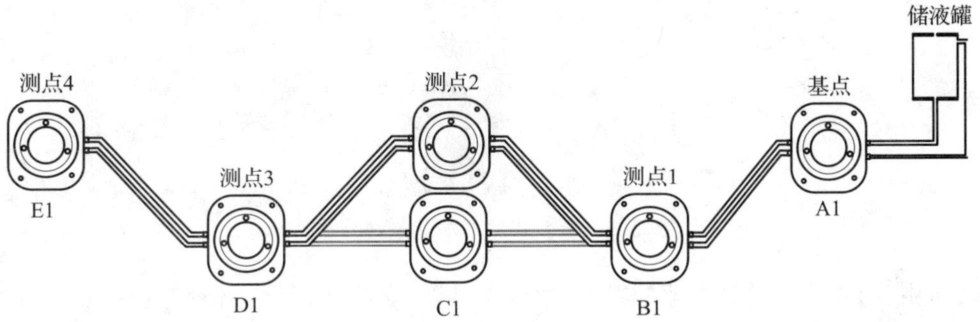

（b）沉降状态

图 9.2–1　压差式静力水准原理图

压差式静力水准仪核心部件为硅压阻式传感器（图 9.2–2），它是利用单晶硅材料的压阻效应和集成电路技术制成的传感器，可以将压力的变化转换为沉降量的变化，如等效图 9.2–3 所示。传感器受到的压力为 F：

$$F=\rho \times g \times h \times S \qquad (9.2\text{–}1)$$

式中：ρ——密度（kg/m^3）；

g——加速度（m/s^2）；

S——受力面积（m^2）。

密度、加速度和受力面积 3 个都为固定不变值，只有 h 为变化值，传感器受到的压力 F 只跟传感器的高度 h 成正比，通过与基准点的比对可以换算出监测点的沉降量。

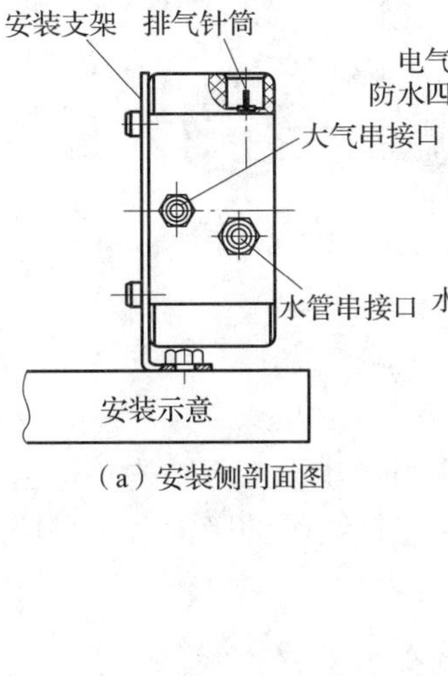

（a）安装侧剖面图

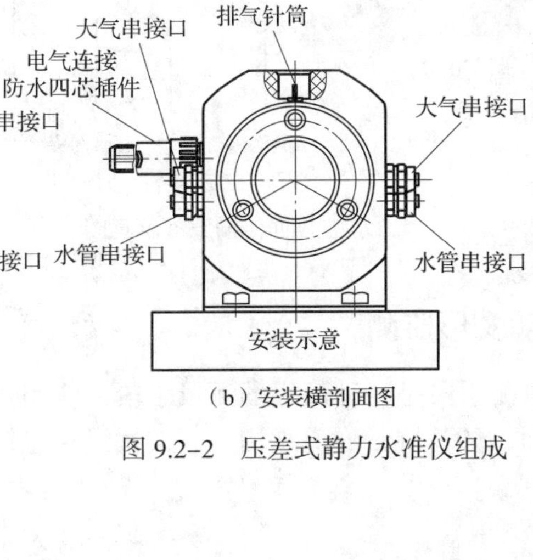

（b）安装横剖面图

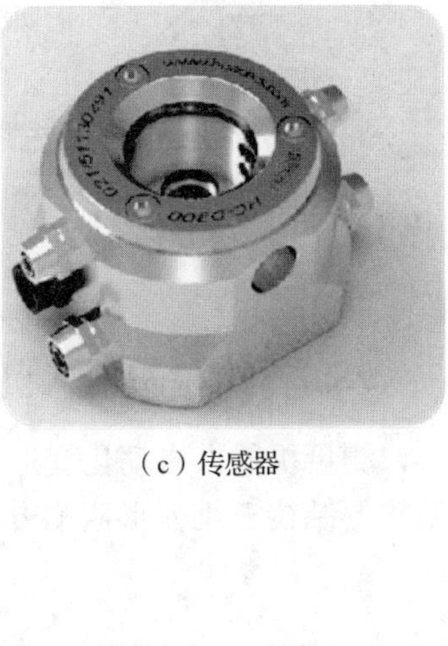

（c）传感器

图 9.2–2　压差式静力水准仪组成

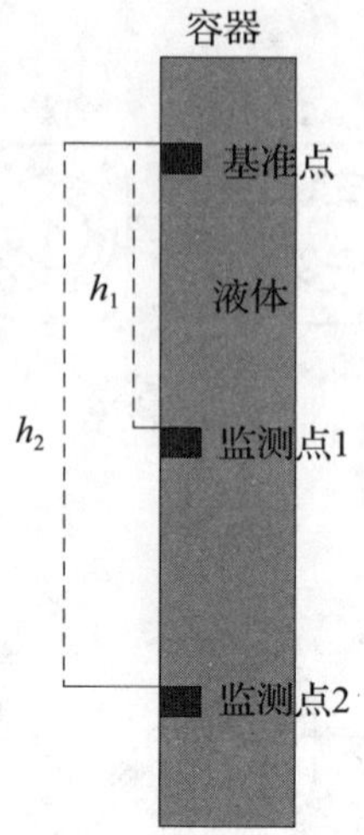

图 9.2–3　压差式静力水准原理等效图

目前主流的压差式静力水准系统达到的主要技术指标为：精度 ± 0.1mm/ ± 0.2mm/ ± 0.3mm；量程 1m/2m/3m（特大量程可定制）；供电电压 9 ~ 12V DC 或 220VAC；采样频率 1Hz/100Hz；防护等级 IP67；工作温度 –40 ~ +80℃。

静力水准远程自动化监测系统通常采用一体化模块化自动测量单元采集数据，通过有线或无线通信与计算机连接，从而实现自动化观测，使用监测信息自动处理模块完成各类参数转换进行数据处理。静力水准仪数据传输系统组成示意如图 9.2–4 所示。

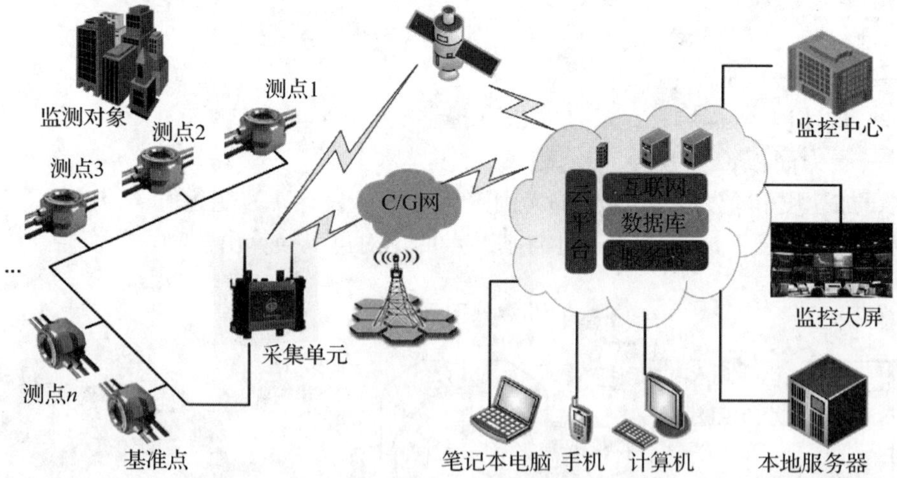

图 9.2–4　静力水准数据传输原理示意图

9.2.2　测量机器人自动变形监测

测量机器人自动化变形监测手段是一种可靠的测量手段，应用在建设工程结构、运营结构等结构三维变形监测方面，如基坑、隧道结构、高架桥梁、建筑物等的竖向、水平位移、倾斜等变化数据的高精度获取。随着科技进步测量机器人设备不断更新换代，纳入无线化、信息化、智能化等技术，测量机器人自动变形监测系统更加成熟。

测量机器人的自动变形监测系统，采用极坐标测量方法，将测量机器人架设在工作基点上，后视另外一工作基点进行测站定向，观测目标点已知方向之间的斜距、水平角 α 以及垂直角 β，进行斜距、高差及水平角的差分改正后，计算监测目标点的三维坐标。极坐标法测量示意图见图 9.2–5。极坐标法计算公式：

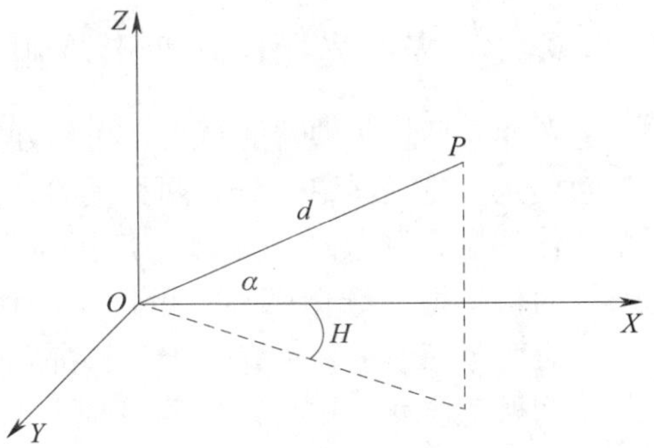

图 9.2–5　极坐标法测量示意图

$$X_P = d \cdot \cos\alpha\cos H \quad (9.2\text{–}2)$$

$$Y_P = d \cdot \cos\alpha\sin H \quad (9.2\text{–}3)$$

$$Z_P = d \cdot \sin\alpha \quad (9.2\text{–}4)$$

监测系统主要由五大部分组成：测量机器人监测站、控制计算机系统、通信网及因特网、基准点、变形监测点。测量机器人采用自动伺服的高精度全站仪，通过计算机端的监测模块或内置的监测模块指令测量机器人采集数据，通过无线传输的方法传回到自动化处理平台，自动计算水平位移的变化量。测量机器人系统组成示意如图 9.2–6 所示。

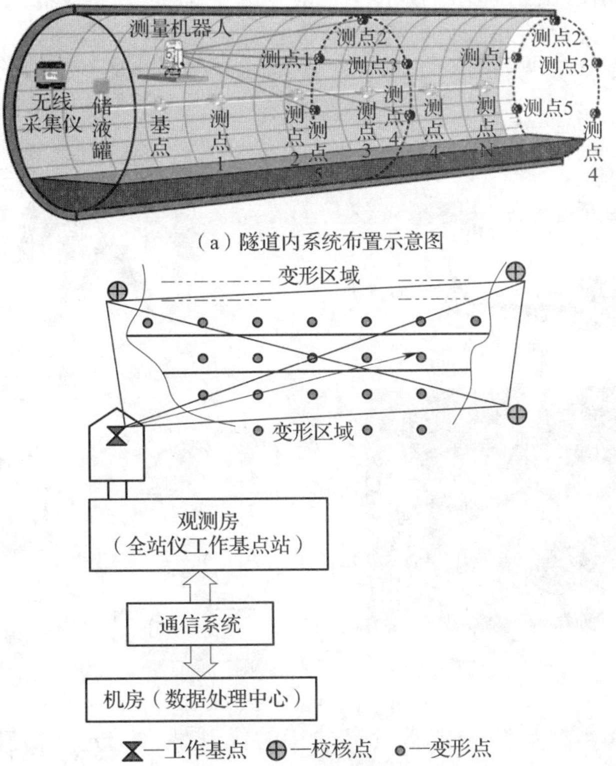

（a）隧道内系统布置示意图

（b）系统组构关系

图 9.2–6　测量机器人系统组成示意图

9.2.3 光纤光栅自动变形监测

光纤本身是一种智能材料，可构建光纤传感器，匹配特定的基材布置在各类结构中或表面。光纤传感器主要分为两种类型，即传光型光纤传感器和传感型光纤传感器。传光型光纤传感器在数字通信领域有广泛应用，在变形监测自动化系统中也常使用其来传输数据，而传感型光纤传感器，可用于测量温度、渗流等外部环境变化，也能测量位移、应力、应变等变形量，主要用于：渗漏定位监测、裂缝监测、混凝土应力应变监测、动应变及结构振动监测、锚杆及锚索预应力监测、钢筋混凝土结构受力监测、混凝土固化监测、钢筋锈蚀监测、温度与渗流的耦合监测等。

光纤传感器系统由光源、入射光纤、出射光纤、光调制器、光探测器以及解调器组成，其基本原理是将光源的光经入射光纤送入调制区，光在调制区内与外界被测参数相互作用，使光的光学性质发生变化而成为被调制的信号光，再经出射光纤送入光探测器、解调器而获得被测参数。

国内外工程变形监测领域主要的光纤传感器主要包括光纤 Bragg 光栅传感器（FBG）、Brillioiun 光时域反射计（BOTDR）、Fabry-Pérot 空腔传感器（FPI）及 SOFO 点式光纤传感器等。FPI 和 SOFO 分辨率高，但受信号传输和解调技术的限制，布点数量有限，用于结构重点部位的监测。分布式的 BOTDR 可对结构进行大范围监测，但分辨率较低，测得应变是所在位置后面一定距离（空间分解率）的平均应变值。FBG 分辨率高，所测的应变位置易确定，且能使用波分复用技术在一根光纤中串接多传感器，实现多点线式分布测量。光纤光栅测量原理如图 9.2-7 所示。

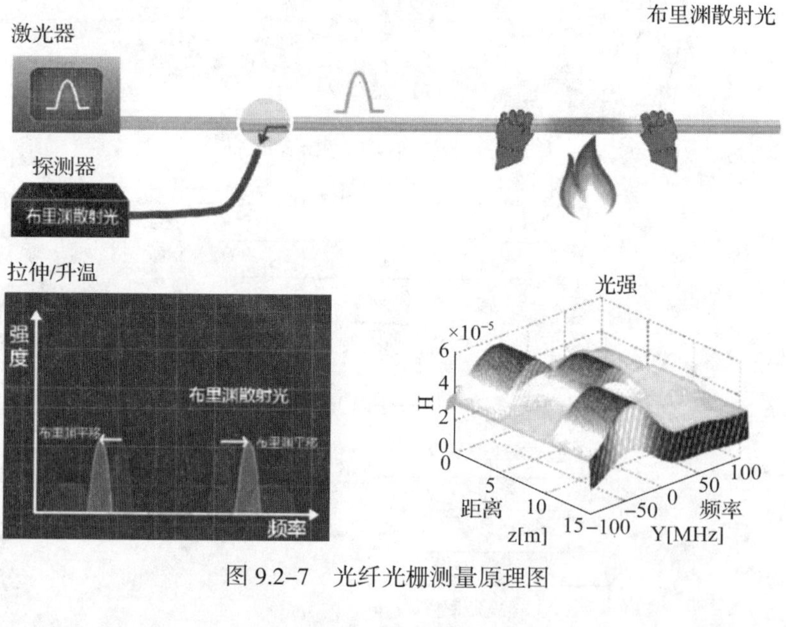

图 9.2-7 光纤光栅测量原理图

与传统技术相比，光纤监测技术具有独特的优越性：①光纤传感器以光信号作为载体，以光纤作为媒质，光纤的纤芯材料为二氧化硅，具有耐腐蚀、抗电磁干扰、防雷击等特点；②光纤本身轻细纤柔，光纤传感器的体积小，重量轻，便于布设安装，对埋设部位的材料性能和力学参数影响甚小，能实现无损埋设；③光纤传感器灵敏度高，可靠性好，潜在故障大大低于传统技术，使用寿命长，具有良好的性能价格比；④可以准确地测出光纤沿线任一点的监测量，信息量大，监测效应量分布连续，成果直观，有助于实现动态监控。

9.2.4　合成孔径雷达差分干涉变形监测

合成孔径雷达差分干涉测量技术（Interferometric Synthetic Aperture Radar）称为 InSAR 技术。根据雷达的承载平台运行位置可为空基 SAR 和地基 SAR，通过对 SAR 影像进行干涉处理，获取距离向高精度变化信息，空基 SAR 适用于国土或建设工程场地等的大范围变形分析，地基 SAR 适用于局部结构的高精度、高频率变化分析。

1. 卫星合成孔径雷达差分干涉测量自动化监测

使用卫星或飞机搭载的合成孔径雷达系统获取高分辨率地面反射复数影像，每一分辨元的影像信息中不仅含有灰度信息，还包含干涉所需的相位信号。InSAR 通过两副天线同时观测（单轨模式），或两次近平行的观测（重复轨道模式），获取地表同一景观的复图像对。由于目标与两天线位置的几何关系，在复图像上产生了相位差，形成干涉条纹图。干涉条纹图中包含了斜距向上的点与两天线位置之差的精确信息。因此，根据相位差以及传感器高度、雷达波长、波束视向及天线基线距之间的几何关系，可以精确地测量出图像上每一点的距离向变化情况，也就是沉降变形。InSAR 形变测量技术几何模型如图 9.2-8 所示。

20 世纪 70 年代末发展起来的卫星合成孔径雷达差分干涉测量技术（Differential SAR Interferometry，D-InSAR），为地表沉陷变形动态监测提供了新的手段。其利用雷达复信号中的相位成分，作为附加信息源来获取地形三维特征。与常规测量方法相比，差分干涉测量监测地表沉陷，具有区域大、快速、准确等优势。国内外 D-InSAR 技术在监测较大幅度垂直变形方面，已有成功应用，如观测地震、地下水过度开采、地下工程建设等方面造成的地表沉陷变形。合成孔径雷达差分干涉地表变形监测示意图如图 9.2-9 所示。

星载 SAR 系统所获取的影像中，除包含地面分辨单元的雷达后向散射强度信息以外，还包含与斜距有关的相位信息，形变信息的获取就是利用其中的相位信息。通过覆盖同一地区的不同时间获取的多幅 SAR 影像来获得干涉图像，相同的相位差值会在干涉图像中形成干涉条纹。如果在两幅影像获取的时间段内，发生了地表的变形移动，干涉图像中的干涉条纹则主要由地形效应和地表变形所造成，D-InSAR 通过去除地形、大气和噪声等干涉相位信号的影响，来提取和分离出地表形变信息。

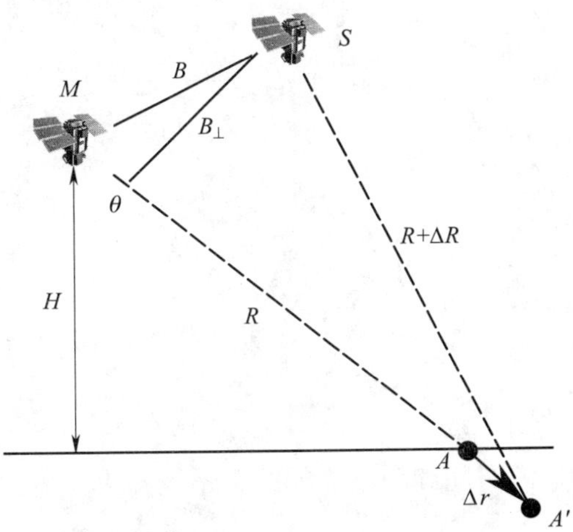

图 9.2-8　InSAR 形变测量技术几何模型

（a）利用多幅SAR图像获取干涉影像　　（b）地表变形信息提取

图 9.2-9　合成孔径雷达差分干涉地表变形监测

2. 地基合成孔径雷达自动化监测

地基 InSAR 是近年发展的一种微变形远程监测技术，它采用一种基于微波干涉技术的创新雷达，集成了步进频率连续波或调频连续波、合成孔径雷达和干涉测量等多种先进技术，具有全天候、全天时、大范围、高精度、高分辨率、高采样频率和多角度观测等突出技术优势，可对目标区域进行长时间连续观测，应用于国土地质滑坡监测、露天矿山边坡监测、交通设施路基及边坡监测、工程结构抢险监测、桥梁动态变形监测等，探知形及病害发展规律，进行预警预测预报降低风险。

地基合成孔径雷达基本原理：雷达（Radar）的意思是：电磁波测量和探测（RAdio Detection And Ranging）雷达主要应用于检测目标物的存在性和测量目标物和设备之间的距离。脉冲雷达工作原理如图 9.2-10 ~ 图 9.2-17 所示。

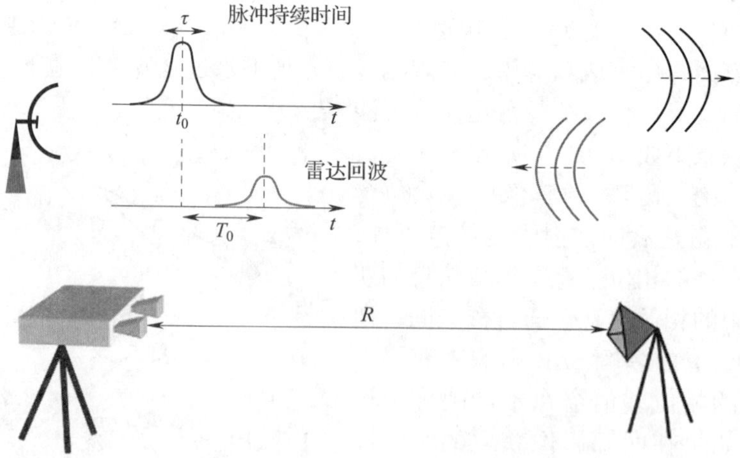

图 9.2-10　脉冲雷达工作原理

时间和距离之间的关系是：

$$R_0=\frac{cT_0}{2} \tag{9.2-5}$$

距离向分辨率的意义：

$$\Delta R=\frac{c\tau}{2} \tag{9.2-6}$$

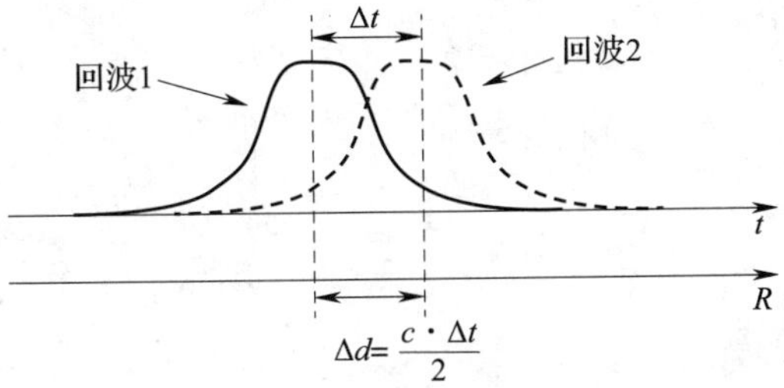

图 9.2-11　距离向分辨率关系

如果两目标物之间满足 $\Delta t>\tau$，$\Delta d>\Delta R$，则两个目标物能够被区分开。距离向分辨率可以通过脉冲持续时间和脉冲带宽来表示：

$$\Delta R=\frac{c\tau}{2}=\frac{c}{2B} \tag{9.2-7}$$

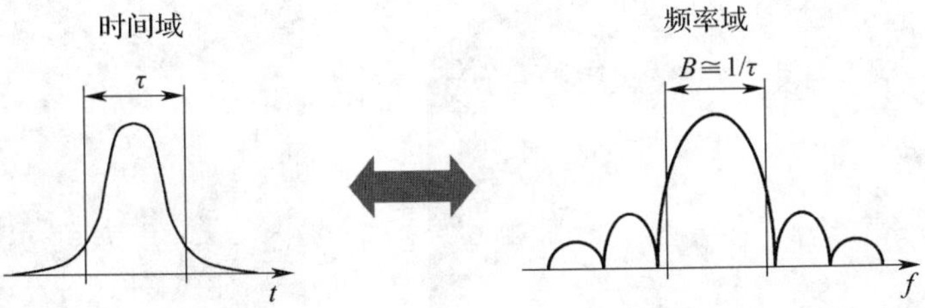

图 9.2-12　时间－频率二元关系

通过步进频率连续波技术（SFCW），该系统能够同时发射 n 组连续频率的电磁波，每组电磁波的脉冲持续时间为 Ttone。该组连续的电磁波是步进频率的电磁波。

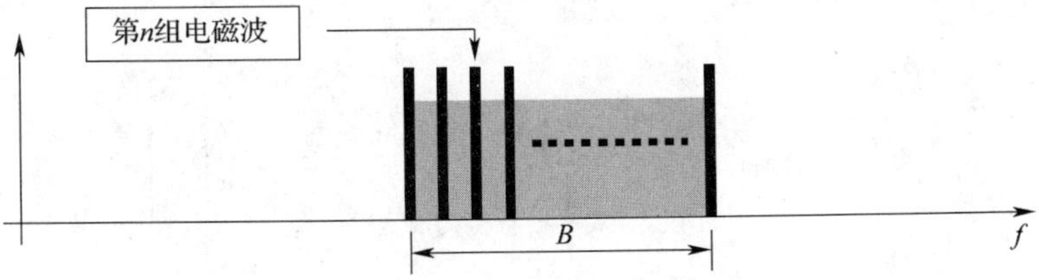

图 9.2-13　步进频率连续波

步进频率连续波技术能够使得系统得到一个非常高的距离向分辨率，通过该项技术得到的是一个一维切面图，称为距离向切面图。在这个切面上，按照距离向分辨率进行分割。

通过合成孔径雷达技术（SAR）和步进频率连续波技术（SF-CW）的结合，监测区域就被分割成很多二维的小单元。

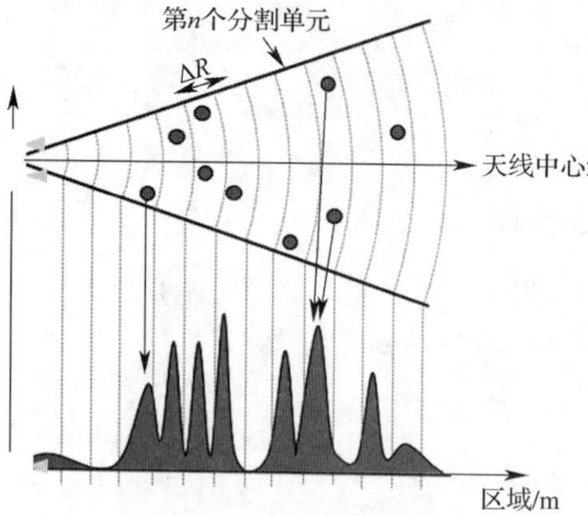

图 9.2–14 距离向分辨率切面图

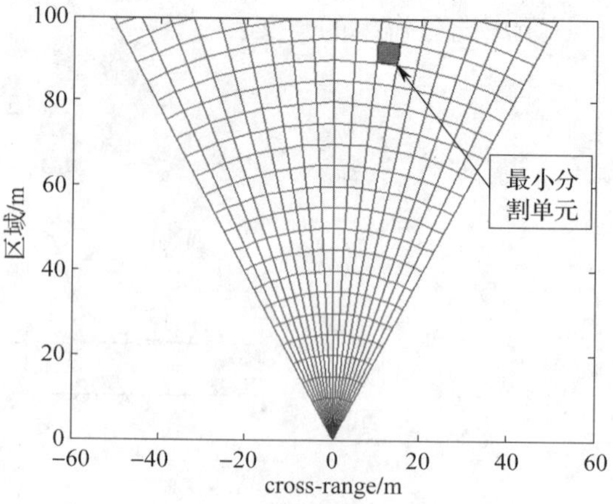

图 9.2–15 分割单元

（a）地面实景

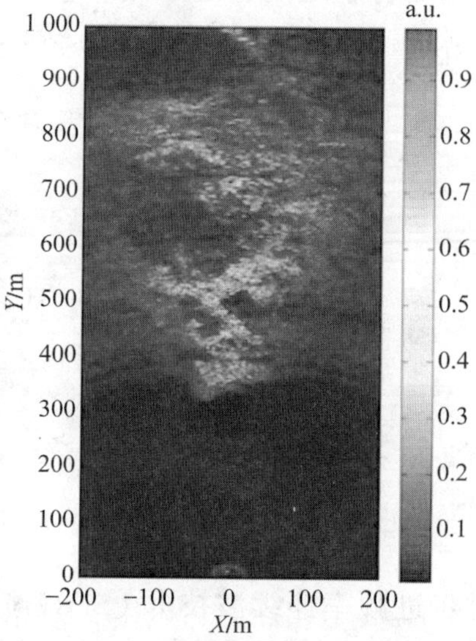

（b）相对强度

图 9.2–16 地物转换为像素映射关系

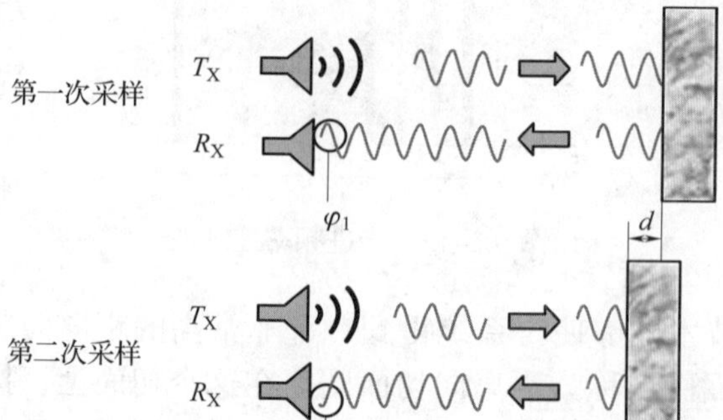

图 9.2–17 相邻采样像素单元位移变化关系

对于目标物的每一次测量都包括两方面信息：振幅$|I(n)|$和相位 φn。干涉测量技术将在不同时间得到的目标物的相位信息的差异进行比较，从而演算出很小的位移变化量。经过合成孔径雷达技术（SAR）和步进频率连续波技术（SF-CW）将监测区域分割成很多小的像素单元，系统可以得到每一个像素单元的位移变化信息：

$$d=-\frac{\lambda}{4\pi}(\varphi_2-\varphi_1) \tag{9.2-8}$$

地基 InSAR 监测精度较高，可弥补传统变形监测手段点状监测结果的不足，目前主流的地基 InSAR 监测的主要技术参数：监测精度：0.1mm；监测分辨率：0.5m × 4.3m@1km；监测距离：最远可达 4km；监测周期：5 ~ 10min 即可完成一次扫描；具备地理编码功能；交互式 3D 效果；能够与数字地面模型（DTM）接驳，使监测结果更为直观。地基 InSAR 的应用实例如图 9.2-18、图 9.2-19 所示。

图 9.2-18　地基 InSAR 应用于矿山采掘边坡监测

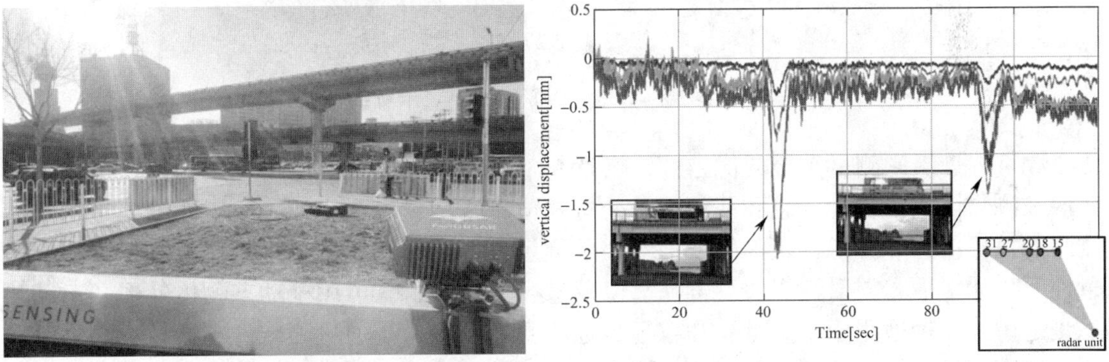

图 9.2-19　地基 InSAR 应用于轨道交通桥梁动态监测

9.2.5　数字近景摄影变形监测

近景摄影测量是指利用对物距不大于 300m 的目标物摄取的立体像对进行的摄影测量，在建设工程监测应用方面，主要可进行：①变形观测，包括房屋、桥梁、井筒、井架、隧道及各种工业构筑物和地下工程的变形观测；②露天矿、隧道断面验收测量，物料体积测量，露天边坡及排土场稳态监测等；③塌陷区测量。

摄影测量技术已从模拟法、解析法发展到数字化阶段，并且以其速度快、周期短、效率高、精度好、现势性强、自动化程度高、使用方便等优点，在高精度三维测量以及变形监测等领域得到了应用。近年来发展的全数字近景摄影测量系统，以计算机视觉替代传统的人眼双目视觉原理，能对普通单反数码相机获得的影像完成自动空三测量、快速精密三维重建等工作，通过一定的技术设计，既能满足平面精度要求，又能在高程上达到变形观测的特殊要求，可对监测对象进行自动化、高分辨率数字立体图像信息获取、处理得到立体变化纹理特征，实现相片（数字影像）量测、三维坐标计算、计算结果的绘图输出自动一体化。数字化近景摄影测量示意图如图 9.2–20 所示。

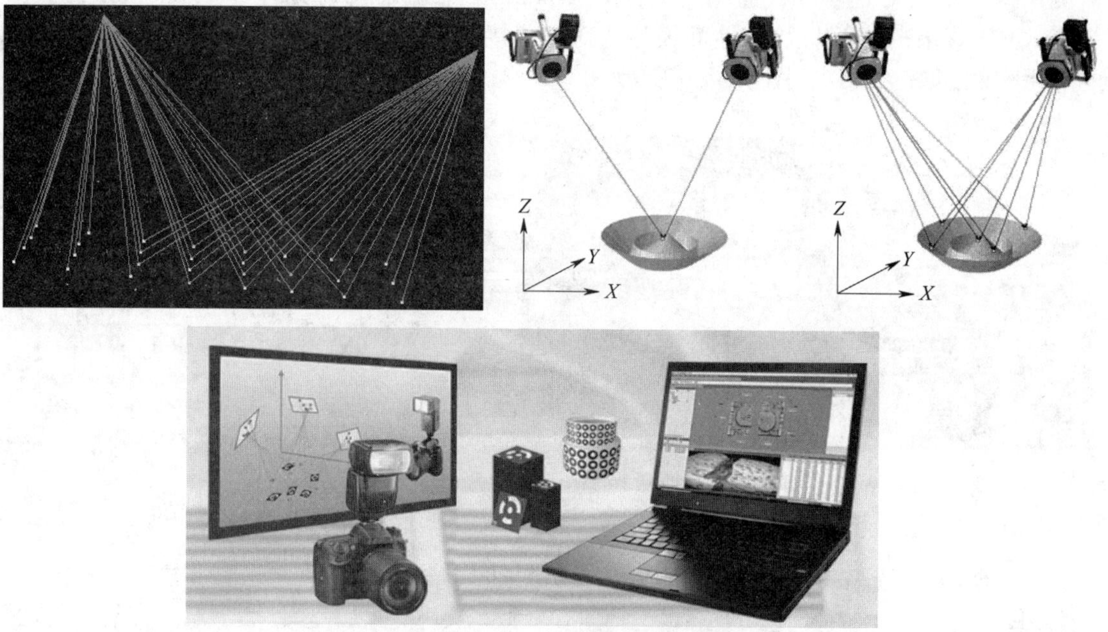

图 9.2–20　数字化近景摄影测量示意图

数字近景摄影测量系统的优越性，概括起来包括以下几点：①可利用相片或影像瞬间获取被测物体大量物理信息和几何信息，特别适用于测量点众多或需要对监测体进行整体监测的目标；②非接触性量测手段，不伤及测量目标，不干扰被测物自然状态，可在恶劣条件下（如水下、放射性强、有毒缺氧以及噪声）作业；③可用于动态物体外形和运动状态测定，是一种适用于微观世界和较远目标的测量手段；④通过硬软件支持，可提供可靠的高精度测量成果，达到千分之一至百万分之一的相对精度；⑤基于数字信息和数字影像技术以及自控技术的手段，使实时近景摄影测量在工程监测中可解决特殊问题；⑥可提供基于三维空间坐标的各种产品，包括各类数据、图形、图像、数字表面模型以及三维动态序列影像等。

9.2.6　三维激光扫描变形监测

三维激光扫描技术又被称为实景复制技术，它突破了传统的单点测量方法，通过高速激光扫描测量的方法，快速、大量采集空间点位信息，并快速建立物体的三维影像模型，通过不同期次观测信息对比可得出监测对象的整体变化情况，可应用于建设工程的基坑隧道施工等的地面变形监测、支护结构变形监测、建筑物的变形监测等。

近年来在城市轨道交通工程领域应用了基于三维激光扫描技术的一体化智能监测技术，实现了城市轨道交通结构全断面监测、病害智能提取及精细分类。移动式三维激光扫描采用全球定位导航系统（GNSS）、惯性导航单元（IMU）、惯性测量单元（DMI）组合定位定姿系统、3D 激光扫描仪、高速摄像机（CCD）、多传感器同步控制单元、嵌入式计算机以及电源供电系统集成的移动测量设备，在同步控制单元的协调下使各个传感器之间实现时空同步，快速采集轨道交通隧道的全断面时空数据，并可通过扫描点云提取环片水平直径、隧道影像灰度图、环片错台、隧道渗漏水、隧道裂缝、盾构环片椭圆度、隧道限界、衬砌脱落等各类监测数据。三维激光扫描在隧道中应用如图 9.2–21 至图 9.2–25 所示。

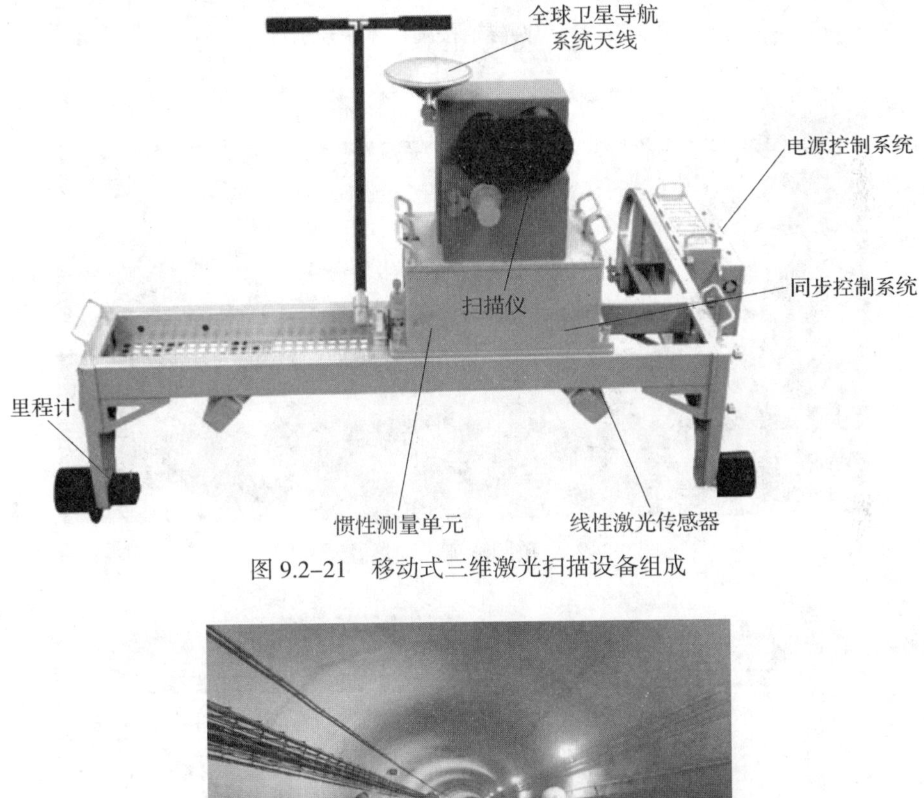

图 9.2–21　移动式三维激光扫描设备组成

图 9.2–22　移动式激光三维现场

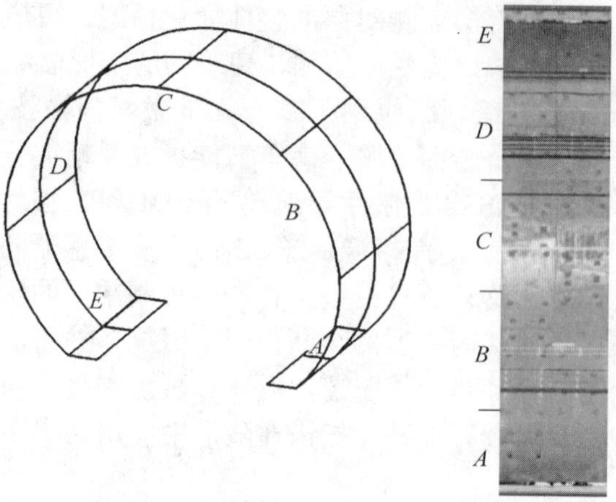

图 9.2-23　单圆隧道按圆柱体展开示意图

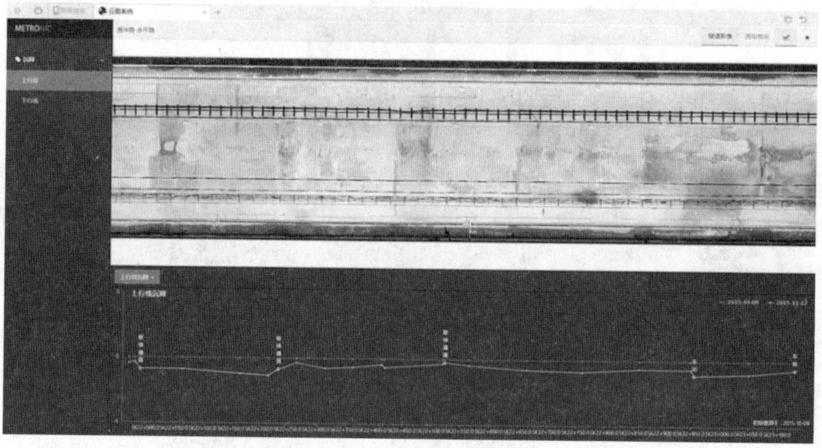

图 9.2-24　单圆隧道纵向展开示意图

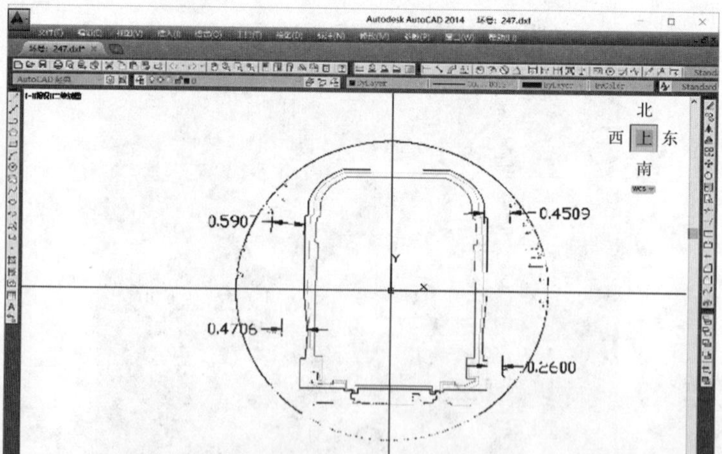

图 9.2-25　限界超限示意图

基于三维激光扫描技术的一体化智能检测技术和传统技术相比，具有速度快、数据密度高、覆盖区域广等技术优势。其特点是实现了：①快速高效的高精度高密度隧道激光点云绝对坐标数据获取和计算；②快速自动计算任意里程隧道断面的径向收敛；③快速自动计算隧道几何中心轴线的三维空间位置；④使用高分辨率隧道激光点云影像识别与定位隧道异状特征，如裂缝、渗水、水垢、风化、破损等隧道异状范围和位置；⑤隧道扫描数据可同时做侵界检测分析，确保线路运营安全。

9.2.7　集成自动智能监测系统

集成自动智能监测系统是将安装在各类监测对象上的各类传感器、数据采集和传输装置、精准智能预警预报系统等集成为整体的综合系统。监测系统利用了传感器集成技术、信号传输技术、网络技术和软件技术等，从宏观、微观相结合的全方位角度，获取基坑、隧道、桥梁及边坡等建设工程自身、岩土体及周边环境设施的各类响应参数（应力应变、位移、温湿度、测斜、裂缝等）及自然环境参数（风速风向、雨量、地震、外界载荷等），以监测知识库及推理预测等的支持，对监测数据进行评价预警及预测分析，为建设工程安全风险管理提供支持，防范和遏制重特大事故发生。自动化监测集成系统示意图如图 9.2–26 所示。

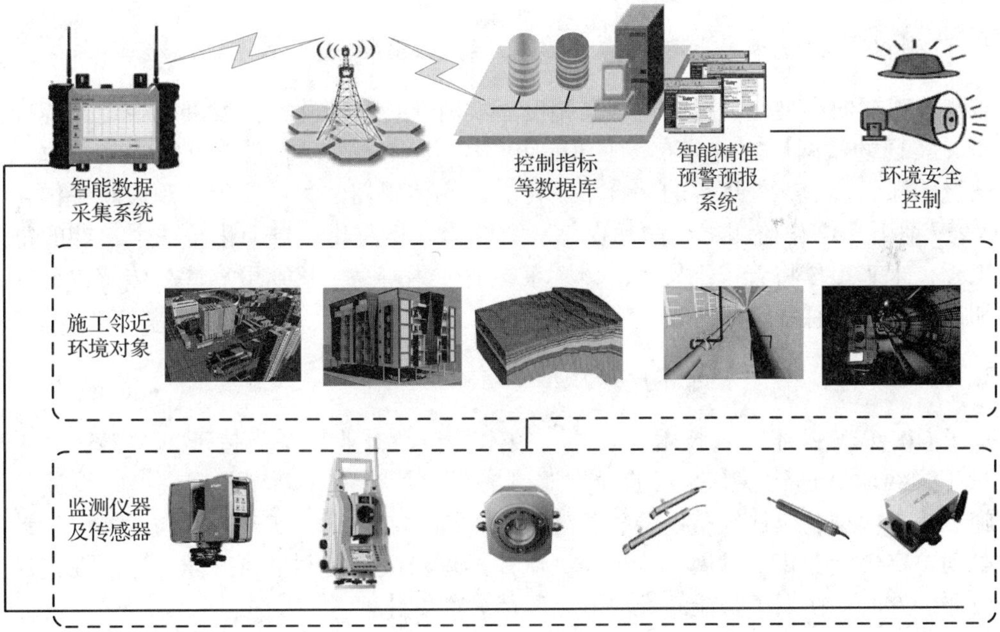

图 9.2–26　自动化集成化系统示意

监测系统基于物联网技术实现实时监测与预报，通过传感网络实现对现场数据的前端感知，再通过无线与有线传输方式将数据实时传输给基站，再由基站通信传输给监测信息控制中心，再由监测信息中心通过对数据的分析与处理软件对工程风险灾害做出及时准确的预测预报。

监测系统兼容各类不同的传感器，对于多种传感器数据协议，前端和后端各类协议之间采用中间件的方式提供一个互操作的层，在多数据协议间进行信息交换。监测系统带自诊断系统，从传感器、采集层、通信层三个层次上进行判断及给出相应维护建议。基于多维度异构数据库的融合架构，监测与安全评价系统原始数据主要包括各监测点不同时间的各类响应参数，通过参数的时域分析，建立特征数据表。通过原始数据表和特征数据表，自动生成不同参数的基本分析报表，根据已有基础模型、经验理论及大数据，形成状态决策分析数据表，形成状态评估报表。

9.3 监测技术发展展望

监测技术与其他技术都是共同发展的，呈现出以下趋势：

1. 与设计、施工、建设管理等新技术的应用融合发展

《城市轨道交通工程 BIM 应用指南》[34] 指出，工程建设今后的发展趋势是设计的三维化、施工的 BIM 化、数字化。根据数字化施工、数字化交付、数字化运维的需求，要求工程监测融入设计、建造的各个环节，并为以后运营提供条件。这些要求监测在设计阶段充分考虑全生命周期应用，实现监测系统集成化，在施工及运维阶段实现自动识别监测和反馈，并与控制系统联动。

2. 监测仪器设备传感器及综合集成化监测设备等的发展

监测传感器向小型化、材料化、高精度、实时化、智能化方向发展，在定义标准接口情况下，实现物联网形式的分布，在 BIM 模型等接口下实现监测节点的精确定位。实现监测信息感知、传输、处理等的综合集成化。监测传感器的集成实现宏观微观一体化、空天 / 地表 / 地下一体化监测集成。远程化、智能化、集成化，自动化是一个长期的复杂的系统工程，未来工作将着重于具体的传感系统的使用寿命、长期可靠性、传感单元的组合监测和进行专家信息系统的研究。

3. 监测成果管理、分析评价形成专家系统

基于 GIS+BIM 技术、云技术、智能化技术等，在专业算法支持下，对工程监测理论及大量工程经验数据建立专家经验库，监测成果评价模型在勘测基础模型、设计基础模型、施工仿真模型、以往经验模型、智能算法系统的支持下，实现监测与勘测、设计、施工的联动，实现专业化的发展。从感知到认知推理及决策控制形成一体，监测在信息获取和分析评价方面会在人工智能的推动下产生革命性变化。

参 考 文 献

[1] 中华人民共和国住房和城乡建设部 . 2018 年城乡建设统计年鉴 [R/OL] .（2019-06-21）[2021-05-01] .http：//www.mohurd.gov.cn/gongkai/fdzdgknr/sjfb/tjxx/jstjnj/index.html.

[2] 城市轨道交通 2018 年度统计和分析报告 [R] . 北京：中国城市轨道交通协会，2019.

[3] 中华人民共和国国家统计局 . 2018 年国民经济和社会发展统计公报 [R/OL] .（2019-02-28）[2020-12-30] http：//www.stats.gov.cn/tjsj/zxfb/201902/t20190228_1651265.html.

[4] 中华人民共和国住房和城乡建设部 . 关于 2018 年房屋市政工程生产安全事故和建筑施工安全专项治理行动情况的通报 [R/OL] .（2019-03-22）[2021-05-01] .https：//www.mohurd.gov.cn/gongkai/fdzdgknr/tzgg/201903/20190327_239913.html.

[5] 钱七虎，戎晓力 . 中国地下工程安全风险管理的现状、问题及相关建议 [J] . 岩石力学与工程学报，2008，（04）.

[6] 王梦恕 . 地下工程浅埋暗挖技术通论 [M] . 合肥：安徽教育出版社 .2004.

[7] 郑余朝，施博文，孙克国，等 . 基坑近接既有地铁盾构隧道施工影响分区方法 [J] . 西南交通大学学报，2017，52（5）：910-915.

[8] 刘力英，莫海鸿 . 浅谈基坑工程邻近施工的影响范围划分方法 [J] . 广东土木与建筑，2009（3）：25-27.

[9] 王飞，宋学文，赵会艳 . 基于现场监测数据分析的深基坑安全风险评价体系 [J] . 公路，2016，11：11-15.

[10] 成志勇，杨春山，吕志刚 . 基于空间效应基坑开挖引起的环境影响研究 [J] . 建筑技术，2015，46（6）：491-495.

[11] 施有志，柴建峰，赵花丽，等 . 地铁深基坑开挖对邻近建筑物影响分析 [J] . 防灾减灾工程学报，2018，38（6）：927-934.

[12] 郑刚，杜一鸣，刁钰，等 . 基坑开挖引起邻近既有隧道变形的影响区研究 [J] . 岩土工程学报，2016，38（4）：600-608.

[13] 张自光，仇文革 . 地铁区间隧道近接建筑施工工程影响分区研究 [J]. 现代隧道技术，2016，53（1）：75-79.

[14] 邢凯，周中，王向灿 . 基于 Hoek-Brown 准则的水下隧道近接施工影响区划研究 [J]. 铁道科学与工程学报，2018，15（11）：2884-2889.

[15] 黎春林，缪林昌 . 盾构隧道施工土体扰动范围研究 [J] . 岩土力学，2016，37（3）：759-764.

[16] 王明年，张晓军，苟明中，等 . 盾构隧道掘进全过程三维模拟方法及重叠段近接分区研究 [J] . 岩土力学，2012，33（1）：273-278.

[17] 杨小龙，房有亮，吕志洲 . 昆明软土地区双孔隧道地表沉降预测及影响分区 [J] . 现代隧道技术，2019，52（增刊 2）：347-351.

[18] 张俊儒，叶伦，严丛文 . 泥质粉砂岩地层中后行盾构隧道近接施工对大断面矿山法

隧道的影响研究［J］. 现代隧道技术，2019，56（5）：122-127.
［19］魏纲，王霄，张鑫海 . 基于位移准则的盾构隧道施工影响分区方法研究［J］. 轨道交通与地下工程，2017，35（2）：71-76.
［20］刘建航，侯学渊，刘国彬，等 . 基坑工程手册［M］. 2 版 . 北京：中国建筑工业出版社，2009.
［21］PECK R B.Deep excavation and tunneling in soft ground［C］//Proceedings of the 7th international conference on soil mechanics and foundation engineering.mexico：［s.n.］，1969：225-290.
［22］O'REILLY M P，NEW B M.Settlements above tunnels in the United Kingdom—their magnitude and prediction［A］.London：Institution of Mining and Metallurgy，1982：173-181.
［23］刘建航，侯学渊 . 基坑工程手册［M］. 北京：中国建筑工业出版社，1997.
［24］张尚根，袁正如 . 软土深基坑开挖地表沉降分析［J］. 地下空间与工程学报，2013，9（s1）：1754-1757.
［25］王卫东，徐中华 . 预估深基坑开挖对周边建筑物影响的简化分析方法［J］. 岩土工程学报，2010（s1）：32-38.
［26］张建新，周嘉宾，吴东明 . 超深逆作基坑围护结构变形分析［J］. 建筑结构，2012（4）：121-123.
［27］孙曦源，衡朝阳，周智，等 . 厦门地铁车站基坑施工诱发地表沉降的经验预测方法研究［J］. 土木工程学报，2019，52（2）：132-137.
［28］胡之锋，陈健，邱岳峰，等 . 一种黏土层中深基坑开挖地表沉降预测方法［J］. 长江科学院院报，2019，36（6）：60-67.
［29］成峰，张远芳，万永祥，等. 采用 Compertz 模型预深基坑周边地表沉降［J］. 地下空间与工程学报，2013，9（3）：541-557.
［30］陈万鹏 . 基坑开挖引起地表沉降的预测方法研究［D］. 南京：南京工业大学，2006.
［31］徐洪涛，施斌，李雪红 . 全过程沉降量预测的 Logistic 生长模型及其适用性研究［J］. 岩土力学，2005，26（3）：387-391.
［32］李佼，龙四春，罗桂军 . 地铁深基坑周边土体沉降预测对比［J］. 矿业工程研究，2018，33（2）：51-55.
［33］何山 . 连续梁拱桥施工监测监控与成桥分析［J］. 铁道勘察 .2016，5：56-60.
［34］本书编委会 . 城市轨道交通工程 BIM 应用指南［M］. 北京：中国建筑工业出版社，2018.